计算物理基础

许文龙　编著

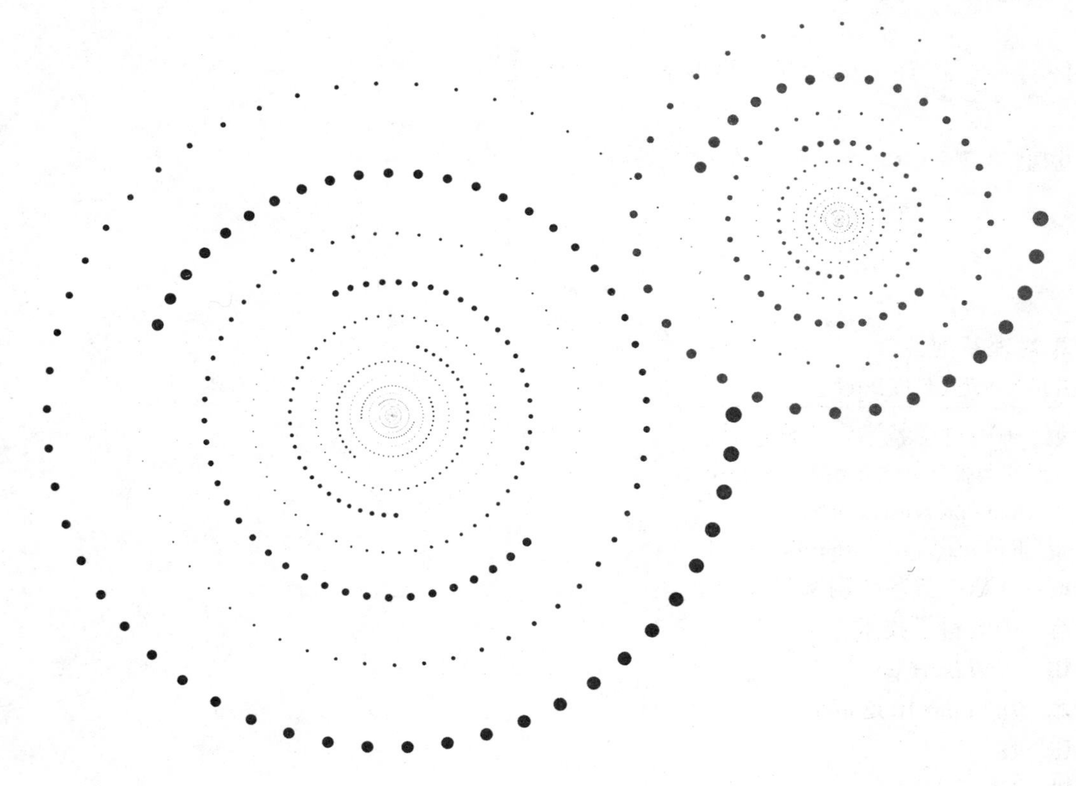

中国科学技术大学出版社

内 容 简 介

本书构建了一种信息技术与物理课程融合的教学环境，旨在帮助教师深刻理解信息技术与物理课程整合的教学问题，从基础编程入手，结合初等和部分高等数学知识对实验获得的数据进行误差处理、数学建模、分析计算、图形拟合、仿真模拟，帮助中学师生快速理解和掌握计算物理的思想方法，提高中学师生的信息技术素养，引导教师和学生从物理现象、物理实验和逻辑分析中获得第一手的资料或数据，并能够使用计算机进行运算和处理这些数据与资料，以实现建立科学描述物理过程本质特征的数学模型的目标。

本书以数学模型、物理实验专题等形式展开，强调运用信息技术手段解决物理学习中的实际问题，既可作为高中学有余力的尖子生的选修教材，也可作为中学物理、数学和信息技术学科教师以及物理相关专业大学生和研究生的参考资料。

图书在版编目(CIP)数据

计算物理基础/许文龙编著.—合肥：中国科学技术大学出版社，2021.10
ISBN 978-7-312-05272-9

Ⅰ.计…　Ⅱ.许…　Ⅲ.计算物理学　Ⅳ.O411.1

中国版本图书馆CIP数据核字(2021)第141447号

计算物理基础
JISUAN WULI JICHU

出版　中国科学技术大学出版社
安徽省合肥市金寨路96号，230026
http://press.ustc.edu.cn
https://zgkxjsdxcbs.tmall.com
印刷　合肥市宏基印刷有限公司
发行　中国科学技术大学出版社
经销　全国新华书店
开本　787 mm×1092 mm　1/16
印张　18
字数　427千
版次　2021年10月第1版
印次　2021年10月第1次印刷
定价　58.00元

前　言

计算机是信息时代非常重要的工具，计算机的应用已深入到国民经济、科学技术和日常生活中的方方面面。计算机具有的强大计算能力正日益改变着人类研究自然规律和社会规律的方式与条件。计算物理是随着计算机的出现和发展而逐步形成的新兴学科，美国哈佛大学等学校于20世纪80年代正式开设了"计算物理"课程。计算物理是利用电子计算机进行数据采集、数值计算与数字仿真来发现和研究物理现象与物理规律的一门现代交叉学科。它利用计算机的强大计算能力，可为实验物理、理论物理提供模型试验和数据研究。近代理论物理学与实验物理学所获得的重大成果和进展，几乎都是与计算机科学相结合的产物。如今，计算物理学已经和理论物理学与实验物理学并驾齐驱，作为当代物理学的三个分支，成为现代物理科学的三大基石。

2000年伊始，我国在中小学阶段普遍开设了信息技术课程，旨在增强青少年信息技术素养的教育，同时加大了教师信息技术素养的培养力度，通过各种形式的教师在职培训，加强教师运用信息技术的意识和技能，提高教师整合信息技术与学科教学的能力。在中小学学科课程中，计算机辅助教学(CAI)和计算机辅助实验(DIS)也日益得到普及。近年来随着新课改的推进，中小学信息技术课程越来越现代化、智能化，随着人工智能和大数据应用的广泛深入，淘汰过时的编程理念已成为全国教育研究者和教育技术专家的共识，新课程用Python取代了流行几十年的VB。当前，在全国各地高中物理教学中，把计算机作为学生学习、认知和研究的工具已经具备了基本的条件。本书构建了一种信息技术与物理课程整合的教学环境，旨在引导教师和学生从物理现象、物理实验和逻辑分析中获得第一手的资料或数据，并能够使用计算机进行运算和处理数据与资料，以实现建立科学描述物理过程本质特征的数学模型的目标。

本书作为高中物理课程的辅助性教材，旨在帮助教师深刻理解信息技术与物理课程的整合教学问题，提高中学物理教师的信息技术素养。本书在内容编排和难度的选择上参考了教育部《普通高中物理课程标准》规定的学习主题，但不限于其中的要求。本书主要内容包括测量的不确定度和有效数字的运算及误差处理、常用计算物理工具软件的使用、FreeMat(MATLAB)和Aardio编程语言的基础语法和应用案例、各种常见方程的数值解法的算法实现、实验数据的处理方法(物理量相关性分析、数据粗差剔除、数据插值法和数据拟合)、计算机仿真物理实验和计算机辅助物理实验。本书从基础编程入手,结合初等数学和部分高等数学知识对实验获得的数据进行数学建模、分析计算、图形拟合、仿真模拟,帮助中学物理教师快速理解和掌握计算物理的思想方法。考虑到本书的受众大多为中学师生,本书不涉及计算机神经网络编程知识,也不介绍随机过程与蒙特卡罗方法的编程实现,感兴趣的读者请自行阅读相关书籍。

运用信息技术手段和计算物理的方法可以深化对物理现象和物理概念的认识,提高分析和把握物理过程、探索和发现物理规律的能力,领悟认识和解决科学或技术问题的方法,促进教师和中学生的信息技术素养和科学素养的进一步融合,符合新课程改革的趋势和理念。中学阶段开设计算物理课程应成为一种趋势,尤其在高级中学阶段开设计算物理相关课程更是迫在眉睫。衷心希望本书能起到抛砖引玉的作用,广大读者朋友们通过对本书的学习,能在今后的学习和生活中自觉地运用信息技术手段去探索和发现规律,自主地展开学习和研究,弘扬创新精神并提升解决实际问题的能力。由于作者水平有限,不足之处在所难免,欢迎广大读者对本书提出宝贵的建议和意见(作者邮箱:xwlem@126.com;QQ群号:4960938)。本书随书代码下载网址为https://wwe.lanzoui.com/b01ufy1eb,密码为2t0a,也可通过扫描如下二维码直接进入。

作者

2021年9月

目　录

第1章　测量不确定度和有效数字

开展物理实验的定量探究时需要对测量得到的实验数据做记录。如何合理地记录测量得到的数据呢？通常来说，要用有效数字规则记录实验中测量得到的数据。

1.1　测量与有效数字

测量是指利用实验的方法，借助一定的仪器或设备，将被测量与同性质的单位标准量进行比较，并确定被测量对标准量的倍数，这个倍数在物理实验中由准确数（通常用平均数表示）与一位估读数组成，这样测量得到的数字称为有效数字。测量得到的数据包括数值大小和测量单位两部分。数值大小既可以用数字表示，也可以用曲线或者图形表示，无论表现形式如何，在测量结果中都一定要标明数值的单位。测量方法分为直接测量和间接测量两种，如图1.1.1所示。

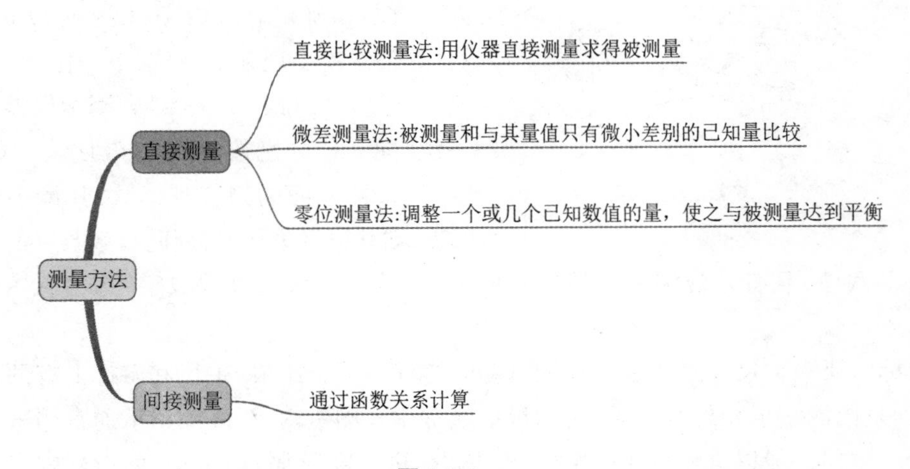

图1.1.1

有效数字是相对于完全准确数字而言的，比如1/3、π均属于完全准确数字；有效数字的位数是有限的，如1.333、3.14159等。我们把测量结果中可靠的几位数字加上可疑的一位数字统称为测量结果的有效数字。例如，2.78的有效数字是三位，2.7是可靠数字，尾位“8”是可疑数字。最后一位数字虽然是可疑的，但它在一定程度上反映了客观实际，因此它也是有效的。有效数字构成格式如下：准确部分＋一位非准确部分（即可疑数字所在位）。如图1.1.2所示，利用毫米刻度尺测量物体长度：A物体长度L估读为44.7 mm（= 44 mm + 0.7 mm）或44.8 mm（= 44 mm + 0.8 mm），其中准确部分读数为44 mm，非准确部分为0.7 mm或0.8 mm，就是将1 mm按十等分估读得到0.7 mm或0.8 mm，因此有效数字为44.7或44.8；B物体右端恰好与150 mm刻度线对齐，准确数字为“150”，再加上估读数字“0”，则物体长度L的有效数字应记为150.0。估计值，一般为最小刻度值的1/10的整数倍。需要说明的是，测量仪器决定了有效数字的位数，而有效数字则反映了测量仪器的精度。

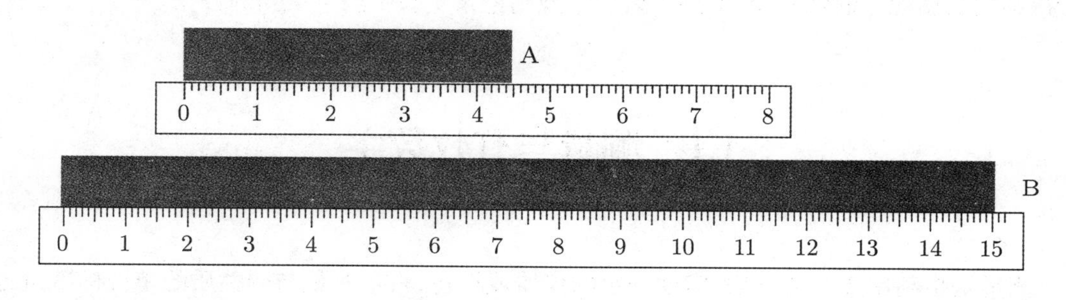

图 1.1.2

电流表、电压表等电表在电学实验测量中经常用到，测量时要按照有效数字的规则来读数。而测量仪器的读数规则为“测量误差出现在哪一位，读数就相应读到哪一位”。在中学阶段一般可根据测量仪器的最小分度来确定测量误差出现的位置。对于常用的仪器，可按下述方法读数以确定有效数字：最小分度是“1”的仪器，测量误差出现在下一位，下一位按1/10估读；最小分度是“2”或“5”的仪器，测量误差出现在同一位，同一位分别按1/2或1/5估读。如图1.1.3所示，按照下面的刻度盘读数，其最小刻度值为0.02，则其精度为0.01，因此有效数字的小数点后必须保留两位，且有效数字一定是0.01的倍数，故其读数的有效数字为0.3 A + 0.01 A = 0.31 A。

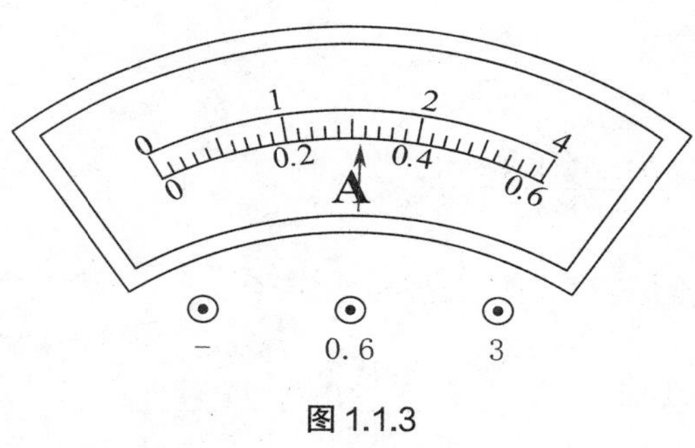

图 1.1.3

游标卡尺由主尺和附在主尺上能滑动的游标两部分组成，主尺和游标上有两副活动量爪，分别是内测量爪和外测量爪，内测量爪通常用来测量内径，外测量爪通常用来测量长度和外径。主尺一般以毫米（mm）为单位，主尺1格长度通常为1 mm，而游标则有10、20或50个等分格，根据分格数的不同，游标卡尺可分为10分度游标卡尺、20分度游标卡尺和50

分度游标卡尺等。游标为10分度的长9 mm,游标上1格长度为0.9 mm,与主尺1格相差0.1 mm$\left(=1\text{ mm}-0.9\text{ mm}=\frac{1}{10}\text{ mm}\right)$,因此10分度的精度为0.1 mm;20分度的长19 mm,游标上1格长度为0.95 mm,与主尺1格相差0.05 mm$\left(=1\text{ mm}-0.95\text{ mm}=\frac{1}{20}\text{ mm}\right)$,因此20分度的精度为0.05 mm;50分度的长49 mm,游标上1格长度为0.98 mm,与主尺1格相差0.02 mm$\left(=1\text{ mm}-0.98\text{ mm}=\frac{1}{50}\text{ mm}\right)$,因此50分度的精度为0.02 mm。如图1.1.4所示,用50分度的游标卡尺测量物体长度,游标上0刻度线对上去的主尺部分读数落在30~31 mm范围内,故准确部分读数为30 mm,又游标上第18格与主尺上的刻度线对齐,因此测得的有效数字为$30\text{ mm}+17\times0.02\text{ mm}=30.34\text{ mm}$。

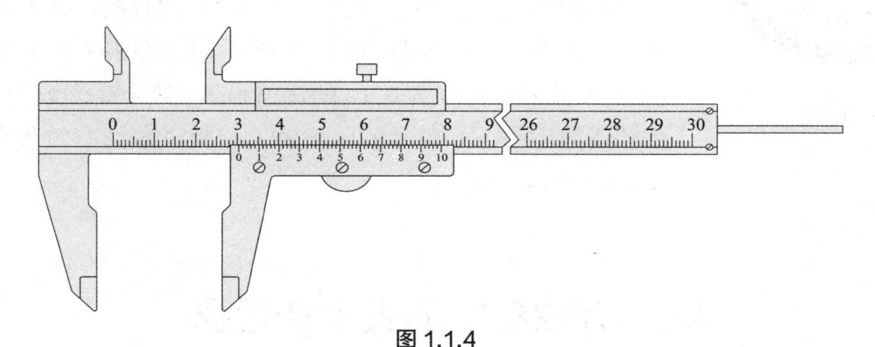

图1.1.4

螺旋测微器又称千分尺(Micrometer),是比游标卡尺更精密的测量长度的工具,用它测量长度可以精确到0.01 mm,测量范围为几厘米。它的一部分加工成螺距为0.5 mm的螺纹,当它在固定套管的螺套中转动时,将前进或后退,活动套管和螺杆连成一体,其一周等分成50个分格。螺杆转动的整圈数用固定套管上间隔0.5 mm的刻线去测量,不足一圈的部分用活动套管周边的刻线去测量,最终测量结果需要估读一位小数。如图1.1.5所示,主尺上的5 mm刻度线已出现,上方的半刻度线也已出现,故准确部分读数为5.5 mm,如果上方的半刻度线并未出现,则为5 mm,螺旋筒上指示35,估读0,即为35.0,于是测得的有效数字为$5.5\text{ mm}+35.0\times0.01\text{ mm}=5.850\text{ mm}$。

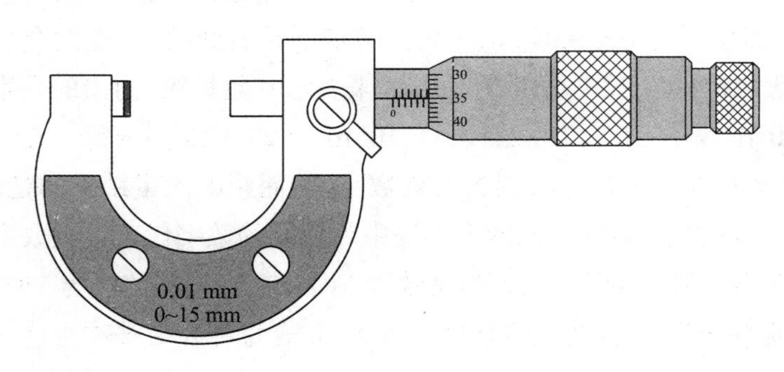

图1.1.5

秒表是一种常用的计时仪器，又称“机械停表”，由暂停按钮、发条柄头、分针等部件构成，它是利用摆的等时性控制指针转动来计时的。秒表的正面是一个大表盘，上方有一个小表盘，如图1.1.6所示。秒针沿大表盘转动，分针沿小表盘转动，分针和秒针所指的时间之和就是所测的时间间隔。在表的正上方有一个表把，其上有一按钮，旋动按钮，上紧发条，可提供秒表走动的动力。用大拇指按下按钮，秒表开始计时，再按下按钮，秒表停止走动，进行读数，再按一次，秒表回零，准备下一次计时。秒表的精度一般为0.1～0.2 s，计时误差主要来源于开表和停表。秒表在使用前上发条时不宜上得过紧，以免断裂；使用后应将表开动，使发条完全松开。不同型号的秒表，其分针和秒针旋转一周所计的时间可能会有所不同，使用时需要注意。图1.1.6所示中为精度为0.2 s的机械秒表，其分针读数为11 min，秒针读数为$25\,\mathrm{s}+10\times0.2\,\mathrm{s}=27.0\,\mathrm{s}$，故读数的有效数字为$11\times60\,\mathrm{s}+27.0\,\mathrm{s}=687.0\,\mathrm{s}$。

图 1.1.6

1.2　有效数字的表示和运算

例如，测量球体的密度时，通常先测量质量m，再测量半径R，然后根据公式$V=\frac{4}{3}\pi R^3$计算球体体积，最后根据$\rho=\frac{m}{V}$计算球体密度；再如，测量电路中的电流时，先测量电压，再根据欧姆定律$I=\frac{U}{R}$计算电流。这种方式就是间接测量。间接测量是指先对一个或几个与被测量有确定函数关系的量进行直接测量，然后利用代表该函数关系的公式、曲线或表格求得被测量。因此，计算过程中需要对测量得到的有效数字进行运算。

有效数字的位数与十进制的单位变换无关。末位“0”和数字中间的“0”均属于有效数字，如23.20 cm、10.2 V中的“0”都是有效数字。小数点前面出现的“0”和它之后紧接着的0都不是有效数字，如0.25 cm或0.045 kg中的“0”都不是有效数字，这两个数值都只有两位有效数字。数值表示的标准形式是用10的方幂来表示其数量级，前面的数字是测得的有效数字，在小数点的前面只保留一位数，如3.3×10^5 m、8.25×10^{-3} kg等。在有效数字的运算过程中，为了不因运算而引入误差或损失有效数字，从而影响测量结果的精度，并努力简化运算的过程，规定有效数字运算（下面两个例题中加横线的数字代表可疑数字）采用“四舍六入五凑偶”法则，即当尾数$\leqslant4$时，舍去；当尾数$\geqslant6$时，进位；当尾数恰为5时，应视保留的末位数是奇数还是偶数而定，5前为偶数应将5舍去，5前为奇数则进位。这一法则的具体规则如下：

① 当保留n位有效数字时，若第$n+1$位数字$\leqslant4$，则舍掉。

② 当保留 n 位有效数字时，若第 $n+1$ 位数字 $\geqslant 6$，则第 n 位数字进 1。

③ 当保留 n 位有效数字时，若第 $n+1$ 位数字等于 5 且后面数字为 0，则第 n 位数字为偶数时就舍掉后面的数字，为奇数时加 1；若第 $n+1$ 位数字等于 5 且后面还有不为 0 的任何数字，则无论第 n 位数字是奇数还是偶数都加 1。

以上称为“四舍六入五凑偶”法则，如将下组数据保留一位小数：

$$45.77 \approx 45.8;\quad 43.03 \approx 43.0;\quad 0.26647 \approx 0.3;\quad 10.3500 \approx 10.4$$

$$38.25 \approx 38.2;\quad 47.15 \approx 47.2;\quad 25.6500 \approx 25.6;\quad 20.6512 \approx 20.7$$

需要强调的是：在计算有效数字位数时，当第一位有效数字 $\geqslant 8$ 时，有效数字位数可以多计一位。如 8.34 是三位有效数字，在运算中可以当作四位有效数字看待。有效数字的运算法则，目前还没有统一的规定，可以先修约再运算，也可以先直接计算再修约到应保留的位数，其计算结果可能稍有差别，不过也只是最后可疑数字稍有差别而已，影响不大。在某些运算中有时会遇到一些倍数或分数，如水的相对分子质量 $=2\times 1.008+16.00\approx 18.02$，“$2\times 1.008$”中的“2”不能看作一位有效数字，原因在于它们非测量所得到的数，是完全准确的数字，其有效数字可视为无限。另外，分析结果数据 $\geqslant 10\%$ 时，保留四位有效数字；数据在 1%～10% 范围内时，保留三位有效数字；数据 $\leqslant 1\%$ 时，保留两位有效数字。

有效数字进行加减运算时，小数点先对齐，然后进行加减，其原则是：准确数字与准确数字相加（减）得准确数字，准确数字与可疑（即估读）数字相加（减）得可疑数字，可疑数字与可疑数字相加（减）得可疑数字，加减法结果保留位数应以小数点后位数最少的数据为根据。

例1　计算 $98.765+2.3$ 和 $98.75-2.3$。

解　$98.765+2.3$ 等于 101.065，按照有效数字的定义，有且仅有一位可疑数字，采用“四舍六入五凑偶”法则，得结果为 101.1。同样地，$98.75-2.3$ 显然等于 96.45，采用“四舍六入五凑偶”法则，得结果为 96.4，最后一位为可疑数字。详细计算过程如下：

（解法 1）先计算再修约。$101.\bar{0}6\bar{5}=101.\bar{1}$，$96.\bar{4}\bar{5}=96.\bar{4}$，列竖式如下：

$$\begin{array}{r} 98.76\bar{5} \\ +\quad 2.\bar{3} \\ \hline 101.\bar{0}6\bar{5} \end{array}\qquad\qquad \begin{array}{r} 98.7\bar{5} \\ -\quad 2.\bar{3} \\ \hline 96.\bar{4}5 \end{array}$$

（解法 2）先修约再计算。$98.76\bar{5}+2.\bar{3}=98.\bar{8}+2.\bar{3}$，$98.7\bar{5}-2.\bar{3}=98.\bar{8}-2.\bar{3}$，列竖式如下：

$$\begin{array}{r} 98.\bar{8} \\ +\quad 2.\bar{3} \\ \hline 101.1 \end{array}\qquad\qquad \begin{array}{r} 98.\bar{8} \\ -\quad 2.\bar{3} \\ \hline 96.\bar{5} \end{array}$$

从两种计算顺序来看计算结果有一点差别，但也只是最后可疑数字稍有差别而已，影响不大。

再如，计算 $50.1+1.45+0.5812$ 时，可先修约为 $50.1+1.4+0.6$，再计算得 52.1。也可先计算得 52.1312，再修约为 52.1。

有效数字进行乘除运算时，看每个因子中位数最少的位数，最后结果保留位数最少的位数，即若三位有效数字与四位有效数字相乘除，则最后结果保留三位。例如，1501×401 得到 601901，由于后四位都是可疑数字，故最后结果为 6.02×10^5。又如，$77.6\div38$ 得到 2.04，由于后两位都是可疑数字，故最后结果为 2.0。详细计算过程如下：

例2 计算 1501×401 和 $77.6\div38$。

解 列竖式如下：

$$
\begin{array}{r}
1\ 5\ 0\ \bar{1} \\
\times\quad 4\ 0\ \bar{1} \\
\hline
\bar{1}\ \bar{5}\ \bar{0}\ \bar{1} \\
0\ 0\ 0\ \bar{0}\quad\ \ \\
6\ 0\ 0\ \bar{4}\qquad\quad \\
\hline
6\ 0\ \bar{1}\ \bar{9}\ \bar{0}\ \bar{1}
\end{array}
\qquad\qquad
\begin{array}{r}
2.\bar{0}\ \bar{4} \\
3\bar{8}\ \big)\ 7\ 7.\bar{6} \\
7\ \bar{6}\quad \\
\hline
\bar{1}.\bar{6}\ 0 \\
\bar{1}.\bar{5}\ 2 \\
\hline
\bar{0}.\bar{0}\ 8
\end{array}
$$

1.3 误差与不确定度

绝对准确的实验结果是无法通过测量得到的，因此真值只能是无穷次测量结果的平均值，记为

$$\bar{x}=\lim_{n\to\infty}\frac{x_1+x_2+\cdots+x_n}{n}$$

理论上测量次数越多，其平均值就越接近真值。但由于测量次数不可能无穷多，因此无法得出真值。物理测量中所谓真值是指由有经验的人员用可靠的测定方法进行多次平行测定得到的平均值，以此作为真值，或者以公认的手册上的数据作为真值。

测量结果的偏差程度用误差表示，误差有绝对误差和相对误差两种。

绝对误差 Δx 表示实验测定值 x 与真值 $\bar{x}$ 之差。x 与 $\bar{x}$ 有相同的单位，如千克、米、秒、安培等。绝对误差记为

$$\Delta x=|x-\bar{x}|$$

相对误差是绝对误差 Δx 与真值 $\bar{x}$ 的商，表示误差在真值中所占的比例，常用百分数表示。由于相对误差是比值，因此它是无量纲的量。相对误差记为

$$e=\frac{\Delta x}{\bar{x}}\times100\%$$

例如，假设某物体的真实质量为 $m_0=42.5132\,\mathrm{g}$，测得值为 $m=42.5133\,\mathrm{g}$，则其绝对误差是

$$\Delta m=m-m_0=42.5133\,\mathrm{g}-42.5132\,\mathrm{g}=0.0001\,\mathrm{g}$$

相对误差是

$$e=\frac{\Delta m}{m_0}\times 100\%\approx 0.000235\%$$

而对于真实质量为0.1000 g的物体，称量得0.1001 g，则其绝对误差是

$$\Delta m=m-m_0=0.1001\ \mathrm{g}-0.1000\ \mathrm{g}=0.0001\ \mathrm{g}$$

即其绝对误差也是0.0001 g，但相对误差是

$$e=\frac{\Delta m}{m_0}\times 100\%\approx 0.1\%$$

可见虽然上述两种物体质量的绝对误差相同，但被测物体质量不同，绝对误差在被测物体质量中所占的比例也不相同。因此，绝对误差相同时，被测量愈大，相对误差愈小，测量的准确度愈高。

误差按产生的原因及性质可分为系统误差、随机误差及粗大误差三种，如图1.3.1所示。

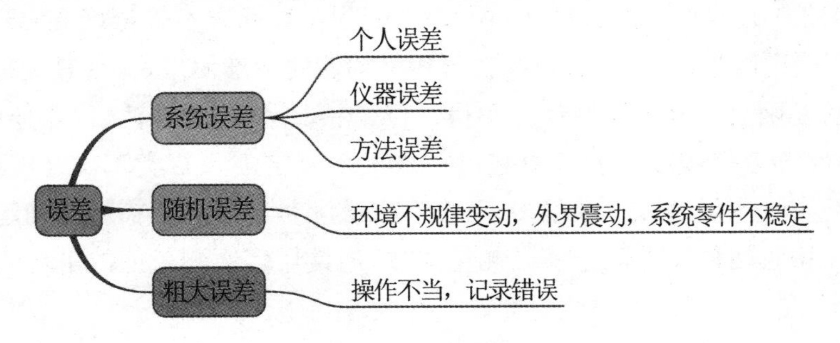

图1.3.1

系统误差是指在相同条件下多次测量同一量时，误差的大小和符号保持不变，且条件变化时也按一定的规律变化。其具有确定性、规律性、可修正性等特点，主要来源包括仪器(如仪器未校零，安装与操作不恰当)和实验原理方法(如理论模型、测量方法不理想，实验条件不同于标准情况)。系统误差可分为已定系统误差和未定系统误差。已定系统误差是指符号和值都已确定的系统误差，可消除、修正或降低影响。比如，利用伏安法测电阻时，电流表内阻带来的误差就属于已定系统误差，如图1.3.2所示。未定系统误差是指符号和值均未确定的系统误差，但可估计其误差限度。

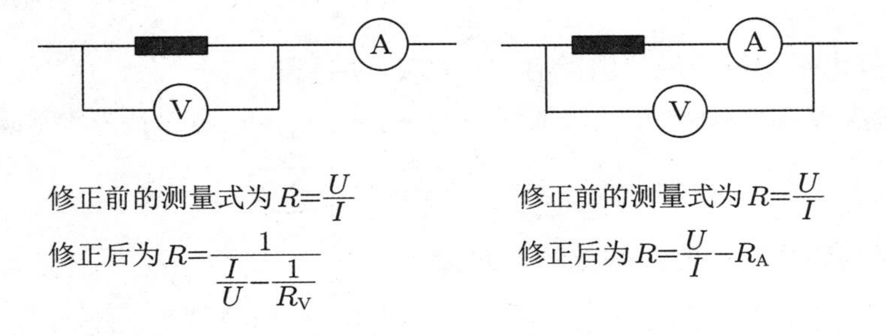

图1.3.2

随机误差是指在相同条件下多次测量同一量时以不可预测的方式变化的误差，但总体

服从一定的统计规律,可以用统计方法估算。其特点是具有随机性,服从统计规律,主要来源包括环境变动不规律、外界震动及系统零件不稳定。

粗大误差是指观测者在未正确使用仪器、观察错误或记录错误等不正常情况下引起的误差,应将其剔除。

不确定度是与测量结果相关联的参数,用来表征被测量值的分散性,因测量误差的存在,故其反映被测量值不能被肯定的程度。不确定度是对测量结果质量的定量表述,决定了测量结果的使用价值,其值越小,测量结果质量越高,使用价值越高。设测量值为 x,不确定度为 u,则其真值可能在范围 $[x-u,x+u]$ 内。显然,此范围越窄,测量不确定度就越小,测量值表示真值的可靠性就越高。

与系统误差相对应的称为系统不确定度,已定的系统不确定度(类似已定系统误差)采用估计的方法进行补偿,而随机不确定度(类似随机误差)与未知的系统不确定度(类似未定系统误差)按其数值评定的方法不同,又可分为A类标准不确定度和B类标准不确定度。A类标准不确定度用统计方法来评定,可用平均值的标准偏差表示;B类标准不确定度根据仪器误差密度函数的分布规律计算而得,可从国家计量技术规范、仪器分度值、计量仪器说明书、仪器准确度等级或经验等中获得。A类不确定度和B类不确定度的具体计算见1.4节。考虑到实际测量次数不会很多,又在有限次测量中引入了扩展不确定度。扩展不确定度有绝对和相对两种。受限于实际测量次数,通常用多次测量值的平均值作为该物理量的最佳估计值,即

$$\bar{x}=\frac{x_1+x_2+\cdots+x_n}{n}$$

绝对不确定度定义为测量值与最佳值的差,记为

$$U=|x_i-\bar{x}|$$

绝对扩展不确定度是指将标准不确定度乘以一个因子得到的不确定度,记为 U_p,p 表示置信概率(置信水平)。由于实际测量次数不会很多,因此物理实验中通常需要计算扩展不确定度,为计算方便,一般取扩展不确定度的置信概率为 $p=0.95$。相对扩展不确定度是指扩展不确定度 U_p 的相对值,记为

$$U_{pr}=\frac{U_p}{\bar{x}}\times 100\%$$

例1 证明算术平均值为最佳估计值,并写出证明过程。

解 当测量次数 n 为有限的,测量值分别为 $x_1, x_2, x_3, \cdots, x_n$ 时,算术平均值为

$$\bar{x}=\frac{x_1+x_2+\cdots+x_n}{n}=\frac{1}{n}\sum_{i=1}^{n}x_i$$

设最佳估计值 X 与单次测量值 x_i 的差的平方和为

$$S=(x_1-X)^2+(x_2-X)^2+\cdots+(x_n-X)^2=\sum_{i=1}^{n}(x_i-X)^2$$

当 S 取极小值,即满足 $\frac{\mathrm{d}S}{\mathrm{d}X}=0$ 且 $\frac{\mathrm{d}^2S}{\mathrm{d}X^2}>0$ 时,有

$$\frac{\mathrm{d}S}{\mathrm{d}X}=-2\sum_{i=1}^{n}(x_i-X)=0$$

解得

$$X=\frac{1}{n}\sum_{i=1}^{n}x_i=\bar{x}$$

此时

$$\frac{\mathrm{d}^2S}{\mathrm{d}X^2}=2>0$$

故得证。

1.4　不确定度的估计和结果表述

不确定度的估计方法常用的是正态分布(Normal Distribution)。正态分布又称高斯分布(Gaussian Distribution),在统计学上是一种重要的概率分布。设随机变量 x(测量值为 $x_1, x_2, \cdots, x_n$)服从一个数学期望为 $\bar{x}$(大量测量值的平均值)、方差为 σ^2 的高斯分布,记为 $N(\bar{x}, \sigma^2)$,其概率密度函数为正态分布的期望值 $\bar{x}$ 决定了其位置,其标准差决定了分布的幅度。设 $\Delta=x-\bar{x}$,则

$$f(\Delta)=\frac{1}{\sqrt{2\pi}\sigma}\mathrm{e}^{-\frac{\Delta^2}{2\sigma^2}}$$

$f(\Delta)-\Delta$ 曲线如图 1.4.1 所示。

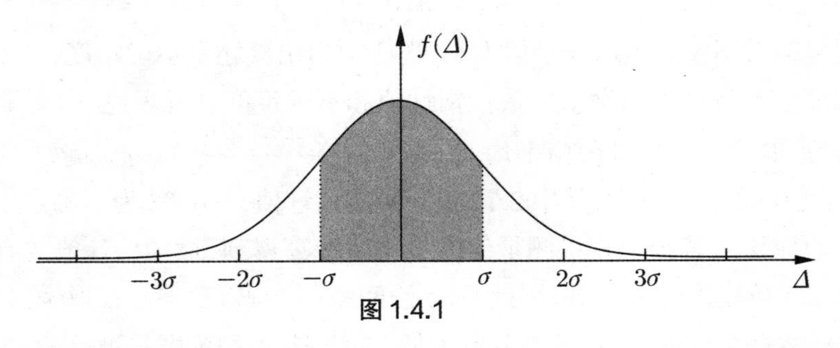

图 1.4.1

数理统计理论表明,测量值 x_i 落在 $[\bar{x}-\sigma,\bar{x}+\sigma]$ 区间内的概率为 68.3%,落在 $[\bar{x}-2\sigma,\bar{x}+2\sigma]$ 区间内的概率为 95.5%,落在 $[\bar{x}-3\sigma,\bar{x}+3\sigma]$ 区间内的概率为 99.7%。更详细的内容请查阅相关数据表。在正态分布中,设有大量测量值 $x_1, x_2, \cdots, x_n$,其均值为 $\bar{x}$,标准差用 σ 表示,则

$$\sigma=\sqrt{\frac{\sum_{i=1}^{n}(x_i-\bar{x})^2}{n}} \qquad ①$$

但由于在实际测量中,测量次数不可能无穷多,也无必要,因此对于测量次数较少,比如

5～10次的情形，需要对标准差进行无偏估计，即用标准偏差 s 表示，也称为样本不确定度，表示如下：

$$s=\sqrt{\frac{\sum_{i=1}^{n}(x_i-\bar{x})^2}{n-1}} \tag{②}$$

在实际中，②式用得更多，因为如果样本容量较小，则①式会过小地估计实际标准差；如果样本容量较大，则①式和②式会很接近，这时①式叫作渐近无偏估计，当然还是比不上②式的无偏估计。此时，你可能还不知道该用哪个公式。换个角度来看，如果我们想求一批数据的标准差，那么自然就用①式；如果我们想要利用现在的样本去估计真实的分布，那么就用②式。在 Microsoft Excel 中，VAR( )表示方差，STDEV( )表示标准偏差，函数里的解释是基于样本的，分母是 $n-1$，其实就是②式。另外 VARP( )和 STDEVP( )是基于样本总体的，分母是 n，也就是说，你关注的就是这批数据。

样本不确定度是对于样本 $x_1, x_2, \cdots, x_n$ 而言的，每个样本本身与真值相比较，其无偏估计(即样本本身相对于真值的不确定度)为 $s=\sqrt{\frac{1}{n-1}\sum_{i=1}^{n}(x_i-\bar{x})^2}$。但是对于这些有限次测量结果的平均值 $\bar{x}=\frac{1}{n}\sum_{i=1}^{n}x_i$ 而言，其与真值的偏差相应小于样本本身相对真值的不确定度，理论推导表明样本平均值的标准偏差，即样本平均值相对于真值的不确定度为 $s_{\bar{x}}=\frac{s}{\sqrt{n}}$，即

$$s_{\bar{x}}=\sqrt{\frac{\sum_{i=1}^{n}(x_i-\bar{x})^2}{n(n-1)}}$$

完整的测量结果不仅要表示其量值大小，还必须指出其测量不确定度，以表明该测量结果的可信赖程度。测量结果通常采用最佳估计值和不确定度进行表述，即测量值 = 最佳估计值 ± 不确定度，其中最佳估计值由平均值 $\bar{x}=\frac{x_1+x_2+\cdots+x_n}{n}$ 算得。例如，固体密度测量结果为(2.7271 ± 0.0003) g/cm^3，其中 2.7271 为最佳估计值，0.0003 为不确定度。间接测量中的最佳估计值应该由若干个直接测量值的平均值计算得到，最佳估计值的有效数字的末位(可疑数字)与不确定度需要对齐，因此不确定度取一位有效数字。在取舍过程中，最佳估计值保留的有效数字个数遵循“四舍六入五凑偶”的法则，不确定度只进不舍。

例1 测量力学中常见的四个物理量：长度、质量、时间及加速度。具体测量数据如下，下面展示这四个物理量有效数字的处理过程，形式为“初步计算结果 → 最后结果”。

$$L=(10.800\pm0.2)\ \text{cm}\xrightarrow[\text{以不确定度位数为准}]{\text{不确定度小数点后有1位，最佳估计值小数点后有3位}}L=(10.8\pm0.2)\ \text{cm}$$

$$m=(10.021\pm0.123)\ \text{g}\xrightarrow[\text{不确定度取1位，修约最佳估计值到1位}]{\text{不确定度小数点后有3位，最佳估计值小数点后有3位}}m=(10.02\pm0.2)\ \text{g}$$

$$T=(60.658\pm0.0062)\ \text{s}\xrightarrow[\text{不确定度取1位，修约最佳估计值到1位}]{\text{不确定度小数点后有4位，最佳估计值小数点后有3位}}T=(60.658\pm0.007)\ \text{s}$$

$$g=(9.805\pm0.0002)\ \text{m/s}^2\xrightarrow[\text{以最佳估计值位数为准，不确定度取1位，进位}]{\text{不确定度小数点后有4位，最佳估计值小数点后有3位}}g=(9.805\pm0.001)\ \text{m/s}^2$$

A类标准不确定度U_A是由统计方法评定的不确定度，称为统计不确定度。例如在正态分布中，对于大量测量值而言，测量值落在平均值附近一倍标准差范围内的概率为68.3%，落在两倍标准差范围内的概率为95.5%，落在三倍标准差范围内的概率为99.7%。因此，测量次数有限（$5<n\leqslant 10$）时，测量数据服从t分布。当测量次数$n\to\infty$时，t分布（用于根据小样本来估计呈正态分布且方差未知的总体的均值）过渡到正态分布。对于有限次测量，A类不确定度记为U_A，由标准偏差s乘以$\dfrac{t_p}{\sqrt{n}}$求得，即

$$U_A=\frac{t_p}{\sqrt{n}}s=t_p\cdot s_{\bar{x}}=t_p\cdot\sqrt{\frac{\sum_{i=1}^{n}(x_i-\bar{x})^2}{n(n-1)}} \qquad ③$$

计算样本平均值的标准偏差（即不确定度），例如$U_A=t_p s_{\bar{x}}$，当$t_p=3$时，可信度为99.7%。在一定的置信概率下，t_p因子与测量次数有关，如表1.4.1所示。在一般情况下，针对物理实验一般测试次数为$5<n\leqslant 10$的具体情况，可将③式进一步简化，假设$t_p=\sqrt{n}$，则其A类不确定度U_A为

$$U_A=t_p\cdot\sqrt{\frac{\sum_{i=1}^{n}(x_i-\bar{x})^2}{n(n-1)}}=\sqrt{\frac{\sum_{i=1}^{n}(x_i-\bar{x})^2}{n-1}}=s$$

表1.4.1

p \ t_p \ n	3	4	5	6	7	8	9	10	∞
0.68	1.32	1.20	1.14	1.11	1.09	1.08	1.07	1.06	1.00
0.95	4.30	3.18	2.78	2.57	2.45	2.37	2.31	2.26	1.96
$t_p=\sqrt{n}$	1.32	2.00	2.24	2.45	2.65	2.83	3.00	3.16	
p(置信概率)	0.755	0.861	0.911	0.942	0.962	0.974	0.983	0.988	

对照表1.4.1可以看出，当取$t_p=\sqrt{n}$，且$5<n\leqslant 10$时，相应的置信概率为0.942～0.988，与$p=0.95$时的t_p值相近。今后，如果测量次数在6～10范围内，则为计算方便可以直接用②式计算A类不确定度，即$s=\sqrt{\dfrac{1}{n-1}\sum_{i=1}^{n}(x_i-\bar{x})^2}$。

例2 测量某物体长度，数据如表1.4.2所示。

表 1.4.2

测量次数 n	1	2	3	4	5	6	7	8	9
l_i / mm	42.35	42.45	42.37	42.33	42.30	42.40	42.48	42.35	42.49

长度的最佳值为

$$\bar{l}=\frac{1}{9}\sum_{i=1}^{9}l_i=42.369\,\mathrm{mm}$$

标准差为

$$\sigma=\sqrt{\frac{1}{9}\sum_{i=1}^{9}(l_i-\bar{l})^2}=0.064\,\mathrm{mm}$$

样本不确定度为

$$s=\sqrt{\frac{1}{n-1}\sum_{i=1}^{n}(x_i-\bar{x})^2}=\sqrt{\frac{1}{8}\sum_{i=1}^{9}(l_i-\bar{l})^2}=0.063\,\mathrm{mm}\approx 0.07\,\mathrm{mm}$$

样本平均值不确定度为

$$s_{\bar{x}}=\sqrt{\frac{1}{n(n-1)}\sum_{i=1}^{n}(x_i-a)^2}=\sqrt{\frac{1}{9\times 8}\sum_{i=1}^{9}(l_i-\bar{l})^2}=0.021\,\mathrm{mm}\approx 0.03\,\mathrm{mm}$$

由于 $n=9$,故查表 1.4.1 可得:

当 $p=0.68$ 时,$t_p=1.07$,$U_{0.68}=t_{0.68}s_{\bar{x}}=1.07\times 0.021\,\mathrm{mm}=0.022\,\mathrm{mm}\approx 0.03\,\mathrm{mm}$。

当 $p=0.95$ 时,$t_p=2.31$,$U_{0.95}=t_{2.31}s_{\bar{x}}=2.31\times 0.021\,\mathrm{mm}=0.048\,\mathrm{mm}\approx 0.05\,\mathrm{mm}$。

由于 $n=9$ 介于 6 和 10 之间,故令 $t_p=\sqrt{n}=3$,则 $U_A=s=0.063\,\mathrm{mm}\approx 0.07\mathrm{mm}$。

B 类不确定度根据仪器误差密度函数的分布规律计算而得,称为非统计不确定度。对于单次测量的不确定度,一般用以下四种方法来评定。

(1) 对于有刻度但没有标出精度等级的仪器,一般按最小刻度的 1/2 作为测量不确定度(即 B 类不确定度)。若 d 表示最小刻度,则 $U_{\mathrm{B}}=d/2$。如图 1.1.2 所示,A 和 B 物体单次测量结果分别为 (44.7 ± 0.5) mm 和 (150.0 ± 0.5) mm。

(2) 对于标有精度的仪器仪表,则把精度 e 作为测量不确定度,即 $U_{\mathrm{B}}=e$。比如 50 分度的游标卡尺,如图 1.1.5 所示,其精度为 0.02 mm,单次测量结果可表示为 $(5.850+0.02)$ mm。

(3) 对于有精度等级的仪器仪表,则把精度等级计算作为测量不确定度。例如电工仪表分为 0.1、0.2、0.5、1.0、1.5、2.5、5.0 七个等级,对于第 k 级电工仪表,其测量不确定度不超过满刻度值 x_n 的 $k\%$,$U_{\mathrm{B}}=x_n\cdot k\%$。例如 0.5 级量程为 100 mA 的电流表,其单次测量不确定度为 $U_{\mathrm{B}}=100\,\mathrm{mA}\times 0.5\%=0.5\,\mathrm{mA}$(四舍六入五凑偶)。

(4) 对于数字式仪器仪表,则取显示末位的 1/2 作为测量的不确定度;对于 5 位以上的精密数字仪表,按说明书取测量不确定度极限。在数字式仪表中,当数值大于末位 0.5 时进位，末位数加1；当数值小于末位0.5时不进位，但是不确定度的所在位必须与有效数字的末位对齐。因此，实际上对于数字式仪表，单次测量不确定度 U_{B} 取末位1，例如秒表读数 $13.27''$，测量值为 $13.27''\pm0.01''$。

常用仪器的不确定度如表1.4.3所示。

表 1.4.3

仪器名称	米尺	卡尺	千分尺	天平	温度计	数显仪	电表类
B类不确定度 (U_{B})	0.5 mm	0.1 mm 0.02 mm 0.05 mm	0.05 mm	0.01 mg	$\frac{最小格}{2}$	最小显示	$x_n \cdot k\%$

若物理实验中总不确定度记为 U，则

$$U=\sqrt{U_{\mathrm{A}}^2+U_{\mathrm{B}}^2}$$

当测量次数为6～10时，上式可写为

$$U=\sqrt{s^2+U_{\mathrm{B}}^2}$$

例3　已知质量 $m=(213.04\pm0.05)$ g 的铜圆柱体，用量程为125 mm、分度为0.02 mm的游标卡尺测得其高度 h 如表1.4.4所示。求高度的最佳值及不确定度。

表 1.4.4

测量次数 n	1	2	3	4	5	6
h_i / mm	80.38	80.37	80.36	80.37	80.36	80.38

解　高度的最佳值即样本平均值，为

$$\bar{h}=\frac{1}{6}\sum_{i=1}^{6}h_i=80.37\,\mathrm{mm}$$

由于测量次数为6～10，故A类不确定度为

$$U_{\mathrm{A}}=s=\sqrt{\frac{1}{6-1}\sum_{i=1}^{6}(h_i-\bar{h})^2}=0.0089\,\mathrm{mm}\approx0.01\,\mathrm{mm}(\text{不确定度取1位})$$

B类不确定度为

$$U_{\mathrm{B}}=0.02\,\mathrm{mm}$$

则总绝对标准不确定度和相对不确定度分别为

$$U=\sqrt{U_{\mathrm{A}}^2+U_{\mathrm{B}}^2}=\sqrt{0.0089^2+0.02^2}\,\mathrm{mm}\approx0.021891\,\mathrm{mm}\approx0.03\,\mathrm{mm}$$

$$U_r=\frac{U}{h}=\frac{0.02}{80.37}\approx0.0249\%\approx0.03\%\ (\leqslant1\%,\text{保留两位有效数字})$$

因此

$$h=\bar{h}\pm U=(80.37\pm0.02)\,\mathrm{mm}$$

1.5 误差和不确定度的合成

一些物理量是直接通过仪器或设备测得的，而另一些物理量则需要通过直接测得的量与被测量之间的函数关系计算得出，因此间接测得的被测量误差和不确定度也应是直接测得的量及其误差和不确定度的函数。间接测量的数学模型为

$$y=f(x_1,x_2,\cdots,x_n)$$

其中 $x_1,x_2,\cdots,x_n$ 是与被测量存在函数关系的直接测量量，y 是间接测量量。

$y=f(x_1,x_2,\cdots,x_n)$ 的全微分形式为

$$\Delta y=\frac{\partial f}{\partial x_1}\Delta x_1+\frac{\partial f}{\partial x_2}\Delta x_2+\cdots+\frac{\partial f}{\partial x_n}\Delta x_n$$

或写成

$$\Delta y=\sum_{i=1}^{n}\frac{\partial f}{\partial x_i}\Delta x_i$$

在实际应用中，当各分项误差的符号不能确定时，通常采用保守的办法来计算误差，将式中各分项取绝对值后再相加(从最不利的情况出发，充分考虑误差用绝对值合成)，即

$$|\Delta y|=\left|\frac{\partial f}{\partial x_1}\Delta x_1\right|+\left|\frac{\partial f}{\partial x_2}\Delta x_2\right|+\cdots+\left|\frac{\partial f}{\partial x_n}\Delta x_n\right|=\sum_{i=1}^{n}\left|\frac{\partial f}{\partial x_i}\Delta x_i\right|$$

其中 $\frac{\partial f}{\partial x_i}$ 称为误差或不确定度传递系数，$|\Delta y|$ 为绝对误差。在实际测量结果中，不确定度通常以类似标准差的形式表示，即

$$U=\sqrt{\left(\frac{\partial f}{\partial x_1}\right)^2U_{x_1}^2+\left(\frac{\partial f}{\partial x_2}\right)^2U_{x_2}^2+\cdots+\left(\frac{\partial f}{\partial x_n}\right)^2U_{x_n}^2}=\sqrt{\sum_{i=1}^{n}\left(\frac{\partial f}{\partial x_i}\right)^2U_{x_i}^2}$$

此式即为绝对不确定度传递公式，其中 U_{x_i} 为测量值 x_i 的绝对不确定度，U 为间接测量值的绝对标准不确定度。如果函数形式较简单，比如线性函数 $y=a_1x_1+a_2x_2+a_3x_3+\cdots+a_nx_n$，则其绝对不确定度的计算式为

$$U=\sqrt{a_1^2U_{x_1}^2+a_2^2U_{x_2}^2+\cdots+a_n^2U_{x_n}^2}$$

例1 根据 $\sin\theta$、$\cos\theta$ 计算角度的绝对不确定度。

解 令 $\sin\theta=f(x_1,x_2,\cdots,x_n)$，写出其全微分形式为

$$\Delta\sin\theta=\Delta f(x_1,x_2,\cdots,x_n)=\frac{\partial f}{\partial x_1}\Delta x_1+\frac{\partial f}{\partial x_2}\Delta x_2+\cdots+\frac{\partial f}{\partial x_n}\Delta x_n$$

其中 $\Delta\sin\theta=\cos\theta\Delta\theta$，因此角度测量的绝对不确定度的计算式为

$$U_{\sin\theta}=\left|\frac{1}{\cos\theta}\right|\sqrt{\sum_{i=1}^{n}\left(\frac{\partial f}{\partial x_i}\right)^2U_{x_i}^2}$$

同理，令 $\cos\theta=f(x_1,x_2,\cdots,x_n)$，则有

$$U_{\cos\theta}=\left|\frac{1}{\sin\theta}\right|\sqrt{\sum_{i=1}^{n}\left(\frac{\partial f}{\partial x_i}\right)^2U_{x_i}^2}$$

将函数 $y=f(x_1,x_2,\cdots,x_n)$ 的全微分方程 $\Delta y=\frac{\partial f}{\partial x_1}\Delta x_1+\frac{\partial f}{\partial x_2}\Delta x_2+\cdots+\frac{\partial f}{\partial x_n}\Delta x_n$ 两边同除以 $y=f(x_1,x_2,\cdots,x_n)$，得

$$\frac{\Delta y}{y}=\frac{\partial \ln f}{\partial x_1}\Delta x_1+\frac{\partial \ln f}{\partial x_2}\Delta x_2+\cdots+\frac{\partial \ln f}{\partial x_n}\Delta x_n$$

或写成

$$\frac{\Delta y}{y}=\sum_{i=1}^{n}\frac{\ln f}{\partial x_i}\Delta x_i$$

在实际应用中，当各分项误差的符号不能确定时，通常采用保守的办法来计算误差，将式中各分项取绝对值后再相加(从最不利的情况出发，充分考虑误差用绝对值合成)，即

$$\left|\frac{\Delta y}{y}\right|=\left|\frac{\partial \ln f}{\partial x_1}\Delta x_1\right|+\left|\frac{\partial \ln f}{\partial x_2}\Delta x_2\right|+\cdots+\left|\frac{\partial \ln f}{\partial x_n}\Delta x_n\right|=\sum_{i=1}^{n}\left|\frac{\partial \ln f}{\partial x_i}\Delta x_i\right|$$

其中 $\frac{\partial \ln f}{\partial x_i}$ 称为误差或不确定度传递系数，$\left|\frac{\Delta y}{y}\right|$ 为相对误差。在实际测量结果中，相对不确定度通常以类似标准差的形式表示，即

$$U_{\mathrm{r}}=\sqrt{\left(\frac{\partial \ln f}{\partial x_1}\right)^2U_{x_1}^2+\left(\frac{\partial \ln f}{\partial x_2}\right)^2U_{x_2}^2+\cdots+\left(\frac{\partial \ln f}{\partial x_n}\right)^2U_{x_n}^2}=\sqrt{\sum_{i=1}^{n}\left(\frac{\partial \ln f}{\partial x_i}\right)^2U_{x_i}^2}$$

此式即为相对不确定度传递公式，其中 U_{x_i} 为测量值 x_i 的绝对不确定度。

例2　电流流过电阻产生的热量 $Q=0.24I^2Rt$，若已知测量电流、电阻、时间的相对不确定度分别是 U_I、U_R、U_t，求热量的相对不确定度。

解　写出电热公式的全微分方程

$$\Delta Q=\frac{\partial Q}{\partial I}\Delta I+\frac{\partial Q}{\partial R}\Delta R+\frac{\partial Q}{\partial t}\Delta t$$

代入 $\frac{\partial Q}{\partial I}=0.24\times 2IRt$，$\frac{\partial Q}{\partial R}=0.24I^2t$，$\frac{\partial Q}{\partial t}=0.24I^2R$，得

$$\Delta Q=0.24(2IRt\Delta I+I^2t\Delta R+I^2R\Delta t)$$

故

$$\frac{\Delta Q}{Q}=\frac{0.24(2IRt\Delta I+I^2t\Delta R+I^2R\Delta t)}{0.24\,I^2Rt}$$

即

$$\frac{\Delta Q}{Q}=2\frac{\Delta I}{I}+\frac{\Delta R}{R}+\frac{\Delta t}{t}$$

由于热量测量的相对误差可以写成

$$\left|\frac{\Delta Q}{Q}\right|=2\left|\frac{\Delta I}{I}\right|+\left|\frac{\Delta R}{R}\right|+\left|\frac{\Delta t}{t}\right|$$

因此热量的相对不确定度为

$$U_Q = \sqrt{4U_I^2 + U_R^2 + U_t^2}$$

例3 若滑块运动的位移 $s = 1.00\,\text{cm}$，所用时间 $t = 234\,\text{ms}$，试确定滑块平均速度的绝对不确定度、相对误差和相对不确定度。

解 由上面的数据及单位不难看出，滑块位移测量的误差 $\Delta s = \pm 0.01\,\text{cm}$，时间测量的误差 $\Delta t = \pm 1\,\text{ms}$，而平均速度 $\bar{v} = \frac{s}{t} = st^{-1}$，则其全微分方程为

$$\Delta\bar{v} = \frac{\partial\bar{v}}{\partial s}\Delta s + \frac{\partial\bar{v}}{\partial t}\Delta t$$

代入 $\frac{\partial\bar{v}}{\partial s} = \frac{1}{t}$，$\frac{\partial\bar{v}}{\partial t} = -\frac{s}{t^2}$，得

$$\Delta\bar{v} = \frac{1}{t}\Delta s - \frac{s}{t^2}\Delta t \tag{①}$$

因此 $\bar{v}$ 的绝对标准不确定度为

$$U_{\bar{v}} = \sqrt{\left(\frac{1}{t}\Delta s\right)^2 + \left(\frac{s}{t^2}\Delta t\right)^2} = \sqrt{\left(\frac{0.0001}{0.234}\right)^2 + \left(\frac{0.01 \times 0.001}{0.234^2}\right)^2}\ \text{m/s} \approx 0.0005\ \text{m/s}$$

将①式两边同除以 $\bar{v} = \frac{s}{t}$，得

$$\frac{\Delta\bar{v}}{\bar{v}} = \frac{\Delta s}{s} - \frac{\Delta t}{t}$$

实际中，由于各分项 Δs 和 Δt 误差的符号不能确定，故为充分考虑误差，平均速度的相对误差应为

$$\frac{\Delta\bar{v}}{\bar{v}} = \left|\frac{\Delta s}{s}\right| + \left|\frac{\Delta t}{t}\right|$$

即平均速度的相对误差等于位移的相对误差和时间的相对误差的绝对值之和。于是

$$\frac{\Delta\bar{v}}{\bar{v}} = \frac{0.01}{1.00} + \frac{1}{234} \approx 1\% + 0.43\% = 1.43\%$$

平均速度的相对不确定度为

$$U_{\bar{v}r} = \sqrt{\left(\frac{\Delta s}{s}\right)^2 + \left(\frac{\Delta t}{t}\right)^2} = \sqrt{\left(\frac{0.01}{1.00}\right)^2 + \left(\frac{1}{234}\right)^2} \approx 1.0875\% \approx 1.09\%$$

平均速度为

$$\bar{v} = \frac{1.00 \times 10^{-2}}{234 \times 10^{-3}}\ \text{m/s} = 0.042735\ \text{m/s}$$

根据相对不确定度和绝对不确定度的关系，得

$$U_{\bar{v}} = \bar{v} \times U_{\bar{v}r} = 0.042735\ \text{m/s} \times 0.010875 \approx 0.000465\ \text{m/s} \approx 0.0005\ \text{m/s}$$

这种用相对不确定度和绝对不确定度的关系求得的绝对不确定度与上述直接用绝对不确定度公式求得的结果一致。绝对不确定度保留一位有效数字，只进不舍，结果为 $U_{\bar{v}} = 0.0005\ \text{m/s}$。平均速度 $\bar{v} = 0.042735\ \text{m/s}$，与绝对不确定度的小数点对齐，然后根据“四舍六入五凑偶”的法则得到其有效数字为0.0427。因此平均速度的结果可表示为

$$\bar{v} = (0.0427 \pm 0.0005)\ \text{m/s}$$

第2章　计算物理工具的运用

近些年来，随着信息技术的高速发展，大数据和人工智能深度学习得到了广泛的关注，计算物理、计算化学和计算生物等信息技术手段在自然科学各领域得到了广泛的应用，使得现代自然科学研究水平有了快速的提高。“工欲善其事，必先利其器。”熟悉并掌握计算物理工具是开展计算物理学习，应用计算物理于物理教学、物理理论和实验研究中的前提条件。本章从计算物理初步应用角度出发介绍几款常用的计算物理工具软件。

2.1　Excel的基本应用

Microsoft Excel是微软公司的办公软件Microsoft Office的组件之一，是Microsoft为Windows、Apple Macintosh、iOS和Android等系统编写和运行的一款计算表软件，广泛地应用于金融管理、统计财经等众多领域。Excel主要用于处理表格数据，对数据进行分析和统计等。本节介绍如何将Excel作为记录和处理物理实验数据的工具，如何使用它的数值计算、物理规律的图像表征、物理实验数据的拟合建模等功能。Excel使用图形界面，因此上手操作相对容易，对初学者或稍有计算机基础的人来说，是一个简单且友好的数据处理工具。

2.1.1　工作界面和基本功能

Excel 2016界面如图2.1.1所示，下面对界面元素的功能进行介绍。

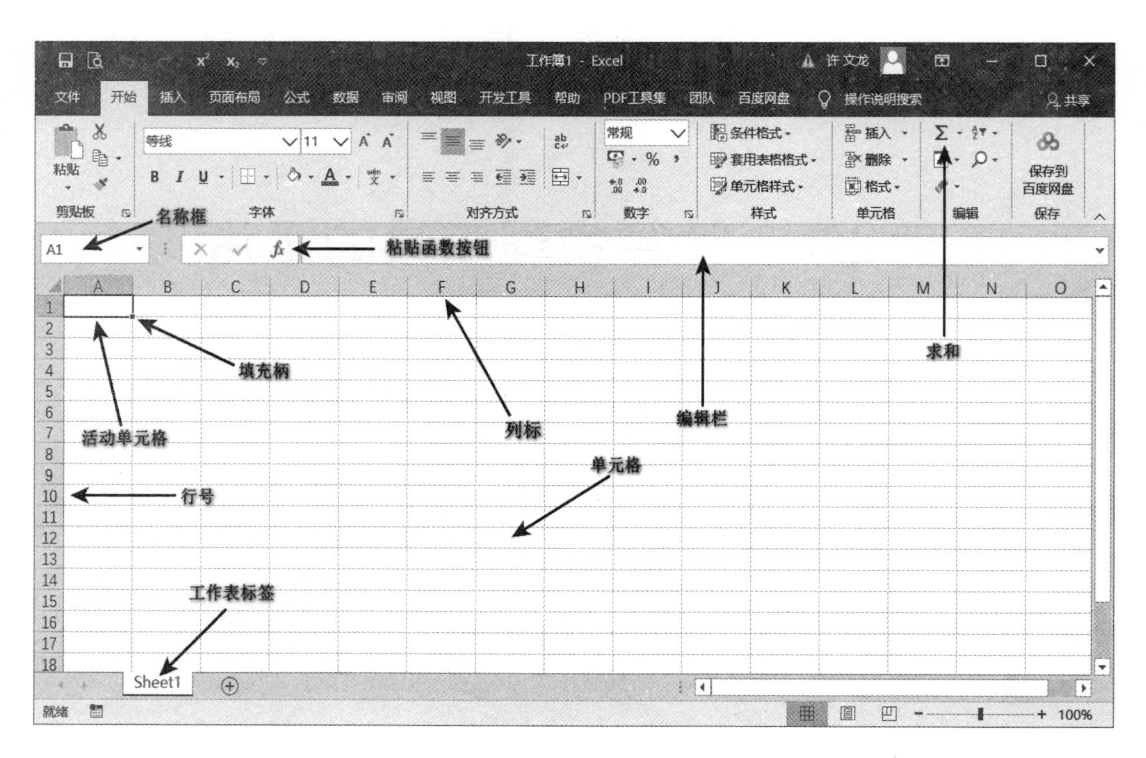

图 2.1.1

单元格 存储数据和内容。

活动单元格 处于输入、编辑、修改和删除状态的单元格。

单元格地址 用列标+行号表示,比如“H8”表示第 H 列第 8 号,也可以用“$H$8”表示,加入符号“$“表示单元格的绝对地址,复制、填充、引用时不会改变,用“$H8”和“H$8”也可以。

填充柄 当鼠标指针移动到某位置且填充柄变为“+”形状时,拖动填充柄可实现数据序列填充。

名称框 显示活动单元格的地址或单元格名称,也可以给单元格命名。

编辑栏 显示活动单元格中的内容。在活动单元格中输入数据、公式、函数或文字时,输入的内容会在单元格和编辑栏中同时呈现。

取消按钮 × 单击该按钮,可取消此次修改或输入操作。

输入按钮 ✓ 单击该按钮,可确定此次键入或修改操作。

粘贴函数按钮 fx 返回给定参数的函数值,如图 2.1.2 所示。

求和/平均值/计数/最大值/最小值等按钮 Σ 单击此按钮右边的下拉三角形,会弹出如图 2.1.3 所示界面。

增加小数位数按钮 选定单元格后,单击此按钮 1 次数据的小数位数加 1。

减小小数位数按钮 选定单元格后,单击此按钮 1 次数据的小数位数减 1。

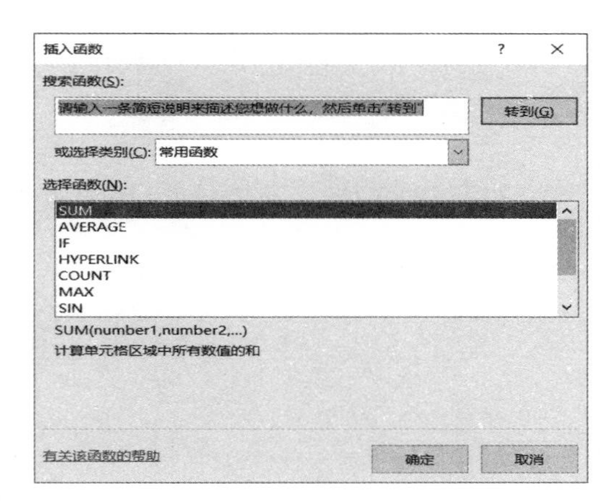

图 2.1.2

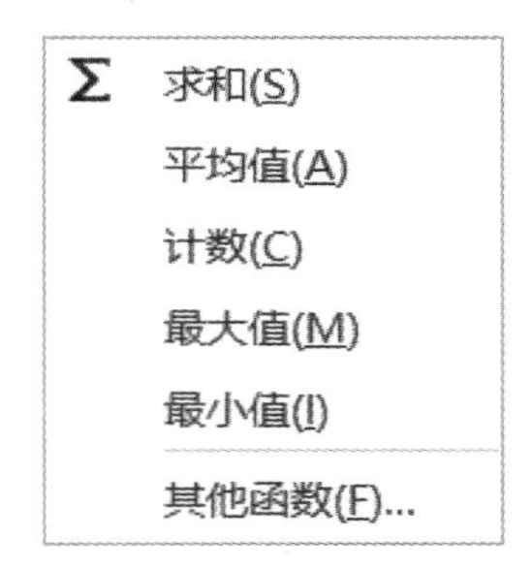

图 2.1.3

插入图表按钮 　单击 Ribbon 界面上的"插入"菜单项，弹出如图 2.1.4 所示界面。

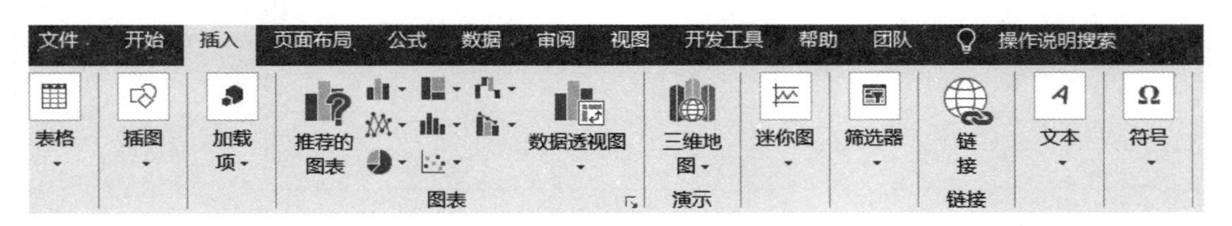

图 2.1.4

在 Excel 中输入需要记录的数据，如图 2.1.5 所示。

图 2.1.5

2.1.2　数值计算和数据拟合

数值计算是 Excel 的基本功能，本节将介绍 Excel 的简单数值计算，比如加、减、乘、除以及简单函数运算。Excel 常用运算符和基本函数如表 2.1.1 所示。

表 2.1.1

含义	符号	示例	备注
加法	+	$X+Y$ 或 B2+C3	其中 X, Y 代表数值
减法	−	$X-Y$ 或 B2−C3	
乘法	*	$X*Y$ 或 B2*C3	
除法	/	X/Y 或 B2/C3	
n 次方	^n	X^n 或 (B2)^n	n 可取分数
开方	sqrt	sqrt(X) 或 sqrt(B2)	其中 X, Y 代表数值
逻辑运算	true; false		
等于	=	B2=C3	
大于	>	B2>C3	
小于	<	B2<C3	
大于等于	>=	B2>=C3	
小于等于	<=	B2<=C3	
文本连接	&	B2&C3	
三角函数	正弦 sin(X)；余弦 cos(X)；正切 tan(X)；余切 cot(X) 等	sin(B2)；tan(B2)	
对数函数	自然对数 ln(X)；以 10 为底的对数 log(X)；任意底的对数 log(X, 底数)	ln(B2)；log(B2,C2)	

1. 数值计算

Excel 可提供强大的数值计算功能，下面以求图 2.1.6 中速度平方为例展示其数值计算功能。

① 用鼠标双击 D4 单元格进入编辑状态，并输入引号中的内容“=(D3)^2”，然后单击 ✔ 按钮，就会出现如图 2.1.6 所示界面。

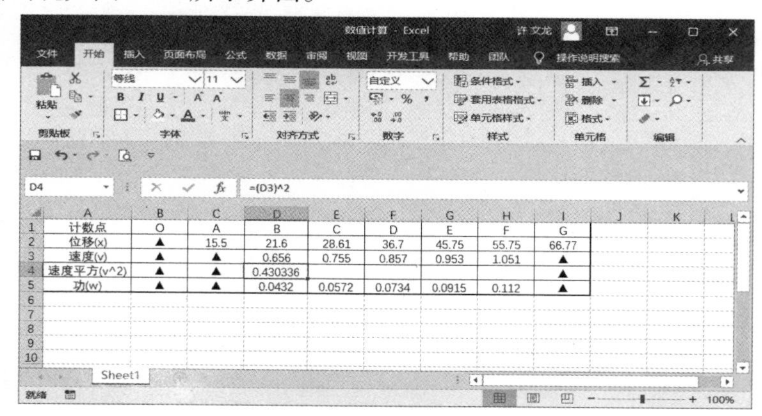

图 2.1.6

② 使 D4 单元格处于活动状态，单击工具栏 ⇢.00 按钮减小小数点后位数，单击此按钮 3 次后保留小数点后 3 位数字，如图 2.1.7 所示。

	A	B	C	D	E	F	G	H	I
1	计数点	O	A	B	C	D	E	F	G
2	位移(x)	▲	15.5	21.6	28.61	36.7	45.75	55.75	66.77
3	速度(v)	▲	▲	0.656	0.755	0.857	0.953	1.051	▲
4	速度平方(v^2)	▲	▲	0.430					▲
5	功(w)	▲	▲	0.0432	0.0572	0.0734	0.0915	0.112	▲

图 2.1.7

③ 使 D4 单元格处于活动状态，当鼠标移到 D4 单元格上填充柄处 且变为"+"形状时，按下鼠标左键向右水平拉到 F4 单元格复制公式填充，结果如图 2.1.8 所示。

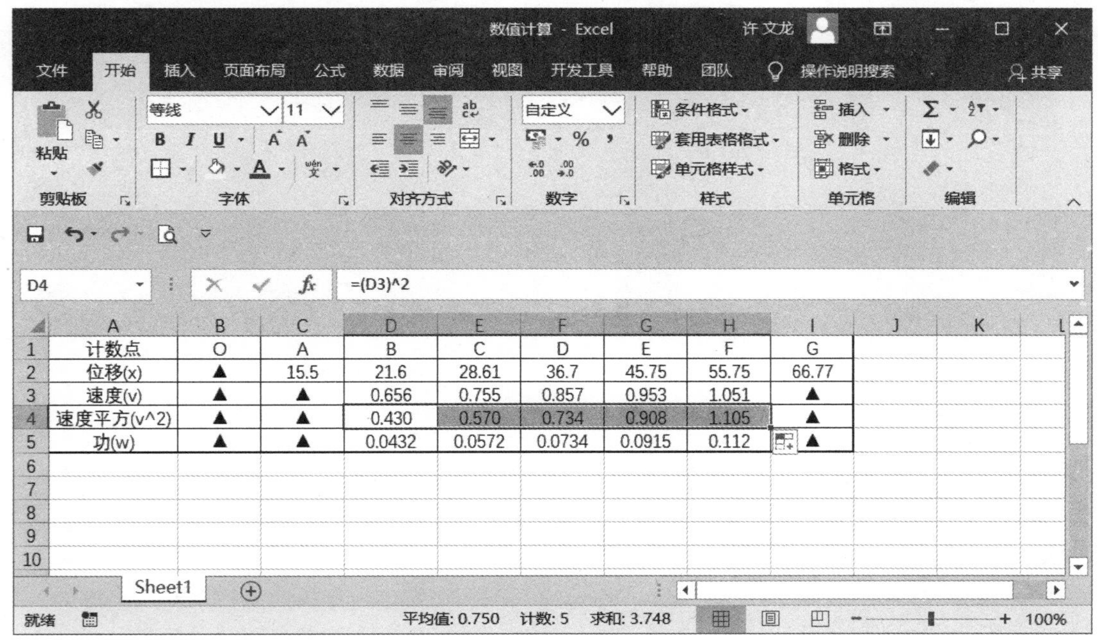

	A	B	C	D	E	F	G	H	I
1	计数点	O	A	B	C	D	E	F	G
2	位移(x)	▲	15.5	21.6	28.61	36.7	45.75	55.75	66.77
3	速度(v)	▲	▲	0.656	0.755	0.857	0.953	1.051	▲
4	速度平方(v^2)	▲	▲	0.430	0.570	0.734	0.908	1.105	▲
5	功(w)	▲	▲	0.0432	0.0572	0.0734	0.0915	0.112	▲

图 2.1.8

2. 数据拟合

Excel 可提供强大的数据拟合功能，下面以在散点图上添加趋势线为例展示其数据拟合功能。

① 单击 Ribbon 界面上的插入按钮，界面如图 2.1.9 所示，用鼠标选中所要拟合处理的数据，如 D4 : H5 区域。然后单击箭头所指的按钮，选择如图 2.1.10 所示的散点图（带平滑线和数据标记的），立刻生成图形。此处所拟合的数据为功与速度平方，拟合结果为直线。

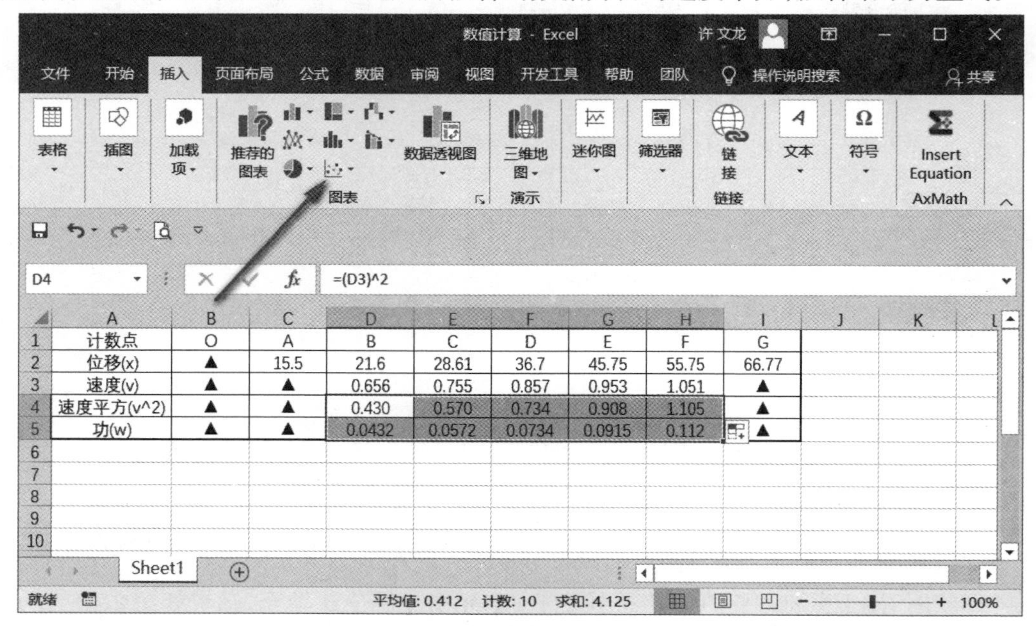

图 2.1.9

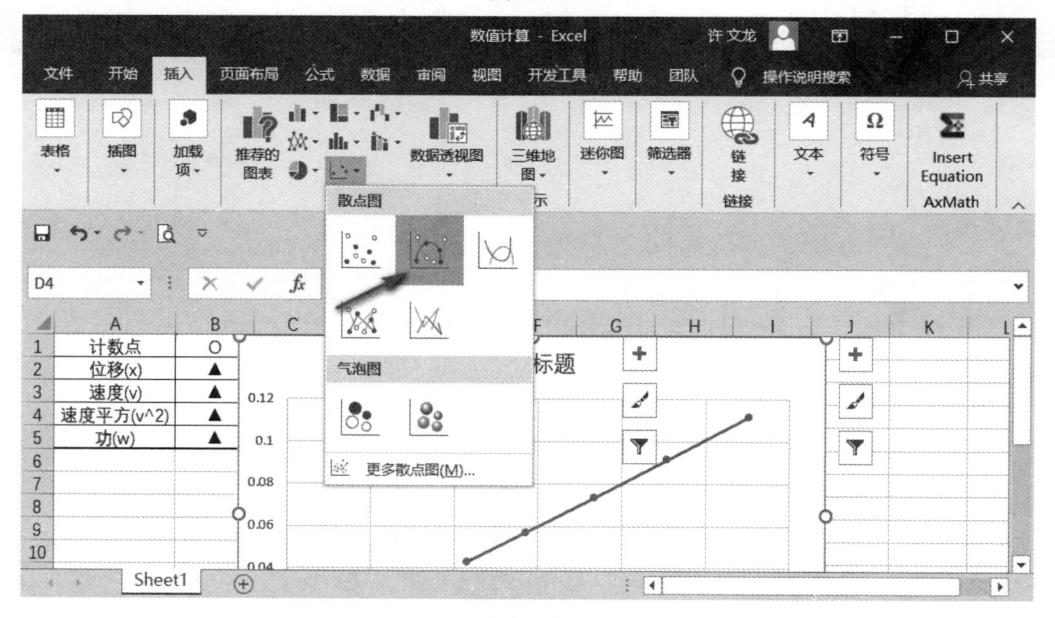

图 2.1.10

② 在生成的图表上双击图表区空白处，弹出如图 2.1.11 所示界面，在此界面的右侧设置图表区格式，用鼠标单击“图表选项”，弹出图表选项设置下拉框，在此处可以设置图表的横轴(水平轴)、纵轴(垂直轴)、标题等的格式。

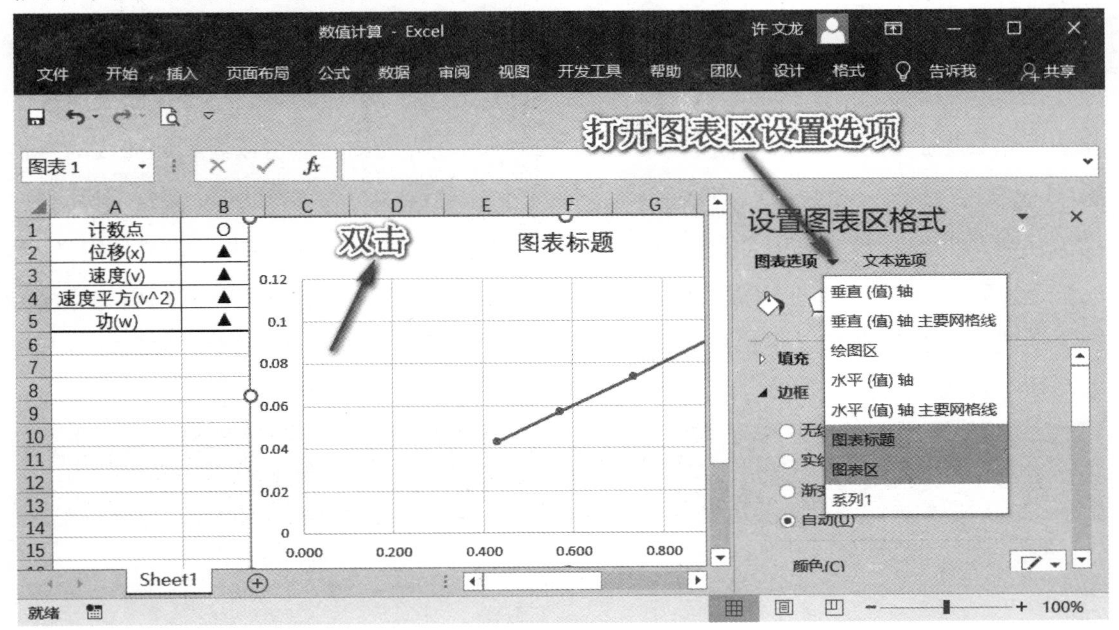

图 2.1.11

③ 我们也可以选择不连续的数据区域，例如按住键盘上的 Ctrl 键，用鼠标左键单击并拖动选择速度和功所在行数据，即选择 D3 : H3，D5 : H5 两个不连续区域，如图 2.1.12 所示。

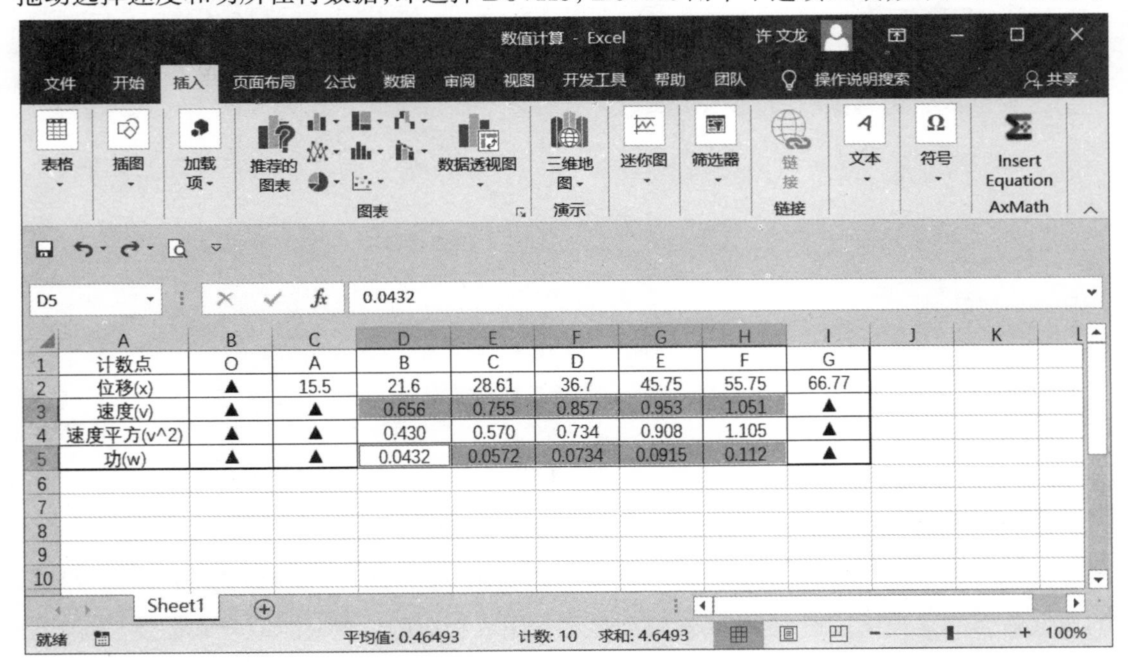

图 2.1.12

④ 仿照①中插入图表的步骤插入散点图,结果如图 2.1.13 所示。此时拟合的是功与速度的关系,结果为一曲线,但是这条曲线所对应的函数关系并不清楚,而我们实验的目的就是要探究出物理量之间的函数关系,以确定物理规律。

为了显示对应曲线的公式、截距、拟合误差等选项,我们需要做的是在所生成的图表曲线上用鼠标右键单击,弹出如图 2.1.14 所示界面,单击选择“添加趋势线”,将在图表曲线上添加反映数据内在联系的趋势曲线,如图 2.1.15 所示,在界面的右侧可以看到趋势线的各种选项,比如指数(X)、线性(L)、对数(O)、多项式(P)、乘幂(W)和移动平均(M)。我们可以尝试换用不同的趋势线去拟合数据,此外,Excel 也提供了自定义趋势线,单击“自定义”单选框,然后在右边的文本框中输入自定义函数即可。在物理实验研究过程中,利用趋势线与图表曲线的吻合程度判定实验数据反映的数学函数关系,可以很方便地找出数据背后所隐藏的物理规律。

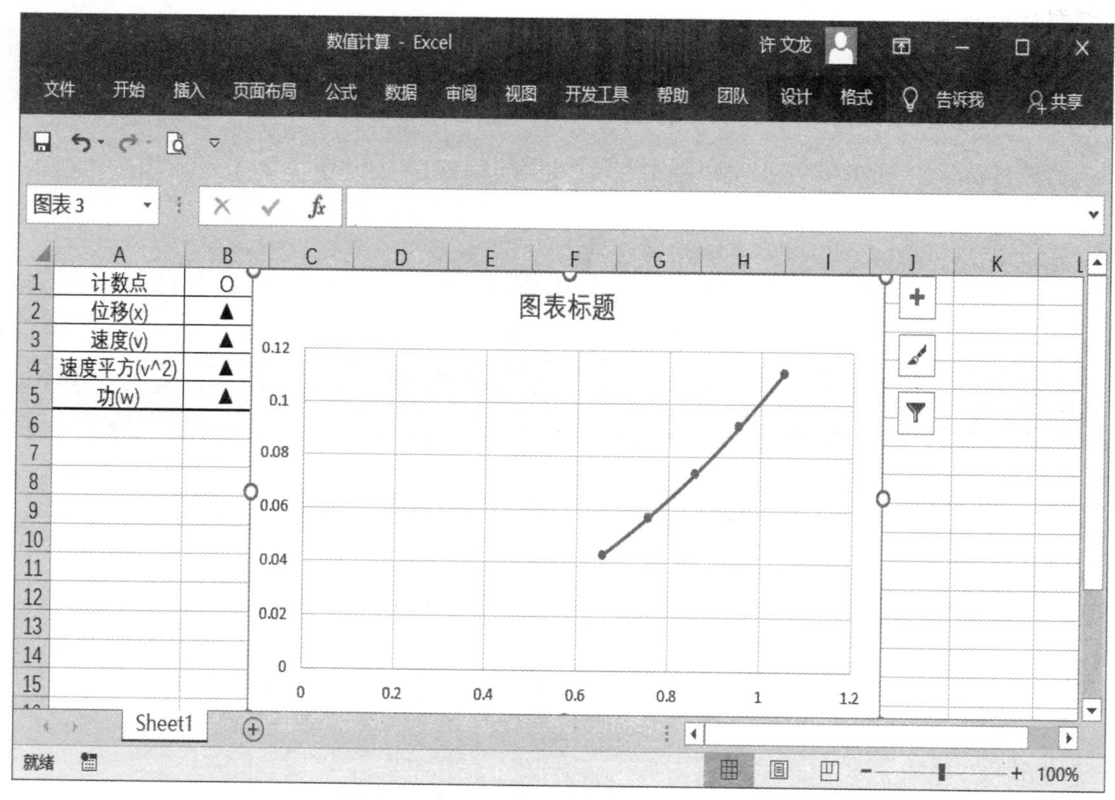

图 2.1.13

⑤ 拖动如图 2.1.15 所示右侧栏中的竖直滚动条到最底面,将看到“设置截距”“显示公式”“显示 R 平方值”(拟合误差的平方值),如图 2.1.16 所示。用鼠标单击钩选你所需要显示的属性前面的复选框按钮,这些属性将会显示在图表相应的位置,比如,经常需要显示趋势线方程和拟合误差。

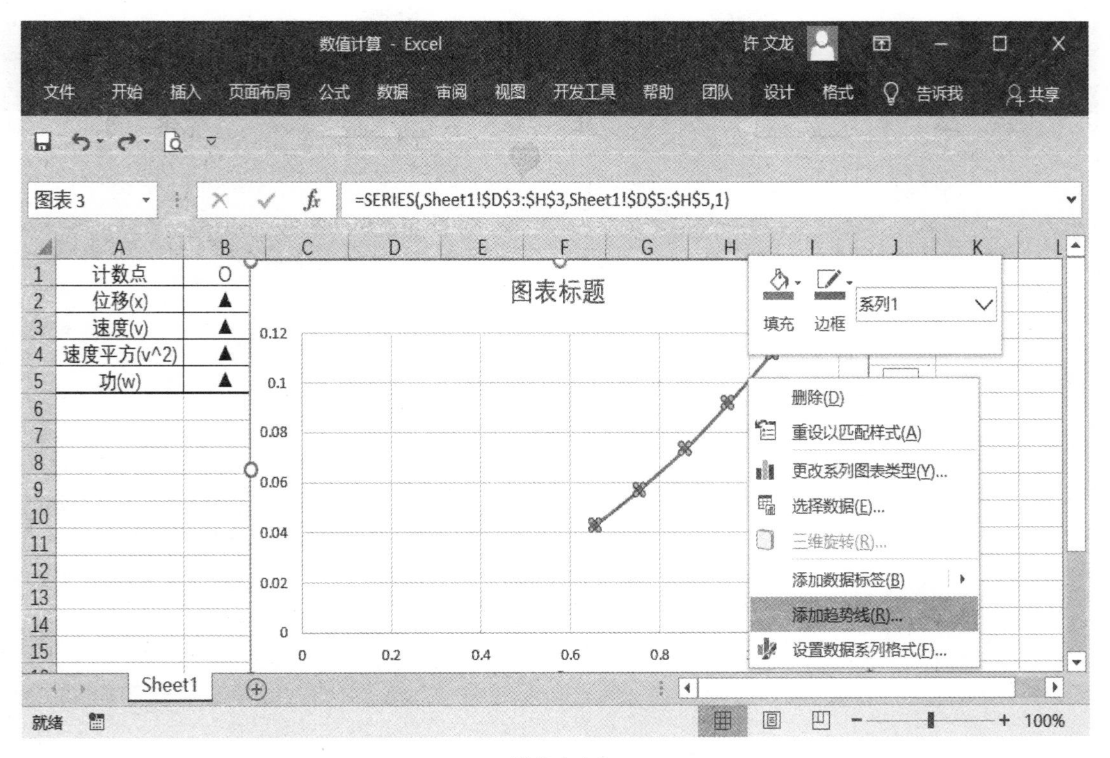
数值计算 - Excel
许文龙
文件 开始 插入 页面布局 公式 数据 审阅 视图 开发工具 帮助 团队 设计 格式 告诉我 共享
图表 3
=SERIES(,Sheet1!$D$3:$H$3,Sheet1!$D$5:$H$5,1)
计数点
位移(x)
速度(v)
速度平方(v^2)
功(w)
图表标题
填充 边框 系列1
删除(D)
重设以匹配样式(A)
更改系列图表类型(Y)...
选择数据(E)...
三维旋转(R)...
添加数据标签(B)
添加趋势线(R)...
设置数据系列格式(F)...
Sheet1
就绪
100%

图 2.1.14

数值计算 - Excel
许文龙
文件 开始 插入 页面布局 公式 数据 审阅 视图 开发工具 帮助 团队 设计 格式 告诉我 共享
图表 3
计数点
位移(x)
速度(v)
速度平方(v^2)
功(w)
图表标题
设置趋势线格式
趋势线选项
趋势线选项
指数(X)
线性(L)
对数(O)
多项式(P)
阶数(D)
Sheet1
就绪
100%

图 2.1.15

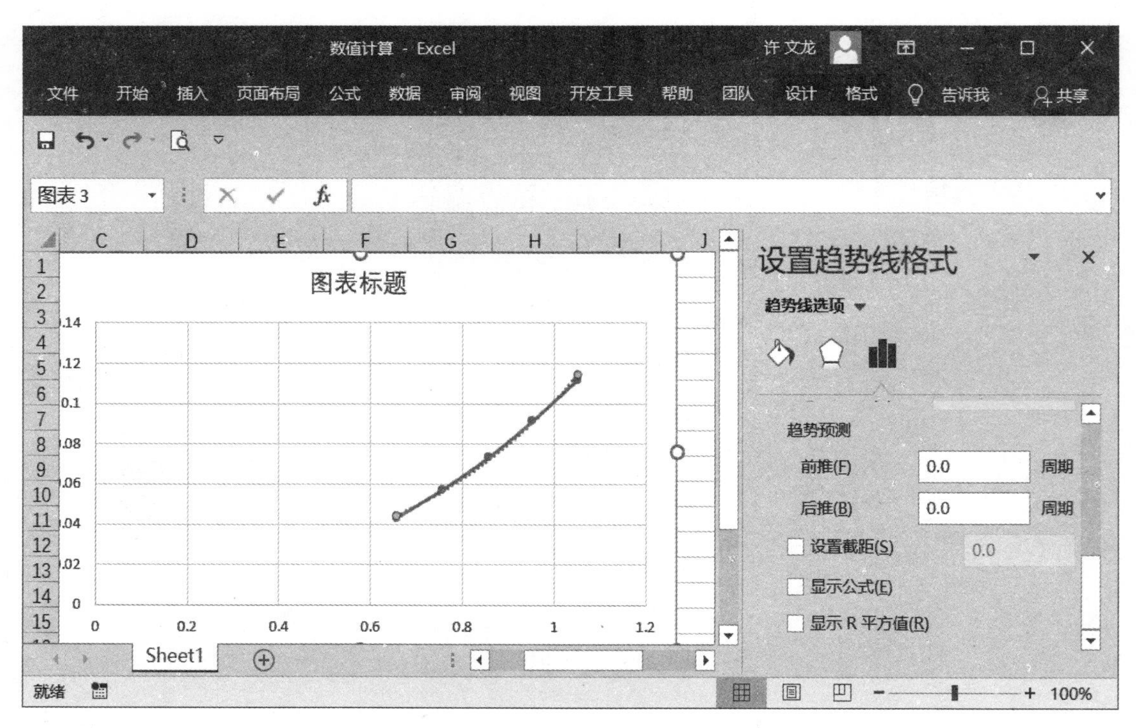

图 2.1.16

⑥ 下面分别用指数、对数、多项式、乘幂去拟合功与速度的关系，以寻找数据背后的最佳拟合趋势曲线，如图 2.1.17 所示。

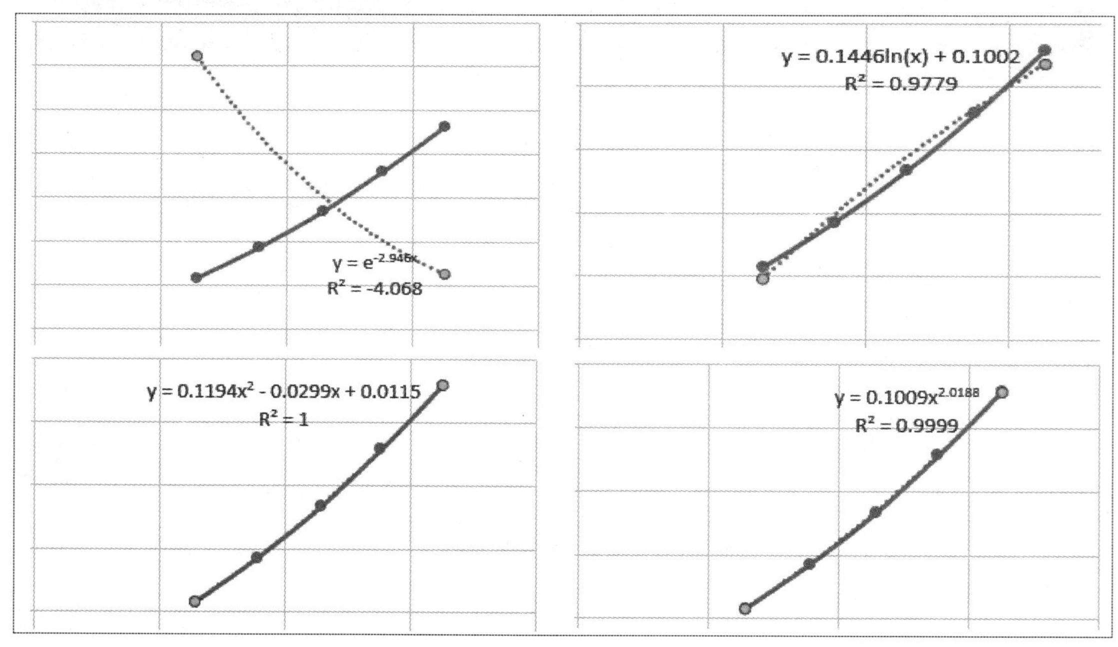

图 2.1.17

从拟合结果来看，趋势线与图表曲线吻合最好的是第 3 幅图，拟合误差 $R^2=1$，其拟合公式为

$$y = 0.1194x^2 - 0.0299x + 0.0115$$

因此,功与速度之间的关系满足

$$W = 0.1194v^2 - 0.0299v + 0.0115$$

注 我们也可以在拟合出图表后直接改变数据,即先在图表曲线上单击鼠标右键弹出如图 2.1.14 所示菜单,再单击选择数据弹出如图 2.1.18 所示界面。

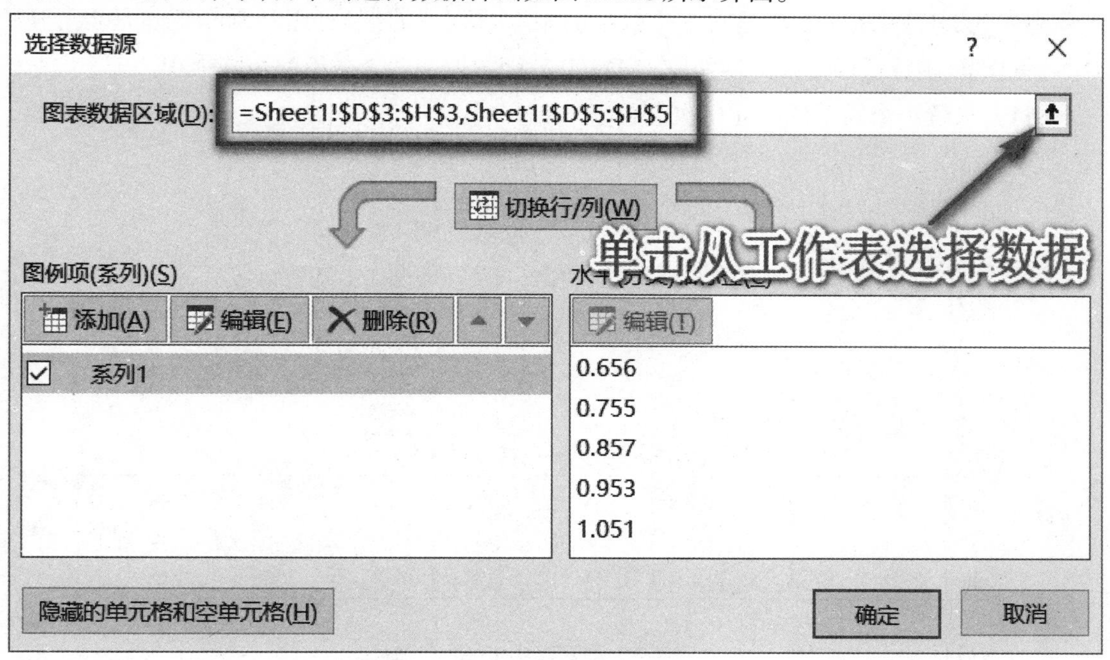

图 2.1.18

2.1.3 求解多元一次方程组

本节列出了使用 Excel 求解多元一次方程组的三种常用方法,它们分别是矩阵法、克拉默法则和规划求解。

1. 矩阵法

使用矩阵法求解多元一次方程组的原理是:设由 n 个未知数组成的多元一次方程组

$$\begin{cases} a_{11}x_1 + a_{12}x_2 + \cdots + a_{1n}x_n = b_1 \\ a_{21}x_1 + a_{22}x_2 + \cdots + a_{2n}x_n = b_2 \\ \cdots \\ a_{n1}x_1 + a_{n2}x_2 + \cdots + a_{nn}x_n = b_n \end{cases}$$

写成矩阵形式为 $\boldsymbol{A}\boldsymbol{x} = \boldsymbol{b}$,其中 $\boldsymbol{A}$ 为系数矩阵,是 $n \times n$ 的方阵,$\boldsymbol{x}$ 为 n 个变量构成的列向量,$\boldsymbol{b}$ 为 n 个常数项构成的列向量。当它的系数矩阵可逆,或者说对应的行列式 $|\boldsymbol{A}|$ 不等于 0 时,由 $\boldsymbol{A}\boldsymbol{x} = \boldsymbol{b}$ 可得 $\boldsymbol{x} = \boldsymbol{b} \times \boldsymbol{A}^{-1}$,其中 $\boldsymbol{A}^{-1}$ 为 $\boldsymbol{A}$ 的逆矩阵。具体矩阵形式如下:

$$
\begin{bmatrix} a_{11} & a_{12} & \cdots & a_{1n} \\ a_{21} & a_{22} & \cdots & a_{2n} \\ \vdots & \vdots & & \vdots \\ a_{n1} & a_{n2} & \cdots & a_{nn} \end{bmatrix} \begin{bmatrix} x_1 \\ x_2 \\ \vdots \\ x_n \end{bmatrix} = \begin{bmatrix} b_1 \\ b_2 \\ \vdots \\ b_n \end{bmatrix}
$$

利用Excel提供的MDETERM、MINVERSE和MMULT等函数即可求解多元一次方程组。MDETERM函数返回一个数组的矩阵行列式的值，可用其判断矩阵是否可逆；MINVERSE函数返回矩阵的逆矩阵；MMULT函数返回两个数组的矩阵乘积。

例1 求解一个简单的三元一次方程组

$$
\begin{cases} 13x_1 + 6x_2 + 14x_3 = 14 \\ 6x_1 + 14x_2 + 36x_3 = 36 \\ 14x_1 + 36x_2 + 98x_3 = 98 \end{cases}
$$

解 ① 在Excel单元格中输入方程组的增广矩阵，如图2.1.19所示。

F12 　=MDETERM(D7:F9)

	A	B	C	D	E	F	G	H	I	J	K
1	用Excel解多元一次方程组之矩阵法										
2	{	13	x0	+	6	x1	+	14	x2	=	14
3		6	x0	+	14	x1	+	36	x2	=	36
4		14	x0	+	36	x1	+	98	x2	=	98
5											
6	得到方程组的增广矩阵										
7				13	6	14	14				
8				6	14	36	36				
9				14	36	98	98				
10											
11	判断矩阵是否可逆										
12	输入函数MDETERM(D7:F9)得					764		不等于0可逆			
13											
14	未知数向量			解得的结果							
15	x0=	-0									
16	x1=	0									
17	x2=	1									

图 2.1.19

② 在任一空单元格中输入"=MDETERM(D7:F9)"，此处是在F12单元格中输入（注：不包括引号，后同），界面如图2.1.20所示，单击 ✔ 按钮计算系数行列式的值，其结果不等于0，如图2.1.21所示，说明矩阵可逆方程有解。

MDETERM　=MDETERM(D7:F9)

	A	B	C	D	E	F	G	H	I	J	K
1	用Excel解多元一次方程组之矩阵法										
2	{	13	x0	+	6	x1	+	14	x2	=	14
3		6	x0	+	14	x1	+	36	x2	=	36
4		14	x0	+	36	x1	+	98	x2	=	98
5											
6	得到方程组的增广矩阵										
7				13	6	14	14				
8				6	14	36	36				
9				14	36	98	98				
10											
11	判断矩阵是否可逆										
12	输入函数MDETERM(D7:F			=MDETERM(D7:F9)				等于0可逆			
13				MDETERM(array)							
14	未知数向量			解得的结果							
15	x0=	-0									
16	x1=	0									
17	x2=	1									

在F12单元格

图 2.1.20

MDETERM　=MMULT(MINVERSE(D7:F9),G7:G9)

	A	B	C	D	E	F	G	H	I	J	K	L	M	N
1	用Excel解多元一次方程组之矩阵法													用
2	{	13	x0	+	6	x1	+	14	x2	=	14			13
3		6	x0	+	14	x1	+	36	x2	=	36		A	6
4		14	x0	+	36	x1	+	98	x2	=	98			14
5													A=	764
6	得到方程组的增广矩阵													
7				13	6	14	14							14
8				6	14	36	36						A1	36
9				14	36	98	98							98
10													A1=	0
11	判断矩阵是否可逆													
12	输入函数MDETERM(D7:F9)得				764			不等于0可逆						
13														
14	未知数向量			解得的结果									未知数向量	
15	x0=	=M											x0=	0
16	x1=	0											x1=	0
17	x2=	1											x2=	1

在编辑栏中输入数组函数

图 2.1.21

③ 由于方程组有3个未知数，故选择3个连续的单元格作为输出方程的解，此处选择了B15 : B17区域，然后在编辑栏中输入"＝MMULT(MINVERSE(D7 : F9)，G7 : G9)"，如图2.1.21所示。公式输入完毕后按Ctrl＋Shift＋Enter三个组合键结束，计算结果如图2.1.20中B15 : B17单元格所示。

注 必须按这三个组合键结束，否则无法进行数组计算，不能通过单击 ✔ 按钮计算。这里简单解释一下公式MMULT(MINVERSE(D7 : F9)，G7 : G9)。MINVERSE(D7 : F9)表示求D7 : F9对应的系数矩阵的逆矩阵，MMULT(MINVERSE(D7 : F9)，G7 : G9)表示系数矩阵D7 : F9的逆矩阵乘以常用项矩阵G7 : G9，即$b \times A^{-1}$。

2. 克拉默法则

若线性方程组的系数行列式$D \neq 0$，则方程组有唯一的解，且方程组的解为

$$x_1 = \frac{D_1}{D},\quad x_2 = \frac{D_2}{D},\quad \cdots,\quad x_n = \frac{D_n}{D}$$

此即为克拉默法则。该法则将行列式用于解线性方程组。

例2 求解一个简单的三元一次方程组，以说明如何使用克拉默法则：

$$\begin{cases} 2x_1 - x_2 - x_3 = 4 \\ 3x_1 + 4x_2 - 2x_3 = 11 \\ 3x_1 - 2x_2 + 4x_3 = 11 \end{cases}$$

解 由于该方程组的系数行列式$D = \begin{vmatrix} 2 & -1 & -1 \\ 3 & 4 & -2 \\ 3 & -2 & 4 \end{vmatrix} = 60 \neq 0$，故该方程组有唯一的解。

因为

$$D_1 = \begin{vmatrix} 4 & -1 & -1 \\ 11 & 4 & -2 \\ 11 & -2 & 4 \end{vmatrix} = 180,\quad D_2 = \begin{vmatrix} 2 & 4 & -1 \\ 3 & 11 & -2 \\ 3 & 11 & 4 \end{vmatrix} = 60,\quad D_3 = \begin{vmatrix} 2 & -1 & 4 \\ 3 & 4 & 11 \\ 3 & -2 & 11 \end{vmatrix} = 60$$

所以

$$x_1 = \frac{D_1}{D} = 3,\quad x_2 = \frac{D_2}{D} = 1,\quad x_3 = \frac{D_3}{D} = 1$$

例3 在Excel中用克拉默法则解线性方程组，待解方程如下：

$$\begin{cases} 13x_1 + 6x_2 + 14x_3 = 14 \\ 6x_1 + 14x_2 + 36x_3 = 36 \\ 14x_1 + 36x_2 + 98x_3 = 98 \end{cases}$$

解 ① 在Excel中输入系数行列式、替换常数项行列式，如图2.1.22所示。

② 在任意空白单元格中，此处是在N5、N10、S5、S10单元格中分别输入公式"＝MDETERM(N2:P4)""＝MDETERM(N7:P9)""＝MDETERM(S2:U4)""＝MDETERM(S7:U9)"，计算出对应行列式的值分别为N5=764，N10=0，S5=0，S10=764。

	L	M	N	O	P	Q	R	S	T	U	V
1		用Excel解多元一次方程组之克拉默法则									
2			13	6	14			13	14	14	
3		A	6	14	36		A2	6	36	36	
4			14	36	98			14	98	98	
5		A=	764				A2=	0			
6											
7			14	6	14			13	6	14	
8		A1	36	14	36		A3	6	14	36	
9			98	36	98			14	36	98	
10		A1=	0				A3=	764			
11											
12											
13											
14		未知数向量			解得的结果						
15		x0=	0								
16		x1=	0								
17		x2=	1								

图 2.1.22

③ 在 N15、N16、N17 单元格中分别输入公式“=N10/\$N\$5”“=S5/\$N\$5”“=S10/\$N\$5”，计算出对应行列式的值分别为 N15=0，N16=0，N17=1，如图 2.1.22 所示，即方程的解为 $x_1=0$，$x_2=0$，$x_3=1$。

3. 规划求解

规划求解是 Excel 中的一种加载项，是一种模拟分析工具，它通过调整可变单元格的值来查找满足所设定条件的最优值。以上述三元一次方程组为例，在 Excel 2016 中的操作方法参考例 2。

例4　用规划加载项解线性方程组。在 Excel 单元格中输入例 3 中的线性方程组所对应的增广矩阵，如图 2.1.23 所示。

W1　　用Excel解多元一次

	V	W	X	Y	Z	AA	AB
1		用Excel解多元一次方程组之规划求解					
2			13	6	14	14	
3			6	14	36	36	
4			14	36	98	98	
5							
6		未知数向量					
7		x0=	0	14			
8		x1=	0	36			
9		x2=	1	98			

图 2.1.23

解 ① 加载“规划求解加载项”。如图 2.1.24 所示,依次单击 Ribbon 界面上的“开发工具”“Excel 加载项”后,钩选“规划求解加载项”并单击“确定”。

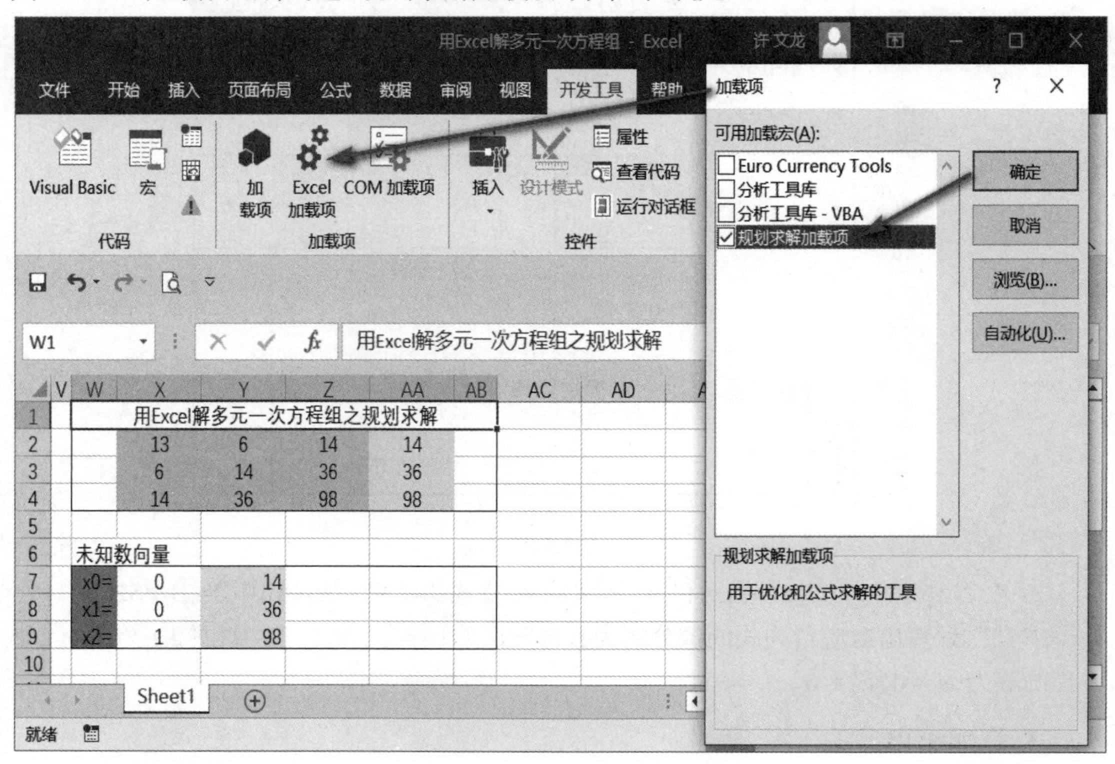

图 2.1.24

② 设置公式。本例以 X7 : X9 为可变单元格,规划求解的结果将在该区域产生,即存放 x_1、x_2、x_3 的解,其默认的初始值为 0。在 Y7 : Y9 区域设置公式,即以 X7 : X9 为未知数代入方程左侧。Y7 中的公式为“= X2 * $X$7 + Y2 * $X$8 + Z2 * $X$9”, Y8 中的公式为“= X3 * $X$7 + Y3 * $X$8 + Z3 * $X$9”, Y9 中的公式为“= X4 * $X$7 + Y4 * $X$8 + Z4 * $X$9”。实际操作中,只需在 Y7 中输入公式,然后通过复制填充柄向下填充到 Y8 和 Y9 区域,公式中用到了绝对引用符号“$”,目的是复制填充时不改变所引用的单元格,如图 2.1.25 所示。设置公式的理论依据是系数矩阵的行向量乘以未知数向量等于常数,如方程 $13x_1 + 6x_2 + 14x_3 = 14$ 可表示为

$$[13 \quad 6 \quad 14] \times \begin{bmatrix} x_1 \\ x_2 \\ x_3 \end{bmatrix} = 14$$

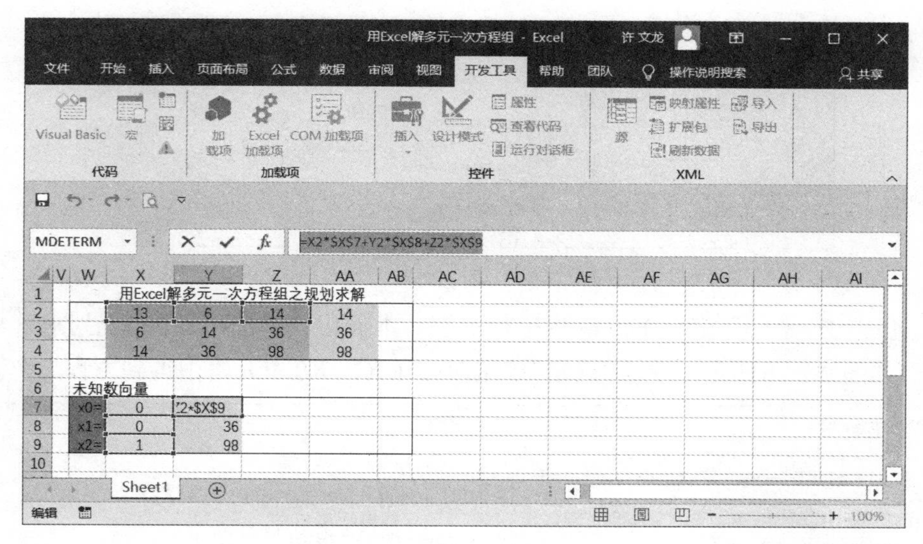

图 2.1.25

③ 在Ribbon界面的“数据”选项卡的“分析”组中单击“规划求解”按钮，弹出“规划求解参数”对话框，将“通过更改可变单元格”设为X7∶X9，如图2.1.26所示；在“遵守约束”下添加约束条件，单击“添加”按钮，弹出“添加约束”对话框，将“单元格引用”设置为Y7单元格，“约束”设置为AA2单元格，如图2.1.27所示；继续单击“添加”按钮，3个方程需要添加3个约束条件，结果如图2.1.26所示。

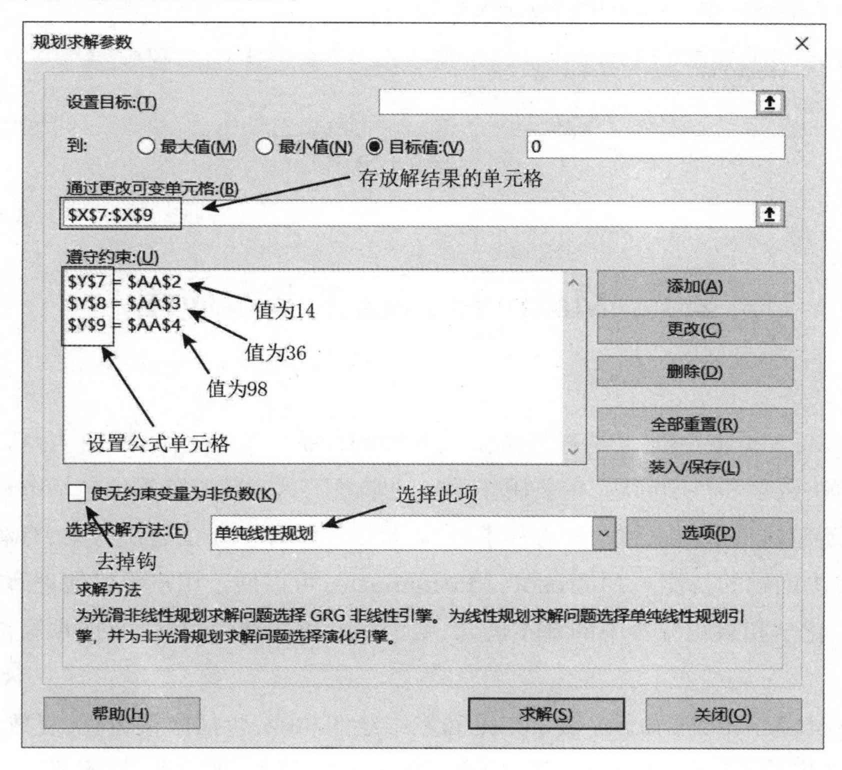

图 2.1.26

添加约束
单元格引用:(E)
$Y$7
=
约束:(N)
=$AA$2
确定(O)
添加(A)
取消(C)

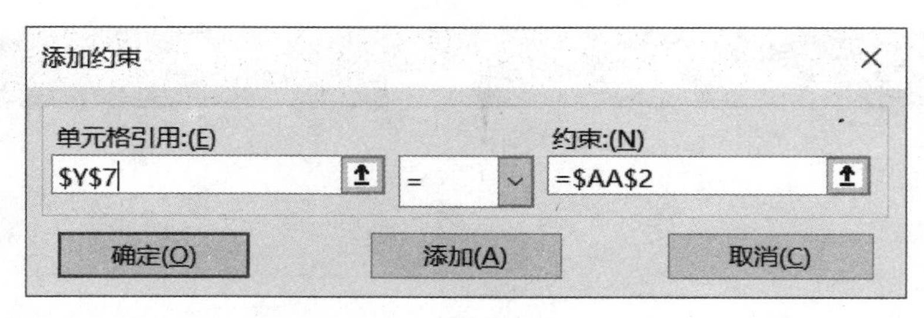

图 2.1.27

④ 单击“求解”按钮，Excel 将进行求解。本例很快弹出下面的“规划求解结果”对话框，如图 2.1.28 所示。单击“确定”按钮即可在 X7 : X9 单元格中得到方程的解。

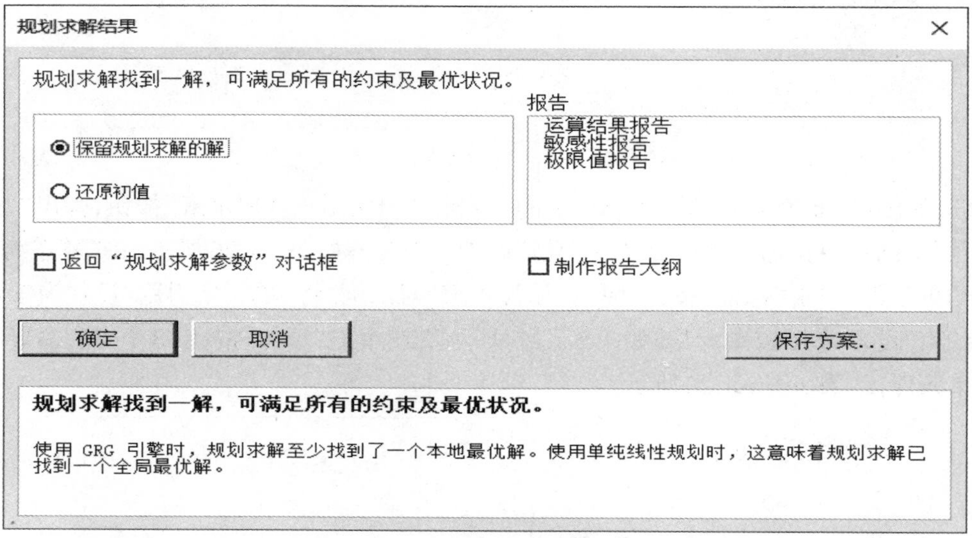

规划求解结果
规划求解找到一解，可满足所有的约束及最优状况。
报告
保留规划求解的解
还原初值
运算结果报告
敏感性报告
极限值报告
返回“规划求解参数”对话框
制作报告大纲
确定
取消
保存方案...
规划求解找到一解，可满足所有的约束及最优状况。
使用 GRG 引擎时，规划求解至少找到了一个本地最优解。使用单纯线性规划时，这意味着规划求解已找到一个全局最优解。

图 2.1.28

2.2 Mathematics 的基本应用

Microsoft Mathematics 是一款由微软开发和维护的教育软件，提供给 Windows 用户使用以解决数学和科学问题，主要用作学生的学习工具。其工具不仅包括图形计算器及单位换算，还包括三角形求解器和方程求解器，提供了一步一步的解决方案，有利于学生进一步学习解决问题的技能。Microsoft Mathematics 可以便于用户更好地理解初等代数、三角、物理、化学和微积分等中的基本概念，帮助用户解决数学、科学及技术等领域的相关问题。

Microsoft Mathematics 提供了二维和三维绘图功能，包括向量运算、复数运算、统计概率运算、集合运算、矩阵运算、导数积分及极限数列运算等函数。Microsoft

Mathematics 的工作界面如图 2.2.1 所示。

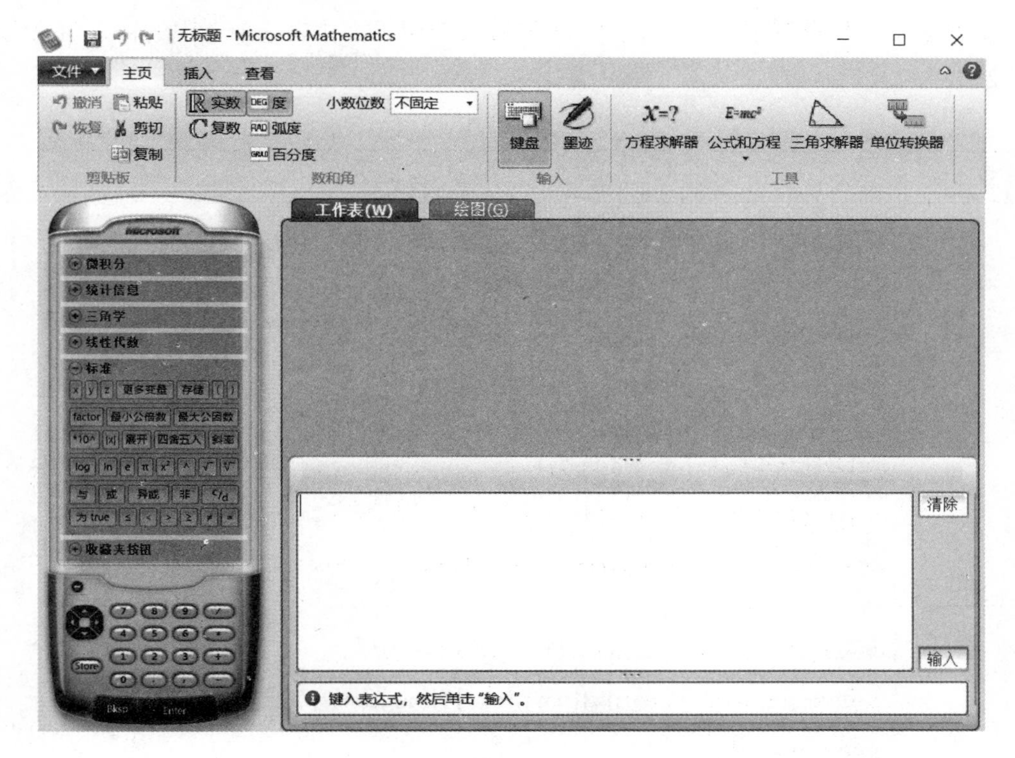

图 2.2.1

计算器面板　计算器面板包括数字面板和以下按钮组：微积分、统计信息、三角函数、线性代数、标准及收藏夹等。

工作表选项卡　工作表选项卡可执行多数的数值运算和处理。工作表选项卡包括输入窗格和输出窗格。用户可以使用键盘、鼠标或墨迹输入数学表达式。完成表达式后，Microsoft Mathematics 将用符号或数值方式计算该表达式的值，然后显示在输出窗格中。输出可能包括分步求解过程或其他有关解的信息。

绘图选项卡　绘图选项卡用于创建数学图形，它包括用于输入需要绘制的函数、方程（参数方程）、不等式或数据集。为了能在绘制某个图形后使用该图，绘图选项卡还包含一个描述图形中绘制内容的窗格和一个显示图形的窗格。

功能区　功能区用于帮助用户快速查找完成任务所需的命令。这些命令被分成许多逻辑组，这些逻辑组将根据相应的选项卡集合在一起。每个选项卡都与一种活动相关。为避免混乱，某些选项卡只在需要时才显示，例如绘图工具选项卡只在绘图时才显示。

2.2.1　Mathematics 方程求解

Microsoft Mathematics 求解方程的函数有三个，分别是 solve( )、nsolve( ) 和 solveIneq( )。solveIneq( ) 函数返回一个简单或复合不等式的解。复合不等式包含由逻辑运算符“and”“or”“not”“xor”连接的多个不等式。如果不等式包含多个变量，则依据剩余变量对某个变量求解不等式。上述三个函数仅能用于工作表选项卡中的输入窗格，详见表 2.2.1。

表 2.2.1

函数名称	用途、语法及示例
solve	函数返回一个或多个方程的解，多个方程以等号分隔。语法格式如下： solve(eq,var) solve({eq1,eq2,⋯,eq$n$},{var1,var2,⋯,var$n$}) 示例： 求解关于变量 x 的一个方程 solve(x^3 − 27 = 0) 求解关于变量 t 的一个方程 solve(t − 5t + 6 = 0,t) 求解关于变量 x 和 y 的两个方程 solve({3x + 4y = 7,4x − 3y = 2}) 求解关于变量 x_1、x_2 和 x_3 的三个方程 solve({2x_1 − 3x_2 + 5x_3 = 19,4x_1 + 3x_2 − 5x_3 = 7,−2x_1 + 3x_2 − 6x_3 = 12}) 求解关于变量 r、s 和 t 的三个方程 solve({3r − 5s + 4t = 17,2r + 4s − 6t = 8,−2r + 3s − 6t = 12},{r,s,t})
nsolve	函数返回一个或多个方程的数值解。语法格式如下： nsolve({eq1,eq2,⋯,eq$n$},{{var1},{var2},⋯,{var$n$}}) nsolve({eq1,eq2,⋯,eq$n$},{{var1,init1},{var2,init2},⋯,{var$n$,init$n$}}) nsolve({eq1,eq2,⋯,eq$n$},{{var1,min1,max1},{var2,min2,max2},⋯,{var$n$, min$n$, max$n$}}) nsolve({eq1,eq2,⋯,eq$n$},{{var1,min1,init1,max1},{var2,min2,init2,max2},⋯,{var$n$,min$n$,init$n$,max$n$}}) 示例： 求解关于变量 x 的一个方程 nsolve(x + cos(x) = 0.3) 求解关于变量 t 的一个方程 nsolve(t^2 − 2cos(t) + 1 = 0,{t,−pi/2,pi/2}) 求解关于变量 x 和 y 的两个方程 nsolve({x + y = 0.2, x = cos(y)},{{x},{y,−2,2}})
solveIneq	函数返回一个简单或复合不等式的解。语法格式如下： solveIneq(ineq,var) 示例： 求解关于变量 x 的一个简单不等式 solveIneq(x^3 − 27 < 0) 求解关于变量 t 的一个简单不等式 solveIneq(t^2 − 5t + 6 > 0,t) 求解关于变量 x 的一个复合不等式 solveIneq(3x > 8 and 4x < 12) 求解关于变量 x 的一个复合不等式 solveIneq(3x > 5 and not (4x < 8))

Microsoft Mathematics 中也可以采用矩阵来解线性方程组，下面介绍用于求解线性方程组的矩阵函数，详见表 2.2.2。Microsoft Mathematics 存储表达式的符号为“:=”或“−>”，输入变量名后，先键入“:=”或“−>”，再输入表达式，最后按 Enter 键即可存储。

表 2.2.2

函数名称	用途、语法及示例
matrix	输入单词 matrix 紧跟左括号“{”，后跟逗号分隔的一组数列（每个数列包含矩阵的一行元素），最后以右括号“}”结束。语法格式如下： matrix{{3,4},{5,6}} 若要将数据集存储为变量 x，则在右括号后键入 −> x。 示例： matrix{{3,4},{5,6}} −> x 或 x := matrix{{3,4},{5,6}} 最后按键盘上的 Enter 键
reduce	此函数返回矩阵的简化梯阵，简化梯阵在解线性方程组 $Ax=b$（其中 A 是系数矩阵，x 是未知变量的列向量，向量的示例包括力和速度，b 是列向量）时最有用。如果将列向量 b 添加为矩阵 A 的最后一列，则为增广矩阵。在简化梯阵中，增广矩阵的最后一列可用于得出参数方程的解。 将增广矩阵存储为变量 A，然后化简求解。 示例： A := matrix{{3,6,7,5},{5,10,4,5},{2,6,8,12}} reduce(A)
linearSolve	此函数返回线性方程 $Ax=b$ 的解，其中 A 为系数矩阵，x 为未知变量的列向量，物理学中常见的向量有力和速度等，b 为列向量。语法格式如下： linearSolve(matrix,b) 将矩阵存储为变量 A，然后对包含 A 的线性方程组求解。 示例： A := matrix{{3,4,8},{4,6,11},{3,5,12}} linearSolve(A,{2,3,4})

例1　求解方程 $x^3+2x^2-2x-1=0$。

解　在下方窗格中输入方程，单击“输入”按钮，结果如图 2.2.2 所示。

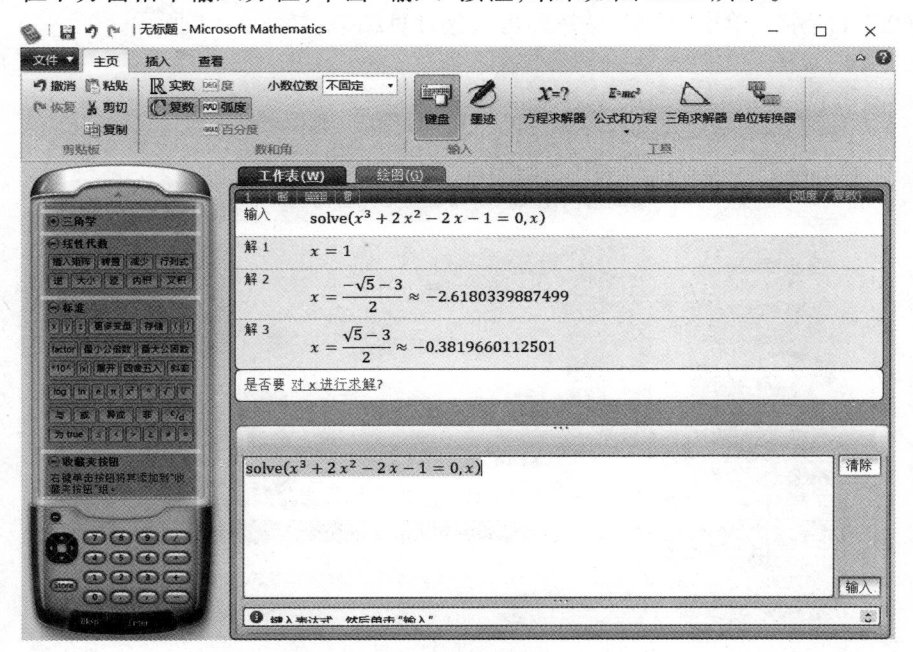

图 2.2.2

例2 用Mathematics求解方程组

$$
\begin{cases}
13x_1 + 6x_2 + 14x_3 = 14 \\
6x_1 + 14x_2 + 36x_3 = 36 \\
14x_1 + 36x_2 + 98x_3 = 98
\end{cases}
$$

解 (解法1)在输入窗格中输入待解方程组,如图2.2.3所示,然后单击“输入”按钮即得结果。

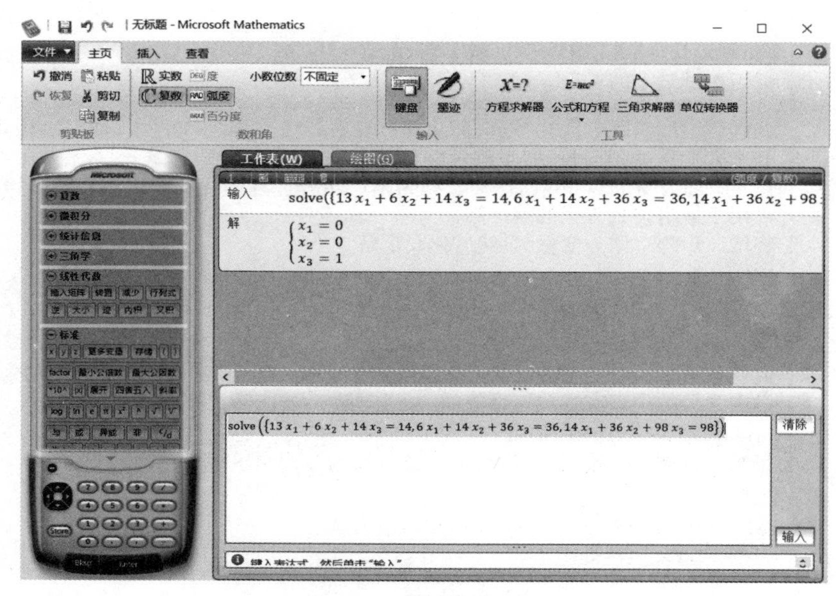

图2.2.3

(解法2)在工作界面上点击上方的“方程求解器”,先选择输入方程个数,再输入方程组,如图2.2.4所示。单击“求解”按钮即可得到计算结果,如图2.2.5所示。

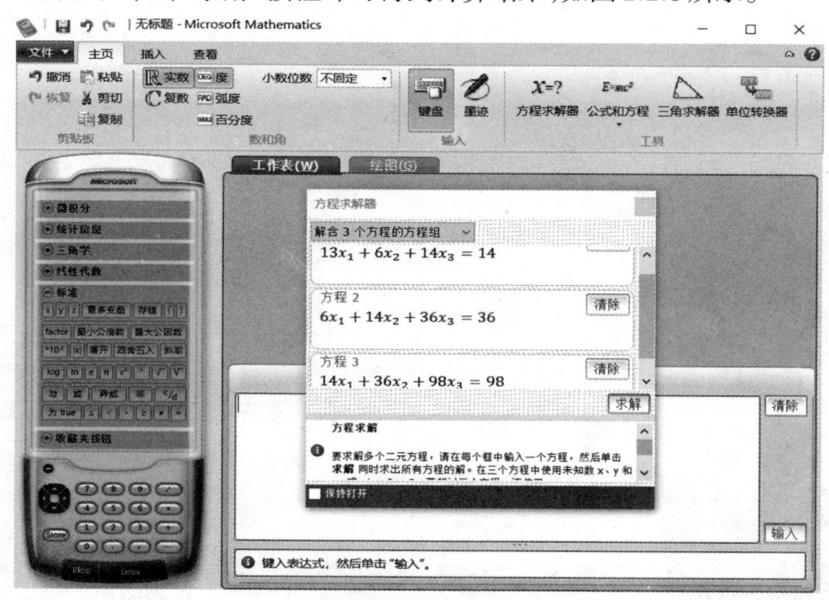

图2.2.4

（解法3）通过输入矩阵求解。首先输入系数矩阵 $A:=\text{matrix}\{\{13,6,14\},\{6,14,36\},\{14,36,98\}\}$，如图2.2.6所示，用鼠标单击"输入"按钮后得到如图2.2.7所示结果。

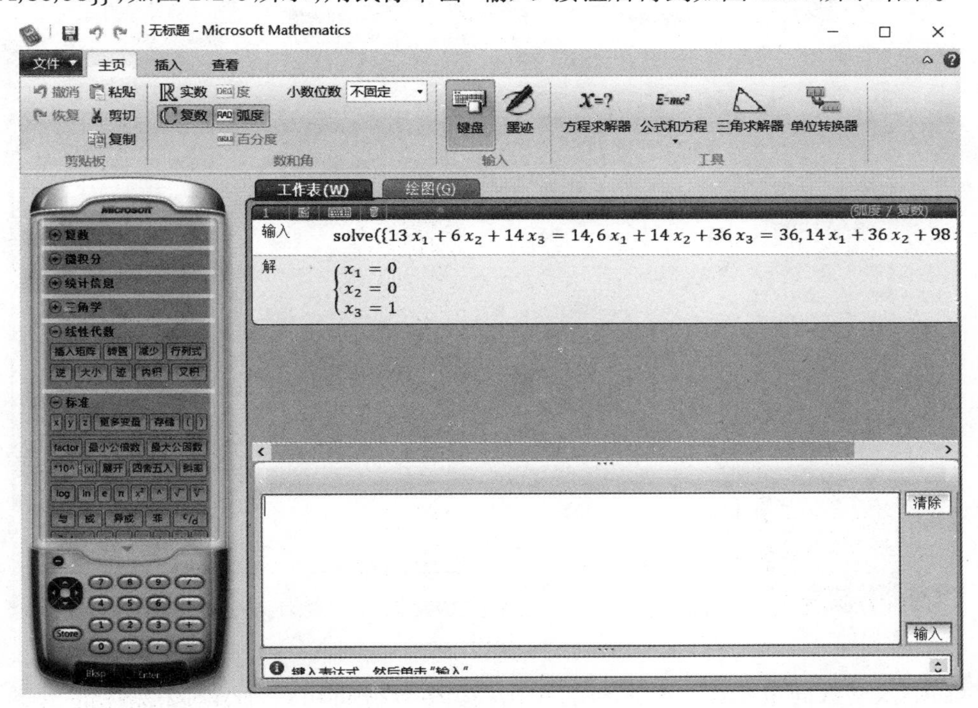

图2.2.5

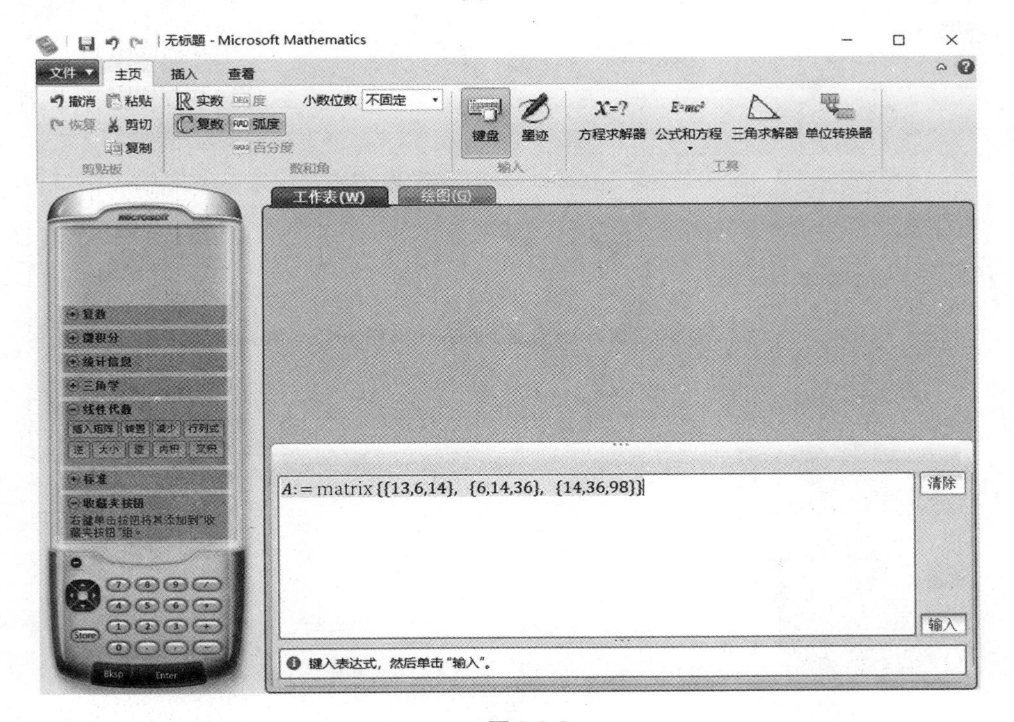

图2.2.6

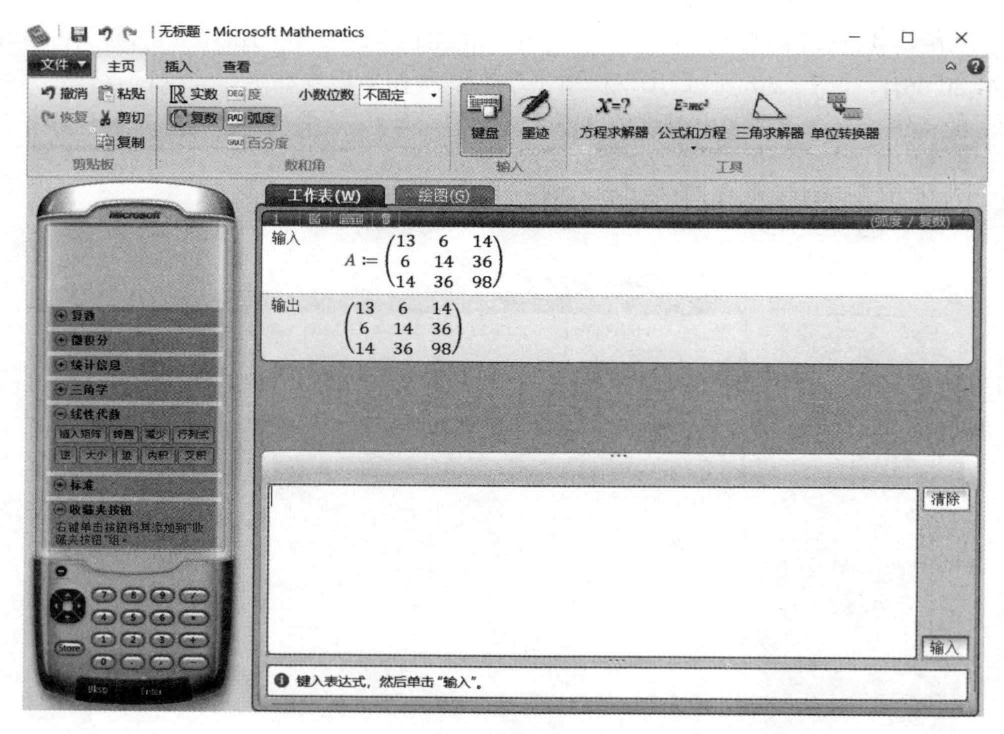

图 2.2.7

然后输入常数向量 $b := \{14,36,98\}$，单击“输入”按钮即可得到如图 2.2.8 所示结果。

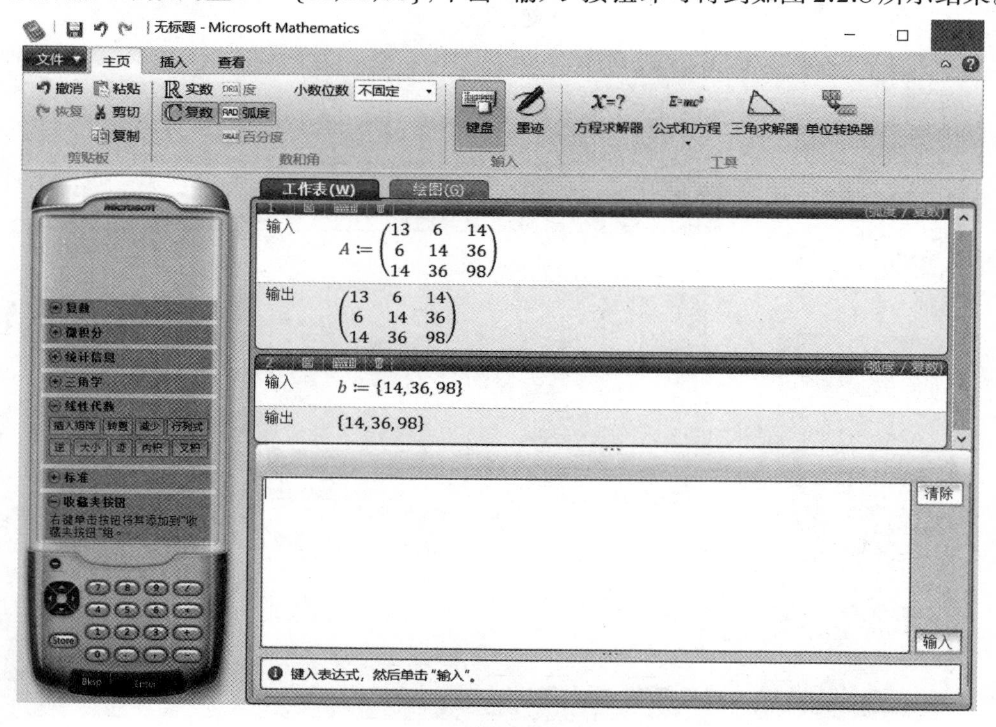

图 2.2.8

最后输入 linearSolve(A,b)，得到的解如图 2.2.9 所示。

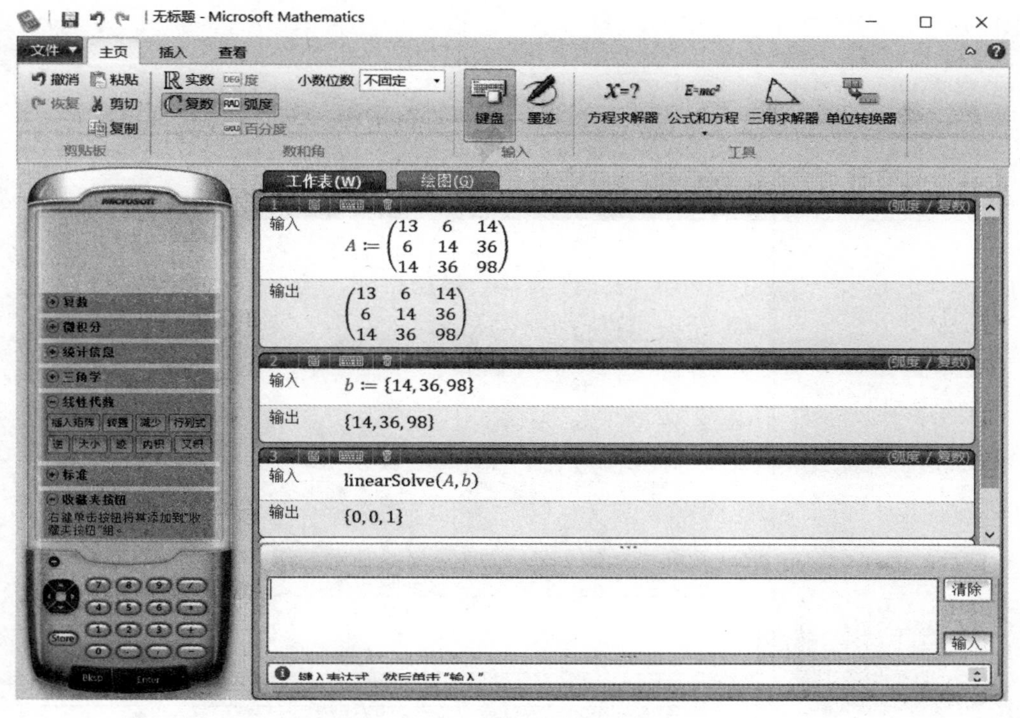

图 2.2.9

例3　求解有无穷多个解的线性方程组

$$\begin{cases} x_1 - x_2 - x_3 + x_4 = 0 \\ x_1 - x_2 + x_3 - 3x_4 = 1 \\ x_1 - x_2 + 2x_3 + 3x_4 = -\dfrac{1}{2} \end{cases}$$

解　先输入增广矩阵 $A := \text{matrix}\left\{\{1,-1,-1,1,0\},\{1,-1,1,-3,1\},\{1,-1,-2,3,-\frac{1}{2}\}\right\}$，如图 2.2.10 所示。

再将矩阵化为最简形式，即输入 reduce(A)，单击"输入"按钮，如图 2.2.11 所示。

根据矩阵 A 的最简式，原方程可化为

$$\begin{cases} x_1 = x_2 + x_4 + \dfrac{1}{2} \\ x_2 = x_2 \\ x_3 = 2x_4 + \dfrac{1}{2} \\ x_4 = x_4 \end{cases}$$

因此方程的通解为

$$\begin{cases} x_1 = c_1 + c_2 + \dfrac{1}{2} \\ x_2 = c_1 \\ x_3 = \quad 2c_2 + \dfrac{1}{2} \\ x_4 = \quad c_2 \end{cases}$$

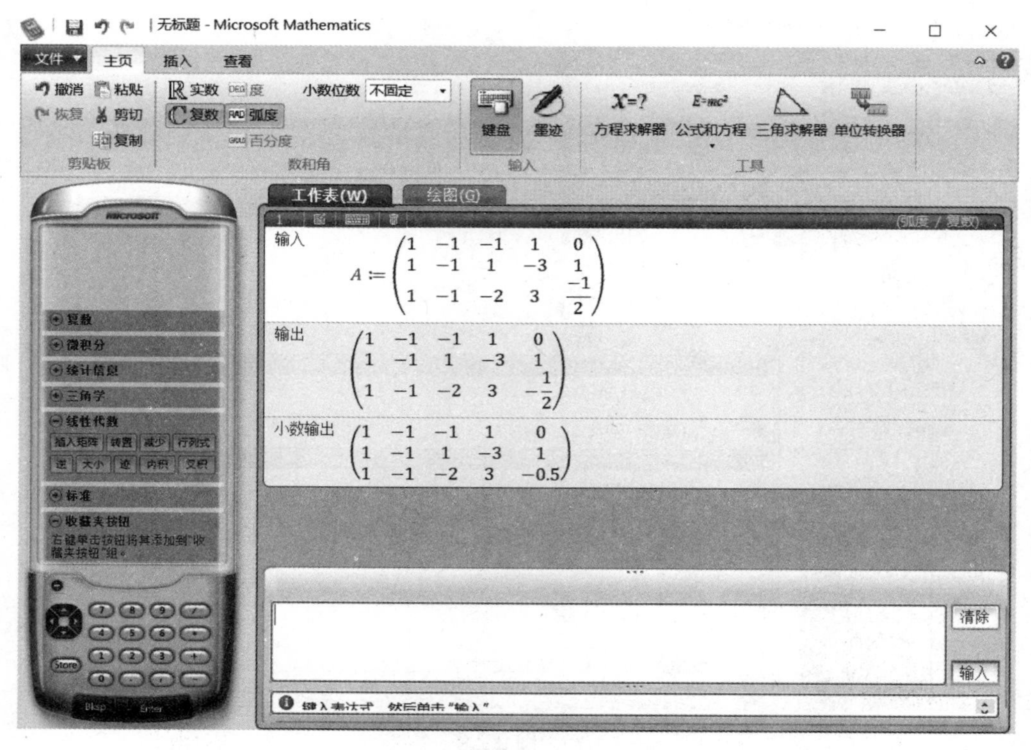
无标题 - Microsoft Mathematics
文件
主页
插入
查看
撤消
粘贴
恢复
剪切
复制
剪贴板
实数
度
复数
弧度
百分度
小数位数
不固定
数和角
键盘
墨迹
输入
方程求解器
公式和方程
三角求解器
单位转换器
工具
工作表(W)
绘图(G)
输入
$A := \begin{pmatrix} 1 & -1 & -1 & 1 & 0 \\ 1 & -1 & 1 & -3 & 1 \\ 1 & -1 & -2 & 3 & \frac{-1}{2} \end{pmatrix}$
输出
$\begin{pmatrix} 1 & -1 & -1 & 1 & 0 \\ 1 & -1 & 1 & -3 & 1 \\ 1 & -1 & -2 & 3 & -\frac{1}{2} \end{pmatrix}$
小数输出
$\begin{pmatrix} 1 & -1 & -1 & 1 & 0 \\ 1 & -1 & 1 & -3 & 1 \\ 1 & -1 & -2 & 3 & -0.5 \end{pmatrix}$
清除
输入

图 2.2.10

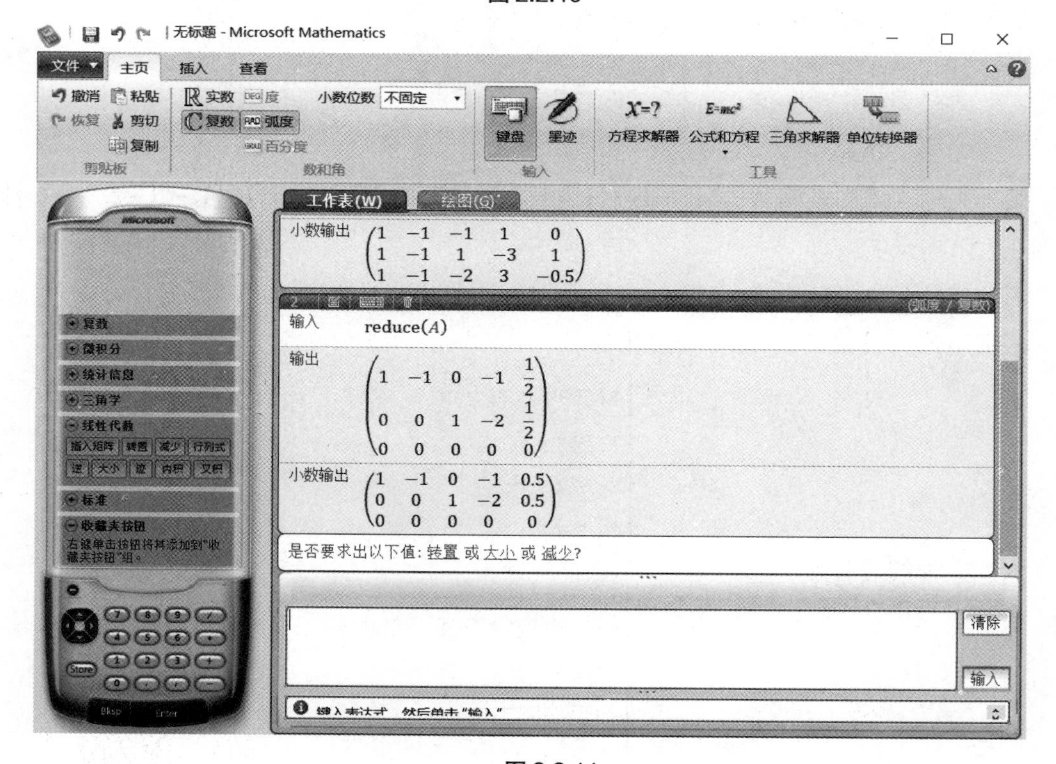
无标题 - Microsoft Mathematics
文件
主页
插入
查看
工作表(W)
绘图(G)
小数输出
$\begin{pmatrix} 1 & -1 & -1 & 1 & 0 \\ 1 & -1 & 1 & -3 & 1 \\ 1 & -1 & -2 & 3 & -0.5 \end{pmatrix}$
输入
reduce(A)
输出
$\begin{pmatrix} 1 & -1 & 0 & -1 & \frac{1}{2} \\ 0 & 0 & 1 & -2 & \frac{1}{2} \\ 0 & 0 & 0 & 0 & 0 \end{pmatrix}$
小数输出
$\begin{pmatrix} 1 & -1 & 0 & -1 & 0.5 \\ 0 & 0 & 1 & -2 & 0.5 \\ 0 & 0 & 0 & 0 & 0 \end{pmatrix}$
是否要求出以下值: 转置 或 大小 或 减少?
清除
输入

图 2.2.11

2.2.2　Mathematics 图形绘制

Mathematics 的图形绘制功能非常强大，用户可以直接单击某个方程来对某特定变量绘图并求解。Mathematics 有“公式和方程”这个常用的公式和方程库，其中包含数学、科学学科的常用公式、常量和方程。此处我们选择库中的某个方程绘制图形，当然也可以自行输入。如图 2.2.12 所示，选择一个含有 4 个参数的双曲线方程。

在对应的方程上单击鼠标右键选择“求解此方程”，然后输入对应的参数即可求得方程的解，如图 2.2.13 所示。

在对应的方程上单击鼠标右键选择“绘制此方程”，然后输入对应的参数即可求得方程的解并绘制出图形，如图 2.2.14 所示。

如图 2.2.14 所示为绘制出的双曲线方程 $\dfrac{(x-h)^2}{a^2}-\dfrac{(y-k)^2}{b^2}=1$ 的图形，四个参数 a、b、h、k 都可以通过动画效果按钮进行调节，其范围也是可以改变的，如图 2.2.15 所示。

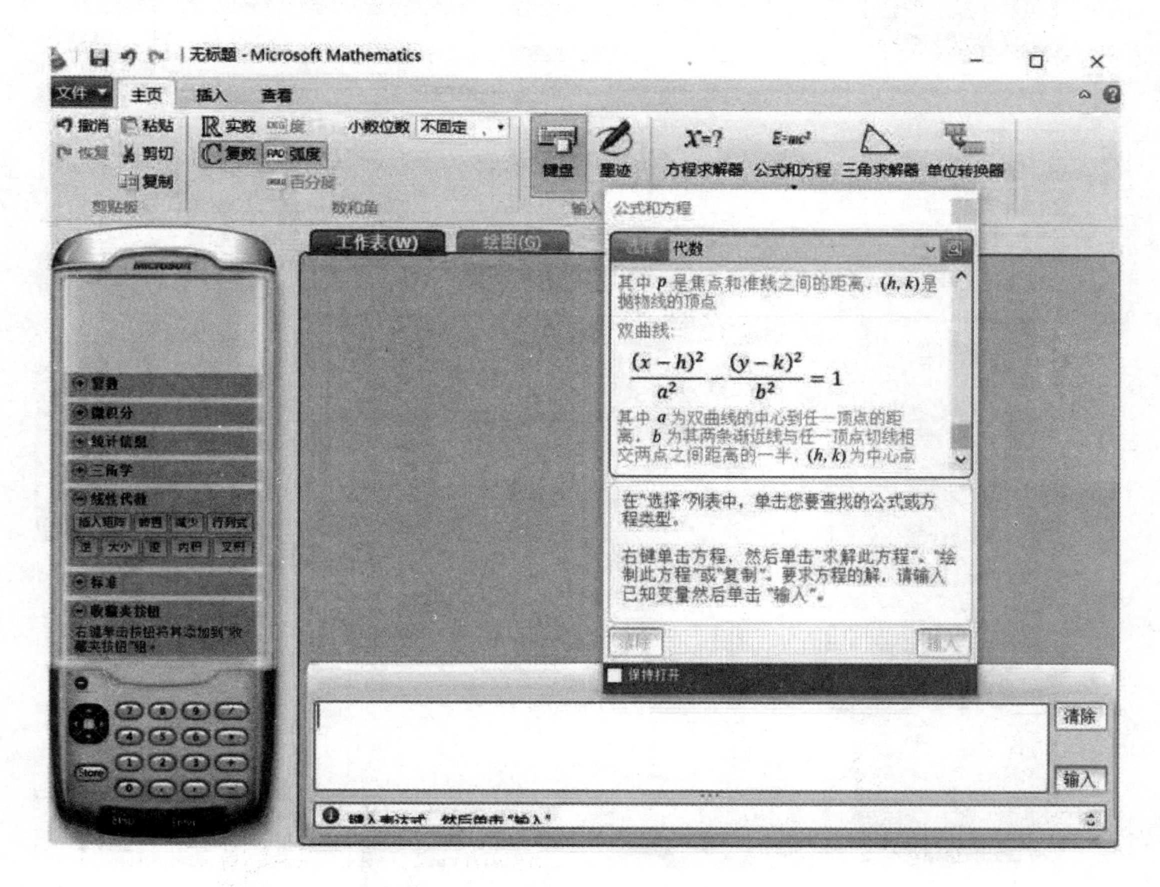

图 2.2.12

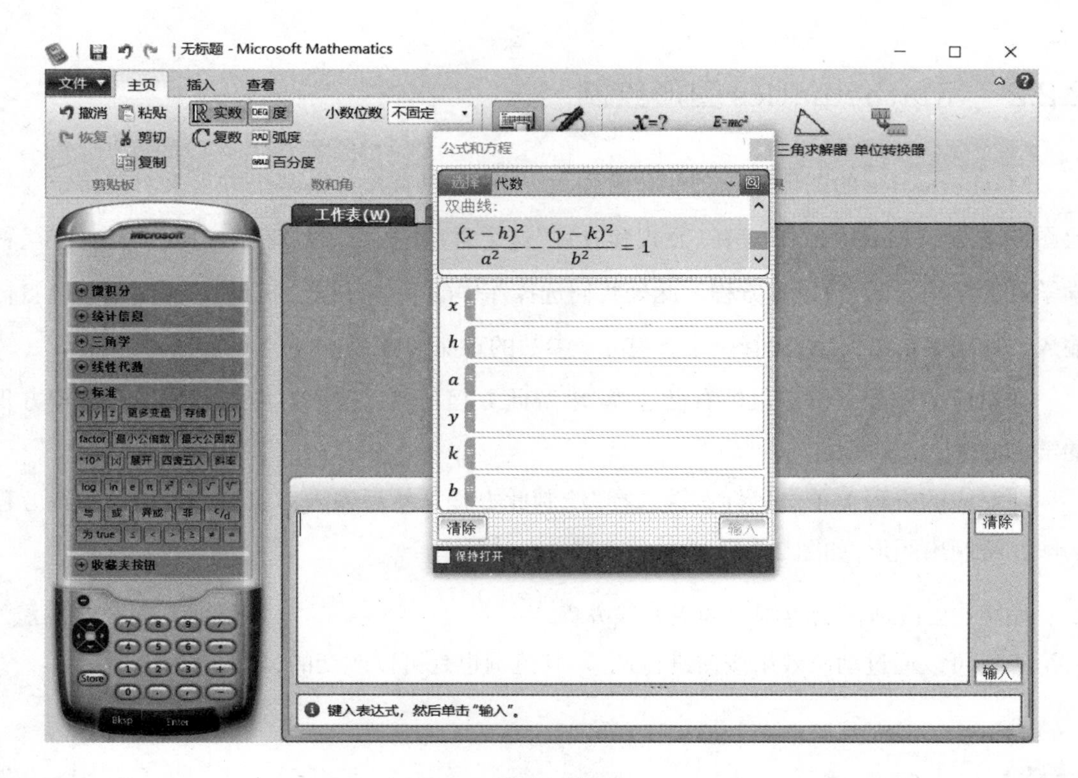

图 2.2.13

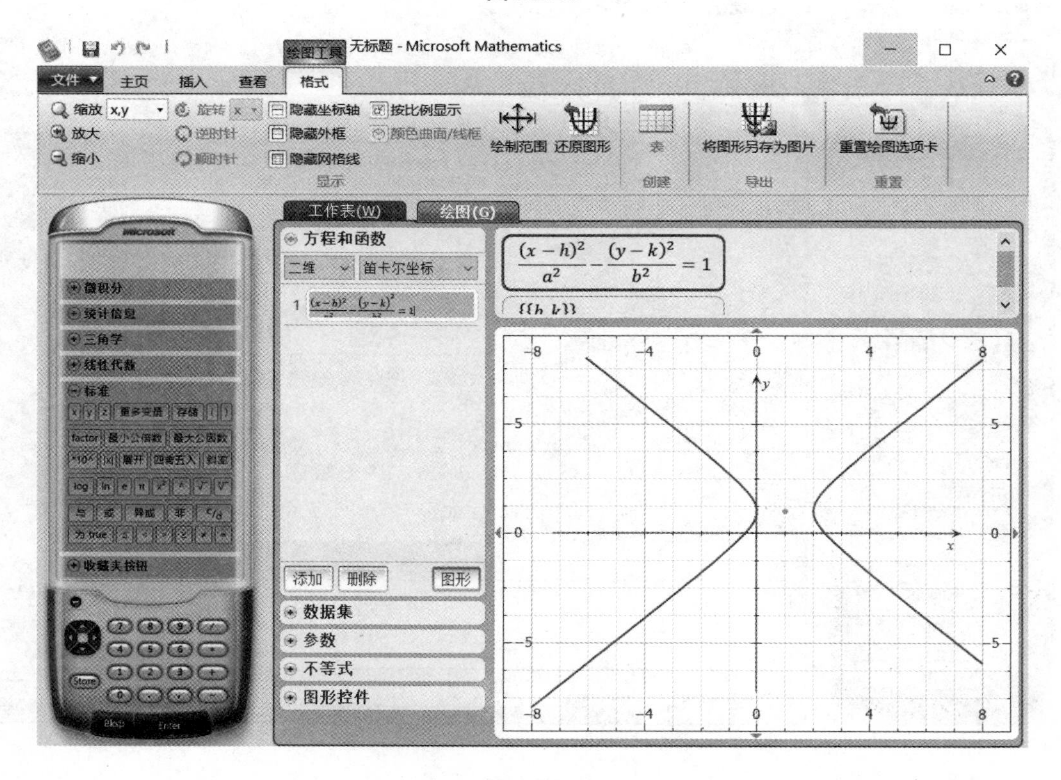

图 2.2.14

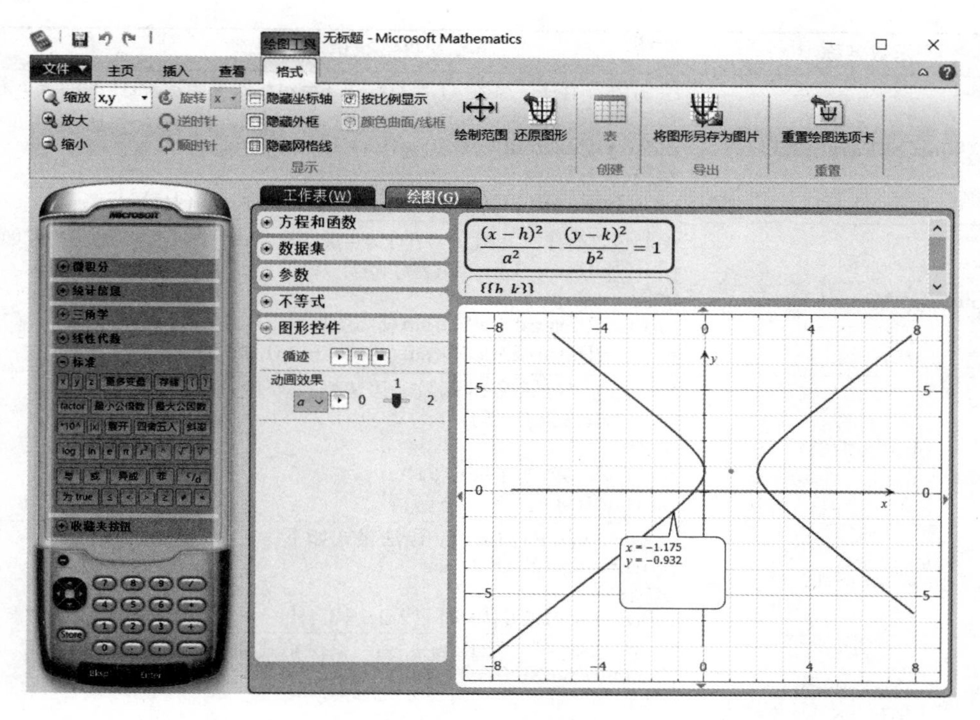

图 2.2.15

Microsoft Mathematics 中常用的绘图函数有 plot2D 和 plot3D，这两个绘图函数分别用于二维和三维直角坐标系中。常见绘图函数和绘制选项分别见表 2.2.3 和表 2.2.4。

表 2.2.3

函数名称	用途、语法及示例
plot2D	将 y 绘制为 x 的函数，此函数仅在“工作表”选项卡中的“输入”窗格输入。语法格式如下： plot2D($f(x)$) 示例： plot2D($\cos(x)$) plot2D($x\cos(1/x)$)
plot3D	将 z 绘制为 x 和 y 的函数。语法格式如下： plot3D($f(x,y)$) 示例： plot3D(x^3 + y^3)
plotCyl3D	将 r 绘制为 z 和 θ 的函数。语法格式如下： plotCyl3D($f(z,\theta)$) 示例： plotCyl3D($z\cos(\theta)$) plotCyl3D(z^3 − $\sin(\theta)$)
plotCylDataSet3D	绘制一组有序三元组 (r,z,θ)。语法格式如下： plotCylDataSet3D(list) 示例： plotCylDataSet3D({{2,2,40},{3,3,90},{4,4,100}}) plotCylDataSet3D({{2,2,pi},{3,4,pi/4},{2,6,pi/4}})

续表

函数名称	用途、语法及示例
plotCylParam3D	绘制包含有序三元组 $(r=f(t,s), z=g(t,s), \theta=h(t,s))$ 的曲面。语法格式如下： plotCylParam3D($f(t,s), g(t,s), h(t,s)$) 示例： plotCylParam3D($\sin(4t)+\cos(4s), t+s, \cos(4t)$)
plotCylParamLine3D	绘制包含有序三元组 $(r=f(t), z=g(t), \theta=h(t))$ 的曲线。语法格式如下： plotCylParamLine3D($f(t), g(t), h(t)$) 示例： plotCylParamLine3D($\sin(t), 3t, 6t$) plotCylParamLine3D($\sin(t), \cos(t\hat{}3), 3t\hat{}3$)
plotCylR3D	将 z 绘制为 r 和 θ 的函数。语法格式如下： plotCylR3D($f(r,\theta)$) 示例： plotCylR3D($3r+\sin(\theta)\hat{}2$) plotCylR3D($r\hat{}3-\sin(\theta)$)
plotDataSet2D	绘制一组有序对 (x,y)。语法格式如下： plotDataSet2D(list) 示例： plotDataSet2D({{0,0},{2,2},{3,4}})
plotDataSet3D	绘制一组有序三元组 (x,y,z)。语法格式如下： plotDataSet3D(list) 示例： plotDataSet3D({{0,0,0}, {2,2,3},{3,5,6}})
plotEq2D	绘制 $f(x,y)=0$ 形式的方程，一个数学语句用等号分隔成两个表达式。语法格式如下： plotEq2D($f(x,y)=0$) 示例： plotEq2D($x\hat{}2+4y\hat{}2=2$)
plotEq3D	绘制 $f(x,y,z)=0$ 形式的方程。语法格式如下： plotEq3D($f(x,y,z)=0$) 示例： plotEq3D($3x+4y\hat{}2+2z\hat{}4=-1$)
plotIneq2D	绘制不等式。语法格式如下： plotIneq2D(inequality) 示例： plotIneq2D($4x+6y>9$) plotIneq2D($x\hat{}2+y\hat{}2>4$) plotIneq2D(($4x+6y>9$) or ($x\hat{}2+y\hat{}2>4$))
plotParam2D	绘制包含有序对 $(x=f(t), y=g(t))$ 与参数相关的曲线。语法格式如下： plotParam2D($f(t), g(t)$) 示例： plotParam2D($3\cos(t), 3\sin(t)$) plotParam2D($a(2t-\sin(t)), a(2-\cos(t))$)
plotParam3D	绘制由有序三元组 $(x=f(t,s), y=g(t,s), z=h(t,s))$ 组成的曲面。语法格式如下： plotParam3D($f(t,s), g(t,s), h(t,s)$) 示例： plotParam3D($\cos(t)(2+\cos(s))/3, \sin(t)(4+\cos(s))/4, \sin(s)/3$) plotParam3D($t\cos(t)(3+\cos(t+s))/12, t\sin(t)(2+\cos(t+s))/16, t\sin(t+s)/12$)
plotParamLine3D	绘制由有序三元组 $(x=f(t), y=g(t), z=h(t))$ 组成的曲线。语法格式如下： plotParamLine3D($f(t), g(t), h(t)$) 示例：

续表

函数名称	用途、语法及示例
	plotParamLine3D(cos(4t),sin(4t),3t − 2pi)
plotPolar2D	将 r 绘制为 θ 的函数。语法格式如下: plotPolar2D($f(\theta)$) 示例: plotPolar2D(sin(4θ))
plotPolar3D	将 r 绘制为 θ 和 φ 的一个函数。语法格式如下: plotPolar3D($f(\theta,\varphi)$) 示例: plotPolar3D(cos(4θ)sin(3φ))
plotPolarDataSet2D	绘制一组有序对 (r,θ)。语法格式如下: plotPolarDataSet2D(list) 示例: plotPolarDataSet2D({{1,20},{3,90},{4,100}}) plotPolarDataSet2D({{2,pi},{3,pi/4},{2,pi/4}})
plotPolarDataSet3D	绘制一系列有序三元组 (r,θ,φ)。语法格式如下: plotPolarDataSet3D(list) 示例: plotPolarDataSet3D({{1,30,40},{3,70,90},{4,60,55}}) plotPolarDataSet3D({{2,pi,pi/4},{1,pi/4,2pi},{4,pi/2,pi/2}})
plotPolarParam2D	绘制有序对 ($r=f(t)$ 和 $\theta=g(t)$)。语法格式如下: plotPolarParam2D($f(t)$,$g(t)$) 示例: plotPolarParam2D(cos(t),3t^3) plotPolarParam2D(cos(t),at^3)
plotPolarParam3D	绘制一个由有序三元组 ($r=f(t,s)$,$\theta=g(t,s)$,$\varphi=h(t,s)$) 组成的曲面。语法格式如下: plotPolarParam3D($f(t,s)$,$g(t,s)$,$h(t,s)$) 示例: plotPolarParam3D(2cos(4t) + 3sin(4s),2sin(4t),t + 3s)
plotPolarParamLine3D	绘制一个由有序三元组 ($r=f(t)$,$\theta=g(t)$,$\varphi=h(t)$) 组成的曲线。语法格式如下: plotPolarParamLine3D($f(t)$,$g(t)$,$h(t)$) 示例: plotPolarParamLine3D(sin(t),3t,2t)
plotY2D	将应变量 x 作为自变量 y 的函数绘制图形。语法格式如下: plotY2D($f(y)$) 示例: plotY2D(cos(y))
plotYZ3D	将 x 作为 y 和 z 的函数绘制图形。语法格式如下: plotYZ3D($f(y,z)$) 示例: plotYZ3D(y^3 + z^2)
plotZX3D	将 y 作为 x 和 z 的函数绘制图形。语法格式如下: plotZX3D($f(x,z)$) 示例: plotZX3D(x^3 + z^3)
show2D/show3D	show2D 函数将在一个命令中绘制多个二维图形;show3D 函数将在一个命令中绘制多个三维图形。 示例: show2D(plot1,plot2,⋯) show3D(plot1,plot2,⋯) show2D(plotPolar2D(1),plotPolarParam2D(cos(t),at^2),plot2D(sin(ax))) show3D(plotPolar3D(a),plotEq3D(3ax + 4y^2 + 5z^2 = −1))

表 2.2.4

绘制选项	选项语法	示例和说明
数据范围选项 （显示范围选项）	{x,min,max} {y,min,max} {z,min,max} {r,min,max} {θ,min,max} {φ,min,max} {t,min,max} {s,min,max}	plot2D(sin(x),{x,0,90}) plotY2D(cos(y),{y,−2,2}) plot3D(x^3+y^3,{z,1,6}) plotPolar2D(2/θ,{r,1,6}) plotPolar2D(θ * sin(θ),{θ,0,4}) plotPolar3D(cos(2θ)sin(3φ),{φ,−1/4,1/4}) plotParam3D(cos(t)(2+cos(s))/3,sin(t)(2+cos(s))/3,sin(s)/3,{t,0,2})
坐标轴标签选项	{AliasX,"alias"} {AliasY,"alias"} {AliasZ,"alias"}	show2D(plot2DY(cos(y)),{AliasX,"cos(y)"}) show3D(plot3D(sin(x)cos(y)),{AliasZ,"height"})
图形控制选项	{ShowAxis,true/false} {ShowBox,true/false} {ShowGrid,true/false} {ShowWireframe,true/false} {Proportional,true/false}	show2D(plot2D(cos(x)),{ShowAxis,false}) show2D(plot2D(cos(x)),{ShowBox,false}) show2D(plot2D(cos(x)),{ShowGrid,true}) show3D(plot3D(sin(x)cos(y)),{ShowWireframe,true}) show2D(plot2D(cos(x)),{Proportional,true}) 注：图形控制选项只能与 show2D 和 show3D 函数一起使用
颜色选项	{Color,"rrggbb"} {Color,"aarrggbb"}	plot2D(sin(x),{Color,"00ff00"}) plot2D(sin(x),{Color,"8800ff00"})
线条样式	{LineStyle,"Solid"} {LineStyle,"Dot"} {LineStyle,"Dash"} {LineStyle,"DashDot"} {LineStyle,"DashDotDot"}	plot2D(sin(x),{LineStyle,"Solid"}) plot2D(sin(x),{LineStyle,"Dot"}) plot2D(sin(x),{LineStyle,"Dash"}) plot2D(sin(x),{LineStyle,"DashDot"}) plot2D(sin(x),{LineStyle,"DashDotDot"})
样本大小	{SampleSize,integer}	plot2D(sin(x),{SampleSize,15})

注：对于 plot 和 show 函数的绘制选项，其中每个选项均指定为 plot 和 show 函数的参数，以数列格式（在大括号{ }内）指定。选项必须位于所有参数后面。可以在同一命令中指定多个选项。不是所有选项都可与 plot 和 show 函数一起使用。

例4 在 Microsoft Mathematics 中作出函数 $y=x^3-x^2-x+1$ 的图形，要求作图区间为 $[-2,2]$，曲线颜色为红色。

解 在输入窗格中输入 plot2D(x^3-x^2-x+1,{Color,"FFFF0000"},{x,−2,2})，如图 2.2.16 所示。单击“输入”按钮即得如图 2.2.17 所示结果。

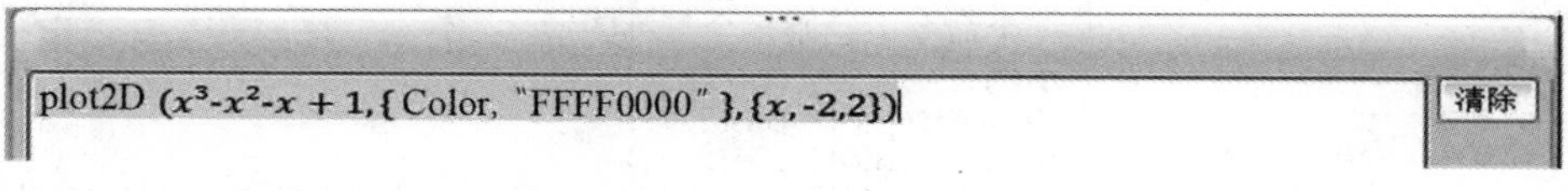

plot2D (x^3-x^2-x + 1,{ Color, "FFFF0000" },{x,-2,2}) 清除

图 2.2.16

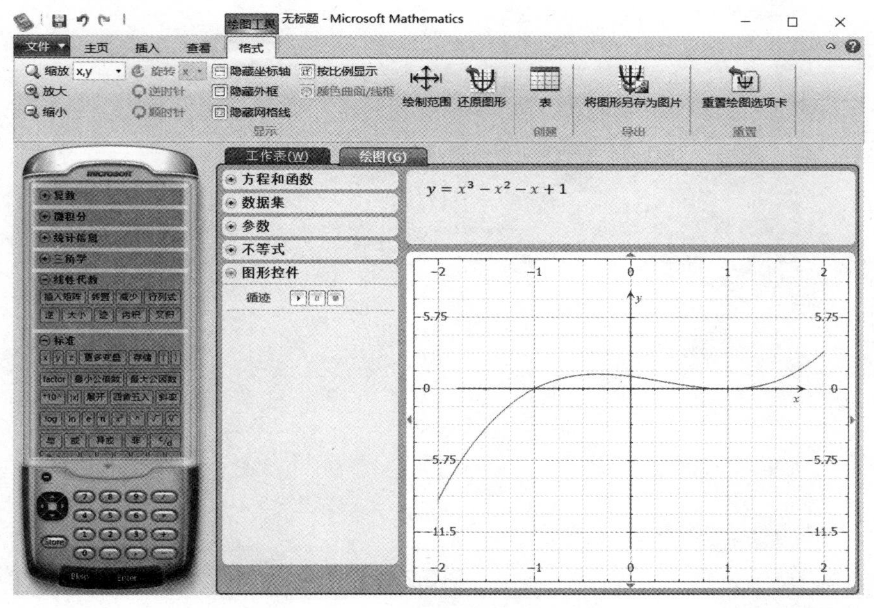

图 2.2.17

例5　作出$\begin{cases}x=\cos t\\ y=\sin t, t\in[0,4\pi]\\ z=t\end{cases}$的图形(圆柱螺旋)。

解　函数语法为 plotParamline3D(cos(t),sin(t),t,{t,0,12.528}),先在输入窗格中输入 show3D(plotParamLine3D(cos(t),sin(t),t,{t,0,12.528},{x,−2,2},{y,−2,2},{z,0,14}),{ShowWireframe,false},{ViewAngle,39.374,−104.118,81.607},{x,−2,2},{y,−2,2},{z,0,14}),如图 2.2.18 所示,再单击“输入”按钮,即得如图 2.2.19 所示结果。

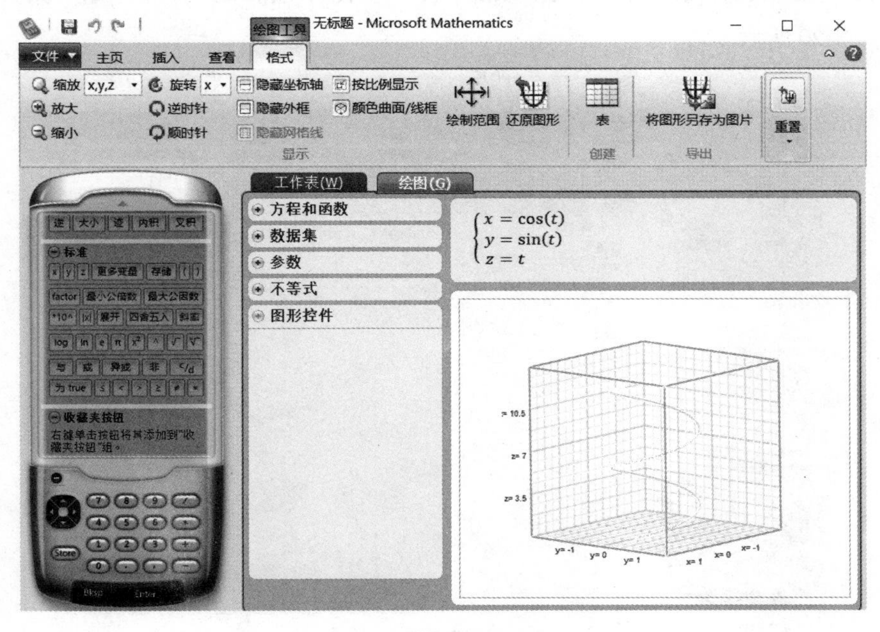

图 2.2.18

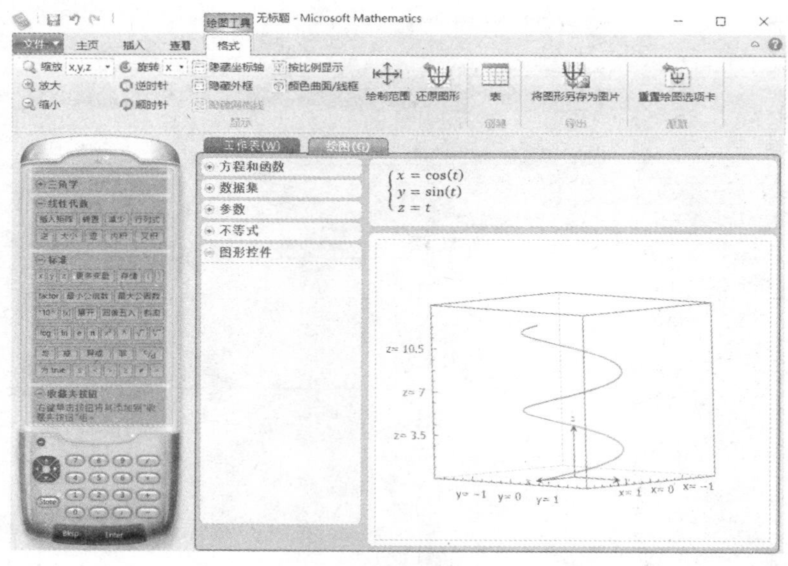

图 2.2.19

例6 根据数据集画图，已知数据如表 2.2.5 所示。

表 2.2.5

测量次数	1	2	3	4	5	6
x	0.5	1.2	2.1	2.9	3.6	4.5
y	2.81	3.24	3.81	4.30	4.73	5.29

解 函数原型为 plotDataSet2D(list)，先在输入窗格中输入 plotDataSet2D {{0.5,2.81},{1.2,3.24},{2.1,3.81},{2.9,4.30},{3.6,4.73},{4.5,5.29}}，再单击“输入”按钮，结果如图 2.2.20 所示。

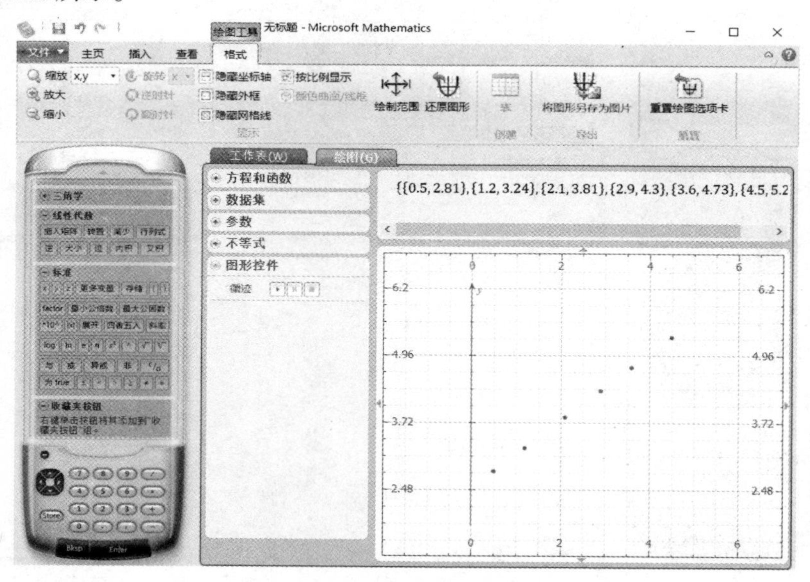

图 2.2.20

2.2.3 Mathematics导数积分

Microsoft Mathematics可提供导数运算、积分运算和数列运算函数,详见表2.2.6。

表2.2.6

函数名称	用途、语法及示例
deriv	返回数学函数的导数。语法格式如下: deriv($f(x)$,x) 示例: deriv($x^{4,}x$) deriv(log(x^2) ,x)
derivn	返回数学函数的二阶导数和高阶导数。语法格式如下: derivn($f(x)$,x,n) 示例: derivn($x^{4,}x$,2) derivn(log(x^3) ,x,3)
integral	返回数学函数的定积分或不定积分。语法格式如下: 对于不定积分: integral($f(x)$,x) 对于定积分: integral($f(x)$,x,lower,upper) 示例: integral($x^{4,}x$) integral($x^{4,}x$,2,4)
limit	返回数学函数在特定点的极限。语法格式如下: limit($f(x)$,x,a) limit($x^{4,}x$,6) limit((x^2 − 1)/(x − 1) ,x,1)
seriesSum	返回一个数学级数的和。语法格式如下: seriesSum($f(x)$,n,a,b) 示例: seriesSum($n^{5,}n$,1,5) seriesSum(1/$n^{3,}n$,2,infinity)
seriesProduct	返回一个数学序列的积。语法格式如下: seriesProduct($f(x)$,n,a,b) 示例: seriesProduct($n^{4,}n$,2,6) seriesProduct(1/$n^{3,}n$,2,infinity)

例7 求定积分$\int_0^{\frac{1}{2}}\frac{1}{\sqrt{1-x^2}}\mathrm{d}x$。

解 在输入窗格中输入integral$\left(\frac{1}{\sqrt{1-x^2}},x,0,\frac{1}{2}\right)$,或者通过左边的输入面板直接输入积分式,如图2.2.21所示。单击“输入”按钮即得如图2.2.22所示结果。

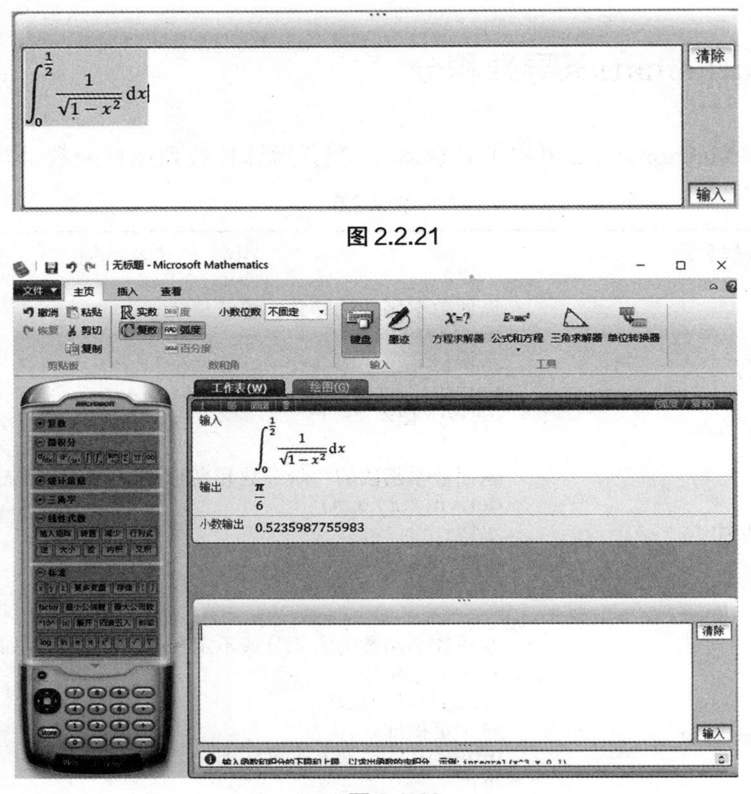

图 2.2.21

图 2.2.22

例8 求广义积分 $\int_{-\infty}^{2}\frac{1}{1+x^2}\mathrm{d}x$。

解 在输入窗格中输入 integral(1/(1 + x^2), x, −infinity, 2)，或者通过左边的输入面板直接输入积分式 $\int_{-\infty}^{2}\frac{1}{1+x^2}\mathrm{d}x$。单击“输入”按钮即得如图 2.2.23 所示结果。

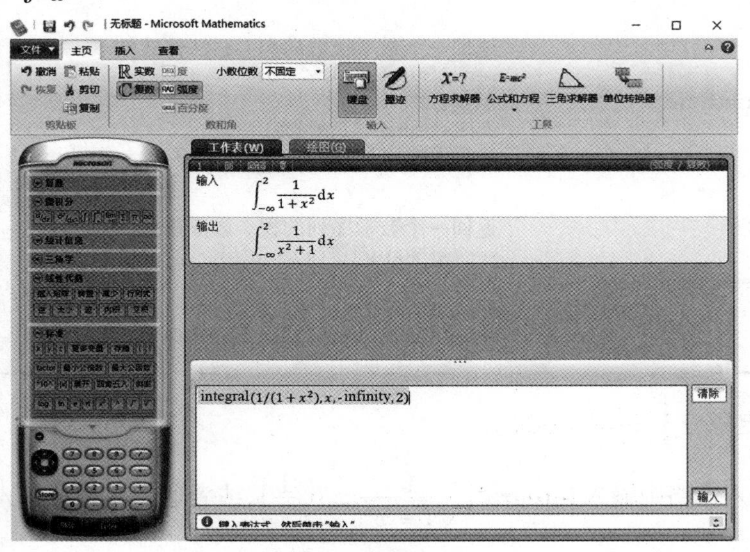

图 2.2.23

2.3　FreeMat 语言简介

MATLAB 是一款功能非常强大的数学和工程建模软件，虽然在处理大量数据方面少有软件能与它匹敌，但对于小型数据处理来说，比如在数模竞赛、科学计算、社会实践、课程学习中所涉及的数据处理，使用 MATLAB 有些大材小用。而 FreeMat 是一款兼容性不错的三维制图和数据处理软件，在功能上类似于 MATLAB，并能与 MATLAB 兼容，且在使用上比 MATLAB 更加方便。它可以快速地进行科学数据处理及模型构建，能够满足日常作图和数据处理的需求。所以 FreeMat 非常适合学生和新手使用，而且它的语法和 MATLAB 极其相似，只要你熟悉 MATLAB，对 FreeMat 的操作就不会陌生。

考虑到 FreeMat 与 MATLAB 语法的相似性和兼容性，本书把 FreeMat 当作 MATLAB 的学习软件，这样就避免了体积庞大的 MATLAB 的下载、安装以及注册、授权的烦琐。FreeMat 是完全开源和免费的，占用内存小，绿色免安装，使用起来很方便。另外，需要说明一下，本节所涉及的一些语法或代码可能在 FreeMat 中无法运行，需用 MATLAB 支持。

2.3.1　界面和文件分类

双击桌面或程序菜单中的 FreeMat 快捷方式打开 FreeMat，FreeMat 默认工作界面如图 2.3.1 所示，其界面布局简洁，常用功能元素一目了然。

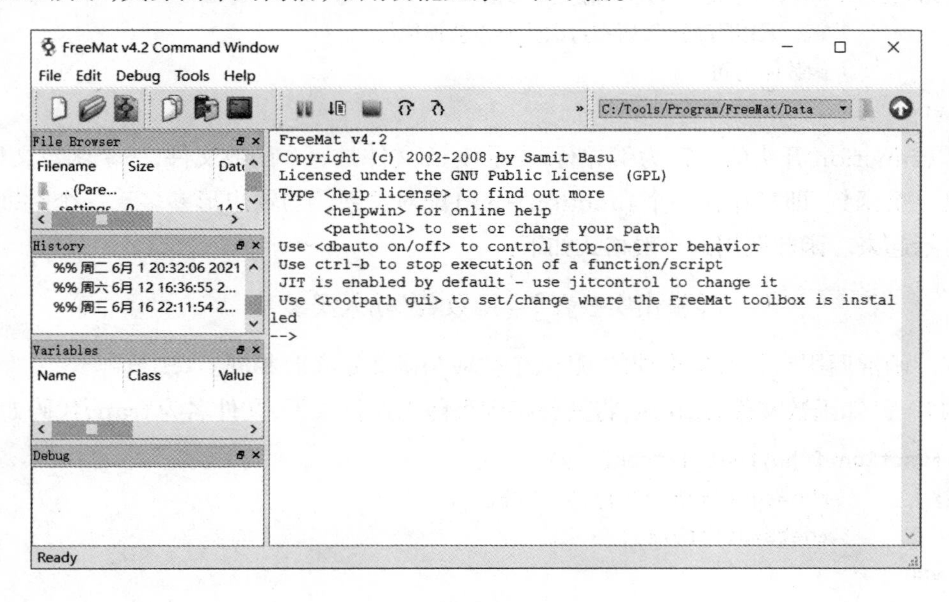

图 2.3.1

说明：

① “-->”与闪烁的黑条形光标一起表明系统就绪，等待输入命令。

② 在命令窗口按 Enter 键提交执行命令。如果命令以“;”结尾再回车，则不显示本命令运行的结果。

③ “clc”：清除窗口显示的内容。

④ “clear”：清除 FreeMat 工作空间中保存的变量。

⑤ “who”或“whos”：显示 FreeMat 工作空间中的变量信息。

⑥ “dir”：显示当前工作目录的文件和子目录清单。

⑦ “type”：显示指定 m 文件的内容。

⑧ “ans”：英文“answer”的缩写，其含义是运算答案。

⑨ “quit”或“exit”：关闭/退出 FreeMat。

FreeMat 编写的代码兼容 MATLAB 语言，两者代码文件格式基本相同，扩展名都是 .m，称为 m 文件。m 文件根据调用方式的不同分为两类，如表 2.3.1 所示。

表 2.3.1

文件类型	说明
命令文件（Script File）	命令文件没有输入参数，也不返回输出参数；命令文件对工作空间中的变量进行操作，文件中所有命令的执行结果也返回工作空间中；命令文件可以直接运行
函数文件（Function File）	函数文件可以带输入参数，也可以返回输出参数；函数文件中定义的变量为局部变量，当函数文件执行完毕时，这些变量也被清除；函数文件不能直接运行，要以函数调用的方式来调用它

函数文件由 function 语句引导，定义格式如下：

```
1| function 输出形参表 = 函数名(输入形参表)
2|          %注释说明部分(%所在行的代码不会被执行)
3|          函数体语句
4| end
```

其中，以 function 开头的一行为引导行，表示该 m 文件是一个函数文件，一个函数文档中只能定义一个函数，即只存在一个 function - end 配对关系。当输出形参多于一个时，应该用方括号括起来。函数调用的一般格式如下：

[输出实参表] = 函数名(输入实参表)

注 函数调用时各实参出现的顺序、个数应与函数定义时相同。

例1 已知函数文件 tran.m，将其保持到当前工作目录下，文件名为 tran，代码如下：

```
1| function [rho,theta]=tran(x,y)
2|          rho=sqrt(x*x+y*y);
3|          theta=atan(y/x);
4| end
```

新建一个脚本文档，输入调用 tran.m 函数文件，代码如下：

```
1| x=input('please input x=:');
2| y=input('please input y=:');
3| [rho,theta]=tran(x,y);
```

注　语句后面的分号“;”表示不在命令窗口显示本条语句执行的结果。

例2　例1展示了在一个脚本文档中调用另一个脚本文档中的函数，被调用函数与调用代码写在两个文档内，本例展示调用同一脚本文档中的另一函数的格式。

```
1| function ellipse
2|         x=input('please input x=:');
3|         y=input('please input y=:');
4|         [rho,theta]=tran(x,y);
5|         function [rho,theta]=tran(x,y)
6|              rho=sqrt(x*x+y*y);
7|              theta=atan(y/x);
8|         end
9| end
```

例3　前面的例2展示了被调用函数与调用代码在同一脚本文档中，本例展示以函数参数形式调用同一脚本文档中的另一函数的格式。

```
 1| function test
 2|     function f=rect(fun,a,b,n)  %定义了一个调用函数:矩形积分法
 3|         dx=(b-a)/n;
 4|         x=a:dx:b;
 5|         y=x;
 6|         for i=2:n+1
 7|             y(i)=fun((x(i)+x(i-1))/2);
 8|         end
 9|         f=dx*sum(y(1:end))
10|     end
11|     function f=f1(x)  %定义被调用函数:被积分函数s=∫_0^{2π} √(1+ρ^2cos^2θ) dθ
12|         f=sqrt(1+0.1^2*cos(x).^2);
13|     end
14|     %以参数形式调用另一函数 f1
15|     f=rect(@f1,0,2*pi,100);  %同一文档内 f1 前面的@不能省略
16| end
```

代码运行结果是

```
1| f=
2|     6.2989
```

2.3.2 变量与基本运算

FreeMat 变量命名规则不需要任何类型声明和维数说明，具体如下：

① 变量名、函数名对字母的大小写是敏感的，如 myVar 与 myvar 表示的是两个不同的变量。

② 变量名的第一个字母必须是英文字母。

③ 变量名可以包含英文字母、下划线和数字。

④ 变量名不能包含空格、标点。

⑤ 变量名最多可以包含 63 个字符。

FreeMat 函数文件中的变量是局部变量。若在若干函数中都把某一变量定义为全局变量，那么这些函数将共用这个变量。全局变量的作用域是整个 FreeMat 的工作空间，所有函数都可以对它进行存取和修改。全局变量用 global 命令定义，格式为“global 变量名”，比如 global ALPHA BETA，即定义两个全局变量，它们分别是 ALPHA 和 BETA。

定义两个变量：a = 1;num_students = 25，其中“;”表示结束回车后不显示变量值。其结果如图 2.3.2 所示。

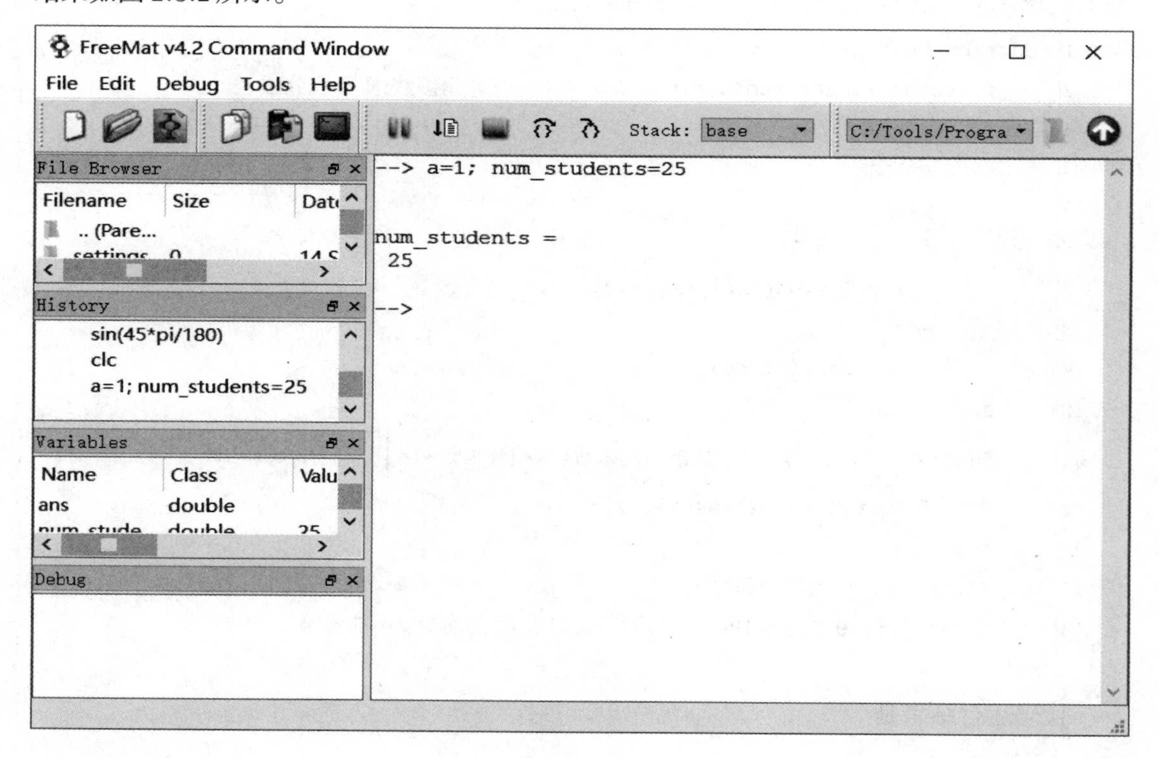

图 2.3.2

此处定义了两个变量：一个变量名为 a，其值为 1，由于以分号“;”结尾，故回车后命令窗口不显示命令运行结果;另一个变量名为 num_students,其值为 25,回车后在命令窗口直接看到了所定义的变量。FreeMat 常见简单变量定义形式见表 2.3.2。

表 2.3.2

语句形式	说明
$x=1:2:11$; % 步长为 2,默认为 1	数组变量 $x=1\ \ 3\ \ 5\ \ 7\ \ 9\ \ 11$
$x=[0.2\ 0.5\ 0.7\ 1.1]$;	数组变量 $x=0.2000\ \ 0.5000\ \ 0.7000\ \ 1.1000$
$y=\cos x$; 其中 $x=[0.2\ 0.5\ 0.7\ 1.1]$;	数组变量 $y=0.9801\ \ 0.8776\ \ 0.7648\ \ 0.4536$

FreeMat 预定义了一些常用的变量(常数),详见表 2.3.3。

表 2.3.3

常数名	值或意义	示例
ans	最近的计算结果的变量名	
pi	$\pi=3.14159265\cdots$	
eps	FreeMat 定义的正的极小值	eps = 2.2204e − 16
i 或 j	虚数单位	3 + 2i, 3 − 4j
Inf	无限值	
NaN	空值	
e	以 10 为底的幂次	1.602e − 20, 6.532e12
flops	浮点运算次数,用于统计计算量	

FreeMat 基本运算符见表 2.3.4。

表 2.3.4

运算符名	值或意义	示 例
+, −, *, /	分别表示一般意义上的加减乘除	
\	左除	2\3 = 1.5000
^	幂	$x=2$, x^3, x^(−3)
′	复数共轭转置	$x=3+4\mathrm{i}$, $x'=3-4\mathrm{i}$
.	点运算,数组或矩阵对应元素相乘	① 当 x 是一个向量时,求 $[x_i^2]$ 不能写成 x^2,而必须写成 x.^2; ② 两矩阵之间的点乘运算: $C=A.*B$
<, >, <=, >=, == ~= (不等于)	关系运算	若成立,结果为 1,否则为 0
& (与) | (或) ~ (非)	逻辑运算符	在逻辑运算中,确认非零元素为真(1),零元素为假(0)

FreeMat 常用函数见表 2.3.5。

表 2.3.5

常用函数名	值或意义	示例/备注
sqrt(x)	开平方	
abs(x)	绝对值或复数的模	abs(3 − 4i)
exp(x), e^x, log(x)	以 e 为底, x 的对数	log(exp(2))
round(x)	取整	
symvar	定义 x 为符号变量	MATLAB 对应函数为 syms

例4 复数及其运算。FreeMat 中复数的表达式为 $z = a + b\mathrm{i}$,其中 a, b 为实数。FreeMat 把复数作为一个整体,像计算实数一样计算复数。已知复数 $z_1 = 3 + 4\mathrm{i}$, $z_2 = 1 + 2\mathrm{i}$, $z_3 = 2\mathrm{e}^{\frac{\pi}{6}\mathrm{i}}$,试计算 $z = \frac{z_1 z_2}{z_3}$。

解 在 FreeMat 窗口中分别输入以下三式,结果如图 2.3.3 所示。

```
1| z1=3+4*i, z2=1+2*i, z3=2*exp(i*pi/6), z=z1*z2/z3;
2| z_real=real(z), z_image=imag(z)
3| z_angle=angle(z), z_length=abs(z)
```

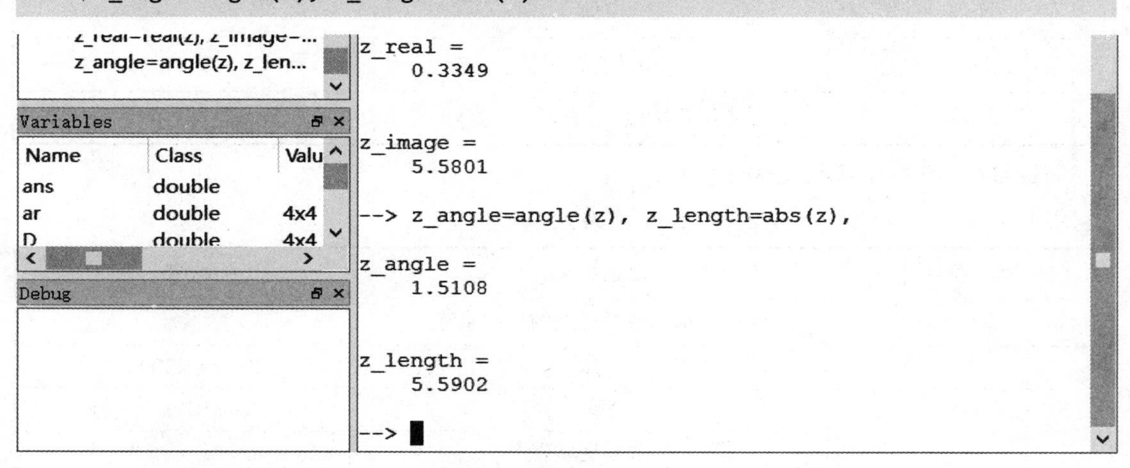

图 2.3.3

例5 已知交流电动势 $e = 310\sin\theta$,其中 θ 为线圈平面与中性面的夹角,计算当 $\theta = 60°$ 时交流电动势的瞬时值。

解 代码如下,输出结果如图 2.3.4 所示。

```
1| x=60;
2| x1=pi/180*x;
3| e=310*sin(x1)   %此处不要加“;”,否则不能在命令窗口中看到输出的电动势的值
```

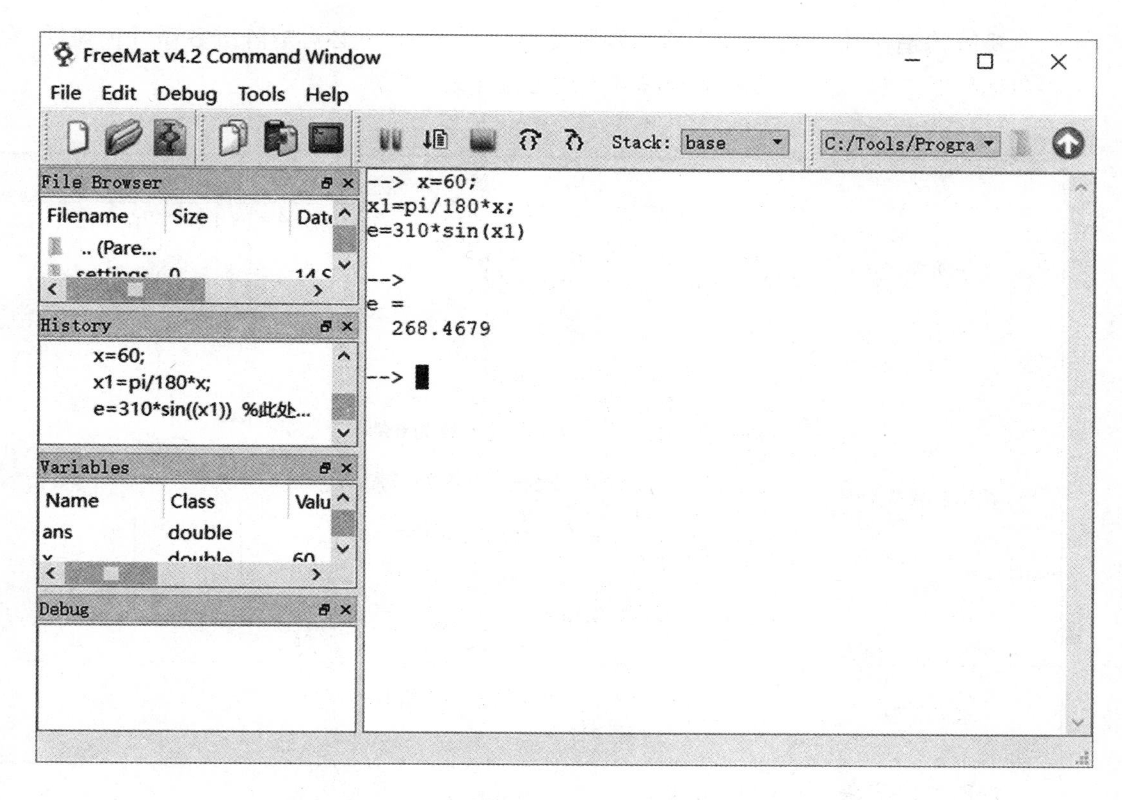

图 2.3.4

2.3.3 数组矩阵和字符串

数组构造和操作 FreeMat 中构造数组的常用方法见表 2.3.6。

表 2.3.6

方法	用法	示例
简单创建	row = [e1,e2, ⋯ ,em] A = [row1;row2; ⋯ ;row$n$] 矩阵行元素用空格或逗号分隔。矩阵列用“;”分隔。整个矩阵放在方括号 [ ] 里面	A = [2 3 5 1] %1 行 3 列 A = [1,2,3;4,5,6;7,8,9] %3 行 3 列 A = [1 2 3;4 5 6;7 8 9] %3 行 3 列 A = [sqrt(2),3e2,1 + 2i] %1 行 3 列
增量法构造	(first : last) 或 (first : step : last) 缺省默认 step = 1	A = 10 : 15 A = 3 : 0.2 : 4 A = 9 : −1 : 0
linspace	用 linspace 函数构造数组	x = linspace(first,last,num) %first 为起始值，last 为终止值，num 为元素个数。省略 num，默认元素个数为 100 x = linspace(0,10,5)
数组操作	数组名 (i : j)，数组名 (i)	A(1 : 6) = 1 %将 1 赋给数组元素 A(2) = 3 %将 1 赋给 A 中第 3 个元素

矩阵构造 在 FreeMat 中输入矩阵的方法有多种，不必对矩阵维数做任何说明，存储将自动配置。FreeMat 中构造矩阵的常用方法见表 2.3.7。

表 2.3.7

方法	用法	示例
直接构造	row = [e1,e2, ⋯ ,em] A = [row1;row2; ⋯ ;row$n$]	A = [2 4 1;4 5 2;7 2 1] $A=\begin{pmatrix}2&4&1\\4&5&2\\7&2&1\end{pmatrix}$
构造特殊矩阵	ones:创建元素都为 1 的矩阵 zeros:创建元素都为 0 的矩阵 eye:创建对角元素为 1,其他元素为 0 的矩阵 rand:创建一个矩阵或数组,其中的元素服从均匀分布 randn:创建一个矩阵或数组,其中的元素服从正态分布 diag:创建对角矩阵 reshape:创建数值矩阵	C=[3 2 1] $V=\text{diag}(C)$ $V=\begin{pmatrix}3&&\\&2&\\&&1\end{pmatrix}$
聚合矩阵	水平聚合 C=[A B] %A 与 B 用空格分隔 垂直聚合 C=[A;B]	

获取矩阵元素 示例矩阵 A = [2,3,3;4,9,4;6,3,0]，见表 2.3.8。

表 2.3.8

操作	示例	结果
获取单个元素	A(3,1) 表示取出第 3 行第 1 列元素	6
获取多个元素	A(: ,2) 表示取出第 2 列的所有元素 A(3,:) 表示取出第 3 行的所有元素	$A(:,2)=\begin{pmatrix}3\\9\\3\end{pmatrix}$ A(3,:) = [6 3 0]
获取所有元素	A(:)	A(:) = [2,3,3;4,9,4;6,3,0]

获取与矩阵有关的信息 相关函数见表 2.3.9，示例矩阵 A = [2,3,3;4,9,4;6,3,0] 。

表 2.3.9

方法	用法	示例
length( )	返回最长维长度	length(A) = 3
ndims( )	返回维数	ndims(A) = 2
numel( )	返回元素个数	numel(A) = 9
size( )	返回每一维的长度 [rows cols] = size(A)	size(A) = 3 3

例6　在FreeMat命令窗口中输入矩阵$A=[1,2,3;4,5,6;7,8,9;10,11,12]$，回车后如图2.3.5所示。

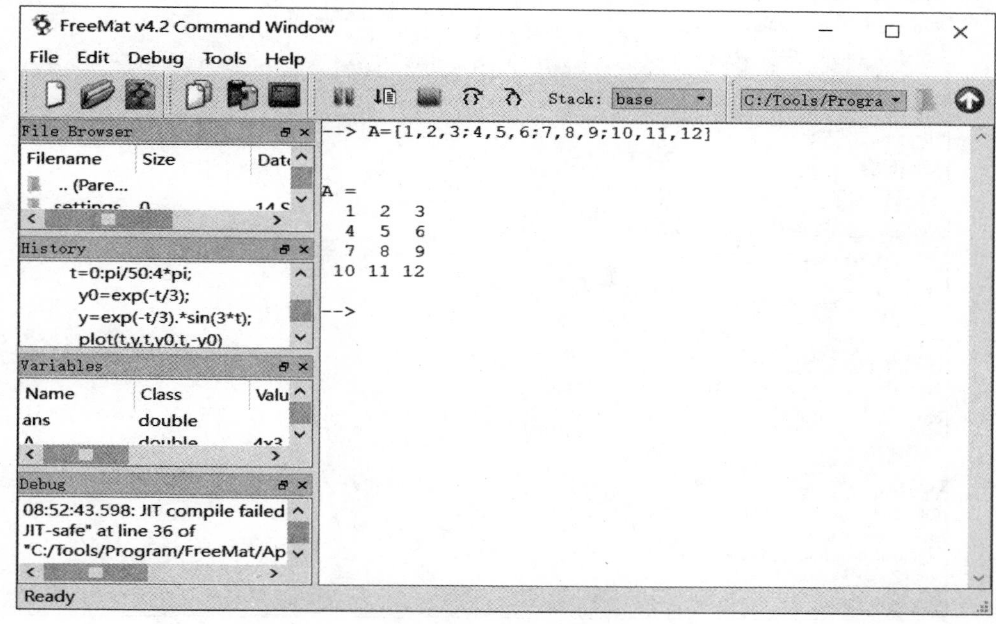

图2.3.5

也可分行输入矩阵，比如$A=[1\ 2\ 3\ 4$

$5\ 6\ 7\ 8$

$0\ 1\ 2\ 3]$，按回车键后如图2.3.6所示。

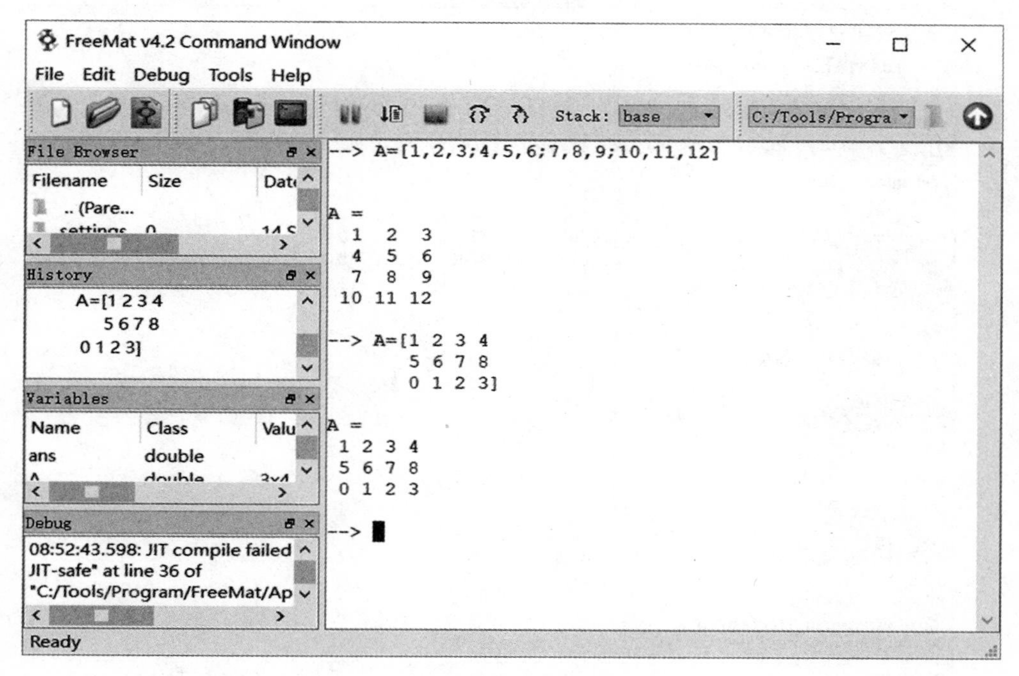

图2.3.6

矩阵元素输入　比如输入 $B(1,2)=3;B(4,4)=6;B(4,2)=11$ 后，结果如图 2.3.7 所示。

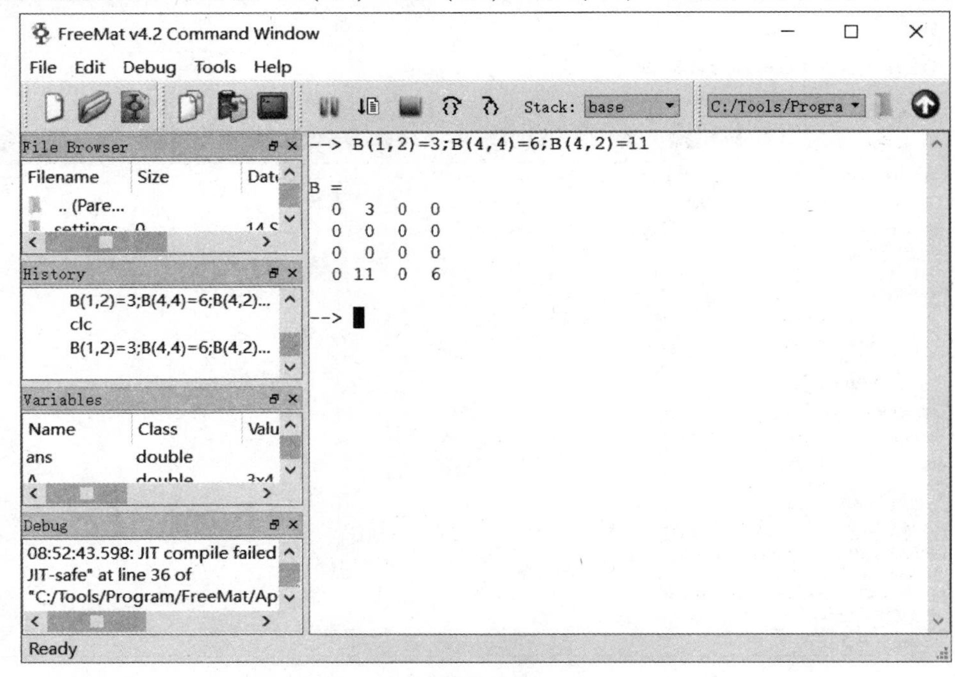

图 2.3.7

例7　令 $x=14$, $y=4.32$，求生成的矩阵 $A=[x,2*x-y,0;\sin(\mathrm{pi}/4),3*y+x,\mathrm{sqrt}(y)]$。在 FreeMat 命令窗口中输入 $x=14;y=4.32;A=[x,2*x-y,0;\sin(\mathrm{pi}/4),3*y+x,\mathrm{sqrt}(y)]$，语句之间用分号分隔，按回车键后结果如图 2.3.8 所示。

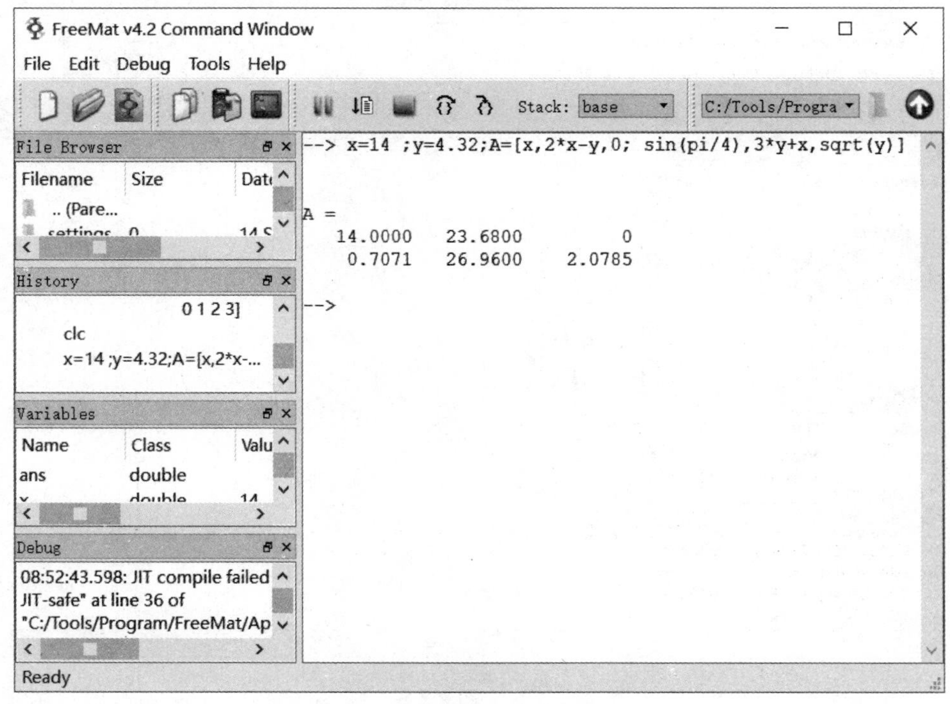

图 2.3.8

例8　利用指令 reshape 创建数值矩阵。如图 2.3.9 所示，在 FreeMat 命令窗口中输入如下指令格式：

```
1| av=1:12                 %产生12个元素的行向量av
2| bm=reshape(av,3,4)      %利用向量av创建3×4矩阵bm
```

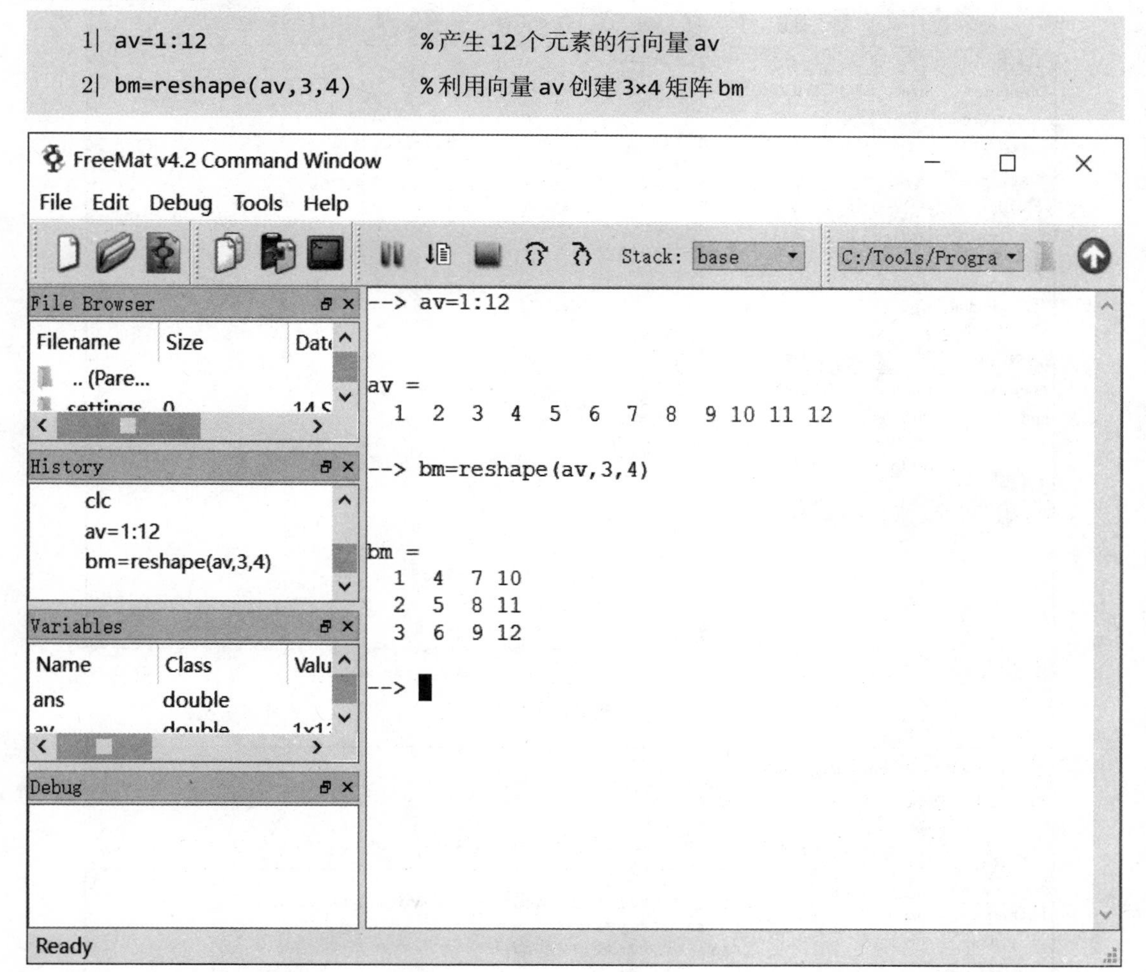

图 2.3.9

例9　利用指令 diag 产生对角矩阵。如图 2.3.10 所示，在 FreeMat 命令窗口中输入如下指令格式：

```
1| ar=rand(4,4)          %产生4×4的0~1均匀分布随机矩阵ar
2| d=diag(ar)            %用矩阵的主对角线元素形成向量d
3| D=diag(d)             %用向量d构成对角矩阵D
```

矩阵的保存　单击 FreeMat 工具栏左上角的 New File 按钮，新建一个 m 文档，将 FreeMat 的代码输入文档中，然后单击工具栏上的 Save 按钮，将 m 格式的文档保存到电脑外存储器上。通过单击 FreeMat 工具栏左上角的 Open File 按钮载入外存储器上的 m 文档，如图 2.3.11 所示。

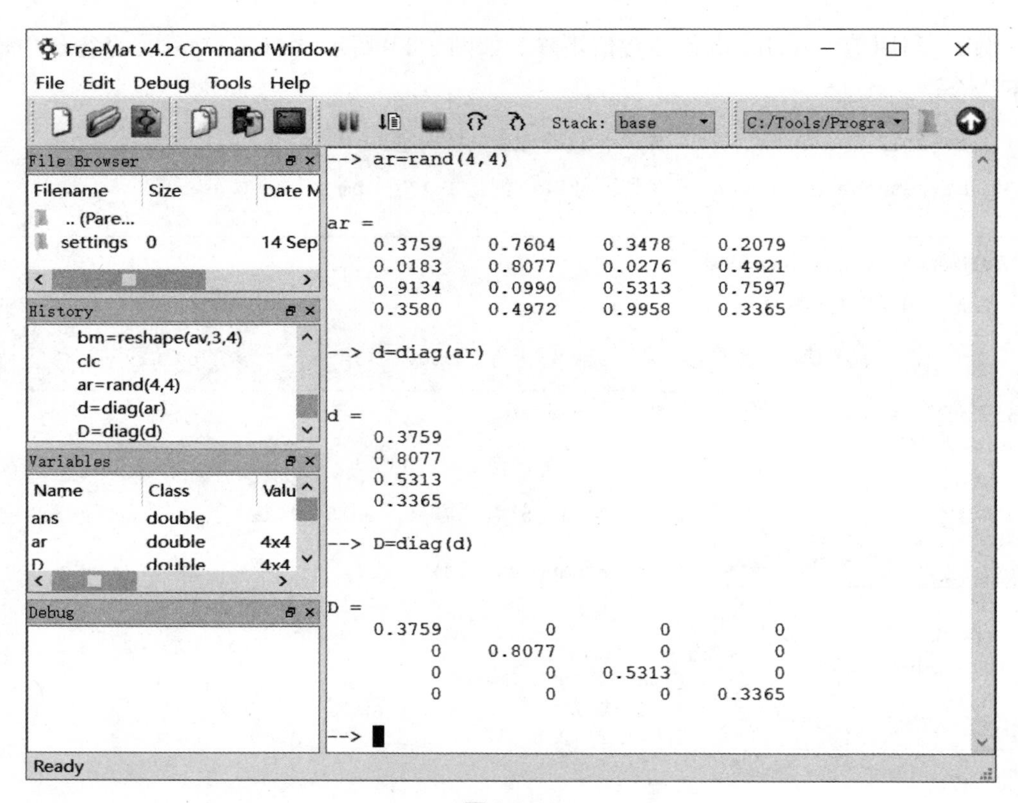

图 2.3.10

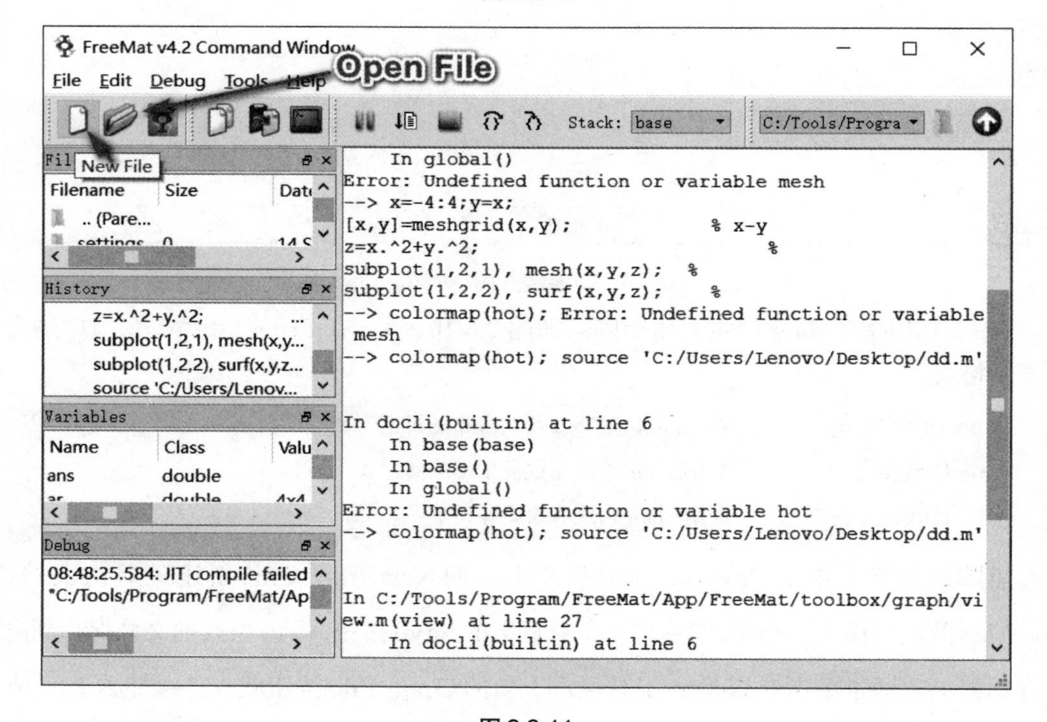

图 2.3.11

矩阵的基本运算　本节只介绍矩阵的简单运算,包括乘、除、秩和对应行列式的值。

例10　已知矩阵

$$A=\begin{pmatrix}4&-2&2\\-3&0&5\\1&5&3\end{pmatrix},\ B=\begin{pmatrix}1&3&4\\-2&0&-3\\2&-1&1\end{pmatrix}$$

① 求 $A*B$。在 FreeMat 命令窗口中分别输入矩阵 A 和 B，再输入 $A*B$，如图 2.3.12 所示。

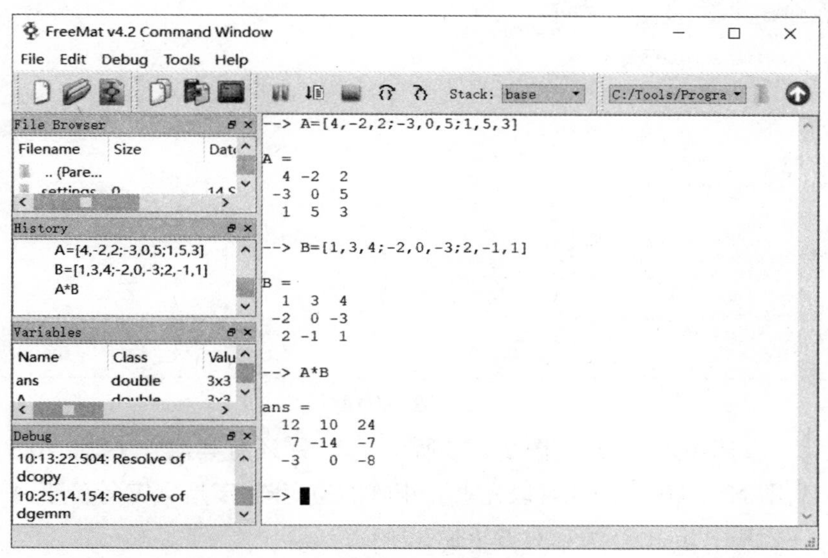

图 2.3.12

② 求矩阵 A 的秩。输入 rank (A)，求得矩阵 A 的秩为 3，如图 2.3.13 所示。

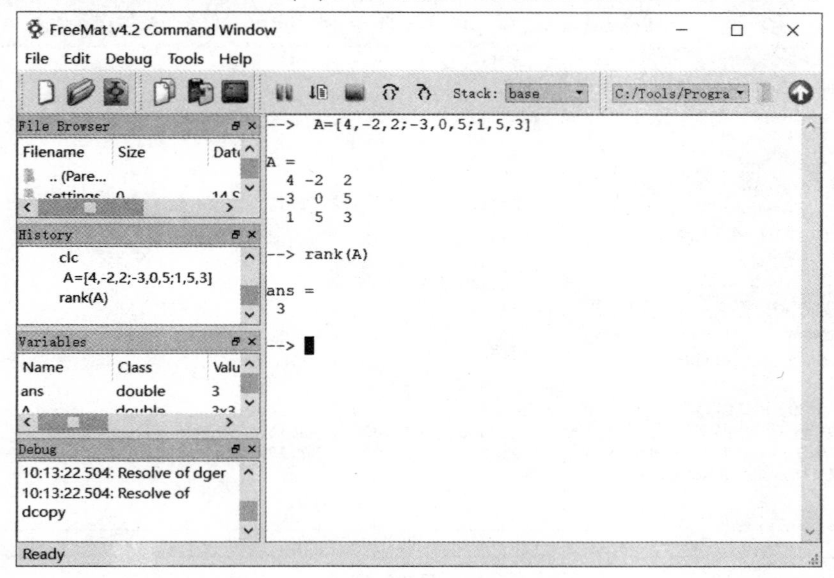

图 2.3.13

③ 求矩阵 A 对应行列式的值。输入 det (A)，求得矩阵 A 对应行列式的值为 -158，如图 2.3.14 所示。

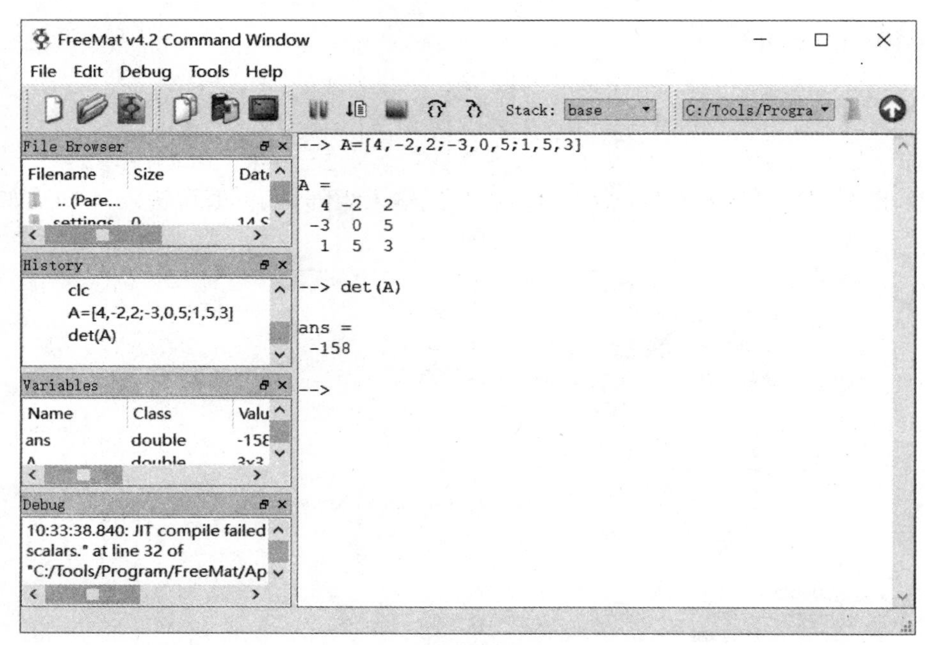

图 2.3.14

④ 求 $\dfrac{A}{B}$。直接输入 A/B,如图 2.3.15 所示。求 $\dfrac{A}{B}$ 还有其他方法,如 A/B 相当于矩阵方程 $XB=A$,即 $X=AB^{-1}$,因此可以先求 B 矩阵的逆矩阵,于是 A/B 等价于 $A*\text{inv}(B)$,亦等价于 $AB\hat{}-1$,其中 $\text{inv}(B)$ 表示对 B 求逆矩阵。

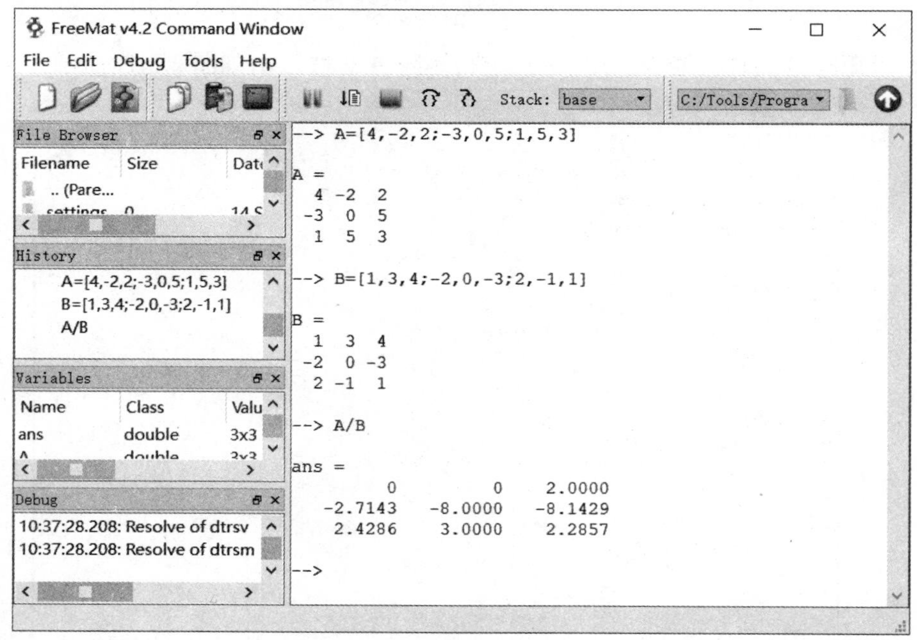

图 2.3.15

⑤ 求矩阵 A 的特征多项式。在 FreeMat 命令窗口输入 poly (A),即可求得矩阵 A 的特征多项式。

```
1| poly(A)
2| A=sym(A)    %将A转换成符号矩阵
3| poly(A)
```

字符和字符串　字符可以构成一个字符串，一个字符串被视为一个行向量，字符串中的每个字符（含空格）以其ASCII码的形式存放于行向量中，是该字符串变量的一个元素。FreeMat可以用单引号“' '”来界定一个字符串，也可以用方括号“[ ]”直接连接多个字符串变量，得到一个新字符串变量。

例11　FreeMat字符串定义与连接示例代码如下，输出结果如图2.3.16所示。

```
1| str1='I like Freemat,';                %建立字符串变量str1
2| str2='JavaScript,and Aardio!';         %建立字符串变量str2
3| str3=[str1 str2]                       %直接连接str1及str2,以建立str3
```

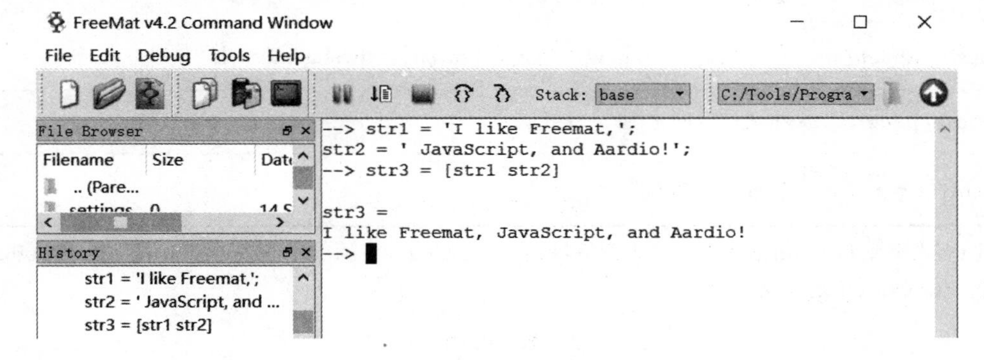

图2.3.16

2.3.4　FreeMat图形绘制

常见绘制函数和绘制选项分别见表2.3.10和表2.3.11。

表2.3.10

函数	功能说明
plot(x)	①x为向量时，以该元素的下标为横坐标、元素值为纵坐标绘出曲线 ②x为实数二维数组时，按列绘制每列元素值相对其下标的曲线，曲线数等于x数组的列数 ③x为复数二维数组时，按列分别以数组的实部和虚部为横、纵坐标绘制多条曲线
plot(x, y)	①x、y为同维数组时，绘制以x、y元素为横、纵坐标的曲线 ②x为向量，y为二维数组，且其列数或行数等于x的元素数时，绘制多条不同颜色的曲线 ③x为二维数组，y为向量时，情况与上相同，只是y仍为纵坐标
plot($x1$, $y1$, $x2$, $y2$, $\cdots$)	绘制以$x1$为横坐标、$y1$为纵坐标的曲线1，以$x2$为横坐标、$y2$为纵坐标的曲线2，等等 其中x为横坐标，y为纵坐标，绘制$y=f(x)$函数曲线

续表

函数	功能说明
polar( )	polar 函数用来绘制极坐标图,其调用格式为 polar(θ,ρ, 选项)。例如,绘制 $\rho=\sin(2\theta)\cos(2\theta)$ 的图形,代码如下: θ=0:0.01:2*pi; ρ=sin(2*θ).*cos(2*θ); polar(θ,ρ,'k');
subplot( )	subplot(m,n,k)使($m\times n$)幅子图中第 k 个子图成为当前图 subplot('postion', [left, bottom, width, height]) 在指定的位置上开辟子图,并成为当前图 示例:开辟3行2列共6个区,可放6幅图,k 代表第 k 幅图 t=(0:15)*2*pi/15; y=sin(t); subplot(3,2,1), plot(t,y); title('Lins style is default') subplot(3,2,2), plot(t,y, 'o'); title('Lins style is o') subplot(3,2,3), plot(t,y,'k:'); title('Lins style is k:') …
plot3(x,y,z)	三维绘图指令中,plot3( )最易于理解,它的使用格式与 plot( )十分相似,只是对应第3维空间的参量
meshgrid(x,y)	产生"格点"矩阵,调用格式为 [xa,ya]=meshgrid(x,y)
mesh(x,y,z)	生成三维网格图
surf(x,y,z)	生成三维曲面图

注:多次叠绘 hold on 表示在原图上继续绘图,反之 hold off;画出分格线 grid on,反之 grid off;控制加边框线 box on,反之 box off。

表 2.3.11

曲线控制符	功能说明
线形	实线 (−)　虚线 (:)　点划线 (−.)　双划线 (−−)
颜色	蓝 (b)　绿 (g)　红 (r)　青 (c)　品红 (m)　黄 (y)　黑 (k)　白 (w)
数据点型	实心黑点 (.)　十字符 (+)　八线符 (*)　朝上三角 (^)　朝下三角 (v) 朝左三角 (<)　朝右三角 (>)　菱形 (d)　六角星 (h)　空心圆 (o) 五角星 (p)　方块符 (s)　叉字符 (x)

注:曲线线形控制符、曲线颜色控制符、数据点型控制符可以组合使用,其先后次序不影响绘图结果,也可以单独使用,如 plot (x,y,'*−g')。具体请查看 MATLAB(同 FreeMat) 资料。

深入理解 meshgrid(x,y),请在 MATLAB 中运行,仔细观察体会。

```
1| [x,y]=meshgrid(0:2,0:3);  %默认步进值为1
2| plot(x,y,'or');
3| axis([-1,3,-1,4])  %设置坐标轴范围,此代码要放在plot(x,y,'or')之后
4| grid on %打开网格
5| set(gca,'GridLineStyle',':','GridColor','k','GridAlpha',1);  %设置网格虚线和颜色
```

深入理解 meshgrid(x,y,z),请在 MATLAB 中运行,输出结果附后,仔细观察体会。

```
1| [x1,y1]=meshgrid([1:3],[4:5])
2| [x2,y2,z2]=meshgrid([1:3],[4:5],[6:7]) %[6:7]表示 z 轴取 6、7 两层（页），表示
   (:,:,1)和(:,:,2),每一层对应 meshgrid([1:3],[4:5])网格
3| z1=x1-x1
4| z=sqrt(x.^2+y.^2)
```

运行结果如下,从中仔细体会 meshgrid(x,y,z) 的数据配置规律。

```
1| x1=
2|         1 2 3
3|         1 2 3
4|
5| y1=
6|         4 4 4
7|         5 5 5
8|
9| x2(:,:,1)=
10|        1 2 3
11|        1 2 3
12|
13| x2(:,:,2)=
14|        1 2 3
15|        1 2 3
16|
17| y2(:,:,1)=
18|        4 4 4
19|        5 5 5
20|
21| y2(:,:,2)=
22|        4 4 4
23|        5 5 5
24|
25| z2(:,:,1)=
26|        6 6 6
27|        6 6 6
28|
29| z2(:,:,2)=
30|        7 7 7
31|        7 7 7
32|
33| z1=
34|        0 0 0
```

```
35|          0 0 0
36|
37| z(:,:,1)=
38|          3.1623 3.6056
39|          4.1231 4.4721
40|
41| z(:,:,2)=
42|          3.1623 3.6056
43|          4.1231 4.4721
```

例12 在 $[0,2\pi]$ 区间内绘制曲线 $y=2\mathrm{e}^{-0.5x}\sin(2\pi x)$。

解 输入语句格式如下，输出图形如图 2.3.17 所示。

```
1| x=0:pi/100:2*pi;
2| y=2*exp(-0.5*x).*sin(2*pi*x);    %数组对应元素相乘使用.*
3| plot(x,y)
```

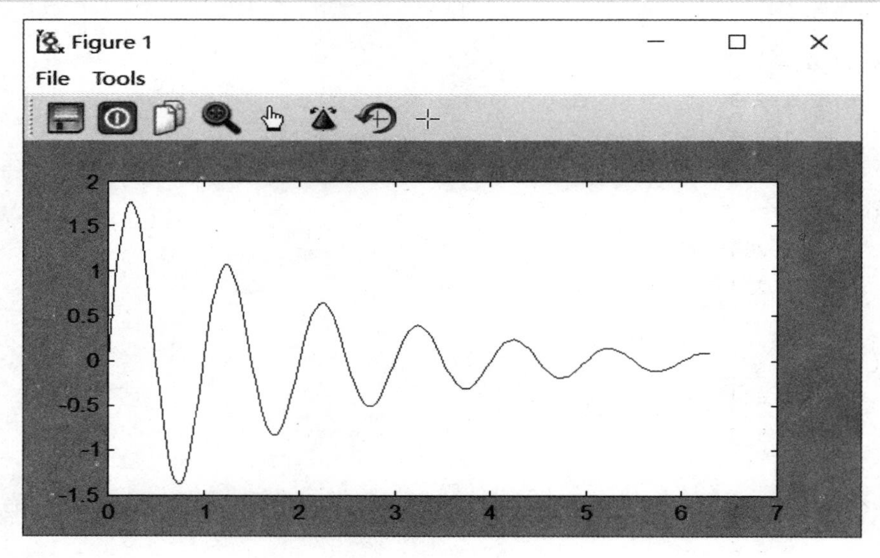

图 2.3.17

例13 物体所受地球万有引力的大小随高度变化的规律为 $F=\left(\frac{R}{R+h}\right)^2F_0$，其中 R 表示地球的半径，h 表示物体距离地面的高度，F 表示物体在高 h 处受到的万有引力，F_0 表示物体在地面受到的万有引力。试画出引力比值 $\frac{F}{F_0}$ 随高度 h 变化的函数图像。

解 输入语句格式如下，输出图形如图 2.3.18 所示。

```
1| R=6400;
2| h=0:100:64000;
3| x=(R./(R+h)).^2;
4| plot(h,x);
5| grid on
```

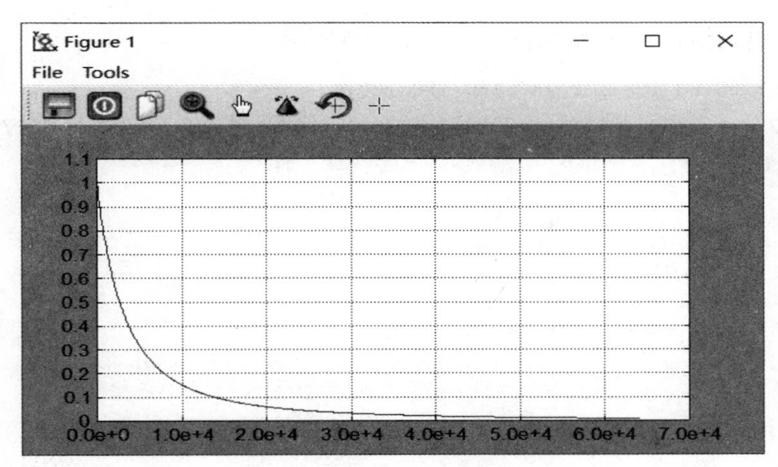

图 2.3.18

例14　画出 $y=1/(x+1)$ 的函数曲线,其中 $x\in[0,100]$。

解　输入语句格式如下,输出图形如图 2.3.19 所示。

```
1| x=0:100;
2| y=1./(x+1);                    %数组中对应元素相除
3| plot(x,y);
4| legend('y=1/(x+1)');           %加入标题
```

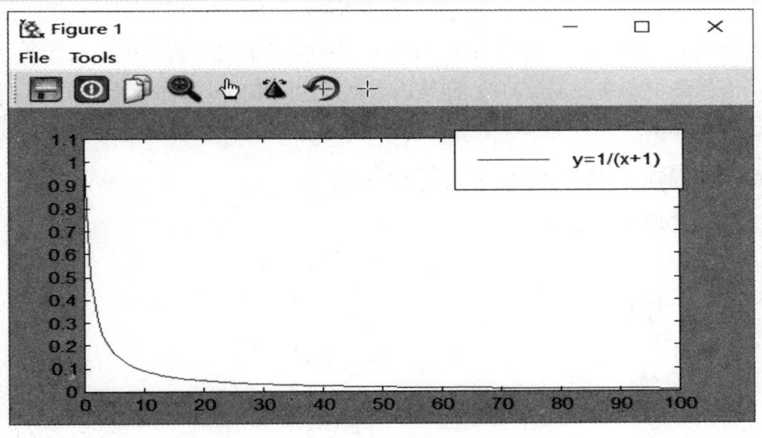

图 2.3.19

例15　描绘电源伏安特性曲线的实验得到的数据见表 2.3.12,要求绘制出实际测量点所构成的曲线。

表 2.3.12

测量次数	1	2	3	4	5	6	7	8	9	10
电流 / mA	20.00	40.00	60.00	80.00	100.00	120.00	140.00	160.00	180.00	200.00
电压 / V	1.5356	1.5307	1.5265	1.5229	1.5175	1.5138	1.5103	1.5066	1.5027	1.4981
电动势 / V	1.5385									

解 输入语句格式如下,输出图形如图 2.3.20 所示。

```
1| I=[20 40 60 80 100 120 140 160 180 200];
2| U=[1.5356 1.5307 1.5265 1.5229 1.5175 1.5138 1.5103 1.5066 1.5027 1.4981];
3| plot(I,U,'*-');
4| grid on;
```

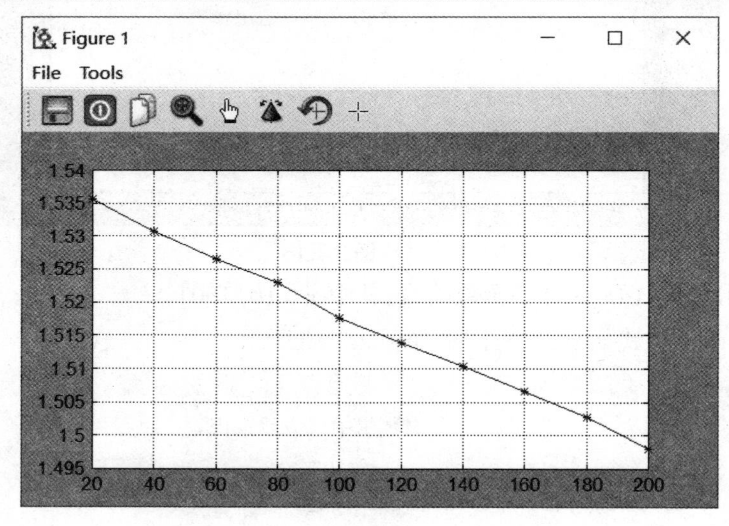

图 2.3.20

注:图 2.3.20 并不是电源的伏安特性曲线,仅表示根据实验测量数据所描绘的线条。若要描绘出电源的伏安特性曲线,需用最小二乘法拟合曲线,即使用数据拟合函数 polyfit( ) 和 polyval( ) 绘制,具体请参考 2.3.5 小节中的例 24 和例 25。

例16 描绘电源输出功率随电流变化的曲线。

解 由全电路欧姆定律,得

$$U=E-Ir$$

将其代入公式 $P_{出}=UI$, 得

$$P_{出}=-I^2r+IE$$

配方,得

$$\begin{aligned}P_{出}&=-r\left(I^2-\frac{E}{r}\right)\\&=-r\left(I^2-\frac{E}{r}+\frac{E^2}{2r^2}-\frac{E^2}{2r^2}\right)\\&=-r\left(I-\frac{E}{r}\right)^2+\frac{E^2}{2r}\end{aligned}$$

取 $E=6.0\,\mathrm{V}$, $r=2\,\Omega$, 电流 I 从 0 变化到 10 A, 取样间隔为 0.2 A。输入语句格式如下,输出图形如图 2.3.21 所示。

```
1| r=2;
2| E=6.0;
3| I=0:0.2:10;
4| p=-r*(I-E/r).^2+E^2/(2*r)
```

```
5| plot(I,p);
6| grid on
```

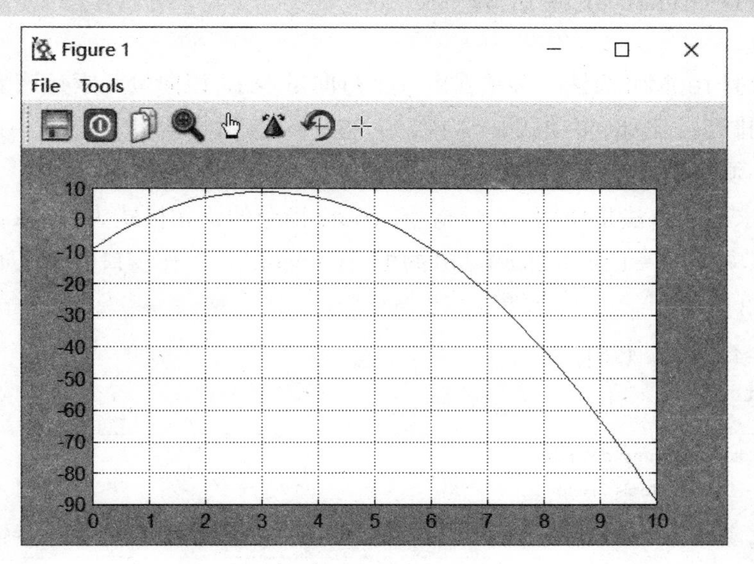

图 2.3.21

例17　利用 plot3( ) 绘图的示例代码如下，输出结果如图 2.3.22 所示。

```
1| t=(0:0.02:2)*pi;
2| x=sin(t);
3| y=cos(t);
4| z=cos(2*t);
5| plot3(x,y,z,'b-',x,y,z,'bd');
6| view([-82,58]);
7| box on   %box on/off 函数对当前坐标图加上或撤销边框
8| legend('链','宝石')
```

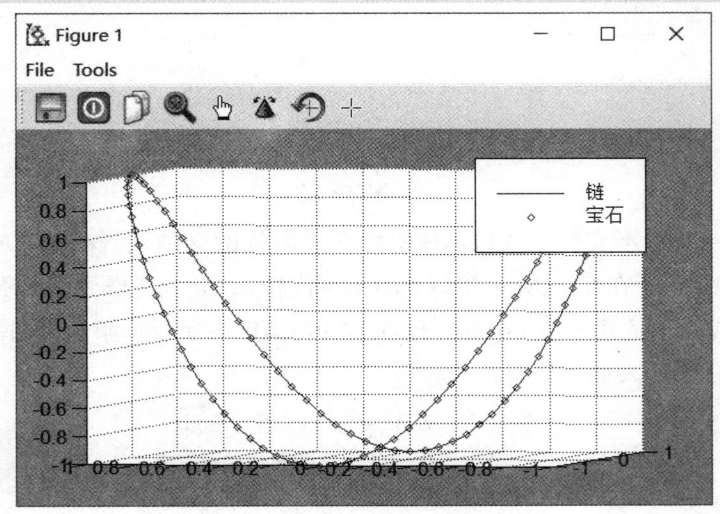

图 2.3.22

2.3.5 FreeMat 数值计算

多项式的 FreeMat 表达 多项式由一个行向量表示，该向量元素是该多项式的系数，且按降幂次序排列。比如，多项式 $x^4-12x^3+25x+116$ 由行向量 $p=[1\ \ -12\ \ 0\ \ 25\ \ 116]$ 表示。注意，必须包括具有零系数的项。

多项式求根的方法是使用 roots 指令，roots 指令的语句格式为 $r=\text{roots}([a,b,c,\cdots])$。比如，求解多项式 $x^4-12x^3+25x+116$ 的根，在 FreeMat 工作窗口中输入如下代码，输出结果如图 2.3.23 所示。

```
1| f=[1 -12 0 25 116];
2| r=roots(f)
```

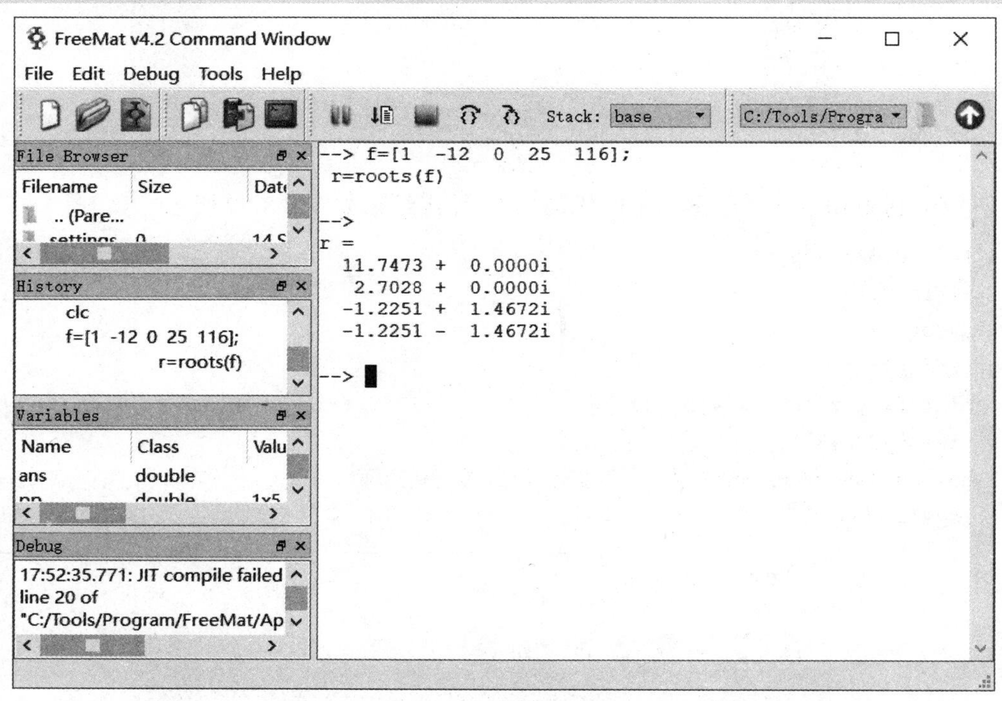

图 2.3.23

目前，FreeMat 不支持 MATLAB 中解符号方程的函数 solve 及 MATLAB 中定义符号变量的函数 syms，在 FreeMat 中以 symvar 代替 syms。考虑到 FreeMat 中没有 solve 函数，下面的代码不适用于 FreeMat，仅在 MATLAB 中运行。解符号方程 $ax^2+bx+c=0$，在 MATLAB 中输入如下代码：

```
1| syms a b c x;          %定义a、b、c、x四个符号变量
2| f=a*x^2+b*x+c;         %把方程中各项系数赋值给变量f
3| x=solve(f)             %求解
```

运行结果为

```
1| x=
2|      [1/2a*(-b+(b^2-4*a*c)^(1/2))]
3|      [1/2a*(-b-(b^2-4*a*c)^(1/2))]
```

FreeMat支持根据多项式的根求解多项式,使用poly指令,其格式为poly(r)。以上面多项式的根r为参数,利用poly指令还原多项式的代码如下,输出结果如图2.3.24所示。

```
1| f=poly(r)
```

回车后得到

```
1| f=1.0000 -12.0000 -0.0000 25.0000 116.0000
```

对应的多项式即为$f(x)=x^4-12x^3+25x+116$。

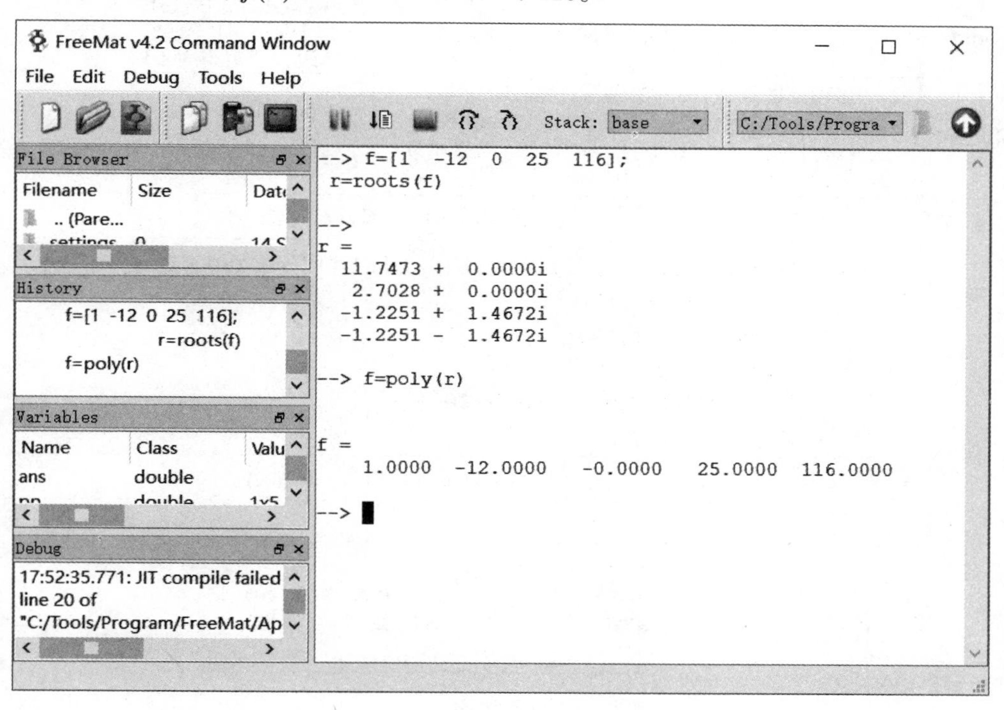

图2.3.24

多项式的运算　包括多项式的加、减、乘、除及求导。示例用到的3个多项式分别是

$$a(x)=x^3+2x^2+3x+4$$
$$b(x)=x^3+4x^2+9x+16$$
$$c(x)=x^6+6x^5+20x^4+50x^3+75x^2+84x+64$$

其行向量分别为

$$\boldsymbol{a}=[1\ \ 2\ \ 3\ \ 4]$$
$$\boldsymbol{b}=[1\ \ 4\ \ 9\ \ 16]$$
$$\boldsymbol{c}=[1\ \ 6\ \ 20\ \ 50\ \ 75\ \ 84\ \ 64]$$

多项式运算的具体算法见表2.3.13。

表 2.3.13

运算符	语法	示例和结果
$a+b$	多项式的加法，按系数向量加	$a=[1\ \ 2\ \ 3\ \ 4]$ $b=[1\ \ 4\ \ 9\ \ 16]$ $d=a+b$ $d(x)=2x^3+6x^2+12x+20$ $d=[2\ \ 6\ \ 12\ \ 20]$
$a-b$	多项式的减法，按系数向量减	$a=[1\ \ 2\ \ 3\ \ 4]$ $b=[1\ \ 4\ \ 9\ \ 16]$ $d=a-b$ $d(x)=-2x^2-6x-12$ $d=[0\ -2\ -6\ -12]$
$\text{conv}(a,b)$	多项式的乘法，两个以上重复用 conv	$c=\text{conv}(a,b)$ $c=[1\ 6\ \ 20\ \ 50\ \ 75\ \ 84\ \ 64]$
$\text{deconv}(c,b)$	多项式的除法	$[q,r]=\text{deconv}(c,b)$ $q=[1\ \ 2\ \ 3\ \ 4]$ $r=[0\ \ 0\ \ 0\ \ 0\ \ 0\ \ 0\ \ 0]$
polyder( )	多项式的导数，另外两种形式是： $p=\text{polyder}(P,Q)$ %求 $P*Q$ 的导函数 $[p,q]=\text{polyder}(P,Q)$ %求 P/Q 的导函数，导数分子存入 p，分母存入 q	$e=\text{polyder}(b)$ $e=[3\ 8\ 9]$ $e(x)=3x^2+8x+9$
polyval( )	多项式的求值函数 polyval 用法示例	

```
1| x=linspace(-1, 3);       %将 -1 和 3 之间分成 100 个点
2| p=[1  4 -7 -10];
3| v=polyval(p, x);
4| plot(x, v);
5| title('x^{3}+4x^{2}-7x-10');
6| xlabel('x')
```

代码运行结果如图 2.3.25 所示

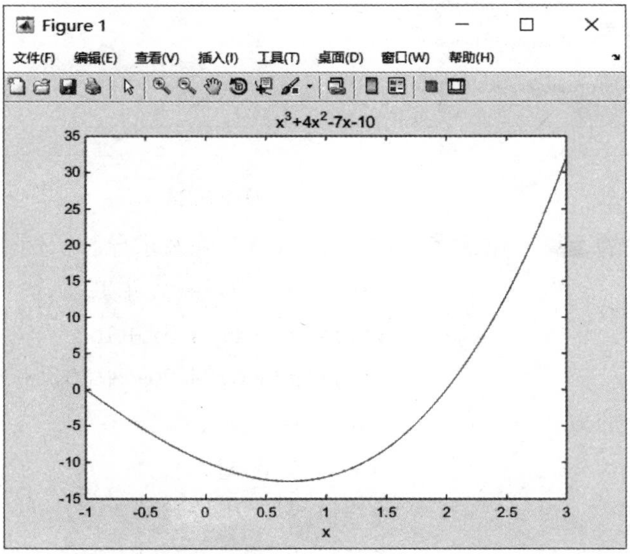

图 2.3.25

函数的数值导数　函数的导数定义为

$$\frac{\mathrm{d}y}{\mathrm{d}x}=\lim_{\Delta x\to 0}\frac{f(x+\Delta x)-f(x)}{(x+\Delta x)-x}$$

因此,函数的导数可近似记为

$$\frac{\mathrm{d}y}{\mathrm{d}x}=\frac{f(x+\Delta x)-f(x)}{(x+\Delta x)-x},\quad \Delta x>0$$

可见导数可视为函数(变量)的有限差分除以自变量 x 的有限差分。在 FreeMat 中提供了计算向前差分的函数 diff( ),其调用格式如下:

```
Δx=diff(x)            %计算向量x的向前差分
Δx=diff(x,k)          %计算向量x的k阶向前差分
```

例18　已知函数 $f(x)=\sqrt{x^3+2x^2-x+12}+\sqrt[6]{x+5}+5x+2$,在 $[-3,3]$ 区间内以 0.01 为步长求数值导数,并画出导函数图像。

解　注意:由于 FreeMat 不支持 diff 函数对表达式求差分,因此下列代码是在 MATLAB 工作窗口中输入的。代码如下,输出结果如图 2.3.26 所示。

```
1| f=inline('sqrt(x.^3+2*x.^2-x+12)+(x+5).^(1/6)+5*x+2');  %内联函数
2| x=-3:0.01:3;
3| dx=diff(f([x,3.01]))/0.01;  %根据定义式求导数
4| plot(x,dx)
```

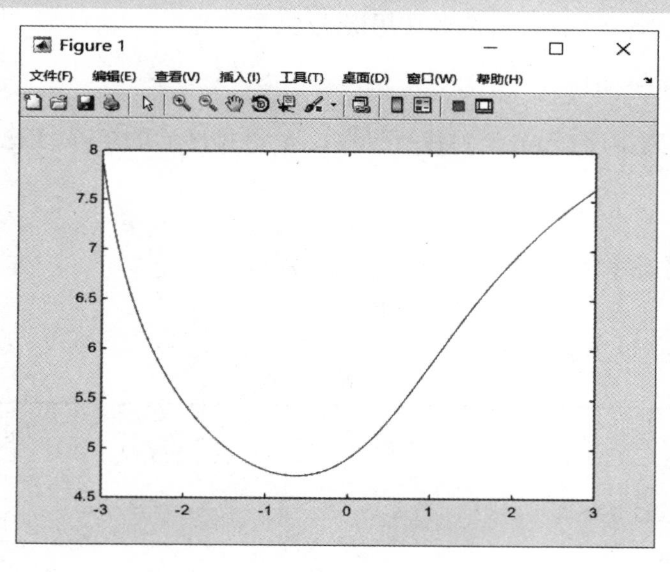

图 2.3.26

数值积分　一元函数的数值积分常用函数为 quad 和 quadl。一般来说,采用牛顿-科特斯法的 quadl 比采用辛普森算法的 quad 更有效,两者的调用格式如下所示。需要注意的是,FreeMat 不支持这两个函数,因此只用于 MATLAB 中。

```
q=quadl(fun,a,b)
```

```
q=quadl(fun,a,b,tol)
q=quadl(fun,a,b,tol,trace)
[q,fcnt]=quadl(fun,a,b,…)
```

① 输入量 fun 为被积函数的句柄。

② 输入量 a, b 分别是积分的下限和上限,都必须是确定的数值。

③ 前三个输入参数是调用积分指令所必需的,其他可以缺省。

④ 输入量 tol 是一个标量,控制绝对误差。

⑤ 输入量 trace 为非 0 值时,将随积分的进程逐点画出被积分函数。

⑥ 输出参数 fcnt 返回函数的执行次数。

例19 求解定积分 $I=\int_0^1\sqrt{\ln\frac{1}{x}}\mathrm{d}x$。

解 MATLAB 代码示例如下:

```
1| ff=inline('sqrt(log(1./x))','x');
2| Isim=quad(ff,0,1)        %或用 Isim=quadl(ff,0,1)
```

输出的结果为

```
1| Isim=
2|        0.8862
```

元素排序 FreeMat 和 MATLAB 都支持的排序函数是 sort( )。sort 函数也可以对矩阵 A 的各列(或各行)重新排序,其调用格式为:

```
[Y,I]=sort(A,dim)
```

dim = 1,按列排序; dim = 2,按行排序。Y 是排序后的矩阵,I 记录 Y 中的元素在 A 中的位置。

例20 对列矩阵 $A=\begin{pmatrix}1 & -8 & 5\\ 4 & 12 & 6\\ 13 & 7 & -13\end{pmatrix}$ 做各种排序。

解 如表 2.3.14 所示。

表 2.3.14

命令	结果
$A=[1,-8,5;4,12,6;13,7,-13]$; sort($A$)	ans = 1 −8 −13 4 7 5 13 12 6
− sort(−A,2) %对 A 的每行按降序排列	ans = 5 1 −8 12 6 4 13 7 −13

数据插值 在工程测量和科学实验中,所得到的数据通常是离散的,要得到除这些离散

点以外的其他点的数值,就需要根据已知的数据进行插值。插值函数一般由线性函数、多项式、样条数或这些函数的分段函数充当。本书简单介绍一维数据插值(被插值函数有一个单变量),一维数据插值采用的方法有线性方法、最近方法、三次样条和三次插值。

在 FreeMat 中目前只提供了 interplin1($x1$,$y1$,xi) 函数用于线性插值计算,而在 MATLAB 中实现这些插值的函数是 interp1( ),适用范围更广,其调用格式如下:

```
Y1=interp1(X,Y,X1,method)   %函数根据X,Y的值,计算其在X1处的值
```

说明:X,Y 是两个等长的已知向量,分别描述采样点和样本值;

X1 是一个向量或标量,描述欲插值的点;

Y1 是一个与 X1 等长的插值结果;

method 是插值方法,允许的取值见表 2.3.15。

表 2.3.15

方法名称	说明
linear	线性插值,默认的插值方式。它是把插值点靠近的两个数据点用直线连接,然后在直线上选取对应插值点的数据
nearest	最近点插值。根据已知插值点与已知数据点的远近程度进行插值。插值点优先选择较近的数据点进行插值
cubic	三次多项式插值。根据已知数据求出一个三次多项式,然后根据该多项式进行插值
spline	三次样条插值。指在每个分段内构造一个三次多项式,使其满足插值条件外,在各节点处具有光滑的条件

极值运算　FreeMat 和 MATLAB 提供的求数据序列的最大值和最小值的函数分别为 max 和 min,这两个函数的调用格式和操作过程类似,具体见表 2.3.16。

表 2.3.16

求向量的最大值和最小值		求矩阵的最大值和最小值	
函数	说明	函数	说明
$y=\max(X)$	返回向量 X 的最大值存入 y,如果 X 中包含复数元素,则按模取最大值	$\max(A)$	返回一个行向量,向量的第 i 个元素是矩阵 A 的第 i 列上的最大值
$[y,I]=\max(X)$	返回向量 X 的最大值存入 y,最大值的序号存入 I,如果 X 中包含复数元素,则按模取最大值	$[Y,U]=\max(A)$	返回行向量 Y 和 U,Y 向量记录 A 的每列最大值,U 向量记录每列最大值的行号
		$\max(A,[\,],\mathrm{dim})$	dim 取 1 或 2。dim 取 1 时,该函数和 $\max(A)$ 完全相同;dim 取 2 时,该函数返回一个列向量,其第 i 个元素是 A 矩阵的第 i 行上的最大值
求最小值的函数是 $\min(X)$,其用法和 $\max(X)$ 完全相同			

例21 利用电源输出功率$p=\frac{RE^2}{(R+r)^2}$,找出电源输出功率的极大值。

解 输入代码如下,输出结果如图2.3.27所示。

```
1| r=1;E=3;
2| R=0:0.1:10;
3| p=E^2.*R./(r+R).^2;
4| plot(R,p);
5| grid on
6| pm=max(p)
```

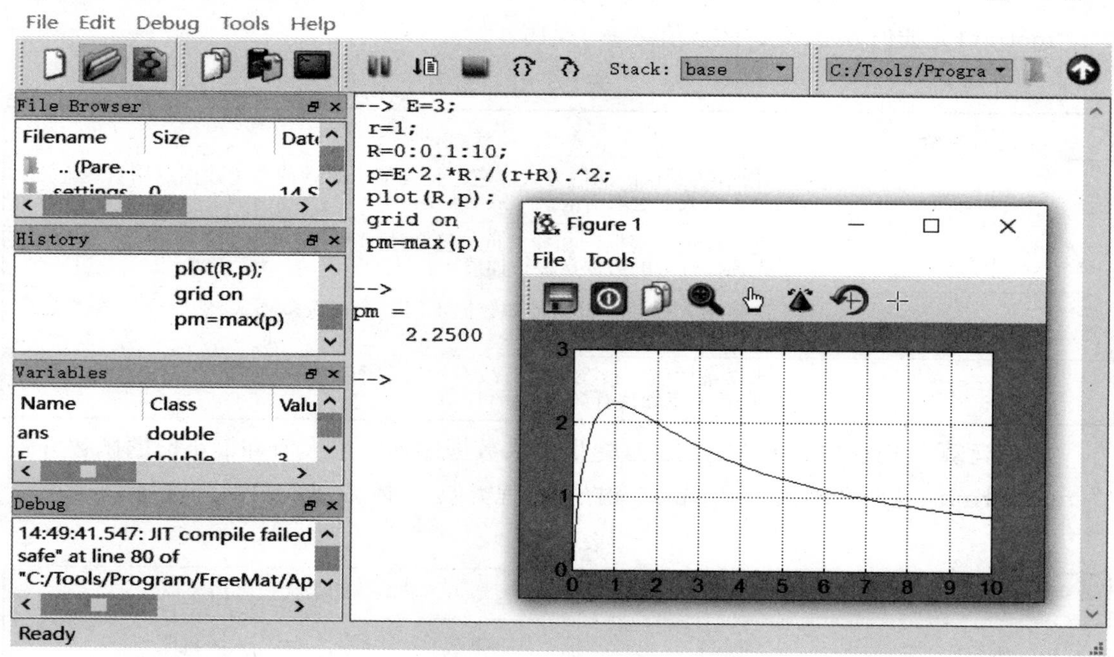

图 2.3.27

例22 已知竖直上抛运动高度随时间变化的关系为$h=-5t^2+50t+100$,求上抛的最大高度。

解 代码示例如下,输出结果如图2.3.28所示。

```
1| p=[-5 50 100];
2| t=roots(p);          %解方程求得落地时间
3| t=max(t);            %取出落地时间
4| t=0:0.1:t(1);        %生成数组
5| h=-5*t.^2+50*t+100;
6| plot(t,h)
7| grid on
8| hm=max(h)
```

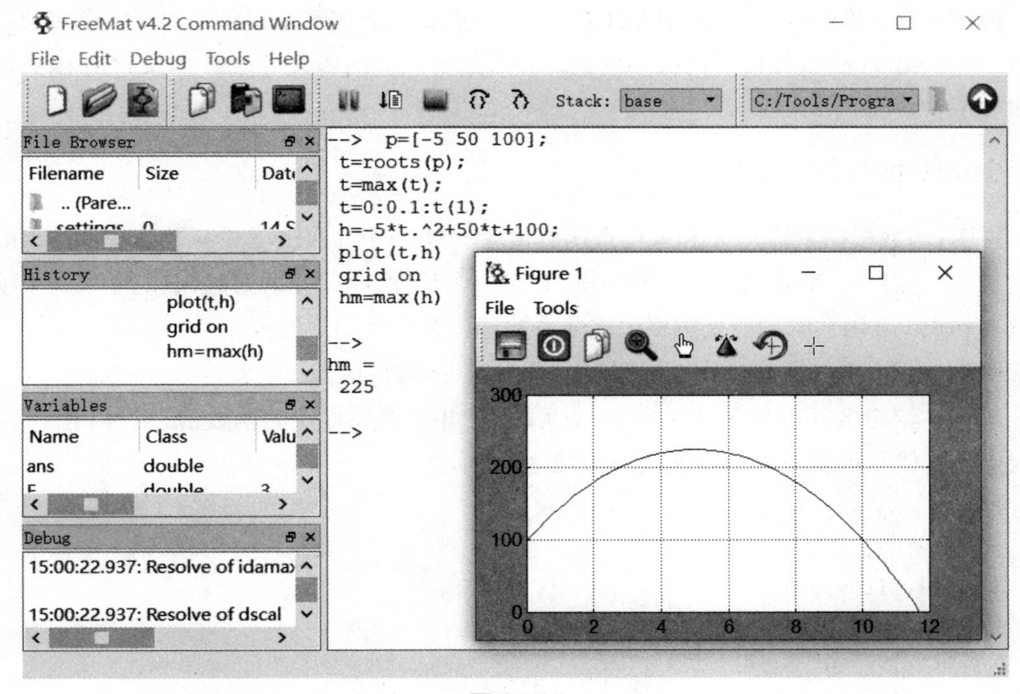

图 2.3.28

例23　求矩阵 $A=\begin{pmatrix}-43 & 72 & 9\\ 16 & 23 & 47\end{pmatrix}$ 的最大值。

解　代码如下：

```
1| A=[-43,72,9;16,23,47];
2| y=max(A)    %求矩阵A中每列的最大值
```

输出结果为

```
3| y=
4|      16   72   47
5| [y,l]=max(A)    %求矩阵A中每列的最大值及该元素的位置
```

输出结果为

```
6| y=
7|      16   72   47
8| l=
9|      2    1    2
10| max(A,[],1),max(A,[],2)    %求矩阵A中每行的最大值
```

输出结果为

```
11| ans=
12|      72
13|      47
```

数据拟合 在FreeMat和MATLAB中,先用polyfit函数求得最小二乘拟合多项式的系数,再用polyval函数按所得的多项式计算所给出点上的函数近似值。polyfit函数调用格式如下:

```
[P,S]=polyfit(X,Y,n)
```

说明:函数根据采样点X和采样点函数值Y产生一个n次多项式P及其在采样点的误差向量S。其中X、Y是两个等长的向量,P是一个长度为n+1的向量,P的元素是多项式系数。polyval函数的功能是按多项式的系数计算X点多项式的值。

例24 用一个三次多项式在区间$[0,2\pi]$内逼近函数$\sin x$。

解 在给定区间内均匀地选择20个采样点,并计算采样点的函数值,然后利用3次多项式逼近。代码示例如下,输出结果如图2.3.29所示。

```
1| x=linspace(0,2*pi,20);
2| y=sin(x);
3| p=polyfit(x,y,3)
4| y1=polyval(p,x)
5| plot(x,y,':o',x,y1,'-*')
6| legend('sin(x)','fit')
```

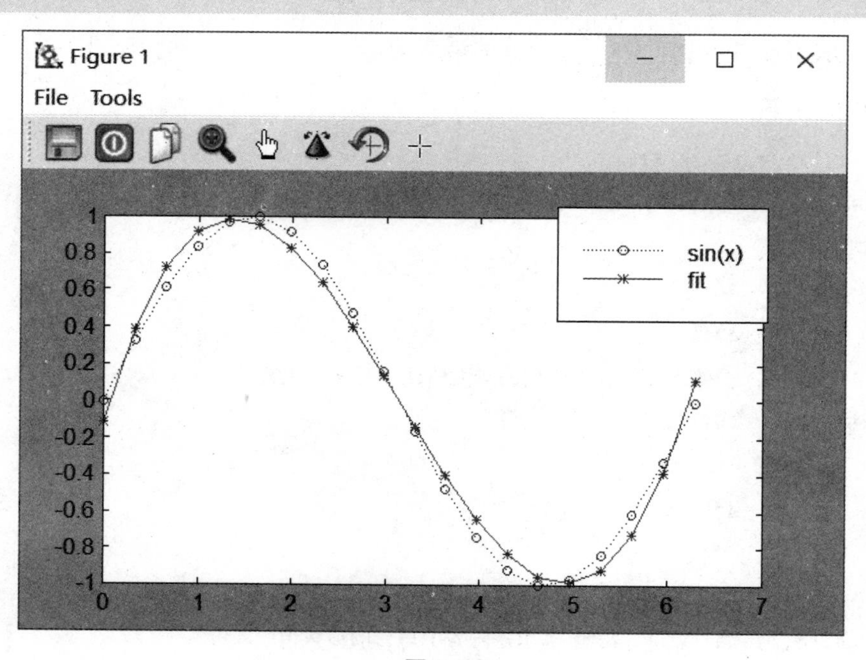

图2.3.29

例25 表2.3.17是根据自由落体的闪光照片获得的数据,闪光时间间隔为$\frac{1}{30}$ s,试寻找$s-t$关系的拟合函数,并对拟合结果进行检验。

表 2.3.17

T/s	$\frac{1}{30}$	$\frac{2}{30}$	$\frac{3}{30}$	$\frac{4}{30}$	$\frac{5}{30}$	$\frac{6}{30}$	$\frac{7}{30}$	$\frac{8}{30}$	$\frac{9}{30}$	$\frac{10}{30}$
s/cm	7.70	16.45	26.25	37.10	49.09	62.18	76.36	91.58	125.3	143.9

解　代码示例如下，输出结果如图 2.3.30 所示。

```
1| s=[7.70  16.45  26.25  37.10  49.09  62.09  76.36  91.58  125.3  143.9]
2| T=[1/30  2/30  3/30  4/30  5/30  6/30  7/30  8/30  9/30  10/30]
3| plot(T,s,':o')
4| [p,d]=polyfit(T,s,2)          %用二次多项式拟合
5| hold on                       %表示在原图上继续画图
6| s1=polyval(p,T)               %按多项式的系数计算 T 点多项式的值 s1
7| T1=linspace(0,0.4,20);
8| plot(T,s1,'-*')
9| %fit=poly2str(p,'T')          %FreeMat 不支持 poly2str，仅用于 MATLAB 中
10| legend('数据点','fit')
```

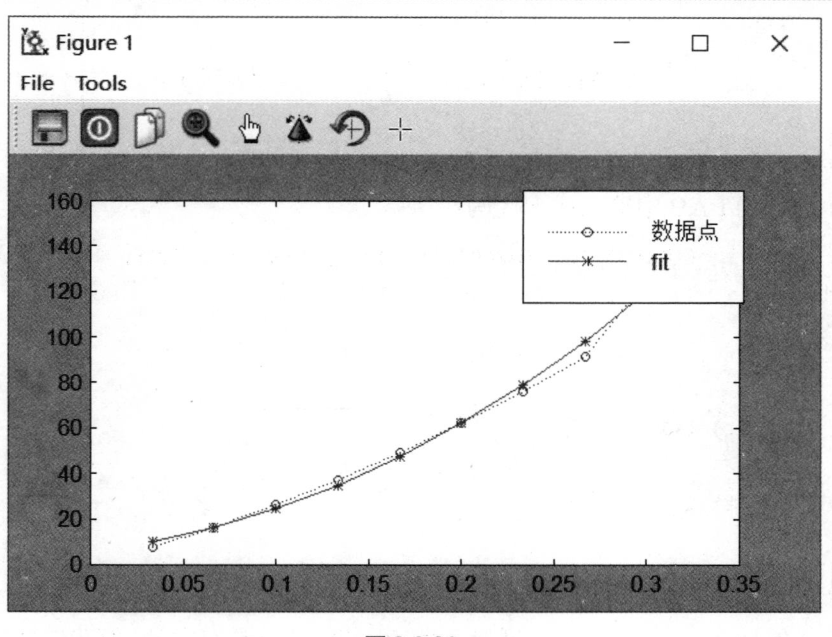

图 2.3.30

代码中 [p,d] = polyfit(T,s,2) 执行输出结果为 p = [989.2159　81.8657　6.2568]，因此拟合的二次多项式为

$$s = 989.2159x^2 + 81.8657x + 6.2568$$

图 2.3.30 中数据点 o 和曲线表示的是实验数据所描的曲线，* 点和曲线表示的是所拟合的二次曲线，两曲线几乎重合，可根据拟合误差向量判断吻合程度。

常微分方程解法　MATLAB 提供了专门解微分方程的函数，有符号解法和数值解法之分。微分方程的符号求解函数为 dsolve( )，dsolve( ) 函数主要用来求常微分方程的解

析解或者精确解,调用格式如下(注:FreeMat 目前不支持):

```
r=dsolve('eqn1','eqn2',…,'cond1','cond2',…,'var')
```

说明:r 表示微分方程函数变量,如果是多个函数变量,则用逗号分隔放入方框号中;eqn$i$ 表示第 i 个微分方程;cond$i$ 表示第 i 个初始条件;var 表示微分方程中的自变量,默认为 t。

例26 已知微分方程 $\frac{\mathrm{d}y}{\mathrm{d}x}=5x^4$,其初始条件为 $x=0$ 时,$y=2$。

解 在 MATLAB 中输入如下代码:

```
1| % 保存的脚本文档名切不可与 MATLAB 内置的函数同名,否则运行会提示“尝试将 SCRIPT
   dsolve 作为函数执行”
2| y=dsolve('Dy=5*x^4','y(0)=0','x')  % 如果省略 x,则默认对 t 求导
```

运行结果为

```
1| y=
2|       x^5
```

说明:Dy 表示 $\frac{\mathrm{d}y}{\mathrm{d}x}$,如果省略 x 则表示 $\frac{\mathrm{d}y}{\mathrm{d}t}$, y(0) = 0 表示 $x=0$ 时, $y=2$。

例27 已知常微分方程组为 $\begin{cases}\dot{x}=y\\ \ddot{y}-\dot{y}=0\end{cases}$,其初始条件为 $t=0$ 时, $x=2$, $y=0$, $\dot{y}=1$。

解 在 MATLAB 中输入如下代码:

```
1| [x y]=dsolve('Dx=y','D2y-Dy=0','x(0)=2','y(0)=0','Dy(0)=1') % 如果省略,则默认
   对 t 求导
```

运行结果为

```
1| x=
2|       exp(t)-t+1
3| y=
4|       exp(t)-1
```

说明:Dx 表示 $\frac{\mathrm{d}x}{\mathrm{d}t}$, D2y 表示 $\frac{\mathrm{d}^2y}{\mathrm{d}t}$, Dy(0) = 1 表示 $t=0$ 时, $\dot{y}=\frac{\mathrm{d}y}{\mathrm{d}t}=1$。

实际中有大量的常微分方程,虽然从理论上讲,其解是存在的,但我们却无法求出其精确的解析解,此时就需要寻求方程的数值解。MATLAB 提供了多种数值解函数。ode45 属于变步长求解器,采用四、五阶的龙格 - 库塔(Runge - Kutta)算法,其截断误差为 $(\Delta x)^5$,常用于解决 Nonstiff(非刚性)的常微分方程;与 ode45 采用相同算法的变步长求解器还有 ode23,它采用的是二、三阶的龙格 - 库塔(Runge - Kutta)算法。此外, MATLAB 还提供了 ode113(采用变精度变阶次 Adams - Bashforth - Moulton PECE 算法),以及 ode23t、ode15s、ode23s 和 ode23tb 等用来求解刚性微分方程。若使用非刚性求解器长时间没反应,则应该就是刚性的,改用刚性求解器求解。具体见表 2.3.18。

表 2.3.18

求解器	说明	注
ode45	四、五阶龙格－库塔方程，累计截断误差为 $(\Delta x)^5$	大部分尝试首选算法
ode23	二、三阶龙格－库塔方程，累计截断误差为 $(\Delta x)^3$	适用精度较低的情形
ode113	Adams 算法	计算时间比 ode45 短
ode23t	梯形算法	适用刚性情形
ode15s	Gear's 反向数值微分，精度中等	当 ode45 失效时，可以尝试使用
ode23s	二阶 Rosebrock 算法，精度低	当精度较低时，计算时间比 ode15s 短
ode23tb	梯形算法，精度低	当精度较低时，计算时间比 ode15s 短

这些求解器的用法类似，下面以 ode45 为例通过三个简单的例子加以说明。ode45 函数调用格式如下：

```
[T,Y]=ode45('odefun',tspan,y0)
[T,Y]=ode45('odefun',tspan,y0,options)
[T,Y,TE,YE,IE]=ode45('odefun',tspan,y0,options)
sol=ode45('odefun',[t0 tf],y0,…)
```

说明：

odefun 是函数句柄，可以是函数文件名、匿名函数句柄或内联函数名；

tspan 是求解区间 [t0 tf] 或者一系列散点 [t0,t1,…,tf]；

y0 是初始值向量；

T 返回列向量的时间点；

Y 返回对应 T 的求解列向量；

options 是求解参数设置，可以用 odeset 在计算前设定误差、输出参数或事件等；

TE 是事件发生时间；

YE 是事件发生时的答案；

IE 是事件函数消失时的指针。

例28　用 ode45 解一阶常微分方程 $t^2y' = y + 3t$，并绘制其时间响应曲线。

解　在 MATLAB 中输入如下代码：

```
1| function testode45                    %此句代码不能去掉，否则运行不了
2|     %odefun=@(t,y)(y+3*t)/t^2;        %另一种函数定义方式，此处不执行
3|     t=[1 4];  %求解区间
4|     y0=-2;    %初值
5|     [t,y]=ode45(@odefun,t,y0);
6|     plot(t,y)  %作图
7|     title('t^2y''=y+3t,y(1)=-2,1<t<4')
```

```
 8|     legend('t^2y''=y+3t')
 9|     xlabel('t')
10|     ylabel('y')
11|     function yt=odefun(t,y)
12|         yt=(y+3*t)/t^2;
13|     end      %此end不能去掉,否则运行不了
14| end          %去掉此end,也可以正常运行
```

改变一下函数定义的方式,输入以下代码可得到同样的结果。

```
 1| function testode45   %此句代码可以去掉,不影响运行结果
 2|     odefun=@(t,y)(y+3*t)/t^2;   %定义函数
 3|     t=[1 4];   %求解区间
 4|     y0=-2;     %初值
 5|     [t,y]=ode45(odefun,t,y0);
 6|     plot(t,y) %作图
 7|     title('t^2y''=y+3t,y(1)=-2,1<t<4')
 8|     legend('t^2y''=y+3t')
 9|     xlabel('t')
10|     ylabel('y')
11| %   function yt=odefun(t,y)    %此函数不执行
12| %         yt=(y+3*t)/t^2;      %此函数不执行
13| %    end                       %此函数不执行
14| end  %去掉此end,也可以正常运行
```

运行结果如图 2.3.31 所示。

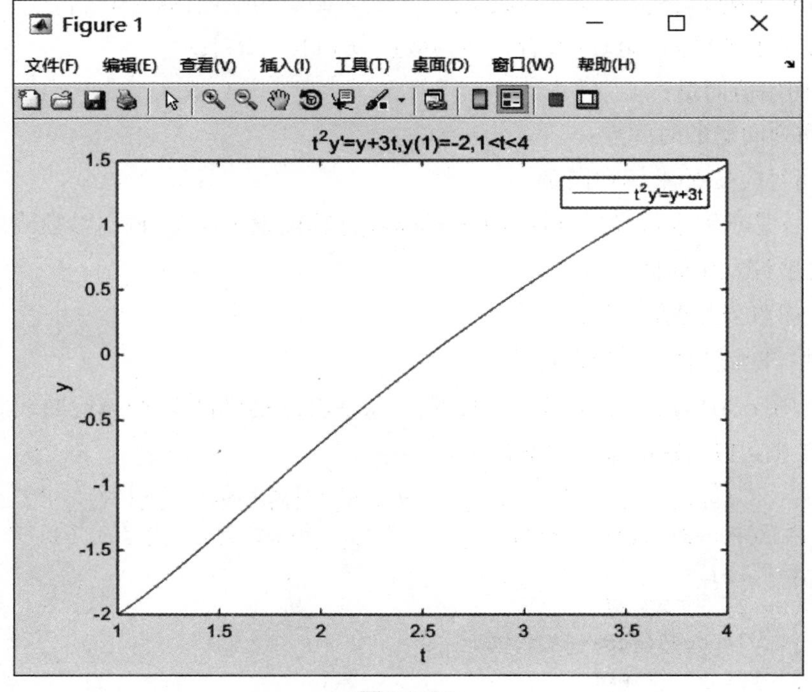

图 2.3.31

例29 用ode45解二阶常微分方程$\ddot{y}=-ty+e^t\dot{y}+3\sin 2t$,并绘制其时间响应曲线。

解 在MATLAB中输入如下代码:

```
1| function Testode45_2
2|        tspan=[3.9 4.0];  %求解区间
3|        y0=[8 2];         %初值
4|        [t,x]=ode45(@odefun,tspan,y0);
5|        plot(t,x(:,1),'-o',t,x(:,2),'-*')
6|        legend('y1','y2')
7|        title('y'' ''=-t*y+e^t*y''+3sin2t')
8|        xlabel('t')
9|        ylabel('y')
10|       function y=odefun(t,x)
11|               y=zeros(2,1);  %列向量
12|               y(1)=x(2);
13|               y(2)=-t*x(1)+exp(t)*x(2)+3*sin(2*t);  %常微分方程公式
14|       end
15| end
```

运行结果如图2.3.32所示。

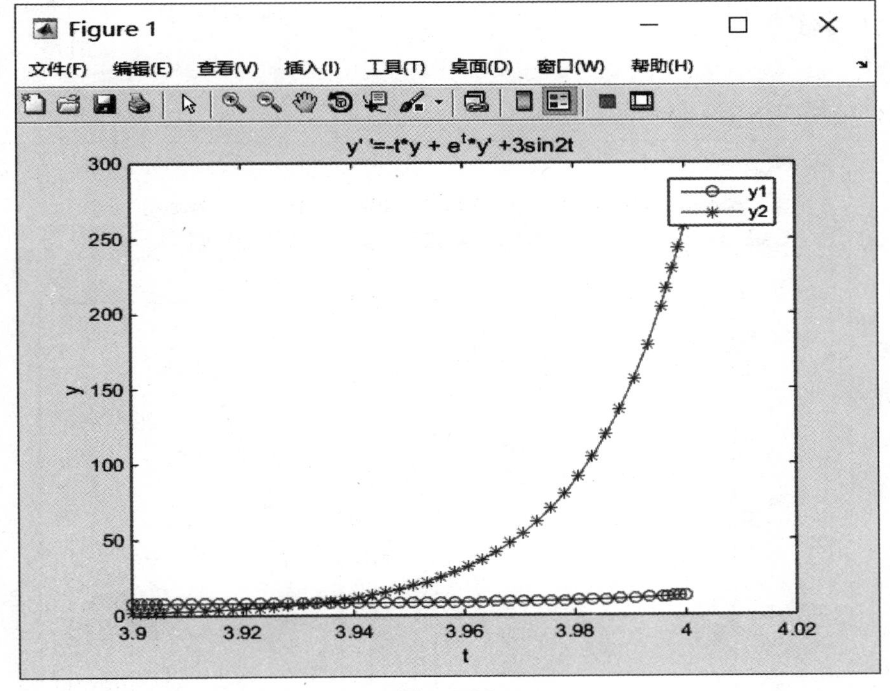

图2.3.32

例30 求著名的Van Der Polf方程$\ddot{x}+(x^2-1)\dot{x}+x=0$的数值解,并绘制其时间响应曲线和状态轨迹图。

解 将高阶导数降阶,即先令$x_1=\dot{x}$, $x_2=x$,再把$\ddot{x}+(x^2-1)\dot{x}+x=0$处理成

$$
\begin{cases}\dot{x}_1=(1-x_2^2)x_1-x_2\\ \dot{x}_2=x_1\end{cases}
$$

在MATLAB中输入如下代码：

```
1| function Testode45_3
2|     t0=0;   %设置仿真时间
3|     tf=20;  %设置仿真时间
4|     %设置仿真初值
5|     x0=[0,0.25]';  %半角逗号“,”或“空格”表示行向量,“'”将行向量转成列向量,或直接使用列向量x0=[1;0.25],其中“;”表示列向量
6|     [t,x]=ode45(@odefun,[t0 tf],x0);  %可直接设ts=[t0 tf]
7|     subplot(1,2,1)
8|     plot(t,x(:,1),':b',t,x(:,2),'-r')
9|     legend('速度','位移')
10|    subplot(1,2,2)
11|    plot(x(:,1),x(:,2))
12|    function xdot=odefun(t,x)
13|        xdot=zeros(2,1)  %使xdot成为二元零向量,方便MATLAB调用
14|        xdot(1)=(1-x(2)^2)*x(1)-x(2);  %赋值给第一列
15|        xdot(2)=x(1);  %赋值给第二列
16|    end
17| end
```

运行结果如图2.3.33所示。

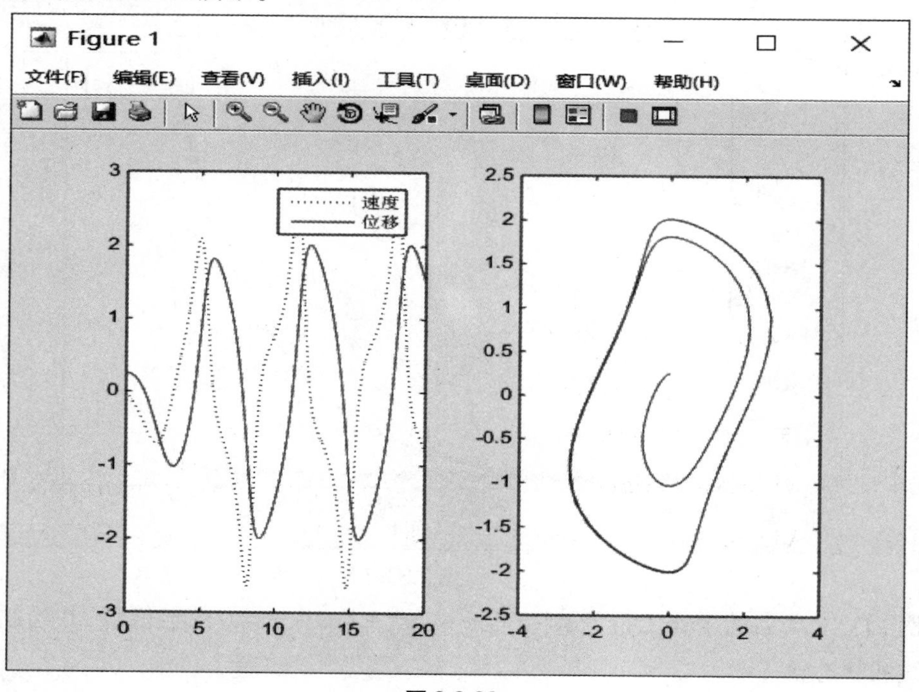

图2.3.33

本例中的第12～16行代码还可以改写成下列四种定义形式。

形式1

```
1| function xdot=odefun(t,x)
2|     xdot(1)=(1-x(2)^2)*x(1)-x(2);
3|     xdot(2)=x(1);
4|     xdot=xdot';                                    %使xdot成为列向量
5| end
```

形式2

```
1| function xdot=odefun(t,x)
2|     xdot=[(1-x(2)^2)*x(1)-x(2);x(1)];              %“;”直接设置成列
3| end
```

形式3

```
1| function xdot=odefun(t,x)
2|     xdot=[(1-x(2)^2)*x(1)-x(2),x(1)]';             %“'”使xdot成为列向量
3| end
```

形式4

```
1| function xdot=odefun(t,x)
2|     xdot=[(1-x(2)^2)*x(1)-x(2) x(1)]';             %“'”使xdot成为列向量
3| end
```

2.4　Aardio语言简介

Aardio是近年来逐渐流行起来的动态语言，同时也是一种混合语言，它既可以方便地操作静态类型，又可以直接调用C语言、C++等静态语言的API接口函数。Aardio支持很多的API调用约定，例如stdcall、cdecl、thiscall、fastcall、regparm(n)等。Aardio有着很强的胶水功能，可直接调用、嵌入、交互众多流行的编程语言，例如可以方便地黏合C语言、C++、C#、Java、Python、Javascript、Node.Js、Flash ActionScript、PHP、VBScript、NewLISP、Delphi、Go等。此外，Aardio还可以直接嵌入汇编机器码并将之转换为普通的Aardio函数。Aardio的开发环境IDE只有6 MB左右，下载解压后免安装，可直接使用。基于Aardio的强大和易用性，本书中涉及的一些算法用Aardio代码来实现。下面只介绍Aardio的一些基础语法和功能组件，详细内容请到官网下载IDE开发环境并参考Aardio自带的帮助手册。

2.4.1 变量和常量

标识符 标识符是指由起标识作用的英文字母、数字或中文字符以及下划线组成的符号，一般用来标识用户或系统定义的数据或方法，如用来标识常量名、变量名、函数名等。标识符命名的基本规则如下：

① 标识符由英文字母、中文字符、数字和下划线四种字符组成。

② 数字不允许作为首字符。

③ 变量名包含中文时，中文字符前面不能有字母或数字。

④ 可以使用符号 $ 作为变量名或变量名的第一个字符。

⑤ 可以使用下划线作为变量名或常量名的首字符，当下划线作为首字符时表示常量，单个下划线表示变量。

⑥ 标识符区分大小写。

关键字 Aardio 语法系统保留的关键字见表 2.4.1，它在 Aardio 编辑器中默认显示为蓝色，且不能另作它用，如不能作为变量名使用。

表 2.4.1

关键字	用法说明	关键字	用法说明
var	定义局部变量	try catch	捕获异常
def	定义关键字	class ctor	创建类
null	表示空值	function	创建函数
and not or	逻辑运算符	return	函数中返回值
begin end	包含语句块	namespace	创建或打开名字空间
false true	表示布尔值	import	引用库
if else elseif	条件判断语句	with	打开名字空间
select case	条件判断语句	this	在类内部表示当前实例对象
for in	循环语句	owner	成员函数中表示调用函数的主体对象
while do	循环语句	global	表示全局名字空间
break continue	循环中断语句	self	表示当前名字空间

分隔符 Aardio 中使用制表符、半角空格、分号、回车换行等作为分隔符，禁止使用全角空格（'\u3000'）或 HTML 空格（'\u00A0'）作为语法分隔符。在 Aardio 的 HTML 模板语法中，可以使用＜？？＞作为代码分隔符。

注释 注释是指用来说明代码意图和功能的文字，在运行时跳过不执行的附加说明。Aardio 注释分单行注释和多行注释两种。单行注释以 // 开始，到行尾结束；多行注释以 /* 开始，到 */ 结束，首尾的 * 字符可以有一个或多个，但首尾的 * 字符数目必须相同，如 /*** 我是注释 ***/。

变量 变量是一种使用方便的占位符，用于引用计算机内存地址，该地址可以存储程序运行时改变的程序信息。变量可以通过变量名访问,变量名用字母、数字、中文字符、下划线等组成的合法标识符来表示。变量分为成员变量和局部变量,见表 2.4.2。成员变量是属于某个名字空间的成员对象。变量的默认名字空间为 global(全局名字空间),并可以使用 namespace 改变指定代码块的名字空间;变量名前加 var,表示声明一个局部变量,作用范围为当前语句块及其包含(内部)的语句块。var 语句声明的局部变量可以指定初值,也可以不指定,建议指定变量初值。

表 2.4.2

	成员变量	局部变量
定义规则	没用 var 语句声明的变量,默认为当前名字空间的成员变量	用 var 语句声明的变量
示例	变量名 = "字符串:普通变量" 变量 = "变量的值是可以改变的" ..str = "Aardio";　//..str 等价于 ..global.str = "Aardio";	var　局部变量名 = 168 var　x,y,z = 1,6,8 io.print(x,y,z, 局部变量名)

注:半角分号";"代表一行代码的结束,它不是必要的。如果一行有多句代码,也可用半角分号";"分隔。

常量　指在计算机程序运行时,不会被程序修改的量。常量仅可以初始化赋值一次,不可以修改常量的值。常量分为成员常量和全局常量,Aardio 中规定常量用以下划线作为起始字符的标识符来表示,或者使用 :: 操作符将普通的变量转换为常量。

```
_const=168;
_const=168;   //常量没有被修改,赋值操作直接被忽略掉
_const=198;  //出错,抛出异常信息:不能修改只读成员
全局常量一般使用以下方式赋值以避免重复初始化:
::常量名:=初始值 <==等价于使用==> ::常量名=::常量名 or 初值
```

2.4.2　基本数据类型

Aardio 基本数据类型见表 2.4.3,此表内容引用自 Aardio 的帮助文档。

表 2.4.3

基本数据类型	值	说明
null	null	空值,没有赋值的变量均默认初值为 null
boolean	true(真)　false(假)	布尔类型,表示条件真和假
number	数值	数值(数字)类型
string	字符串	字符串类型
table	数组或哈希表	集合 (collection) 类型
function	函数	函数类型,用于定义函数的标识符

续表

基本数据类型	值	说明
pointer	普通指针	① 普通指针一般来自 API 函数。 ② 引入指针提高了自由度,同时也带来风险,如果不熟悉指针指向内存的分配释放规则,则应尽量避免直接使用普通指针类型。 ③ 在 Aardio 语言中普通指针一般用来保存一个内存地址或一个系统对象的句柄值
	动态指针	① 动态指针与普通指针拥有相同的数据类型。 ② 可使用 raw.realloc( ) 函数分配、释放一个动态指针,也可以使用 raw.realloc( ) 再次调整该指针分配的内存大小。 ③ 动态指针的地址是可变的,调整大小后指针变量应当更新为返回的新指针。 ④ 动态指针可作为普通指针使用,但是把动态指针传入可以识别此类型指针的 raw.realloc( ), raw.concat( ), raw.sizeof( ) 等函数时, Aardio 可以获取到一个头信息(内存大小、存储数据大小),动态指针会在返回给用户的指针地址前面倒退 8 个字节用于记录 2 个 32 位字段的内存、数据长度信息,然后向后移动 8 个字节,将可用的指针地址返回给用户,并在内存的尾部保留 2 个字节(置 0),用于兼容 C 风格字符串,动态指针可以像普通指针一样用于 API 函数及其他可以使用指针的地方。 ⑤ 可以用 raw.sizeof( ) 获取这种指针指向的内存大小,可以使用 raw.concat( ) 函数对此指针指向的内存追加数据。 ⑥ 不同于缓冲区,如果不指定初始值, raw.realloc( ) 就不会对分配的内存设定初始值, Aardio 不负责自动释放动态指针分配的内存,需调用 raw.realloc(0, 动态指针) 才能释放一个动态指针
buffer	缓冲区指针	① 使用 raw.buffer( ) 函数分配一块可读写内存的指针。 ② 缓冲区在 Aardio 中可以将字符串作为一个字节数组使用,可用 # 操作符取长度,可用 [ ] 下标操作符取字节值。字符串是常量,其字节值是只读的,但缓冲区的字节值可读可写,缓冲区在许多字符串函数中可作为字符串使用。 ③ 缓冲区在 API 函数中可以作为指针使用,与动态指针不同的是:当不指定初值时, Aardio 仍然会初始化所有字节的值为 0,且无法动态调整缓冲区的大小,无法手动释放缓冲区分配的内存,只能由 Aardio 自动回收
cdata	内核对象	作为 Aardio 的内核对象。如用 math.size64( ) 函数创建的长整数对象
fiber	纤程	线程是在 Windows 内核中实现的,纤程是在用户模式下实现的,内核对纤程一无所知,一个线程可以包含一个或多个纤程
class	类	类是面向对象程序设计,是实现信息封装的基础

表(table)　表是 Aardio 中唯一的复合数据类型,除了非复合的基础数据类型外, Aardio 中几乎所有的复合对象都可看作表, Aardio 中的命名空间也是表。表本质上是一个集合 (collection),可以容纳其他的数据成员,并且表也可以嵌套包含其他的表,在 Aardio 里表几乎可以容纳一切其他对象。Aardio 中表的结构和含义如图 2.4.1 所示。

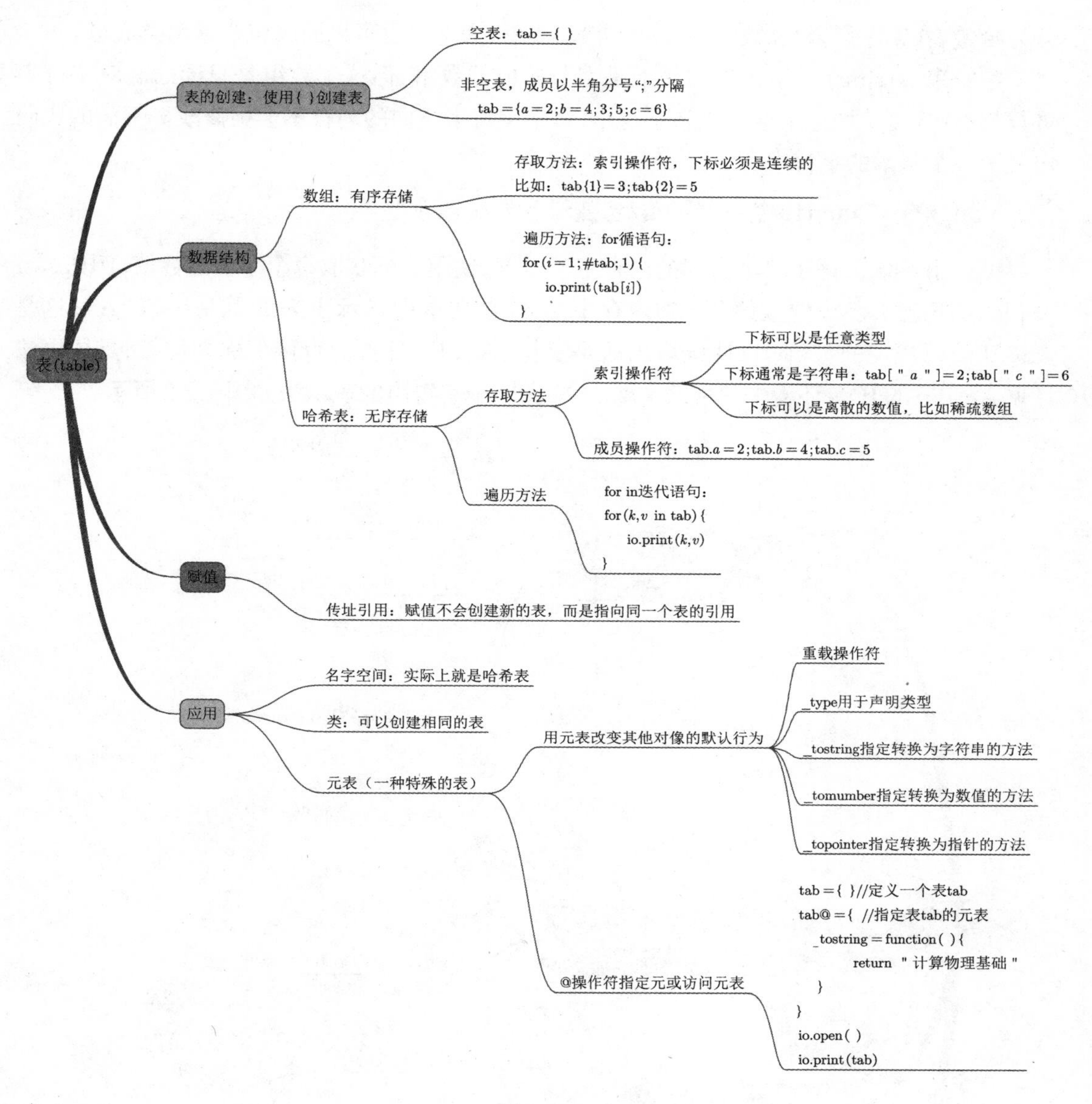

图 2.4.1

表包含的数据结构被称为字典(dictionaries)、列表(list)、映射(map)、关联数组(associative arrays)、对象(object)等。虽在不同的编程语言里具体实现存在差别(比如有序或无序存储、使用或不使用哈希算法),但基本上都是用于包含不定个数键值对成员。

Aardio 中的表可以包含不定个数成员,每个成员都由一个键值对组成(键用来指定成员的名称,值用来指定成员的值)。"键"可以是任何除 null 以外的数据类型,甚至可以在表中包含表,表允许嵌套。"值"也可以是任意数据类型,当值为 null 时表示删除该成员。一般把"键"放在索引操作符"[ ]"中索引一个元素的值,这时键又称为"下标"或"索引",例如 tab["键"] 或 tab[1],"[ ]"则被称为下标操作符。也可以把一个符合变量命名规则的键放在成员操作符"."后面,例如 tab.key 和 tab.key2。根据键的存取排序规则,表包含的成员分为哈希表(无序集合)和数组(有序集合)。当然,表本身也可以同时包含这两类成员。

字符串(string)　字符串本质上是字节构成的数组,但这个数组是只读的。对字符串进行替换、连接等操作都会生成新字符串,每个字符串指向的内存不会被修改。下面的代码定义了一个基本的字符串:

```
var str="Aardio基本数据类型,变量和常量等等"
```

可以用#str取该字符串占用的内存字节长度,使用下标获取每个字节的数值,例如,str[1]取出第一个字节的数值是65,内存中的65在文本中显示出来的就是字符“A”,这是ASCII编码规定的。str[[1]]则取出的是字符“A”,[[ ]]称为直接下标操作符,具体语法详见Aardio的IDE环境中的帮助文档。Aardio中字符串的表示法如图2.4.2所示。

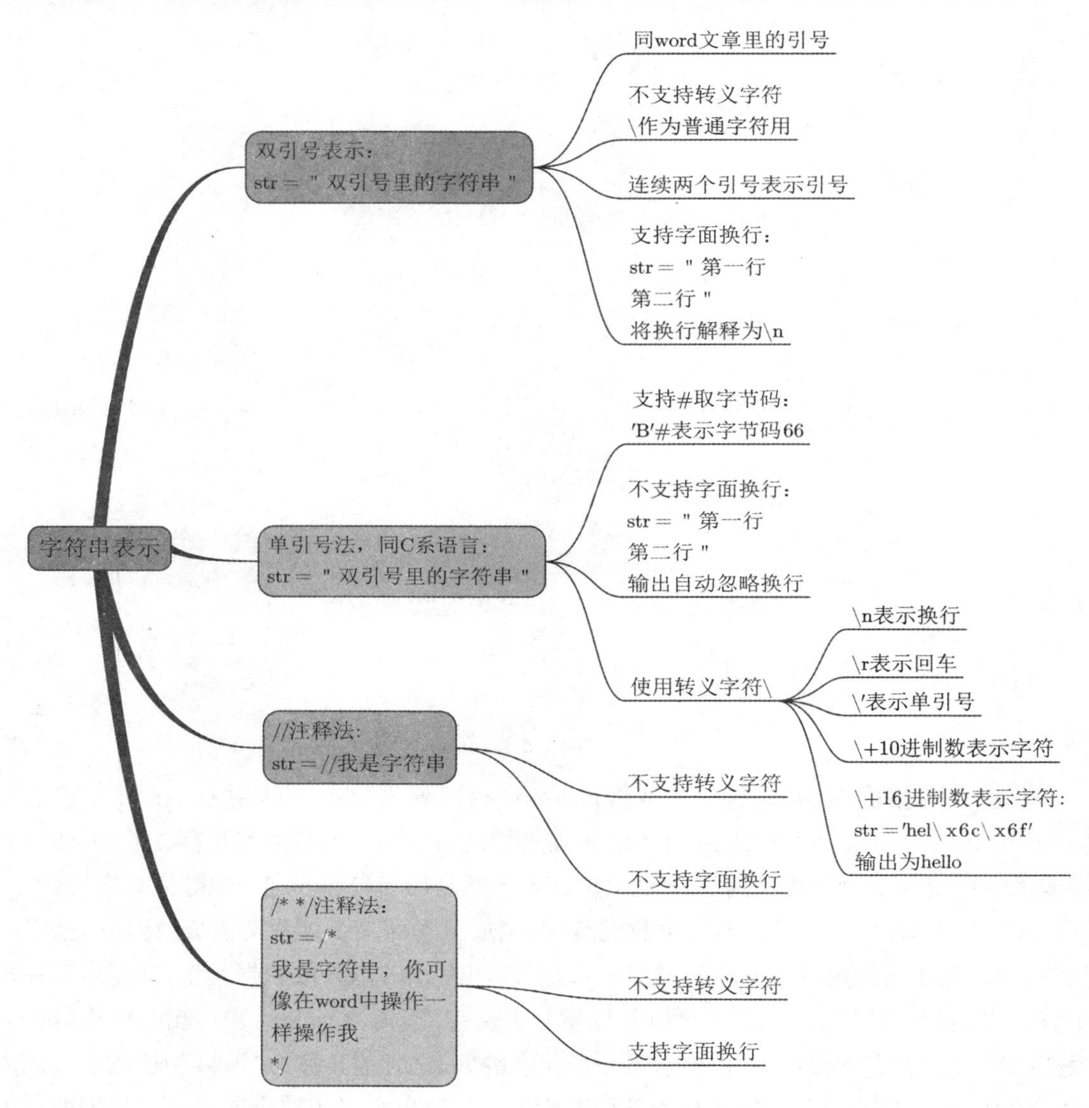

图2.4.2

数值与进制 Aardio中的整数可使用自定义进制表示，其表示的有效整数范围为 $-(2^{53}-1)\sim(2^{53}-1)$，64位无符号整数使用math.size64表示。

常用进制的表示法如下：

```
dec=28;     //十进制数值，就算在前面加前缀零(0)仍然表示十进制数
hex=0xB6;   //0x前缀表示一个十六进制数
```

自定义进制语法：num = radix#number，如果一个数字包含#号（也可用下划线_代替#），则#号前面是自定义进制（大于等于2，小于等于36），#号后面是数值，10以上的数用a~z的大写字母表示。示例如下：

```
x=2#011     //表示一个2进制数011
y=28#A8     //表示一个28进制数A8
```

在字符串中使用进制与数值的方法：在字符串中使用\转义符+数值表示字符（字符串必须置于单引号内）。示例如下：

```
str1='六进制字符\x6C';     //\x前缀表示十六进制字符
str2='十进制字符\67';      //\前缀表示十进制字符，代表字符C
```

格式化字符串函数中使用进制与数值，比如string.format( )函数用法如下：

```
1| %b          //表示二进制数
2| %x 和%X     //分别表示小写和大写十六进制数
3| %o          //表示八进制数
4| %d          //表示十进制数
5| io.open(); //打开控制台
6| io.print(string.format("%X",568))
```

转换进制方法：Aardio中将数值转换为字符串的tostring( )函数和将字符串转换为数值的tonumber( )函数，都可选用第2个参数指定转换的进制(2~36范围内)。

```
1| io.open()
2| var str=tostring(168,16)  //转换为十六进制字符串
3| var num=tonumber(str,16)  //将十六进制字符串转换为数值
4|
5| io.print(
6|     "二进制",tostring(168,2),
7|     "八进制",tostring(168,8),
8|     "十六进制",tostring(168,16),
9|     "十进制",tostring(168)
10| );
```

2.4.3 操作符和语句

Aardio 操作符优先级规则基本兼容 C 系语言，唯一不同之处在于：位运算符优先级略高于等式和不等式运算符，这样就保证了各组运算符的优先级更加有序且容易记忆。除了 ** 和 ++ 外，所有的二元运算符都是左连接。具体见表 2.4.4。

表 2.4.4

操作符	优先级	结合	说明
成员符、括号、乘方			
成员符[ ]或.	1(最高)	左向右	访问 table 成员的操作符
( )	2	左向右	组合表达式并改变优先级，或用于函数调用
**	3	右向左	乘方运算
单目运算符			
!	4	左向右	逻辑非
not	5	左向右	逻辑非
−	6	左向右	取负
~	7	左向右	按位取反
算术运算符			
*乘，/除，%取模	8	左向右	
+加，−减	9	左向右	
按位运算符			
<<左移，>>右移 >>>无符号右移	10	左向右	
&按位与，^按位异或 |按位或	11	左向右	C 语言中位运算符的优先级低于==和!=
连接运算符			
++	12	左向右	连接运算符
关系运算符			
<小于，<=小于等于 >=大于等于，>大于	13	左向右	
逻辑运算符			
==，!=，===，!===	14	左向右	等于、不等于、恒等、非恒等于
&& 或 and	15	左向右	逻辑与
|| 或 or	16	左向右	逻辑或
?	17	左向右	逻辑与，该运算符类似于 and，但优先级更低
:	18	左向右	逻辑或，该运算符类似于 or，但优先级更低

续表

操作符	优先级	结合	说明
赋值操作			
=,+=,-=,*=,/= &=,^=,|=,<<=,>>=	最低优先级	右向左	Aardio 中赋值操作符不能用于表达式并返回值,只能用于独立的赋值语句
Aardio 中其他常用运算符			
[[ ]]	直接下标操作符		不会触发元方法
$	包含操作符		集成资源文件包
#	取长操作符		取数组字符串长度
a ? b : c	三元操作符		表达式 a 为真则返回 b,否则返回 c

Aardio 语句分为普通赋值语句、复合赋值语句、初始赋值语句、条件赋值语句和自增自减赋值语句,具体见表 2.4.5。

表 2.4.5

普通赋值语句		
赋值	多重赋值	使用赋值语句定义变量、常量

① 赋值语句修改变量的值。赋值不能作为表达式的一部分。比如:
x=y=568; //写法错误
 	
② 赋值语句一定是独立的语句。比如:
z=918;
 	
③ 将一个变量赋值为 null 相当于删除此变量,即
x=null;
 	
④ table,cdata,function 类型据在赋值时不会创建新的值,只是添加一个引用(新变量指向同一对象);
 	
⑤ 将数据作为函数的参数相当于进行赋值操作。应特别注意的是,若 table,cdata,function 作为函数参数则按引用传递
	① Aardio 支持多重赋值,即
	x,y,z=1,6,8;
	
	此代码等价于
	x=1;y=6;z=8;
	或
	x=1;
	y=6;
	z=8;
	
	② 存在多个返回值的函数可以使用多重赋值的方法,比如
	x,y,z,k=table.unpack({1;6;9;8})
	
	此代码的执行后结果是
	x=1
	y=6
	z=9
	k=8
		① 以下划线开始的成员常量,只能赋值一次
		_cycl=618;
		
		② 以下划线开始的全局常量,只能赋值一次
		_qjcl=968;
		
		③ 使用 :: 操作符定义的全局常量,只能赋值一次
		:: qjc=968;
		
		④ 用 var 语句定义局部变量。使用局部变量有两个好处:(a) 避免命名冲突;(b) 局部变量的访问速度比全局变量快
		
		⑤ 可使用括号合并定义局部变量,格式如下:
		var(
		　　x=918;
		　　y=618
		); //x,y 均为局部变量

复合赋值语句		
x=x+y 可以写为 x+ =y　　//二元操作符都可以按规则写 比如: x-=y;　　//等价于 x=x-y x*=y;　　//等价于 x=x*y 注:复合赋值操作符不能含空格,如 x *=y;　　//* 与 = 间存在空格是错误的,会报错		

续表

初始赋值语句

B:=C 也就是 B=B:C ; //如果B为null空值,则将C赋值给B
注:为避免重复赋值,定义常量时通常使用初始化赋值语句

条件赋值语句

str?=string.lower(str); //此语句等价于 str=str and string.lower(str)
注:如果str不为null空值,则执行后面的赋值语句

自增自减赋值语句

i++; //等价于 i+ =1;
i--; //等价于 i-=1;

语句块(block) 一组顺序执行的语句组成语句块。在Aardio中可以使用"{"符号标记语句块开始,使用"}"符号标记语句块结束。Aardio也支持使用begin关键字标记语句块开始,使用end关键字标记语句块结束。语句块之间允许多重嵌套,一个语句块可以嵌套另一个语句块。为了清晰地表示嵌套的层次,增加代码的可读性,应根据嵌套的层级使用制表符缩进。

本节通过表格形式简单介绍Aardio中常用的流程控制语句:判断语句、循环语句和容错语句,见表2.4.6。

表2.4.6

语句		说明	示例

判断语句	if	① 包含条件判断和执行代码两部分;
		② 执行代码部分可以是一条语句,也可以是放在{ }或begin end里面的代码块;
		③ 语句块可嵌套使用
			1| io.open() //打开控制台
			2| var x=1
			3| if(y==1){ //y未定义y=null
			4| if(x==1) begin //语句嵌套
			5| io.print("没有被执行")
			6| end
			7| }elseif(x==11){
			8| io.print("也没有被执行")
			9| }else{
			10| io.print("最后执行了我")
			11| }

	select case	① select指定一个选择器变量或表达式,case语句列举不同值或条件;
		② 按顺序判断,直到某一个符合条件的case语句将被执行,执行完第一个符合条件的case语句后立即退出select语句,不会执行多个case语句;
		③ 语句块可嵌套使用
			1| io.open() //打开控制台
			2| var a=0;
			3| select(a) {
			4| case 1 {
			5| io.print("没有执行")
			6| }
			7| case 2,4,6 {
			8| io.print("也没有执行")
			9| }
			10| case !=0{ //a=0 !=表示不等
			11| io.print("也没有执行")
			12| }

续表

<table>
<tr><th colspan="2">语句</th><th>说明</th><th>示例</th></tr>
<tr><td></td><td></td><td></td><td>13| else{
14| io.print(" 执行了我 ")
15| }
16| }</td></tr>
<tr><td rowspan="4">循环语句</td><td>while</td><td>① while 语句包含条件判断部分和执行代码部分;

② 循环体可以是一条语句,也可以是放在 { } 或 begin end 里面的代码块;

③ while 语法格式如下:
while(判断语句) {
    //循环执行的代码
}</td><td>1| io.open();
2| var i=0;
3| while(i<10){
4| i++;
5| io.print(" 循环 "++i++" 次 ");
6| };
7| execute("pause");// 任意键继续
8| io.close();// 关闭控制台</td></tr>
<tr><td>while var</td><td>① while var 与 while 类似,但可以在判断前进行循环变量初始化,在判断前执行语句;

② while(var 初始变量列表; 判断前执行语句; 判断语句) {
    //需要循环执行的语句
}</td><td>1| io.open()
2| while(var next,line=io.lines("~\ts.txt");
3| line=next();// 判断前执行
4| line // 判断语句不可省
5|){
6| io.print(line);// 循环执行
7| };</td></tr>
<tr><td>do … while</td><td>① do … while 语句包含条件判断部分和执行代码部分;

② 执行代码部分可以是一条语句,也可以是放在 { } 或 begin end 里面的代码块;

③ do … while 语句首先执行循环体,然后再判断循环条件。循环体至少执行一次。语法格式如下:
do{
    //需要循环执行的语句
} while</td><td>1| do{
2| io.print(count)
3| count++
4| }while(count<168);// 判断条件</td></tr>
<tr><td>for</td><td>for 语句执行固定次数的循环,语法格式如下:
for(变量 = 初始值; 最大值; 步进值) {
    //需要循环执行的语句
}
注:省略步进值默认为 1</td><td>//计算 100 的阶乘
1| math.factorial=function(n){
2| var result=1;
3| for(i=2;n) result*=i;
4| return result;
5| }
6| io.open()
7| io.print(math.factorial(100))
8| execute("pause")
9| io.close();</td></tr>
</table>

续表

语句		说明	示例

	for…in	迭代器就是在for in语句中用于循环取值的函数	1| import console;
			2| var 迭代器=function(控制量){
			3| if(!控制量) return 1;
			4| if(控制量<6) return 控制量+1;
			5| }
			6| for(反馈结果 in 迭代器){
			7| console.log(反馈结果)
			8| }
			9| console.pause(true);

容错语句	try…catch	① 放在try{}中的语句块遇到错误只退出try{}语句块,而不是中断Aardio程序;
		② 使用了catch语句块可以捕获异常(catch语句块可选);
		③ try语句块和catch语句块可用{}组织,也可用begin end组织
			1| io.open();
			2| try{
			3| x="Aardio"*2 //字符乘数字
			4| io.print("出错中断不执行")
			5| }
			6| catch(e){ //catch部分可以省略
			7| io.print("错误信息:",e)
			8| }
			9| io.print("出错不会退出程序")

2.4.4 函数和名字空间

函数 函数就是一个“功能”,或者说是一个“功能模块”,它封装一段可重复利用的代码,可输入零个或多个参数,执行并返回零个或多个值。函数内部是包含一条或一组语句的语句块,用以执行预定义的指令,实现特定的算法功能,并将执行结果返回。定义函数的语法格式见表2.4.7。

表2.4.7

函数定义的基本语法格式

【定义格式一】

```
1| function 函数名(形参1,形参2,…) { //三个连续圆点…表示不定个数的参数
2|         //内部执行的代码
3|         return 返回值1,返回值2;
4|         //用逗号分隔多个返回值,若省略return,则默认返回值为null
5| }
```

【定义格式二】

```
1| 函数名=function(形参1,形参2,…) { //三个连续圆点…表示不定个数的参数
2|         //内部执行的代码
3|         return 返回值1,返回值2;
```

续表

```
4|          //用逗号分隔多个返回值,若省略return,则默认返回值为null
5|}
```

用关键词var定义局部函数

【定义格式一】

```
1|var function  局部函数名(形参1,形参2,…) {
2|          //内部执行的代码
3|          return 返回值1,返回值2;
4|          //用逗号分隔多个返回值,若省略return,则默认返回值为null
5|}
```

【定义格式二】

```
1|var局部函数名=function(形参1,形参2,…) {
2|          //内部执行的代码
3|          return 返回值1,返回值2;
4|          //用逗号分隔多个返回值,若省略return,则默认返回值为null
5|}
```

调用函数的语法格式

括号不能省略,部分返回值可省略,可接受不定个数参数(…),参数可为空(null)

```
返回值列表=函数名(参数1,参数2,…);                      //尾部接受不定个数参数
返回值1,,,返回值4=函数名(参数1,参数2,…);               //尾部接受不定个数参数
函数名(实参列表);                                      //不接收返回值
返回值1,,,返回值4=函数名(参数1,,,参数4,,参数6);        //参数为空,但逗号不能省略
```

函数参数

形参:定义函数时,括号内定义的参数称为形参,形参可以在函数体内部作为局部变量使用
实参:调用函数时,括号内指定的参数称为实参,实参可以传值也可引用

```
1|function 函数名(x,y,z){
2|        //此处的x,y,z称为形参,形参可视作函数内部的局部变量名
3|        return x*y*z;   //返回x,y,z相乘的结果
4|}
5|返回值=函数名(1,6,8);   //此处的1,6,8为实参
```

定义成员函数

【定义格式一】

```
1|tab={};//定义一个空表
2|tab.函数名=function(形参列表) {     //此函数即为tab的成员函数
3|          //函数内部代码
4|}
```

【定义格式二】

```
1|tab={};//定义一个空表
2|function tab.函数名(形参列表) {     //此函数即为tab的成员函数
```

续表

3| //函数内部代码 4| }
成员函数调用格式
tab.函数名(实参列表); //用成员操作符“.”调用,前缀不能省略
函数局部变量说明
函数体内用var语句定义的局部变量,函数的形参也作为局部变量使用,其作用域在函数体内; 函数内的局部变量与外部变量命名相同时,在各自的作用域内生效,内外各用自己的变量

名字空间 一种代码组织的形式,通过名称空间来分类,区分不同的代码功能,是模块化编程的基础,在名字空间内部定义的对象名字由名字空间管理,引用外部名字空间的名字时需要在对象名字前添加名字空间前缀。不同的名字空间中可以有相同的名字而互不干扰,这样就有效地避免了名字污染。一个名字空间可以包含另一个名字空间,名字空间可以嵌套,名字之间使用成员操作符“.”连接,称为名字空间路径。

用关键字namespace定义名字空间,格式如下:

```
1| namespace 名字空间名{
2|          //名字空间内部代码
3| }
```

或者这样

```
1| namespace 名字空间名 begin
2|          //名字空间内部代码
3| end
```

一个不存在的变量首次被赋值(除用var语句声明的局部变量外)时,会自动加入当前名字空间。名字空间可以嵌套,在默认情况下,每一个namespace语句总是在当前名字空间内部创建新的名字空间。名字空间可以省略语句块标记{ }或begin end,表示此名字空间的作用域为该名字空间所在的文档。用两个连续的小圆点“..”作为名字空间的前缀,则表示该名字空间为全局名字。与名字空间相关的三个关键词见表2.4.8。

表2.4.8

关键词	说明
global	global为默认的全局名字空间,当Aardio代码文件加载时,默认都运行在全局global名字空间内
self	self表示当前名字空间
import	import语句可将外部名字空间导入当前名字空间,且总会同时导入全局名字空间

类(class) 类是面向对象的程序设计(OOP)实现信息封装的重要基础。它是用户定义的引用数据类型,每个类包含数据说明和一组操作数据或传递消息的函数。它的实例称为对象,它可以动态创建数据结构相同的table对象。Aardio中使用class关键字定义类,

见表2.4.9。

表2.4.9

<table>
<tr><th>类的定义格式</th></tr>
<tr><td>【定义格式一】
<pre>
1| 类名 =class{
2| ctor(构造参数列表){   //Aardio类构造函数关键字ctor,构造函数可以省略
3| //构造函数内部代码
4| }; //此处的分号“;”可有可无
5|
6| 类属性 =" 属性值 ";   //“;”分号不能省略,与定义表成员类似,不能加var
7|
8| 类方法 =function(形参列表){
9| //类方法函数内部代码
10| } //最后的成员不能有分号“;”
11| }
</pre></td></tr>
<tr><td>【定义格式二】
<pre>
1| class 类名{
2| ctor(构造参数列表){//Aardio类构造函数关键字ctor,构造函数可以省略
3| //构造函数内部代码
4| }; //此处的分号“;”可有可无
5|
6| 类属性 =" 属性值 ";   //分号“;”不能省略,与定义表成员类似,不能加var
7|
8| 类方法 =function(形参列表){
9| //类方法函数内部代码
10| } //最后的成员不能有分号“;”
11| }
</pre></td></tr>
</table>

定义类成员的语法与定义表(table)成员相同,每一个类都拥有各自独立的名字空间,名字空间中的变量就是类的公用静态成员。在类内部访问类外部名字空间时需要使用完整路径。在类外部可以使用类的名字访问类的名字空间。示例如下:

```
1| io.open();                              //打开控制台窗口
2| class 类名{                              //定义一个类
3|         x=598;
4| }
5| 类名.X=" 类静态成员 X";                    //类名字空间中的变量就是类的公用静态成员
6| 对象名 = 类名 ();                          //创建对象
7| io.print(" 对象名.x" ,对象名.x);           //执行结果显示 598
8| io.print(" 类名.X" , 类名.X);              //执行结果显示 " 类静态成员 X"
9| execute("pause");
```

与类相关的几个关键词见表 2.4.10。

表 2.4.10

关键词	说明	示例

this	在类内部，使用 this 关键字引用动态创建的对象	1|class 类名{ //类有自已的名字空间
		2| x=168;
		3| 函数名=function(){
		4| //访问全局对象要加上..前缀
		5| ..io.open();
		6| ..io.print(this.x);
		7| }
		8|}
		9|对象名=类名(); //创建对象
		10|对象名.函数名(); //调用对象方法

ctor	① 构造函数在调用类创建对象时被调用，初始化对象。用 ctor 关键字定义构造函数，定义构造函数除用 ctor 关键字代替 function 以外，与定义函数的语法一致；
	② 构造函数可接收参数并返回对象
		1|class 类名{
		2| ctor(x,y){ //构造函数
		3| this.x=x;
		4| this.y=y;
		5| }
		6| a="this.a";
		7| b="this.b";
		8|}
		9|var 对象名=类名(168,598);
		10|//调用构造函数创建对象
		11|import console;
		12|console.log(对象名.x,对象名.y);
		13|console.pause();

2.4.5 Aardio 的 Math 库

Aardio 中用于数学计算的核心库为 Math 库，见表 2.4.11，此表内容引用自 Aardio 的帮助文档。Aardio 的 Math 库包含的函数较少。工程科学中所涉及的很多计算如果用 Aardio 语言的话，则需从底层逐步去实现，这虽然有“再造轮子”之嫌，但也不失为一种培养工程科学计算能力的重要途径。第 3 章的数值计算全部用 Aardio 代码从底层实现，从而让读者深刻理解 FreeMat 和 MATLAB 的计算函数的内涵和用法。

表 2.4.11

函数	用法	示例

math.size64(数值低位,数值高位)	创建64位无符号长整数(无符号指没有负数,即没有符号位),构造参数可以是一个或两个数值或字符串指定的数值,也可以用于复制其他math.size64创建的对象(),返回值可兼容API类型中的LONG类型(无符号长整数)。注意:Aardio中的普通数值表示的有效整数范围在正负(2 ** 53 − 1)之间,而math.size64可以使用64个二进制位表示更大的正整数	size.add(2);
		var size2 = size + 3;
		io.open();
		io.print(size2.format(),size2);

math.randomize(seed = time.tick())	设置随机数种子,在使用math.random函数创建随机数以前,必须调用并且仅调用math.randomize()一次	math.randomize()
math.random(min,max)	获取随机数	math.random(5,99)　//返回[5,99]之间的随机数 math.random()　//返回(0,1)之间的小数
math.pi	圆周率常量π	$\pi = 3.14159265358979323846$
math.abs(x)	取绝对值$\|x\|$ = math.abs(x)	math.abs(−20)
math.ceil(x)	上取整为最接近的整数 math.ceil(x) == $\lceil x \rceil$	math.ceil(4.5)
math.floor(x)	下取整为最接近的整数 math.floor(x) == $\lfloor x \rfloor$	math.floor(4.5)

math.round(x)	四舍五入取整	math.round(4.6)　//结果为5
		math.round(4.2)　//结果为4
		math.round = function(x) {
		return math.floor(x + 0.5)
		}

math.sqrt(x)	开平方函数	math.sqrt(25)
math.log10(x)	计算以10为基数的对数	math.log10(200)
math.log(x)	计算一个数字x的自然对数(以e为底)	math.log(2.5)
math.exp(x)	计算以e为底x次方值	math.exp(2)
math.ldexp(m,n)	已知尾数m和指数n,返回数字x(方程式:$x = m * 2\hat{}n$)	math.ldexp(5,3)
math.frexp(x)	返回数字x的尾数m和指数n(方程式:$x = m * 2\hat{}n$)	math.frexp(10)
math.max(n,n2,$\cdots$)	取得参数中最大值	math.max(2,3,4,5)
math.min(n,n2,$\cdots$)	取得参数中最小值	math.min(2,3,4,5)
math.modf(x)	把数分为整数和小数	math.modf(23.45)
math.rad(x)	角度转弧度	math.rad(180)
math.deg(x)	弧度转角度	math.deg(math.pi)

续表

函数	用法	示例
math.sin(x)	正弦函数。余割(cosec)是正弦(sin)的倒数：cosec(x) == 1/math.sin(x)	math.sin(math.rad(35))
math.asin(x)	反正弦函数	math.asin(0.5)
math.sinh(x)	双曲线正弦函数	math.sinh(0.5)
math.cos(x)	余弦函数。正割(sec)是余弦(cos)的倒数：sec(x) == 1/math.cos(x)	math.cos(0.5)
math.acos(x)	反余弦函数	math.acos(0.5)
math.cosh(x)	双曲线余弦函数	math.cosh(0.5)
math.tan(x)	正切函数	math.tan(0.6)
math.atan(x)	反正切函数。余切(cot)是正切(tan)的倒数：cot(x) == 1/math.tan(x)	math.atan(0.5)
math.atan2(y,x)	x/y 的反正切值	math.atan2(45,25)
math.tanh(x)	双曲线正切函数	math.tanh(0.6)

2.4.6 Aardio 的开发环境

Aardio 的基本开发环境大概只有 6 MB 多一点，相比动辄几 GB 的开发环境来说，显得小巧玲珑。Aardio 体积虽小，但“五脏俱全”，功能上一点也不含糊，在使用便捷性上更是其他语言的开发环境所不能比拟的。Aardio 语言倾注了其作者十几年的精力和热情，经过十余年的迭代开发，现已发展得很稳定和成熟。Aardio 的 IDE 界面如图 2.4.3 所示。

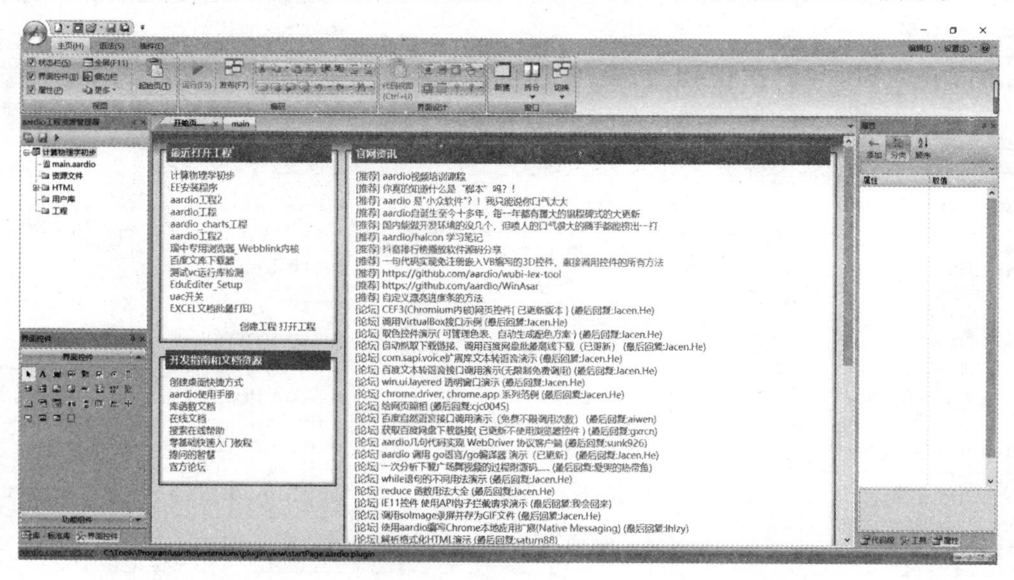

图 2.4.3

创建工程。单击 Aardio 开发环境左上角的 图标，选择新建工程，弹出如图 2.4.4 所示界面。在高级界面中可选择创建的工程类型有高级界面(可定制界面、高级选项卡、播放器示例)、窗口程序(空白工程、范例工程、简单画板)、控制台 (控制台、后台服务)、Web 界面 (Htmlayout、Chrome App、Blink/Chromium、Electron)、网站程序 (介绍、模板语法) 和 CGI 服务端 (安装配置、常见问题)。

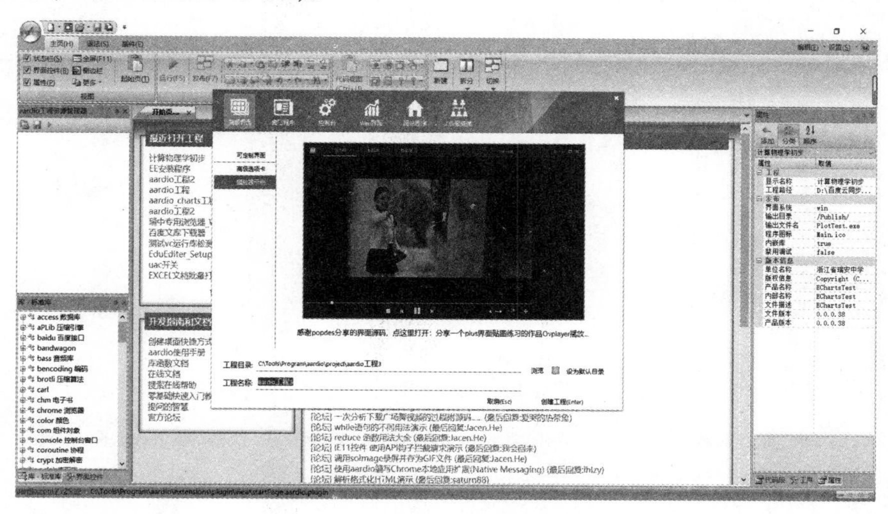

图 2.4.4

创建控制台程序。新建工程，选择控制台，再选择左侧后台服务上方的控制台，在“工程名称”中输入工程名，此处我们输入 Myfirstconsole，如图 2.4.5 所示，并单击创建工程按钮(Enter)。

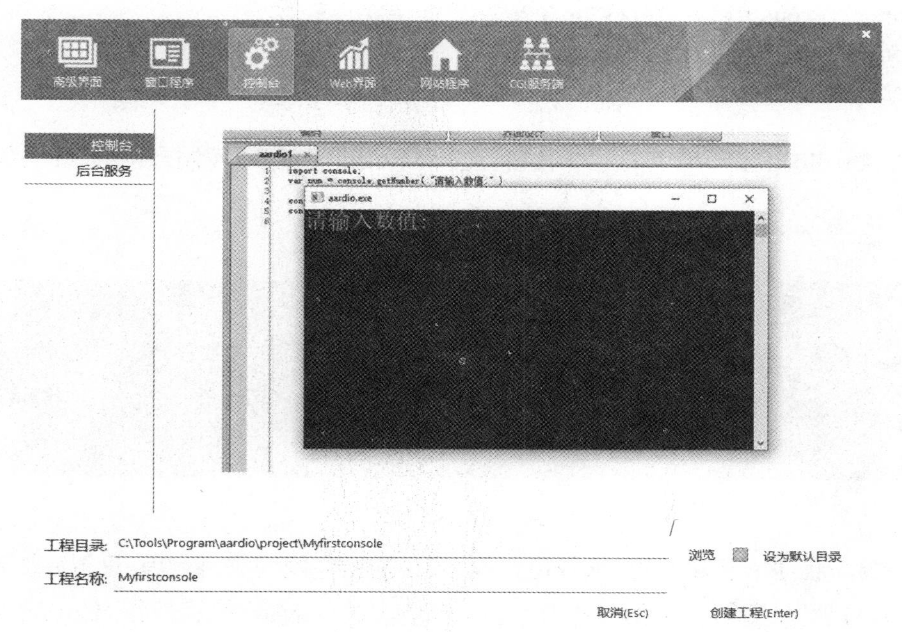

图 2.4.5

单击创建工程按钮 (Enter) 后即可创建一个名为 Myfirstconsole 的控制台工程,如图 2.4.6 所示。保存目录路径为 C:\Tools\Program\aardio\project\Myfirstconsole。

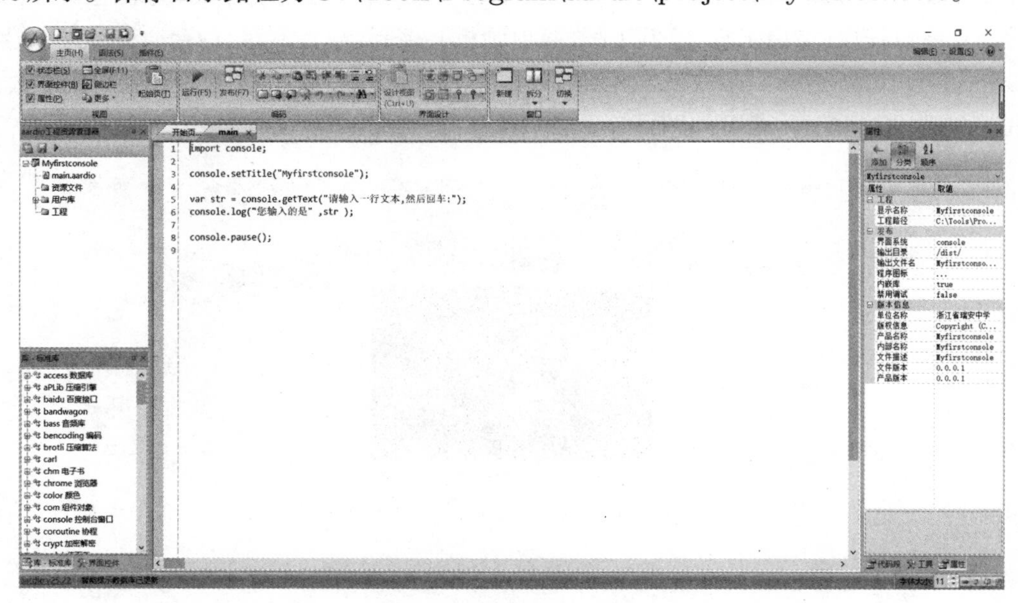

图 2.4.6

Aardio 开发环境可自动为 Myfirstconsole 控制台工程生成一些必要的代码,此工程项目自动生成的代码如下:

```
1| import console;
2| console.setTitle("Myfirstconsole");
3| var str=console.getText("请输入一行文本,然后回车:");
4| console.log("您输入的是", str );
5| console.pause();
```

单击 Aardio 开发环境上的 运行(F5) 按钮,运行 Myfirstconsole 控制台中的代码,如图 2.4.7 所示。

图 2.4.7

创建窗口程序。新建工程,选择窗口程序,再选择左侧的空白工程,设置好工程目录和工程名称,目录保持默认,工程名称为 Myfirstform。单击创建工程按钮 (Enter) 后即可创建一个名为 Myfirstform 的空白窗口程序,如图 2.4.8 所示。

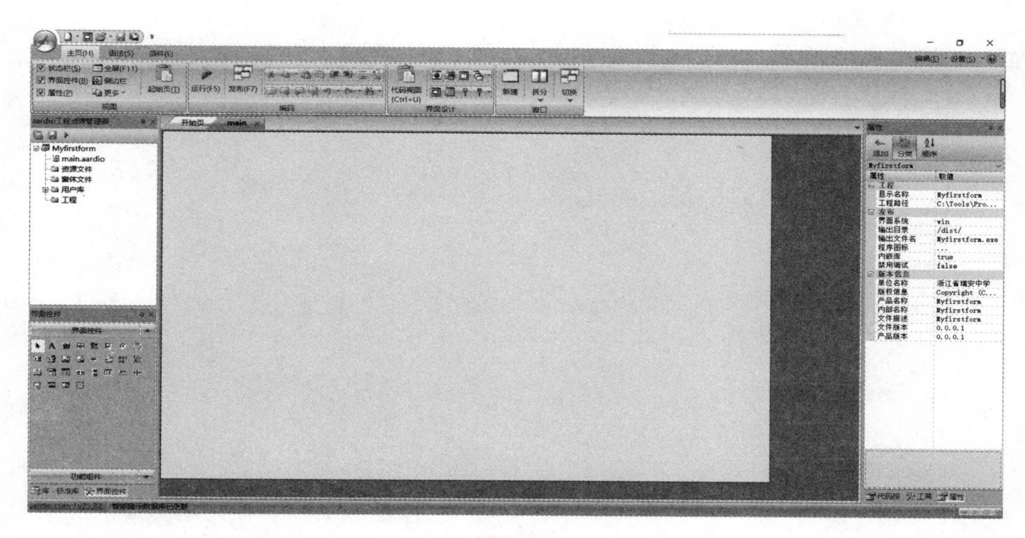

图 2.4.8

单击 Ribbon 菜单上的 按钮可切换到代码视图,如图 2.4.9 所示。在代码视图中可以看到 Aardio 已为我们自动生成了一些必要的代码,具体如下:

```
1| import win.ui;
2| /*DSG{{*/
3| mainForm=win.form(text="Myfirstform";right=959;bottom=591)
4| console.log(" 您输入的是 ", str );
5| mainForm.add()
6| /*}}*/
7| mainForm.show();
8| return win.loopMessage();
```

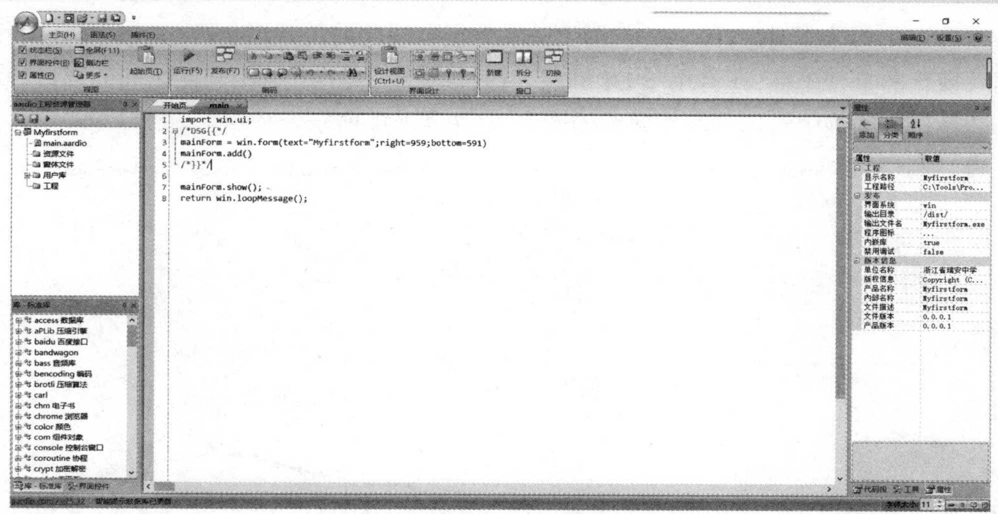

图 2.4.9

这些代码仅用于创建一个空白的 Aardio 窗口,单击 Ribbon 菜单上的 按钮,运行窗口程序，如图 2.4.10 所示。

图 2.4.10

2.4.7 Aardio 与 ECharts 交互

ECharts 即百度图表，使用 JavaScript 实现的开源可视化库可以流畅地运行在 PC 和移动设备上，兼容当前绝大部分浏览器(IE8/9/10/11、Chrome、Firefox、Safari 等)，底层依赖矢量图形库 ZRender，提供直观、交互丰富、可高度个性化定制的数据可视化图表。ECharts 提供了常规的折线图、柱状图、散点图、饼图、K 线图，用于统计的盒形图及用于地理数据可视化的地图、热力图、线图，用于关系数据可视化的关系图、treemap、旭日图，多维数据可视化的平行坐标，还有用于 BI 的漏斗图、仪表盘，并且支持图与图之间的混搭。本节选择几种计算物理中常用的图表展示给读者，如图 2.4.11 所示。

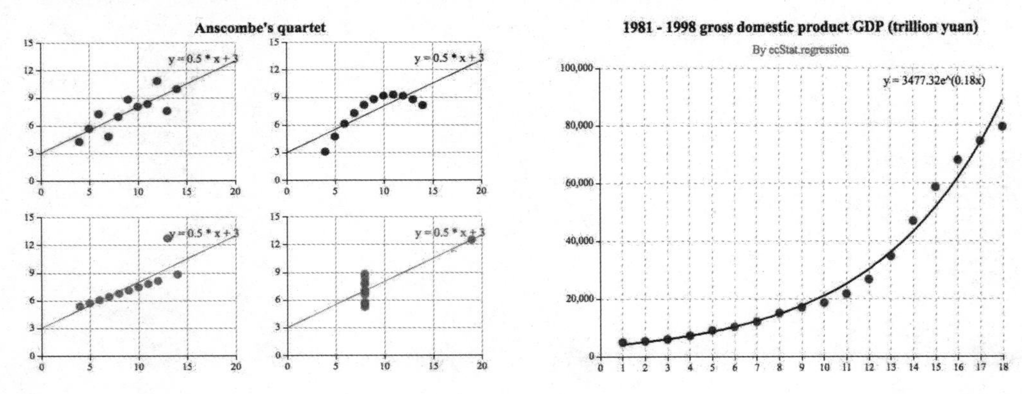

图 2.4.11

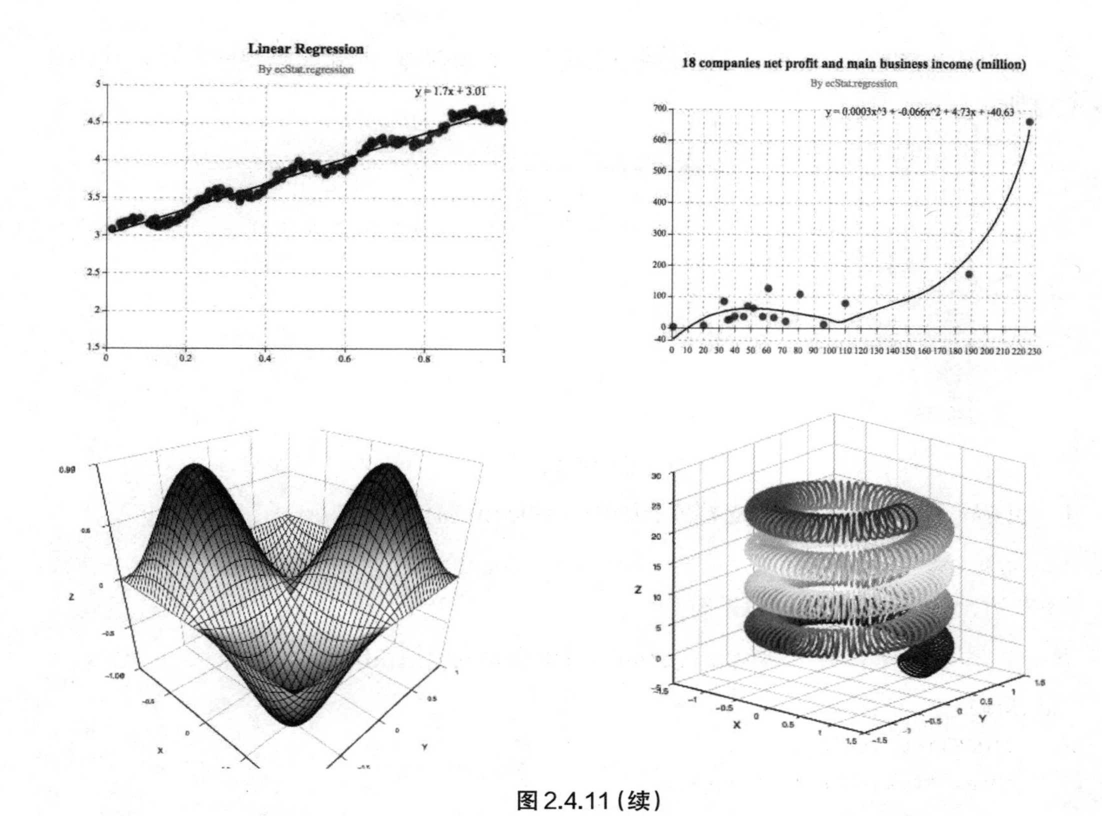

图 2.4.11（续）

下面引用百度图表的官方文档中的案例来说明如何获得 ECharts 以及如何在 Aardio 中引入 ECharts。

① 获取 ECharts。可以通过以下几种方式获取 ECharts：

◆ 从 Apache ECharts (incubating) 官网下载界面获取官方源码包后构建。

◆ 在 ECharts 的 GitHub 上获取。

◆ 通过 npm 获取 echarts，npm install echarts — save，详见“在 webpack 中使用 ECharts”。

◆ 通过 jsDelivr 等 CDN 引入。

② 引入 ECharts。通过标签方式直接引入构建好的 ECharts 文件：

```
1| <!DOCTYPE html>
2| <html>
3| <head>
4|     <meta charset="utf-8">
5|     <!--引入 ECharts 文件-->
6|     <script src="echarts.min.js"></script>
7| </head>
8| </html>
```

通过在 Aardio 中引入 EChatrs 绘制一个简单的图表，步骤如下：

第一步:单击Ribbon界面上的 按钮新建一个新窗体,进入代码视图。默认代码如图2.4.12所示。

```
开始页....  main  winform1 ×
1  import win.ui;
2  /*DSG{{*/
3  var winform = win.form(text="aardio form";right=759;bottom=469)
4  winform.add()
5  /*}}*/
6
7  winform.show()
8  win.loopMessage();
9
```

图2.4.12

第二步:导入web.kit.form支持库,构建web.form窗体变量wk。

```
1| import web.kit.form;
2| var wk=web.kit.form(winform);
```

第三步:定义一个存放上述网页代码的字符串变量wk.html。

```
1| wk.html=/**
2|     <!DOCTYPE html>
3|     <html style="height: 100%">
4|          <head>
5|              <meta charset="utf-8">
6|              <style>
7|                   #container{text-align:center;line-height:1000%}
8|              </style>
9|          </head>
10|        <body style="height: 100%; margin: 0">
11|             <div id="container" style="height: 100%"></div>
12|             <script type="text/javascript" src="https://cdn.jsdelivr.net/npm/
   echarts/dist/echarts.min.js"></script>
13|             <script type="text/javascript">
14|                  myChart=echarts.init(document.getElementById('container'));
15|             </script>
16|        </body>
17|    </html>
18| **/
```

第四步:定义一个字符串json,用于存放显示图表的javascript代码。

```
1| var json=/**
2|         //指定图表的配置项和数据
3|         var data=[[-56.5,10],[-50, 20],[-46.5,30],[-22.1,40],[-10,30],[15,10]];
4| option={
```

```
 5|             title:{
 6|                 text:'ECharts 图形绘制'
 7|             },
 8|             xAxis:{
 9|                 min:-60,
10|                 max:20,
11|                 type:'value',
12|                 axisLine: {onZero: false}
13|             },
14|             yAxis:{
15|                 min:0,
16|                 max:40,
17|                 type:'value',
18|                 axisLine:{onZero: false}
19|             },
20|             series:[
21|                 {
22|                     id:'a',
23|                     type:'line',
24|                     smooth:true,
25|                     symbolSize:20,
26|                     data:data
27|                 }
28|             ]
29|         };
30|         //使用刚指定的配置项和数据显示图表
31|         myChart.setOption(option);
32| **/
```

第五步:使用 wk.wait()语句等待 html 文件加载完成,然后才能执行 Javascript。

```
1| wk.wait();//等待 html 文件加载完成
2| wk.doScript(json);//如果前面没有 wk.wait(),wk.doScript(json)也不能显示图表
```

至此,一个简单的 Echarts 图表就在 Aardio 中实现了,但是此图表还不能实现与 Aardio 的交互。若要实现交互,则需要在代码中定义接口,接口定义格式如下:

```
1| wk.external={
2|     接口函数名 =function(){
3|         return data;
4|     };
5| };
```

在定义的 json 字符串中直接使用接口函数,等价于将接口函数执行后返回的数据给了

json中相应位置的变量。其调用格式为:

```
1| external.接口函数名()
```

比如,将json变量中的

```
1| title: {
2|     text:'ECharts图形绘制'
3| },
```

换成

```
1| title: {
2|     text:external.title()
3| },
```

其中的接口函数定义如下:

```
1| wk.external={
2|     title=function(){
3|         return "计算物理基础";
4|     };
5| };
```

执行代码后,json变量中的title属性值就会变成“计算物理基础”。为了实现更复杂的交互,我们需要将json中的公共内容独立出来,将wk.doScript(json)和external中的接口函数与json中的相应内容组合使用,并将其放置在对应按钮中实现交互,具体示例见4.6节中的数据拟合算法案例。

本节完整代码如下:

```
1| import win.ui;
2| /*DSG{{*/
3| var winform=win.form(text="aardio form";right=759;bottom=469)
4| winform.add()
5| /*}}*/
6|
7| //导入web.kit支持库
8| import web.kit.form;
9| var wk=web.kit.form(winform);
10|
11| wk.html=/**
12|     <!DOCTYPE html>
13|     <html style="height:100%">
14|         <head>
15|             <meta charset="utf-8">
16|             <style>
17|                 #container{text-align:center;line-height:1000%}
```

```
18|             </style>
19|         </head>
20|         <body style="height: 100%; margin: 0">
21|             <div id="container" style="height: 100%"></div>
22|             <script type="text/javascript" src="https://cdn.jsdelivr.net/
   npm/echarts/dist/echarts.min.js"></script>
23|             <script type="text/javascript">
24|                 myChart=echarts.init(document.getElementById('container'));
25|             </script>
26|         </body>
27|     </html>
28| **/
29|
30| wk.external={
31|     title=function(){
32|         return "计算物理基础";
33|     }
34| };
35|
36| var json=/**
37|         //指定图表的配置项和数据
38|         var data=[[-56.5,10],[-50,20],[-46.5,30],[-22.1,40],[-10,30],[15,
   10]];
39|         option={
40|         title:{
41|             text: external.title()
42|         },
43|         xAxis: {
44|             min:-60,
45|             max:20,
46|             type:'value',
47|             axisLine:{onZero: false}
48|         },
49|         yAxis: {
50|             min:0,
51|             max:40,
52|             type:'value',
53|             axisLine:{onZero: false}
54|         },
55|         series: [
56|             {
57|                 id:'a',
```

```
58|                    type:'line',
59|                    smooth:true,
60|                    symbolSize:10,
61|                    data:data
62|                }
63|            ]
64|        };
65|        //使用刚指定的配置项和数据显示图表
66|        myChart.setOption(option);
67|**/
68|
69|wk.wait();//等待html文件加载完成,然后才能执行Javascript
70|wk.doScript(json);
71|
72|winform.show()
73|win.loopMessage();
```

单击Ribbon菜单上的 运行(F5) 按钮,运行窗口程序,结果如图2.4.13所示。

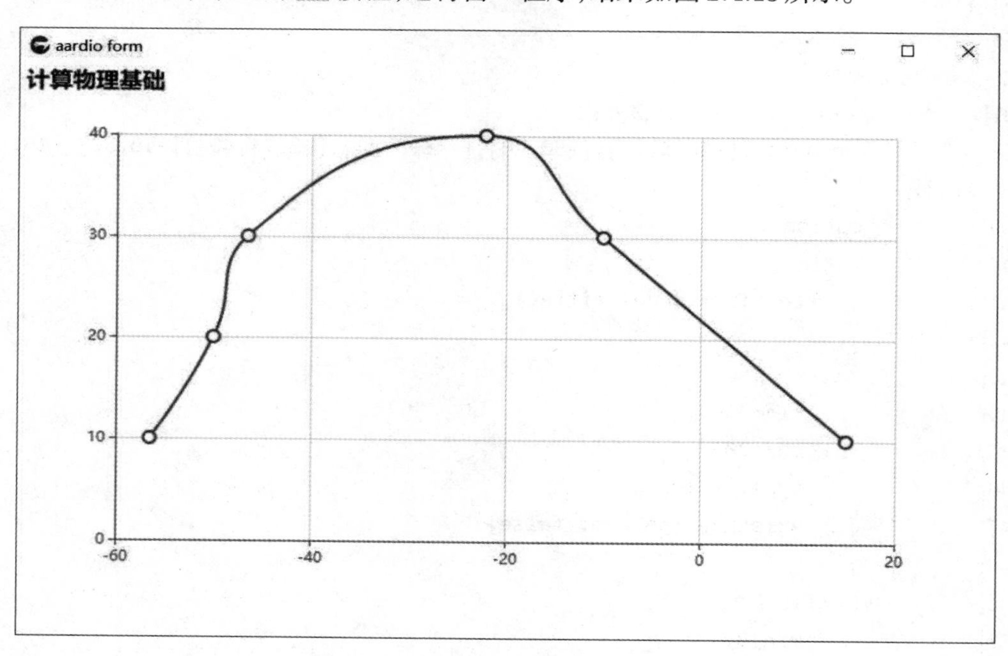

图 2.4.13

第3章　方程的数值解法介绍

在“1.5　误差和不确定度的合成”一节中，误差和不确定度分别通过以下两式传递：

$$|\Delta y| = \left|\frac{\partial f}{\partial x_1}\Delta x_1\right| + \left|\frac{\partial f}{\partial x_2}\Delta x_2\right| + \cdots + \left|\frac{\partial f}{\partial x_n}\Delta x_n\right| = \sum_{i=1}^{n}\left|\frac{\partial f}{\partial x_i}\Delta x_i\right|$$

$$U = \sqrt{\left(\frac{\partial f}{\partial x_1}\right)^2 U_{x_1}^2 + \left(\frac{\partial f}{\partial x_2}\right)^2 U_{x_2}^2 + \cdots + \left(\frac{\partial f}{\partial x_n}\right)^2 U_{x_n}^2} = \sqrt{\sum_{i=1}^{n}\left(\frac{\partial f}{\partial x_i}\right)^2 U_{x_i}^2}$$

由于存在数据误差，故数值计算必然会因误差的传递而引起函数值的误差。因此在数值计算中需要注意一些问题。

3.1　数值计算中应注意的问题

3.1.1　避免丢失精度

两个相近数的前几位有效数字是相同的，当它们相减后，有效数字位数会减少。比如 $\sqrt{999}$ 和 $\sqrt{998}$，在保留四位有效数字的情况下分别是 $\sqrt{999} \approx 31.61$ 和 $\sqrt{998} \approx 31.59$，计算机计算两数的差为 0.02，结果仅有一位有效数字，如图 3.1.1 所示，计算机中的计算导致丢失了三位有效数字。

为避免两个相近的数相减，可通过改变计算方式来加以处理。比如用因式分解、分母有理化、三角式变换和泰勒展开等方法处理。下面举例说明分母有理化的方法：

$$\begin{aligned}\sqrt{999} - \sqrt{998} &= \frac{(\sqrt{999} - \sqrt{998})(\sqrt{999} + \sqrt{998})}{\sqrt{999} + \sqrt{998}} \\ &= \frac{1}{\sqrt{999} + \sqrt{998}} \\ &= \frac{1}{31.61 + 31.59} \\ &\approx 0.01582\end{aligned}$$

3.1相近数之差

```
import console;
var num1=math.round(math.sqrt(999),2)
var num2=math.round(math.sqrt(998),2)
console.log("num1="++num1,"num2="++num2,"num1-num2="++(num1-num2))
console.pause(true);
```

```
aardio.exe
num1=31.61        num2=31.59        num1-num2=0.02
请按任意键继续 ...
```

图 3.1.1

也可以采用其他一些方法来处理。比如,如果 $x_1 \to x_2$,则采用以 10 为底的对数计算,即

$$\lg x_1 - \lg x_2 = \lg\left(\frac{x_1}{x_2}\right)$$

如果 $f(x_1)$ 与 $f(x_2)$ 很接近,则计算 $f(x_2) - f(x_1)$ 的差值时可采用泰勒展开法,即

$$f(x_2) - f(x_1) = f'(x_1)(x_2 - x_1) + \frac{1}{2}f''(x_1)(x_2 - x_1)^2 + \cdots$$

3.1.2 防止大数吃掉小数

由于计算机寄存器位数的限制,计算机进行加、减、乘、除运算时要注意对阶和规范化。例如,在四位浮点机上执行 $0.7315 \times 10^3 + 0.4506 \times 10^{-5}$ 运算的步骤如下:

首先对阶格式为: $0.7315 \times 10^3 + 0.0000 \times 10^3$

规格化计算结果为: 0.7315×10^3

从运算结果上看,大数吃掉了小数。但如果交换计算顺序为 $0.4506 \times 10^{-5} + 0.7315 \times 10^3$,则步骤如下:

首先对阶格式为: $0.4506 \times 10^{-5} + 73150000 \times 10^{-5}$

规格化计算结果为: $73150000.4506 \times 10^{-5}$

从运算结果上看,下面这种相加顺序更加准确,所以大数和小数相加时切记要注意运算次序,把小数放在大数前面,避免大数把小数吃掉。

由于计算机存储位数的限制,计算中要注意避免小分母溢出,即不能用一个很小的数作除数,否则很容易导致计算结果内存溢出。另外,要减少运算次数,避免多次运算放大误差。

在求解一个给定的问题时，通过优化算法、减少运算次数能够减少舍入误差的放大，同时也可节约机器运行时间。例如，采用两种不同算法计算下列多项式的值，思考其结果的差异。

$$f(x)=x+x^2+x^3+\cdots+x^n$$

直接按上述多项式的顺序依次从头开始计算每项 x 幂次后再相加，其加法运算次数为 $n-1$，乘法运算次数为 $\dfrac{n(n-1)}{2}$。计算代码如下，运算结果如图 3.1.2 所示。

```
 1| import console;
 2| //s=x+x^2+…+x^n
 3| var x=1.0000000000000200000001;
 4| var n=100000000;
 5| var s=0;
 6| for(i=1;n;1){
 7|     s+=x**i;
 8| }
 9| console.log("s="++s)
10| console.pause(true);
```

3.1相近数之差　3.1多项式算法　**3.1多项式算法1** ×

```
 1  import console;
 2  //s=x+x^2+...+x^n
 3  var x=1.0000000000000200000001;
 4  var n=100000000;
 5  var s=0;
 6
 7  for(i=1;n;1){
 8      s+=x**i;
 9  }
10
11  console.log("s="++s)
12  console.pause(true);
```

aardio.exe

```
s=100000099.92007
请按任意键继续 ...
```

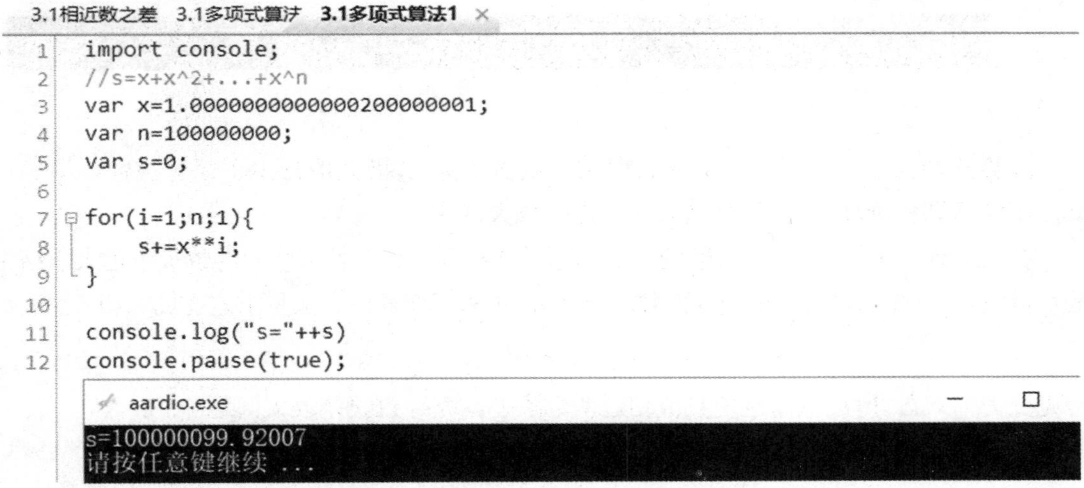

图 3.1.2

现将其改成如下代码，运算结果如图 3.1.3 所示。

```
1| import console;
2| //s=x+x^2+…+x^n
3| var x=1.0000000000000200000001;
4| var n=100000000;
5| var s=0;
6| var temp=1;
7| for(i=1;n;1){
8|     s+=temp*x;
```

```
 9|     temp=temp*x;
10| }
11| console.log("s="++s)
12| console.pause(true);
```

3.1相近数之差　3.1多项式算法　3.1多项式算法1　3.1多项式算法2 ×

```
 1  import console;
 2  //s=x+x^2+...+x^n
 3  var x=1.000000000000200000001;
 4  var n=100000000;
 5  var s=0;
 6  var temp=1;
 7
 8  for(i=1;n;1){
 9      s+=temp*x;
10      temp=temp*x;
11  }
12
13  console.log("s="++s)
14  console.pause(true);
```

aardio.exe

```
s=100000099.92001
请按任意键继续 ...
```

图 3.1.3

此算法加法次数同样也为$n-1$，但乘法次数仅为n，极大地减少了运算次数。第一种算法不但运算代价高，而且计算结果误差也被放大许多。

在数值计算中，正负交替级数的累加问题需要特别注意。若某些项的数量级远大于结果的数量级，则可能隐含着数值相近两数求差运算，可采用变通的方法将求差变成求和，比如：

$$e^{-x}=1-x+x^2-x^3+\cdots$$

可先变为下式再计算，从而避免数值相近两数求差运算导致误差放大问题。

$$e^{-x}=\frac{1}{e^x}=\frac{1}{1+x+x^2+x^3+\cdots}$$

3.2　求解线性方程组的算法

n阶线性方程组的一般形式为

$$\begin{cases} a_{11}x_1+a_{12}x_2+\cdots+a_{1n}x_n=b_1 \\ a_{21}x_1+a_{22}x_2+\cdots+a_{2n}x_n=b_2 \\ \cdots\cdots \\ a_{n1}x_1+a_{n2}x_2+\cdots+a_{nn}x_x=b_n \end{cases}$$

写成矩阵形式为

$$\boldsymbol{A}\boldsymbol{x}=\boldsymbol{b}$$

式中 $\boldsymbol{A}$ 称为系数矩阵，$\boldsymbol{x}$ 称为解向量，$\boldsymbol{b}$ 为常数向量，其形式分别为

$$\boldsymbol{A}=\begin{pmatrix} a_{11} & a_{12} & \cdots & a_{1n} \\ a_{21} & a_{22} & \cdots & a_{2n} \\ \vdots & \vdots & & \vdots \\ a_{n1} & a_{n2} & \cdots & a_{nn} \end{pmatrix},\quad \boldsymbol{x}=\begin{pmatrix} x_1 \\ x_2 \\ \vdots \\ x_n \end{pmatrix},\quad \boldsymbol{b}=\begin{pmatrix} b_1 \\ b_2 \\ \vdots \\ b_n \end{pmatrix}$$

若矩阵 $\boldsymbol{A}$ 对应的行列式值不等于零，即 $|\boldsymbol{A}|\neq 0$，则根据克拉默法则，方程组有唯一解

$$x_i=\frac{|\boldsymbol{A}_i|}{|\boldsymbol{A}|}$$

式中 $|\boldsymbol{A}_i|$ 表示 $|\boldsymbol{A}|$ 中第 i 列换成 $\boldsymbol{b}$ 后所得的行列式。下面介绍两种解线性方程组的方法，分别是高斯消元法和雅可比迭代法。

3.2.1　高斯消元法

高斯消元法就是指利用线性方程组的初等变换，通过将一个方程乘以或除以某个常数，再将两个方程相加或相减，将方程组变换成上（或下）三角方程组或对角方程组来求解。下面展示用高斯消元法求解三元一次方程组的符号运算过程。

$$\begin{cases} a_{11}x_1+a_{12}x_2+a_{13}x_3=b_1 & ① \\ a_{21}x_1+a_{22}x_2+a_{23}x_3=b_2 & ② \\ a_{31}x_1+a_{32}x_2+a_{33}x_3=b_3 & ③ \end{cases}$$

$$\xrightarrow[③-①\times\frac{a_{31}}{a_{11}}]{②-①\times\frac{a_{21}}{a_{11}}}$$

$$\begin{cases} a_{11}x_1+a_{12}x_2+a_{13}x_3=b_1 & ① \\ \left(a_{21}-a_{12}\frac{a_{21}}{a_{11}}\right)x_2+\left(a_{23}-a_{13}\frac{a_{21}}{a_{11}}\right)x_3=b_2-b_1\frac{a_{21}}{a_{11}} & ④ \\ \left(a_{32}-a_{12}\frac{a_{31}}{a_{11}}\right)x_2+\left(a_{33}-a_{33}\frac{a_{31}}{a_{11}}\right)x_3=b_3-b_1\frac{a_{31}}{a_{11}} & ⑤ \end{cases}$$

$$\xrightarrow{⑤-\frac{a_{32}-a_{12}\frac{a_{31}}{a_{11}}}{a_{21}-a_{12}\frac{a_{21}}{a_{11}}}\times ④}$$

$$\begin{cases} a_{11}x_1+a_{12}x_2+a_{13}x_3=b_1 & ① \\ \qquad\quad a_{22}^*x_2+a_{23}^*x_3=b_2^* & ⑥ \\ \qquad\qquad\qquad a_{33}^*x_3=b_3^* & ⑦ \end{cases}$$

其中

$$a_{22}^*=a_{21}-a_{12}\frac{a_{21}}{a_{11}},\quad a_{23}^*=a_{23}-a_{13}\frac{a_{21}}{a_{11}},\quad b_2^*=b_2-b_1\frac{a_{21}}{a_{11}}$$

$$a_{33}^{*}=\left(a_{33}-a_{33}\frac{a_{31}}{a_{11}}\right)-\left(a_{23}-a_{13}\frac{a_{21}}{a_{11}}\right)\times\frac{a_{32}-a_{12}\dfrac{a_{31}}{a_{11}}}{a_{21}-a_{12}\dfrac{a_{21}}{a_{11}}}$$

$$b_{3}^{*}=\left(b_{3}-b_{1}\frac{a_{31}}{a_{11}}\right)-\left(b_{2}-b_{1}\frac{a_{21}}{a_{11}}\right)\times\frac{a_{32}-a_{12}\dfrac{a_{31}}{a_{11}}}{a_{21}-a_{12}\dfrac{a_{21}}{a_{11}}}$$

接下来是回代过程，由⑦式解得 x_3，代回到⑥式解得 x_2，再将 x_2 和 x_3 代回到①式解得 x_1，至此就完成了三元一次方程组的求解。下面以一个简单的实例说明高斯消元法的基本思路。

例1 求解方程组

$$\begin{cases}x_1+3x_2+x_3=5\\2x_1+x_2+x_3=2\\x_1+x_2+5x_3=-7\end{cases}$$

解 解答过程如表3.2.1所示。

表3.2.1

消元法解方程	增广矩阵做初等变换
$\begin{cases}x_1+3x_2+x_3=5 & ①\\2x_1+x_2+x_3=2 & ②\\x_1+x_2+5x_3=-7 & ③\end{cases}$	$\widetilde{A}=\begin{bmatrix}1&3&1&5\\2&1&1&2\\1&1&5&-7\end{bmatrix}$
$\xrightarrow[-1\times①+③=⑤]{-2\times①+②=④}$	$\xrightarrow[-1\times r_1+r_3]{-2\times r_1+r_2}$
$\begin{cases}x_1+3x_2+x_3=5 & ①\\-5x_2-x_3=-8 & ④\\-2x_2+4x_3=-12 & ⑤\end{cases}$	$\begin{bmatrix}1&3&1&5\\0&-5&-1&-8\\0&-2&4&-12\end{bmatrix}$
$\xrightarrow[交换④与⑥]{-\frac{1}{2}\times⑤=⑥}$	$\xrightarrow[r_2\leftrightarrow r_3]{-\frac{1}{2}\times r_3}$
$\begin{cases}x_1+3x_2+x_3=5 & ①\\x_2-2x_3=6 & ⑥\\-5x_2-x_3=-8 & ④\end{cases}$	$\begin{bmatrix}1&3&1&5\\0&1&-2&6\\0&-5&-1&-8\end{bmatrix}$
$\xrightarrow{5\times⑥+④=⑦}$	$\xrightarrow{5\times r_2+r_3}$
$\begin{cases}x_1+3x_2+x_3=5 & ①\\x_2-2x_3=6 & ⑥\\-11x_3=-22 & ⑦\end{cases}$	$\begin{bmatrix}1&3&1&5\\0&1&-2&6\\0&0&-11&22\end{bmatrix}$
$\xrightarrow{-\frac{1}{11}\times⑦=⑧}$	$\xrightarrow{-\frac{1}{11}\times r_3}$
$\begin{cases}x_1+3x_2+x_3=5 & ①\\x_2-2x_3=6 & ⑥\\x_3=-2 & ⑧\end{cases}$	$\begin{bmatrix}1&3&1&5\\0&1&-2&6\\0&0&1&-2\end{bmatrix}$

续表

消元法解方程	增广矩阵做初等变换
$\xrightarrow[-1\times⑧+①=⑨]{2\times⑧+⑥=⑩}$	$\xrightarrow[-1\times r_3+r_1]{2\times r_3+r_2}$
$\begin{cases}x_1+3x_2=5 & ⑨\\ x_2=2 & ⑩\\ x_3=-2 & ⑧\end{cases}$	$\begin{bmatrix}1&3&0&7\\0&1&0&2\\0&0&1&-2\end{bmatrix}$
$\xrightarrow{-3\times⑩+⑨=⑪}$	$\xrightarrow{-3\times r_2+r_1}$
$\begin{cases}x_1=1 & ⑪\\ x_2=2 & ⑩\\ x_3=-2 & ⑧\end{cases}$	$\begin{bmatrix}1&0&0&1\\0&1&0&2\\0&0&1&-2\end{bmatrix}$

在求解线性方程组时要考虑避免用小数作除数导致舍入误差扩大,从而影响计算精度。为了避免这种情况的出现,通常在每一次消元前先调整方程的次序,目的是将绝对值大的元素交换到主对角线位置,这种方法就称为选主元法。考虑到计算的复杂度,为降低计算的成本,通常采用列主元素消去法。用Aardio实现高斯消元法解方程组的代码如下:

```
 1| import console;
 2|
 3| var spaces=function(length) {
 4|     //格式化矩阵,计算所需的空格数
 5|     var empty="";
 6|     for(i=1; length+1; 1) {
 7|         empty++=" ";
 8|     }
 9|     return empty;
10| }
11|
12| var printMatrix=function(tab,name){
13|     //格式化显示矩阵
14|     var max=#tostring(tab[1][1]);
15|         for(i=1;#tab;1){
16|         var row=tab[i];
17|         for(j=1;#row;1){
18|             if(max < #tostring(tab[i][j])){
19|                 max=#tostring(tab[i][j]);
20|             }
21|         }
22|     }
23|     for(i=1;#tab;1){
24|         var row=tab[i];
25|         var rowLog="[";
```

```
26|         for(j=1;#row;1){
27|             rowLog++=row[j];
28|             if(j=#row){
29|                 rowLog++=spaces(max-#(tostring(row[j]))-1);
30|             }else {
31|                 rowLog++=spaces(max-#(tostring(row[j]))+2);
32|             }
33|     }
34|         rowLog++="]";
35|         var label="";
36|
37|         //显示矩阵标题名称
38|         for(i=1;math.ceil((#rowLog-#name)/2)+2;1){
39|             label++="-";
40|         }
41|         label++=name
42|         for(i=1;math.ceil((#rowLog-#name)/2)+2;1){
43|             label++="-";
44|         }
45|         if(i=1){
46|             console.log(label);
47|         }
48|
49|     console.log(rowLog);
50|     }
51| }
52|
53|
54| /*待解方程组如下所示
55| x1+3x2+x3=5
56| 2x1+x2+x3=2
57| x1+x2+5x3=-7
58| */
59| //定义二维数组变量array用于存放方程组的增广矩阵
60| var array={
61|         {1;3;1;5};
62|         {2;1;1;2};
63|         {1;1;5;-7};
64| }
65|
66| printMatrix(array,"增广矩阵");
67|
```

```
68| var colmaxrow=function(tab,row,col){
69| //找二维数组tab的列主元素所在行,在第col列从第row行开始往下找绝对值最大数所在行
70|          var tmp=math.abs(tab[row][col])
71|          var bz=row;
72|          for(i=row+1;#tab;1){
73|              if(tmp<math.abs(tab[i][col])){
74|                  tmp=math.abs(tab[i][col]);
75|                  bz=i;//找到列主元素所在的行号
76|              }
77|          }
78|          return bz;
79|          //console.log(bz);
80| }
81|
82| var excharow=function(tab,rx,ry){
83|          //交换二维数组tab的rx与ry行
84|          var str=null;
85|          for(i=1;#tab[rx];1){
86|              str=tab[rx][i];
87|              tab[rx][i]=tab[ry][i];
88|              tab[ry][i]=str;
89|          }
90|          //console.dump(tab);
91| }
92|
93| var ktimes=function(tab,k,r){
94|          //将二维数组tab的第r行乘以k
95|          var str=null;
96|          for(i=1;#tab[r];1){
97|              str=tab[r][i]*k;
98|              tab[r][i]=str;
99|          }
100|         //console.dump(tab);
101| }
102|
103| var krowadd=function(tab,rx,ry,k){
104|         //将二维数组tab的第rx行乘以k后加到第ry行上
105|         var str=null;
106|         for(i=1;#tab[rx];1){
107|             str=tab[rx][i]*k;
108|             tab[ry][i]=str+tab[ry][i];
109|         }
```

```
110|         //console.dump(tab);
111| }
112|
113| var elimin=function(tab){
114|     //通过消元将矩阵化成上三角矩阵
115|     for(i=1;#tab;1){
116|         //找到列主元素,并将主元素所在行与前面的行交换
117|         excharow(tab,i,colmaxrow(tab,i,i));
118|         ktimes(tab,1/tab[i][i],i);//将系数变成1
119|         for(j=i+1;#tab;1){
120|             //循环消元,将第i行乘以-tab[j][j-1]后加到第j行上
121|             krowadd(tab,i,j,-tab[j][i]);
122|         }
123|     }
124| }
125|
126| var backsubsti=function(tab){
127|     //通过回代将矩阵化为下三角矩阵
128|     var count=#tab;
129|     for(i=1;count-1;1){
130|         for(j=i;count-1;1){
131|             //通过消元将第count-i+1行乘以-tab[count-j][count-i+1]后加到第
    count-j行上
132|             krowadd(tab,count-i+1,count-j,-tab[count-j][count-i+1]);
133|         }
134|     }
135| }
136|
137| elimin(array);//高斯消元
138| backsubsti(array);//回代
139|
140| printMatrix(array,"结果矩阵");
141|
142| var solve=function(tab){
143|     console.log("方程的解为");
144|     for(i=1;#tab;1){
145|         console.log("x"++i++"="++tab[i][#tab[1]]);
146|     }
147| }
148|
149| solve(array);
150| console.pause(true,"");
```

代码运行结果如图3.2.1所示。方程组的解为 $x_1=1$，$x_2=2$，$x_3=-2$。

```
aardio.exe
-------增广矩阵-------
[1    3    1    5 ]
[2    1    1    2 ]
[1    1    5    -7]
-------结果矩阵-------
[1    0    0    1 ]
[0    1    0    2 ]
[0    0    1    -2]
方程的解为
x1 = 1
x2 = 2
x3 = -2
```

图3.2.1

3.2.2　雅可比迭代法

用迭代法解方程组的基本思路是：选取适当的初始值 $x_i^{(0)}$，代入方程组解得第1代解 $x_i^{(1)}$，再将第1代解 $x_i^{(1)}$ 代入方程组求得第2代解 $x_i^{(2)}$，依次求得第 k 代和第 $k+1$ 代解分别为 $x_i^{(k)}$ 和 $x_i^{(k+1)}$。设可接受的精度为 ε，迭代过程中一直检验 $|x_i^{(k+1)}-x_i^{(k)}|$ 是否满足 $\max|x_i^{(k+1)}-x_i^{(k)}|<\varepsilon$。若满足条件，则终止迭代，此时 $x_i^{(k+1)}$ 即为方程组的解。考虑到本书面对的读者对象基础问题，本节通过一个简单的方程组展示迭代法中相对容易的一种解法，即雅可比迭代法，并用Aardio语言实现其算法。

例2　已知代数方程组如下，要求写出雅可比迭代的格式：

$$\begin{cases}x_1+5x_2-3x_3=2\\5x_1-2x_2+x_3=4\\2x_1+x_2-5x_3=-11\end{cases}$$

解　第一步：选取主元，调整方程次序，得到

$$\begin{cases}5x_1-2x_2+x_3=4\\x_1+5x_2-3x_3=2\\2x_1+x_2-5x_3=-11\end{cases}$$

第二步：移项，写出雅可比格式，即

$$\begin{cases}x_1^{(k+1)}=\dfrac{1}{5}[4+2x_2^{(k)}-x_3^{(k)}]\\x_2^{(k+1)}=\dfrac{1}{5}[2-x_1^{(k)}+3x_3^{(k)}]\\x_3^{(k+1)}=-\dfrac{1}{5}[-11-2x_1^{(k)}-x_2^{(k)}]\end{cases}$$

第三步：设精度 $\varepsilon=0.00001$，取初代值 $x_i^{(0)}=\begin{pmatrix}0\\0\\0\end{pmatrix}$，代入方程组得

$$x_i^{(1)}=\begin{pmatrix}\frac{4}{5}\\ \frac{2}{5}\\ \frac{11}{5}\end{pmatrix},\quad |x_i^{(1)}-x_i^{(0)}|=\begin{cases}\frac{4}{5}=0.8>\varepsilon\\ \frac{2}{5}=0.4>\varepsilon\\ \frac{11}{5}=2.2>\varepsilon\end{cases}$$

代入方程组得

$$x_i^{(2)}=\begin{pmatrix}\frac{13}{25}\\ \frac{39}{25}\\ \frac{13}{5}\end{pmatrix},\quad |x_i^{(2)}-x_i^{(1)}|=\begin{cases}\frac{4}{5}-\frac{13}{25}=0.28>\varepsilon\\ \frac{39}{25}-\frac{2}{5}\approx 1.16>\varepsilon\\ \frac{13}{5}-\frac{11}{5}\approx 0.4>\varepsilon\end{cases}$$

代入方程组得

……

实现雅可比迭代的 Aardio 代码如下：

```
 1| import console;
 2|
 3| //线性方程增广矩阵
 4| var array={
 5|     {1;5;-3;2};
 6|     {5;-2;1;4};
 7|     {2;1;-5;-11};
 8| }
 9| //初始(代)值
10| var x0={0;0;0};
11|
12| var colmaxrow=function(tab,row,col){
13| //找数组tab的列主元素所在行号,在第col列从第row行开始往下找绝对值最大数所在行
14| var tmp=math.abs(tab[row][col])
15|     var bz=row;
16|     for(i=row+1;#tab;1){
17|         if(tmp<math.abs(array[i][col])){
18|             tmp=math.abs(array[i][col]);
19|             bz=i;//找到列主元素所在的行号
20|         }
21|     }
22|     return bz;
23|     //console.log(bz)
24| }
25|
26| var excharow=function(tab,rx,ry){
27|         //交换二维数组tab的rx与ry行
```

```
28|         var str=null;
29|         for(i=1;#tab[rx];1){
30|             str=tab[rx][i];
31|             tab[rx][i]=tab[ry][i];
32|             tab[ry][i]=str;
33|         }
34|         //console.dump(tab);
35| }
36|
37| var ktimes=function(tab,k,r){
38|         //将二维数组tab的第r行乘以k
39|         var str=null;
40|         for(i=1;#tab[r];1){
41|             str=tab[r][i]*k;
42|             tab[r][i]=str;
43|         }
44|         //console.dump(tab);
45| }
46|
47| var exchange=function(tab){
48|     //选出主元,交换行,并把主元值变成1
49|     for(i=1;#tab;1){
50|         //找到列主元素,并把主元素所在行与前面的行交换
51|         excharow(tab,i,colmaxrow(tab,i,i));
52|         ktimes(tab,1/tab[i][i],i);//将系数变成1
53|     }
54| }
55|
56| var absdxmax=function(tab1,tab2){
57|     //比较两个数组对应元素差值绝对值的最大值并返回
58|     var tab={};
59|     for(i=1;#tab1;1){
60|         tab[i]=math.abs(tab2[i]-tab1[i]);
61|     }
62|     var tmp=tab[1];
63|     for(i=2;#tab;1){
64|         if(tmp<tab[i]){
65|             tmp=tab[i];
66|         }
67|     }
68|     return tmp;
69| }
70|
71| var iter=function(tab,x){
72|     //选出主元,交换行,并把主元值变成1
```

```
 73|     var xi={};
 74|     for(i=1;#tab;1){
 75|          //将tab待求的值交换到最前列
 76|          var tmp1=tab[i][1];
 77|          tab[i][1]=tab[i][i];
 78|          tab[i][i]=tmp1;
 79|          //将x0对应的值交换到最前列
 80|          var tmp2=x[1];
 81|          x[1]=x[i];
 82|          x[i]=tmp2;
 83|          //求方程组的解xi
 84|          xi[i]=tab[i][#tab+1];
 85|          for(j=2;#x;1){
 86|               xi[i]+=-tab[i][j]*x[j];
 87|          }
 88|          //把x0对应的值复原
 89|          var tmp3=x[1];
 90|          x[1]=x[i];
 91|          x[i]=tmp3;
 92|          //把tab交换的值复原
 93|          var tmp4=tab[i][1];
 94|          tab[i][1]=tab[i][i];
 95|          tab[i][i]=tmp4;
 96|     }
 97|     return xi;
 98| }
 99|
100| var iters=function(tab,x0,dx){
101|     exchange(tab);//选出主元,交换行,并把主元值变成1
102|     var x1=x0;
103|     var xk;
104|     while(1){
105|          xk=iter(tab,x1);
106|          //console.dump(xk);
107|          if(absdxmax(xk,x1)<=dx){
108|               break;
109|          }
110|          x1=xk;
111|     }
112|     return xk;
113| }
114|
115| console.log("精度=3的解")
116| console.dump(iters(array,x0,3));
117| console.log("精度=0.01的解")
```

```
118| console.dump(iters(array,x0,0.01));
119| console.log("精度=0.00001的解")
120| console.dump(iters(array,x0,0.00001));
121| console.log("精度=0.000001的解")
122| console.dump(iters(array,x0,0.000001));
123| console.log("精度=0.0000001的解")
124| console.dump(iters(array,x0,0.0000001));
125| console.pause(true,"");
```

取初代值 $x_i^{(0)}=\begin{pmatrix}0\\0\\0\end{pmatrix}$,代码运行结果表明:

① 当精度 $\varepsilon=3$ 时,解得 $x_i^{(1)}=\begin{pmatrix}\frac{4}{5}\\ \frac{2}{5}\\ \frac{11}{5}\end{pmatrix}$, 则有 $|x_i^{(1)}-x_i^{(0)}|=\begin{cases}\frac{4}{5}=0.8<\varepsilon\\ \frac{2}{5}=0.4<\varepsilon\\ \frac{11}{5}=2.2<\varepsilon\end{cases}$,求解过程迭代1次。

② 当精度 $\varepsilon\leqslant 0.000001$ 时,迭代次数足够多,其解为 $x_1=1$, $x_2=2$, $x_3=3$,代入原方程验算结果成立。

代码运行结果如图3.2.2所示。

人们在雅可比迭代法的基础上进行改进、优化,又提出了高斯-赛德尔迭代法。关于此法本书不再展开分析和讨论,感兴趣的读者请自行参阅其他计算物理学类书籍。

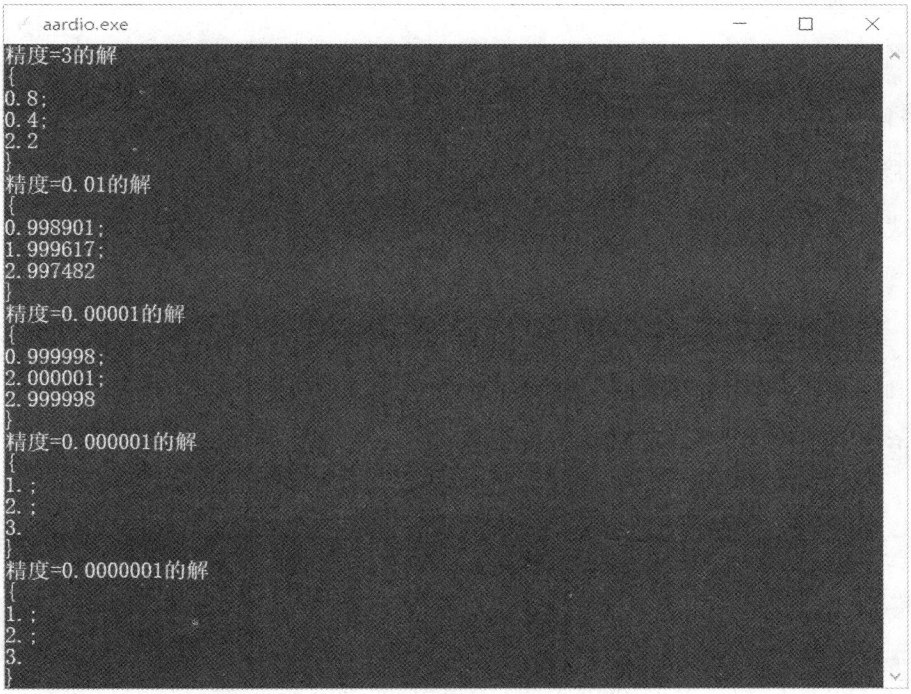

```
aardio.exe
精度=3的解
{
0.8;
0.4;
2.2
}
精度=0.01的解
{
0.998901;
1.999617;
2.997482
}
精度=0.00001的解
{
0.999998;
2.000001;
2.999998
}
精度=0.000001的解
{
1.;
2.;
3.
}
精度=0.0000001的解
{
1.;
2.;
3.
}
```

图3.2.2

3.3 求解非线性方程的算法

科学技术和工程实践中经常会遇到大量的非线性方程,这类方程复杂且往往不存在解析解,比如超越方程,我们通常只能求其数值解。本节先讨论一个变量的高次方程数值解,然后讨论多个变量的高次方程数值解。求解方程的数值解,首先要做的是确定方程解或根所在的大概区间,然后采用逐步逼近的方法得到满足一定精度要求的近似解。下面介绍常见的求非线性方程数值解的方法。

3.3.1 二分法和弦截法

设某一非线性方程 $f(x)=0$,满足 $f(x)=0$ 的变量 x 的值即为函数 $f(x)$ 的零点。根据连续函数的性质,在方程的零点附近函数 $f(x)$ 通常改变符号,设数值解的精度为 ε,方程的根为 x,令 $x\in(x_i,x_j)$,则存在

$$f(x_i)\cdot f(x_j)<0$$

二分法是求解方程数值解的最简单方法之一,其基本思路是:

① 代入 x_i 和 x_j 求得 $f(x_i)$ 和 $f(x_j)$。

② 判断 $f(x_i)\cdot f(x_j)<0$。

③ 将 $\dfrac{x_i+x_j}{2}$ 赋值给 x_k。

④ 循环判断精度 $x_j-x_i>\varepsilon$。

⑤ 代入 x_k 求得 $f(x_k)$。

⑥ 判断 $f(x_i)\cdot f(x_k)<0$。

⑦ 将 x_k 赋值给 x_j。

⑧ 判断 $x_j-x_i<\varepsilon$。

⑨ 返回 x_k。

二分法就是将方程的根所在区间 $[x_i,x_j]$ 平分为两个小区间,先判断根在哪个小区间,然后将有根的小区间再次一分为二,重复前面的过程直到有根的区间长度小于解的精度为止。

弦截法同二分法非常类似,不同之处在于:二分法取区间中点 $x_k=\dfrac{x_i+x_j}{2}$ 作为试探根,而弦截法用连接 $(x_i,f(x_i))$ 和 $(x_j,f(x_j))$ 两点的直线与 x 轴的交点作为试探根。下面以超越方程 $y=f(x)=x\sin x+x-2$ 为例来说明,其曲线如图 3.3.1 所示。

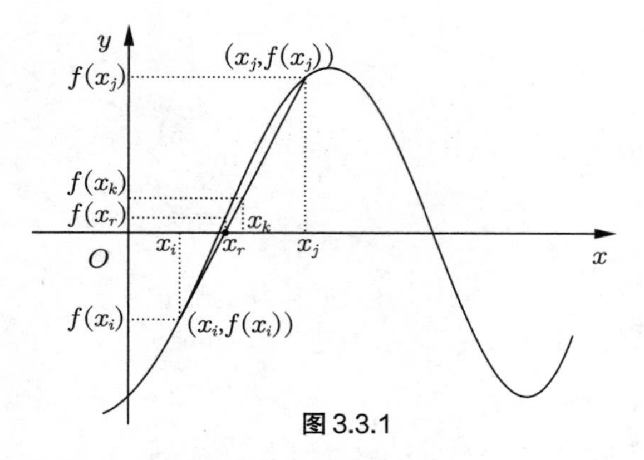

图 3.3.1

根据平面几何知识解得两点连线的直线方程斜率为

$$k=\frac{f(x_j)-f(x_i)}{x_j-x_i}$$

代入$f(x)=k(x-x_i)+f(x_i)$,得到

$$f(x)=\frac{f(x_j)-f(x_i)}{x_j-x_i}(x-x_i)+f(x_i)$$

令$f(x)=0$,解得

$$x_r=x_i-\frac{x_j-x_i}{f(x_j)-f(x_i)}f(x_i)$$

然后判断根在(x_i,x_r)和(x_r,x_j)中的哪个区间,基本思路如下:

① 如果$f(x_i)f(x_r)<0$,则将x_r赋值给x_j,否则将x_r赋值给x_i。

② 循环判断$x_j-x_i>\varepsilon$。

③ 判断$f(x_i)f(x_r)<0$。

④ 退出循环,返回x_r。

考虑到二分法和弦截法基本相同,本节用Aardio代码实现弦截法求非线性方程的根,二分法实现过程与之类似,省略不写。

弦截法的Aardio代码如下:

```
 1| import console;
 2| /*
 3| y=xsin(x)+x-2
 4| */
 5| var equation=function(x){
 6|     return (x*math.sin(x)+x-2);//输入待解方程
 7| }
 8| var chordsecant=function(y,xi0,xj0,dx){
 9|     var xi;
10|     var xj;
11|     var xr;
12|     var yr;
```

```
13|     var count=0 ;
14|
15|     if( xi0 > xj0 ){
16|         xi=xj0;
17|         xj=xi0;
18|     }else {
19|         xi=xi0;
20|         xj=xj0;
21|     }
22|
23|     //yi=xi*math.sin(xi)+xi-2;
24|     yi=equation(xi);
25|     //yj=xj*math.sin(xj)+xj-2;
26|     yj=equation(xj);
27|
28|     if(yi*yj <=0){
29|         while((xj-xi)>=dx){
30|             count+=1;
31|             xr=xi-(xj-xi)/(yj-yi)*yi;
32|             //yr=xr*math.sin(xr)+xr-2;
33|             yr=equation(xr);
34|             if(yi*yr <=0 ){
35|                 xj=xr;
36|                 //yj=xj*math.sin(xj)+xj-2;
37|                 yj=equation(xj);
38|             }else {
39|                 xi=xr;
40|                 //yi=xi*math.sin(xi)+xi-2;
41|                 yi=equation(xi);
42|             }
43|         }
44|         return "方程的解为:"++xr,"迭代次数:"++count;
45|     }else {
46|         return "两点取值有误";
47|     }
48| }
49| //两点值分别为0和2,精度为0.0000001
50| console.log(chordsecant(equation,0,2,0.0000001));
51|
52| console.pause(true,"");
```

代码运行结果如图 3.3.2 所示。

图 3.3.2

把方程输入 Microsoft Mathematics 中,解得结果如图 3.3.3 所示,与代码运行结果完全相同。

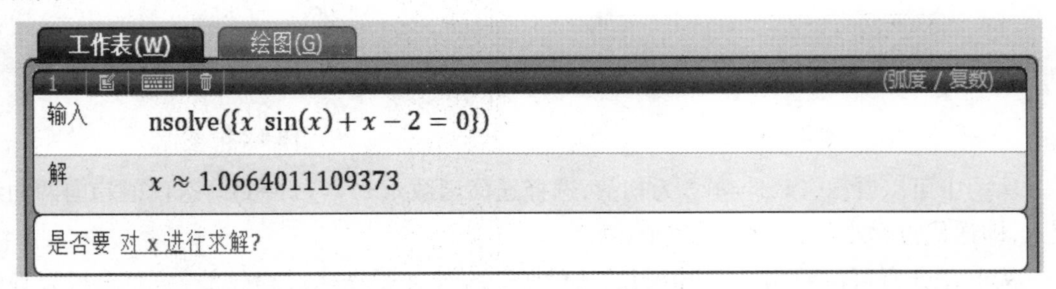

图 3.3.3

3.3.2　不动点迭代法

给定一个非线性方程 $f(x)=0$,比如 $f(x)=x^2-x-1=0$,如果用迭代法求根,则需要先将方程转换成等价形式 $x=g(x)$,其中 $g(x)$ 称为迭代函数,比如将 $x^2-x-1=0$ 移项得 $x=x^2-1$,迭代函数为 $g(x)=x^2-1$;或 $x=(x+1)^{\frac{1}{2}}$,迭代函数为 $g(x)=(x+1)^{\frac{1}{2}}$。然后构造迭代格式,即

$$x_{k+1}=g(x_k),\ \text{其中}\ k=0,1,2,\cdots$$

当 k 取 0 时, x_0 为迭代初值,如果由 $x_{k+1}=g(x_k)$ 生成的迭代序列 $\{x_k\}$ 有极限,记为 $\lim\limits_{k\to\infty}x_k=x^*$,则 x^* 即为方程 $f(x)=0$ 的解。由于 $f(0)=-1$, $f(2)=5$,且 $f(x)$ 是连续函数,因此在区间 $[0,2]$ 上一定存在根。

下面以 $f(x)=x^2-x-1=0$ 为例,利用几何图形分析不同迭代函数迭代收敛情况。

① 构造迭代函数 $g(x)=x^2-1$，迭代关系在函数图像上表现为两个图形的交点即为解，两图形方程如下，对应的图形如图 3.3.4 所示。

$$\begin{cases}y=x\\y=x^2-1\end{cases}$$

从图中可以看出，以 $x_0=0.5$ 为初值，选择迭代函数 $g(x)=x^2-1$，迭代值 x 在 $[-1,0]$ 区间振荡，迭代过程不收敛，无法求得方程的根。

② 构造迭代函数 $g(x)=(x+1)^{\frac{1}{2}}$，迭代关系在函数图像上表现为两个图形的交点即为解，两图形方程如下，对应的图形如图 3.3.5 所示。

$$\begin{cases}y=x\\y=(x+1)^{\frac{1}{2}}\end{cases}$$

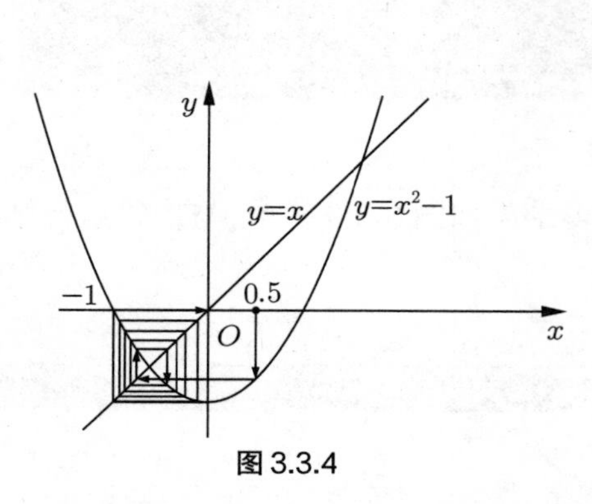

图 3.3.4

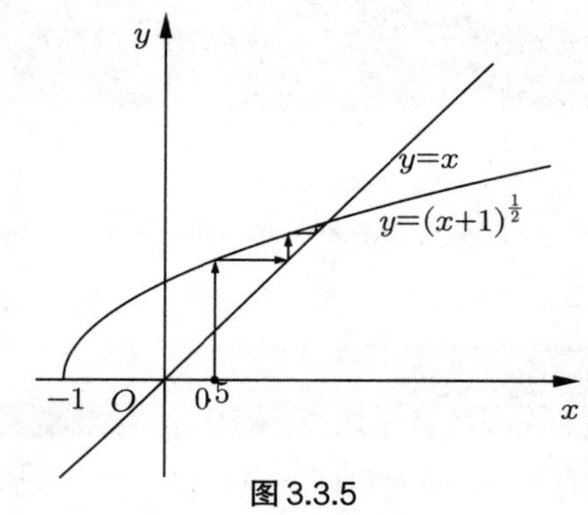

图 3.3.5

从图中可以看出，以 $x_0=0.5$ 为初值，选择迭代函数 $g(x)=(x+1)^{\frac{1}{2}}$，迭代值趋向两曲线交点，即迭代过程收敛，可求得方程的根。

从上述分析可以看出，选择恰当的迭代函数方能使得迭代过程收敛，从而求得方程的解。那么，如何选择迭代函数呢？图 3.3.4 和图 3.3.5 就可以说明问题。从图中可以看出：迭代点向两曲线交点靠近时（图 3.3.4），迭代是收敛的；否则，迭代点远离两曲线交点时（图 3.3.5），迭代是发散的。由此可见判断迭代过程是收敛还是发散，作图是一种不错的方法。限于本书的读者对象，关于从代数上判断是否收敛的方法的推导过程在此略过，感兴趣的读者可参考计算物理学的高阶教材，本节只给出代数判断的结论。

设迭代函数 $g(x)$ 在区间 $[a,b]$ 上有连续的一阶导函数，且满足：

① $g(x)\in[a,b]$；

② 迭代函数 $g(x)$ 的一阶导函数的绝对值满足 $|g'(x)|<1$，即 $g'(x)$ 小于 $y=x$ 的斜率，则 $g(x)$ 在区间 $[a,b]$ 上存在唯一不动点，即存在解。

下面用 Aardio 语言实现不动点迭代法求解非线性方程的算法，代码如下：

```
1| import console;
2| /*
3| 待解方程
4| f(x)=x²-x-1=0
```

```
 5| f(0)=-1,f(2)=5
 6| 取初值 x0=0.5
 7| */
 8| /*
 9| 构造迭代函数
10| g(x)=(x+1)**(1/2)
11| */
12| var iter=function(x){
13|     return((x+1)**(1/2));// 定义迭代函数
14| }
15| var dotiter=function(y,x0,dx){
16|     var xi=x0;
17|     var count=0;
18|     while(1){
19|         xj=iter(xi);
20|         count+=1;
21|         if(math.abs(xj-xi)<=dx){
22|             break;
23|         }
24|         xi=xj;
25|     }
26|     return" 方程的解为:"++xj," 迭代次数:"++count;
27| }
28| // 初始值 x0=0.5,精度为 0.00001
29| console.log(dotiter(iter,0.5,0.00001));
30| console.pause(true,"");
```

代码运行结果如图 3.3.6 所示。

图 3.3.6

3.3.3　牛顿迭代法

设函数 $f(x)$ 在区间 $[a,b]$ 上连续，函数 $f(x)$ 的一阶导数 $f'(x)$ 在区间 $[a,b]$ 上也连续，且 $f'(x)\neq 0$，二阶导数 $f''(x)\neq 0$，过点 $[a,f(a)]$ 或点 $[b,f(b)]$ 作切线，如图 3.3.7 所示，它们与 x 轴的交点分别是

$$x=a-\frac{f(a)}{f'(a)} \quad 或 \quad x=b-\frac{f(b)}{f'(b)}$$

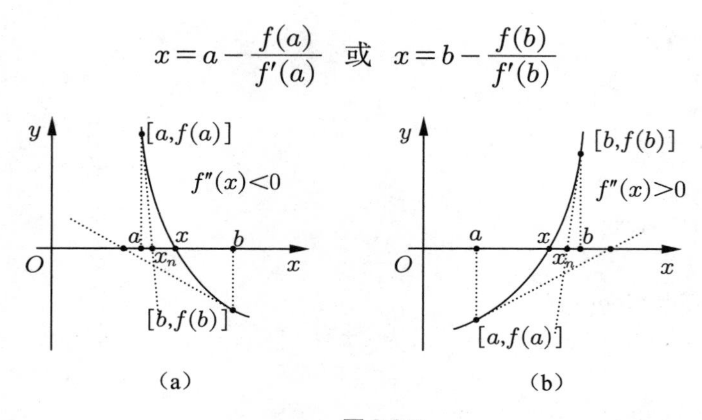

图 3.3.7

如图 3.3.7(a) 所示，当 $f''(x)<0$ 时，过 $[a,f(a)]$ 的切线与 x 轴的交点 x_n 更接近解 x；如图 3.3.7(b) 所示，当 $f''(x)>0$ 时，过 $[b,f(b)]$ 的切线与 x 轴的交点 x_n 更接近解 x。因此在区间 $[a,b]$ 上，需要根据二阶导数确定初值，即

$$x_0=\begin{cases}a, & 当 f''(x)<0 时\\ b, & 当 f''(x)>0 时\end{cases}$$

根据上述分析，总结出牛顿迭代式为

$$x_{n+1}=x_n-\frac{f(x_n)}{f'(x_n)}$$

牛顿迭代法在每一步的迭代计算过程中都要计算导数 $f'(x_n)$，往往会由于计算量很大或函数很复杂导致计算代价很高。为了克服这些困难，同时利用牛顿迭代法快速收敛的优点，可以用 x_n、x_{n-1} 两点处的差商代替 $f'(x_n)$，即

$$f'(x_n)\approx\frac{f'(x_n)-f'(x_{n-1})}{x_n-x_{n-1}}$$

因此牛顿迭代式变为

$$x_{n+1}=x_n-\frac{x_n-x_{n-1}}{f'(x_n)-f'(x_{n-1})}f(x_n)$$

下面用 Aardio 语言实现牛顿迭代法求解非线性方程的算法，代码如下：

```
 1| import console;
 2| /*
 3| 待解方程
 4| f(x)=x³+2x²+3x-1
 5| 区间[0,-1]
 6| 初值x0=0.5
 7| */
 8|
 9| var equation=function(x){
10|     return (x**3+2*x**2+3*x-1);//输入待解方程
```

```
11| }
12|
13| var newtoniter=function(y,x0,dx){
14|     var xk;
15|     var xi=x0;
16|     var xj=xi-(dx)/(equation(xi+dx)-equation(xi))*equation(xi);
17|     var count=0;
18|     while(math.abs(xj-xi) >=0){
19|         xk=xj-(xj-xi)/(equation(xj)-equation(xi))*equation(xj);
20|         count+=1;
21|         xi=xj;
22|         xj=xk;
23|         console.log("方程的解为:"++xk++",迭代次数:"++count);
24|     }
25| }
26| //初值x0=0.5,精度=0.000000000001
27| console.log(newtoniter(equation,0.5,0.000000000001));
28| console.pause(true,"");
```

代码运行结果如图3.3.8所示。

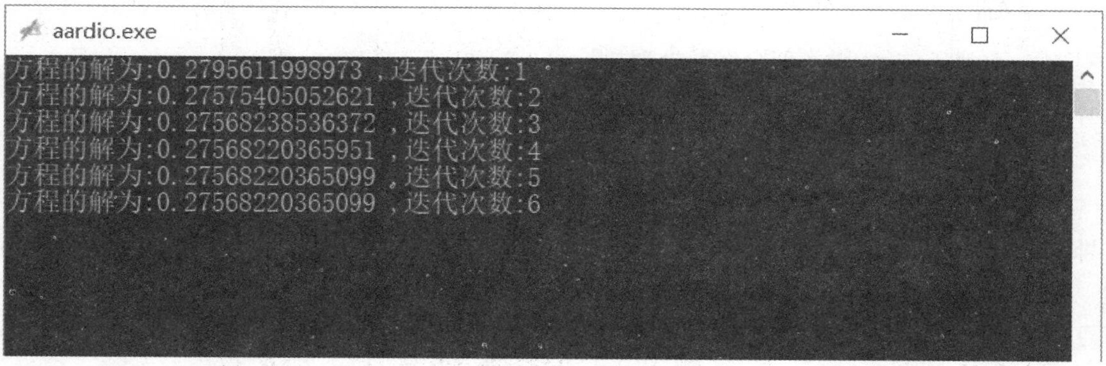

```
aardio.exe
方程的解为:0.2795611998973 ,迭代次数:1
方程的解为:0.27575405052621 ,迭代次数:2
方程的解为:0.27568238536372 ,迭代次数:3
方程的解为:0.27568220365951 ,迭代次数:4
方程的解为:0.27568220365099 ,迭代次数:5
方程的解为:0.27568220365099 ,迭代次数:6
```

图3.3.8

3.3.4　非线性方程组解法

求解多个变量的非线性方程组的数值解的常用方法有牛顿迭代法、最速下降法，此外还可以采用一般的迭代法。相比较而言，牛顿迭代法和最速下降法在程序算法上更具通用性。本节分别介绍牛顿牛顿迭代法和最速下降法的算法原理及Aardio的代码实现。

1. 牛顿迭代法

本节用 Aardio 语言实现牛顿迭代法解非线性方程组的算法。下面以简单的两个方程组成的方程组为例来说明牛顿迭代法的实现原理。已知

$$\begin{cases} f_1(x,y)=0 \\ f_2(x,y)=0 \end{cases}$$

$f(x,y)$ 的全微分形式如下:

$$\mathrm{d}f(x,y)=\frac{\partial f}{\partial x}\mathrm{d}x+\frac{\partial f}{\partial y}\mathrm{d}y$$

全微分形式推导如下:

$$\begin{aligned}
\mathrm{d}f(x,y) &= f(x+\mathrm{d}x,y+\mathrm{d}y)-f(x,y) \\
&= f(x+\mathrm{d}x,y+\mathrm{d}y)-f(x+\mathrm{d}x,y)+f(x+\mathrm{d}x,y)-f(x,y) \\
&= \frac{f(x+\mathrm{d}x,y+\mathrm{d}y)-f(x+\mathrm{d}x,y)}{\mathrm{d}y}\mathrm{d}y+\frac{f(x+\mathrm{d}x,y)-f(x,y)}{\mathrm{d}x}\mathrm{d}x \\
&= f'(x+\mathrm{d}x,y)\mathrm{d}y+f'(x,y)\mathrm{d}x \\
&= f'(x,y)\mathrm{d}y+f'(x,y)\mathrm{d}x \\
&= \frac{\partial f}{\partial x}\mathrm{d}x+\frac{\partial f}{\partial y}\mathrm{d}y
\end{aligned}$$

设 (x_k,y_k) 是第 k 次试探解,(x_{k+1},y_{k+1}) 是第 $k+1$ 次试探解,根据 $f(x,y)$ 的全微分形式,对 $f_1(x,y)$ 和 $f_2(x,y)$ 做类似全微分处理,得

$$\begin{cases} f_1(x_{k+1},y_{k+1})-f_1(x_k,y_k)=\left(\dfrac{\partial f_1}{\partial x}\right)_k(x_{k+1}-x_k)+\left(\dfrac{\partial f_1}{\partial y}\right)_k(y_{k+1}-y_k) \\ f_2(x_{k+1},y_{k+1})-f_2(x_k,y_k)=\left(\dfrac{\partial f_2}{\partial x}\right)_k(x_{k+1}-x_k)+\left(\dfrac{\partial f_2}{\partial y}\right)_k(y_{k+1}-y_k) \end{cases}$$

即

$$\begin{cases} f_1(x_{k+1},y_{k+1})=\left(\dfrac{\partial f_1}{\partial x}\right)_k(x_{k+1}-x_k)+\left(\dfrac{\partial f_1}{\partial y}\right)_k(y_{k+1}-y_k)+f_1(x_k,y_k)=0 \\ f_2(x_{k+1},y_{k+1})=\left(\dfrac{\partial f_2}{\partial x}\right)_k(x_{k+1}-x_k)+\left(\dfrac{\partial f_2}{\partial y}\right)_k(y_{k+1}-y_k)+f_2(x_k,y_k)=0 \end{cases}$$

进一步处理成

$$\begin{cases} \left(\dfrac{\partial f_1}{\partial x}\right)_k(x_{k+1}-x_k)+\left(\dfrac{\partial f_1}{\partial y}\right)_k(y_{k+1}-y_k)=-f_1(x_k,y_k) \\ \left(\dfrac{\partial f_2}{\partial x}\right)_k(x_{k+1}-x_k)+\left(\dfrac{\partial f_2}{\partial y}\right)_k(y_{k+1}-y_k)=-f_2(x_k,y_k) \end{cases}$$

写成矩阵形式,即

$$\begin{pmatrix} \left(\dfrac{\partial f_1}{\partial x}\right)_k & \left(\dfrac{\partial f_1}{\partial y}\right)_k \\ \left(\dfrac{\partial f_2}{\partial x}\right)_k & \left(\dfrac{\partial f_2}{\partial y}\right)_k \end{pmatrix}\begin{pmatrix} x_{k+1}-x_k \\ y_{k+1}-y_k \end{pmatrix}=\begin{pmatrix} -f_1(x_k,y_k) \\ -f_2(x_k,y_k) \end{pmatrix}$$

其增广矩阵为

$$\begin{pmatrix} \left(\dfrac{\partial f_1}{\partial x}\right)_k & \left(\dfrac{\partial f_1}{\partial y}\right)_k & -f_1(x_k,y_k) \\ \left(\dfrac{\partial f_2}{\partial x}\right)_k & \left(\dfrac{\partial f_2}{\partial y}\right)_k & -f_2(x_k,y_k) \end{pmatrix}$$

方程的解即为相邻两次迭代得到的根的差，分别是 $x_{k+1}-x_k$ 和 $y_{k+1}-y_k$。为了简化计算，式中的偏导数用差商表示，即

$$\begin{cases} \left(\dfrac{\partial f_1}{\partial x}\right)_k = \dfrac{f_1(x_k,y_{k-1})-f_1(x_{k-1},y_{k-1})}{x_k-x_{k-1}} \\ \left(\dfrac{\partial f_2}{\partial x}\right)_k = \dfrac{f_2(x_k,y_{k-1})-f_2(x_{k-1},y_{k-1})}{x_k-x_{k-1}} \\ \left(\dfrac{\partial f_1}{\partial y}\right)_k = \dfrac{f_1(x_{k-1},y_k)-f_1(x_{k-1},y_{k-1})}{y_k-y_{k-1}} \\ \left(\dfrac{\partial f_2}{\partial y}\right)_k = \dfrac{f_2(x_{k-1},y_k)-f_2(x_{k-1},y_{k-1})}{y_k-y_{k-1}} \end{cases}$$

设方程解的精度为 $(\mathrm{d}x,\mathrm{d}y)$，则第一次迭代的差商可表示为

$$\begin{cases} \left(\dfrac{\partial f_1}{\partial x}\right)_0 = \dfrac{f_1(x_0+\mathrm{d}x,y_0)-f_1(x_0,y_0)}{\mathrm{d}x} \\ \left(\dfrac{\partial f_2}{\partial x}\right)_0 = \dfrac{f_2(x_0+\mathrm{d}x,y_0)-f_2(x_0,y_0)}{\mathrm{d}x} \\ \left(\dfrac{\partial f_1}{\partial y}\right)_0 = \dfrac{f_1(x_0,y_0+\mathrm{d}y)-f_1(x_0,y_0)}{\mathrm{d}y} \\ \left(\dfrac{\partial f_2}{\partial y}\right)_0 = \dfrac{f_2(x_0,y_0+\mathrm{d}y)-f_2(x_0,y_0)}{\mathrm{d}y} \end{cases}$$

例1 已知非线性方程组 $\begin{cases} x^2-10x+y^2+4=0 \\ xy^2+x-10y+4=0 \end{cases}$，取初始值为 $(x_0,y_0)=(0,0)$，试用牛顿迭代法求其根。

解 经过第一次迭代后，得

$$\begin{pmatrix} -10 & 0 \\ 1 & -10 \end{pmatrix}\begin{pmatrix} x_1-x_0 \\ y_1-y_0 \end{pmatrix}=\begin{pmatrix} -4 \\ -4 \end{pmatrix}$$

解得

$$x_1=0.4,\quad y_1=0.44$$

继续依次进行迭代，Aardio 代码如下：

```
1| /*
2| 待解非线性方程组
3| f1(x,y)=x²-10x+y²+4=0
4| f2(x,y)=xy²+x-10y+4=0
5| 初值(x0,y0)=(0,0)
6| */
7| import console;
8| var equa={
9|     f1=function(x,y){
```

```
10|            return (x**2-10*x+y**2+4);//输入待解方程
11|        };
12|        f2=function(x,y){
13|            return (x*y**2+x-10*y+4);//输入待解方程
14|        }
15| }
16|
17| var array=table.array(table.count(equa),table.count(equa)+1,0);
18|
19| var colmaxrow=function(tab,row,col){
20|     //找二维数组tab列主元素所在行,在col列从第row行开始往下找绝对值最大数所在行
21|     var tmp=math.abs(tab[row][col])
22|     var bz=row;
23|     for(i=row+1;#tab;1){
24|         if(tmp<math.abs(tab[i][col])){
25|             tmp=math.abs(tab[i][col]);
26|             bz=i;//找到列主要素所在的行号
27|         }
28|     }
29|     return bz;
30|     //console.log(bz);
31| }
32| var excharow=function(tab,rx,ry){
33|     //交换二维数组tab的rx与ry行
34|     var str=null;
35|     for(i=1;#tab[rx];1){
36|         str=tab[rx][i];
37|         tab[rx][i]=tab[ry][i];
38|         tab[ry][i]=str;
39|     }
40|     //console.dump(tab);
41| }
42| var ktimes=function(tab,k,r){
43|     //将二维数组tab的第r行乘以k
44|     var str=null;
45|     for(i=1;#tab[r];1){
46|         str=tab[r][i]*k;
47|         tab[r][i]=str;
48|     }
49|     //console.dump(tab);
50| }
51|
```

```
52| var krowadd=function(tab,rx,ry,k){
53|     //将二维数组tab的第rx行乘以k后加到第ry行上
54|     var str=null;
55|     for(i=1;#tab[rx];1){
56|         str=tab[rx][i]*k;
57|         tab[ry][i]=str+tab[ry][i];
58|     }
59|     //console.dump(tab);
60| }
61| var elimin=function(tab){
62|     //消元将矩阵化成上三角矩阵
63|     for(i=1;#tab;1){
64|         excharow(tab,i,colmaxrow(tab,i,i));//找列主元素,主元素行与前面行交换
65|         ktimes(tab,1/tab[i][i],i);//把系数变成1
66|         for(j=i+1;#tab;1){
67|             krowadd(tab,i,j,-tab[j][i]);//通过消元将第i行乘以-tab[j][j-1]后
加到第j行上
68|         }
69|     }
70| }
71| var backsubsti=function(tab){
72|     //回代将矩阵化为下三角矩阵
73|     var count=#tab;
74|     for(i=1;count-1;1){
75|         for(j=i;count-1;1){
76|             //通过回代将第count-i+1行乘以-tab[count-j][count-i+1]后加到第
count-j行上
77|             krowadd(tab,count-i+1,count-j,-tab[count-j][count-i+1]);
78|         }
79|     }
80| }
81| var iters=function(f1,f2,x0,y0,dx,dy){
82|     //以下为第0代,即代入初始值计算
83|     array[1][1]=(equa.f1(x0+dx,y0)-equa.f1(x0,y0)) / (dx);
84|     array[1][2]=(equa.f1(x0,y0+dy)-equa.f1(x0,y0)) / (dy);
85|     array[1][3]=-(equa.f1(x0,y0));
86|
87|     array[2][1]=(equa.f2(x0+dx,y0)-equa.f2(x0,y0)) / (dx);
88|     array[2][2]=(equa.f2(x0,y0+dy)-equa.f2(x0,y0)) / (dy);
89|     array[2][3]=-(equa.f2(x0,y0));
90|
91|     elimin(array);//高斯消元
```

```
92|     backsubsti(array);//回代
93|
94|     var x1=array[1][#array+1]+x0;//#array+1代表最后一列,此处为3
95|     var y1=array[2][#array+1]+y0;//#array+1代表最后一列,此处为3
96|     //以上为第0代,即代入初始值计算
97|     var count=1;
98|
99|     var xi=x0;//第0代解
100|    var yi=y0;//第0代解
101|
102|    var xj=x1;//第1代解
103|    var yj=y1;//第1代解
104|
105|    var xk;
106|    var yk;
107|
108|    console.log("方程的解为:("++x1++","++y1++")"++",迭代次数:1");
109|
110|    while((math.abs(xj-xi)>=dx)){//根据精度dx判断
111|
112|        array[1][1]=(equa.f1(xj,yi)-equa.f1(xi,yi))/(xj-xi);
113|        array[1][2]=(equa.f1(xi,yj)-equa.f1(xi,yi))/(yj-yi);
114|        array[1][3]=-(equa.f1(xj,yj));
115|
116|        array[2][1]=(equa.f2(xj,yi)-equa.f2(xi,yi))/(xj-xi);
117|        array[2][2]=(equa.f2(xi,yj)-equa.f2(xi,yi))/(yj-yi);
118|        array[2][3]=-(equa.f2(xj,yj));
119|
120|        elimin(array);      //高斯消元
121|        backsubsti(array); //回代
122|
123|        xk=array[1][#array+1]+xj;//第2代解,#array+1代表最后一列,此处为3
124|        yk=array[2][#array+1]+yj;//第2代解,#array+1代表最后一列,此处为3
125|
126|        count+=1;//迭代加1次
127|
128|        xi=xj;//第1代解赋值给第0代
129|        yi=yj;//第1代解赋值给第0代
130|
131|        xj=xk;//第2代解赋值给第1代
132|        yj=yk;//第2代解赋值给第1代
133|
```

```
134|            console.log("方程的解为:("++xk++","++yk++")"++",迭代次数:"++count);
135|
136|        }
137| }
138| iters(equa.f1,equa.f2,0,0,0.00000000000001,0.00000000000001);
139| console.pause(true,"");
```

代码运行结果如图 3.3.9 所示。

```
aardio.exe
方程的解为:( 0.40031996687738 , 0.43946236363872 ) ,迭代次数:1
方程的解为:( 0.43734815502998 , 0.45146608169492 ) ,迭代次数:2
方程的解为:( 0.43985655357832 , 0.453003016182 ) ,迭代次数:3
方程的解为:( 0.43987081321003 , 0.45301418636845 ) ,迭代次数:4
方程的解为:( 0.43987081967844 , 0.45301419269158 ) ,迭代次数:5
方程的解为:( 0.43987081967846 , 0.4530141926916 ) ,迭代次数:6
方程的解为:( 0.43987081967846 , 0.4530141926916 ) ,迭代次数:7
```

图 3.3.9

例2 已知三元非线性方程组 $\begin{cases} x-5y^2+7z^2+12=0 \\ 3xy+xz-11x=0 \\ 2yz+40x=0 \end{cases}$,试用牛顿迭代法求方程组的根,取初始值 $(x_0,y_0,z_0)=(-1.5,6.5,5.0)$ 。

解 参考例1,只需将例1中的对应代码段分别进行替换,其他部分代码保持不变。

将例1中的第1~15行代码替换成如下代码块:

```
 1| /*
 2| 待解方程组
 3| f1(x,y,z)=x-5y²+7z²+12=0
 4| f2(x,y,z)=3xy+xz-11x=0
 5| f3(x,y,z)=2yz+40x=0
 6| 初值(x0,y0,z0)=(-1.5,6.5,5.0)
 7| */
 8| import console;
 9| var equa={
10|     f1=function(x,y,z){
11|             return (x-5*y**2+7*z**2+12);//输入待解方程
12|     };
13|     f2=function(x,y,z){
14|             return (3*x*y+x*z-11*x);//输入待解方程
15|     };
16|     f3=function(x,y,z){
17|             return (2*y*z+40*x);//输入待解方程
18|     }
19| }
```

将例1中的第81~139行代码替换成如下代码块:

```
1| var iters=function(f1,f2,f3,x0,y0,z0,dx,dy,dz){
2|     //以下为第0代,即代入初始值计算-----------------------
3|     array[1][1]=(equa.f1(x0+dx,y0,z0)-equa.f1(x0,y0,z0))/(dx)
4|     array[1][2]=(equa.f1(x0,y0+dy,z0)-equa.f1(x0,y0,z0))/(dy)
5|     array[1][3]=(equa.f1(x0,y0,z0+dz)-equa.f1(x0,y0,z0))/(dz)
6|     array[1][4]=-(equa.f1(x0,y0,z0))
7|
8|     array[2][1]=(equa.f2(x0+dx,y0,z0)-equa.f2(x0,y0,z0))/(dx)
9|     array[2][2]=(equa.f2(x0,y0+dy,z0)-equa.f2(x0,y0,z0))/(dy)
10|    array[2][3]=(equa.f2(x0,y0,z0+dz)-equa.f2(x0,y0,z0))/(dz)
11|    array[2][4]=-(equa.f2(x0,y0,z0))
12|
13|    array[3][1]=(equa.f3(x0+dx,y0,z0)-equa.f2(x0,y0,z0))/(dx)
14|    array[3][2]=(equa.f3(x0,y0+dy,z0)-equa.f2(x0,y0,z0))/(dy)
15|    array[3][3]=(equa.f3(x0,y0,z0+dz)-equa.f2(x0,y0,z0))/(dz)
16|    array[3][4]=-( equa.f3(x0,y0,z0) )
17|    elimin(array);      //高斯消元
18|    backsubsti(array); //回代
19|    var x1=array[1][#array+1]+x0;//#array+1代表最后一列,此处为4
20|    var y1=array[2][#array+1]+y0;//#array+1代表最后一列,此处为4
21|    var z1=array[3][#array+1]+z0;//#array+1代表最后一列,此处为4
22|    //以上为第0代,即代入初始值计算-----------------------
23|    var count=1
24|    var xi=x0;//第0代解
25|    var yi=y0;//第0代解
26|    var zi=z0;//第0代解
27|    var xj=x1;//第1代解
28|    var yj=y1;//第1代解
29|    var zj=z1;//第1代解
30|    var xk;
31|    var yk;
32|    var zk;
33|    console.log("方程的解为:("++x1++","++y1++","++z1++")"++",迭代次数:1")
34|
35|    while( math.abs(xj-xi) >=dx ){    //根据精度dx判断
36|        array[1][1]=(equa.f1(xj,yi,zi)-equa.f1(xi,yi,zi))/(xj-xi);
37|        array[1][2]=(equa.f1(xi,yj,zi)-equa.f1(xi,yi,zi))/(yj-yi);
38|        array[1][3]=(equa.f1(xi,yi,zj)-equa.f1(xi,yi,zi))/(zj-zi);
39|        array[1][4]=-(equa.f1(xj,yj,zj));
40|
41|        array[2][1]=(equa.f2(xj,yi,zi)-equa.f2(xi,yi,zi))/(xj-xi);
42|        array[2][2]=(equa.f2(xi,yj,zi)-equa.f2(xi,yi,zi))/(yj-yi);
43|        array[2][3]=(equa.f2(xi,yi,zj)-equa.f2(xi,yi,zi))/(zj-zi);
44|        array[2][4]=-(equa.f2(xj,yj,zj));
45|
46|        array[3][1]=(equa.f3(xj,yi,zi)-equa.f3(xi,yi,zi))/(xj-xi);
47|        array[3][2]=(equa.f3(xi,yj,zi)-equa.f3(xi,yi,zi))/(yj-yi);
48|        array[3][3]=(equa.f3(xi,yi,zj)-equa.f3(xi,yi,zi))/(zj-zi);
```

```
49|            array[3][4]=-(equa.f3(xj,yj,zj));
50|
51|            elimin(array);        //高斯消元
52|            backsubsti(array);   //回代
53|            xk=array[1][#array+1]+xj;//第2代解，#array+1代表最后一列，为4
54|            yk=array[2][#array+1]+yj;//第2代解，#array+1代表最后一列，为4
55|            zk=array[3][#array+1]+zj;//第2代解，#array+1代表最后一列，为4
56|            count+=1;//迭代加1次
57|            xi=xj;//第1代解赋值给第0代
58|            yi=yj;//第1代解赋值给第0代
59|            zi=zj;//第1代解赋值给第0代
60|
61|            xj=xk;//第2代解赋值给第1代
62|            yj=yk;//第2代解赋值给第1代
63|            zj=zk;//第2代解赋值给第1代
64|            console.log("方程的解为:("++xk++","++yk++","++zk++")"++",迭代次数:
   "++count)
65|     }
66| }
67|
68| iters(equa.f1,equa.f2,equa.f3,-1.5,6.5,5.0,0.00000001,0.00000001,0.00000001)
69| //console.log("------------------------------------")
70| //iters(equa.f1,equa.f2,equa.f3,-1.5,6.5,5.0,0.00000000000001,0.00000000000001,
   0.00000000000001);
```

代码运行结果如图3.3.10所示。方程的解为 $x=-0.31563861067347$，$y=2.9544282029235$，$z=2.1367153912296$。

```
aardio.exe
方程的解为:( -2.25358857053 , 1.2404303042309 , 4.0131582640782 ),迭代次数:1
方程的解为:( -0.45362003384353 , 4.8913446119981 , 5.7664176742271 ),迭代次数:2
方程的解为:( -1.3810689316129 , 5.2543017074258 , 4.1212130632429 ),迭代次数:3
方程的解为:( -0.36260068405026 , 3.657446988198 , 3.0593471981822 ),迭代次数:4
方程的解为:( -0.40690854730682 , 3.431651272584 , 2.6557394278295 ),迭代次数:5
方程的解为:( -0.32693393738092 , 3.0543142739191 , 2.2673570522293 ),迭代次数:6
方程的解为:( -0.32004047061142 , 2.9825005102906 , 2.1701172902512 ),迭代次数:7
方程的解为:( -0.31590446007162 , 2.9562871242324 , 2.1390623267197 ),迭代次数:8
方程的解为:( -0.31564591212224 , 2.9544752956782 , 2.1367715336515 ),迭代次数:9
方程的解为:( -0.31563862330714 , 2.9544282851286 , 2.136715489013 ),迭代次数:10
方程的解为:( -0.31563861067407 , 2.9544282029273 , 2.136715391234 ),迭代次数:11
方程的解为:( -0.31563861067347 , 2.9544282029235 , 2.1367153912296 ),迭代次数:12
```

图3.3.10

尝试把例2中的第68行代码替换成如下代码，即把初始值改成 $(x_0,y_0,z_0)=(2,6,-2)$。代码运行结果如图3.3.11所示。方程的解为 $x=1$，$y=5$，$z=-4$。

```
1| iters(equa.f1,equa.f2,equa.f3,2,6,-2,0.00000000000001,0.00000000000001,
   0.00000000000001)
```

```
aardio.exe
方程的解为:( 1.0713688208374 , 5.2401439336964 , -4.2162800898986 ),迭代次数:53
方程的解为:( 1.0161322379443 , 5.0567494170617 , -4.051508728492 ),迭代次数:54
方程的解为:( 1.0016968687084 , 5.0061861918478 , -4.0056438991773 ),迭代次数:55
方程的解为:( 1.0000480683134 , 5.0001803902857 , -4.0001650329102 ),迭代次数:56
方程的解为:( 1.0000001545947 , 5.0000005936198 , -4.0000005439916 ),迭代次数:57
方程的解为:( 1.0000000000144 , 5.0000000000564 , -4.0000000000517 ),迭代次数:58
方程的解为:( 1 , 5 , -4 ),迭代次数:59
方程的解为:( 1 , 5 , -4 ),迭代次数:60
```

图3.3.11

为验证上述算法是否正确,可在MATLAB中输入下列代码,运行后即可验证。

```
1| function multieqsolve
2|     function f=multieq(x)
3|         f(1)=x(1)-5*x(2)^2+7*x(3)^2+12;
4|         f(2)=3*x(1)*x(2)+x(1)*x(3)-11*x(1);
5|         f(3)=2*x(2)*x(3)+40*x(1)
6|     end
7|     fun=@multieq;           %获得函数句柄
8|     %x0=[2,6,-2];           %定义种子:初始值,此句不执行
9|     x0=[-1.5,6.5,5.0];      %定义种子:初始值
10|    x=fsolve(fun,x0)        %求解
11| end
```

或者输入下列代码,结果是等价的。

```
1| eq=@(x)[x(1)-5*x(2)^2+7*x(3)^2+12;3*x(1)*x(2)+x(1)*x(3)-11*x(1);2*x(2)*x(3)
   +40*x(1)];
2| [sol, err]=fsolve(eq, [2,6,-2])  %取初值为x=2,y=6,z=-2
```

2. 最速下降法

最速下降法也称梯度下降法,同样是求函数极小值最常用的方法之一。为了简单起见,本节以两个方程组成的方程组为例来说明最速下降法的算法原理。已知

$$\begin{cases} f_1(x,y)=0 \\ f_2(x,y)=0 \end{cases} \quad ①$$

假设 (x,y) 是方程①的解,则一定满足

$$\begin{cases} f_1^2(x,y)=0 \\ f_2^2(x,y)=0 \end{cases} \quad ②$$

即满足

$$F(x,y)=f_1^2(x,y)+f_2^2(x,y)=0 \quad ③$$

$F(x,y)$ 称为指标函数，因为 $F(x,y)\geqslant 0$，所以取初值 (x_0,y_0)，则函数 $F(x,y)$ 下降最快的方向逐步接近 $F(x,y)$ 的极小值 0，此时的 (x,y) 就是满足①式的解。从数学角度看，函数 $F(x,y)$ 下降最快的方向即函数 $F(x,y)$ 梯度的反方向。$F(x,y)$ 梯度为

$$\nabla F=\frac{\partial F}{\partial x}i+\frac{\partial F}{\partial y}j$$

设 (x_0,y_0) 是方程组的一个近似解(初值)，则 $F(x,y)$ 在 (x_0,y_0) 点的梯度为

$$\nabla F^{(0)}=\left.\frac{\partial F^{(0)}}{\partial x}\right|_{x_0}i+\left.\frac{\partial F^{(0)}}{\partial y}\right|_{y_0}j$$

从 (x_0,y_0) 点沿函数 $F(x,y)$ 下降最快的方向移动一小步 $\mathrm{d}l^{(0)}$ 到新点，即得到一个新解 (x_1,y_1)，两者之间满足

$$\begin{cases}x_1=x_0+\left.\left(-\dfrac{\partial F^{(0)}}{\partial x}\right)\right|_{x_0}\mathrm{d}l^{(0)}\\ y_1=y_0+\left.\left(-\dfrac{\partial F^{(0)}}{\partial y}\right)\right|_{y_0}\mathrm{d}l^{(0)}\end{cases}\qquad ④$$

函数 $F(x,y)$ 的全微分形式为

$$\mathrm{d}F(x,y)=\frac{\partial F}{\partial x}\mathrm{d}x+\frac{\partial F}{\partial y}\mathrm{d}y$$

由函数 $F(x,y)$ 的全微分形式，得

$$F^{(1)}-F^{(0)}=\left.\frac{\partial F^{(0)}}{\partial x}\right|_{x_0}(x_1-x_0)+\left.\frac{\partial F^{(0)}}{\partial y}\right|_{y_0}(y_1-y_0)$$

移项得

$$F^{(1)}=F^{(0)}+\left.\frac{\partial F^{(0)}}{\partial x}\right|_{x_0}(x_1-x_0)+\left.\frac{\partial F^{(0)}}{\partial y}\right|_{y_0}(y_1-y_0)=0\qquad ⑤$$

选择恰当的步值 $\mathrm{d}l^{(0)}$，由④式和⑤式，得

$$\mathrm{d}l^{(0)}=\frac{F^{(0)}}{\left(\dfrac{\partial F_0}{\partial x}\right)^2_{x_0}+\left(\dfrac{\partial F_0}{\partial y}\right)^2_{y_0}}$$

现将结论推广到 n 个方程的方程组 $f_i(x_1,x_2,\cdots,x_n)=0\ (i=1,\ 2,\ \cdots,\ n)$，对应的指标函数为

$$F(x_1,x_2,\cdots,x_n)=\sum_{i=1}^{n}f_i^2$$

最速下降法的迭代公式为

$$x_i^{(k+1)}=x_i^{(k)}+\left(-\frac{\partial F^{(k)}}{\partial x_i^{(k)}}\right)\mathrm{d}l^{(k)}$$

$$\mathrm{d}l^{(k)}=\frac{F^{(k)}}{\sum\limits_{j=1}^{n}\left(\dfrac{\partial F^{(k)}}{\partial x_j^{(k)}}\right)^2}$$

用代码实现最速下降法解非线性方程组时，为了减小计算复杂度，常用差商代替偏微商，即

$$\frac{\partial F^{(k)}}{\partial x_i^{(k)}} \approx \frac{F(x_1,x_2,\cdots,x_i^{(k)}+e_i^{(k)},\cdots,x_n)-F(x_1,x_2,\cdots,x_i^{(k)},\cdots,x_n)}{e_i^{(k)}}$$

式中的 $e_i^{(k)}=x_i^{(k)}\cdot w$，步进幅度控制因子 w 一般取 10^{-5} 或 10^{-6}，设精度常数为 $\mathrm{d}x$，一般也取 10^{-5} 或 10^{-6}。下面用 Aardio 代码实现最速下降法解非线性方程组。

例3 待解非线性方程组为 $\begin{cases}x-5y^2+7z^2+12=0\\3xy+xz-11x=0\\2yz+40x=0\end{cases}$，取方程解的初始值为 $(x_0,y_0,z_0)=(-1.5,6.5,-5.0)$。

解 Aardio 代码如下：

```
 1| /*
 2| 待解方程组
 3| f1(x,y,z)=x-5y²+7z²+12=0
 4| f2(x,y,z)=3xy+xz-11x=0
 5| f3(x,y,z)=2yz+40x=0
 6| 初值(x0,y0,z0)=(-1.5,6.5,-5.0)
 7| */
 8| import console;
 9|
10| var equa=function(x,y,z){
11|     return (
12|          (x-5*y**2+7*z**2+12)**2
13|                          +
14|          (3*x*y+x*z-11*x)**2
15|                          +
16|          (2*y*z+40*x)**2
17|     );
18| }
19|
20| var iters=function(func,x0,y0,z0,w,dx){
21|     var xi=x0;
22|     var yi=y0;
23|     var zi=z0;
24|     var xj;
25|     var yj;
26|     var zj;
27|     var dl;
28|     var deri_x;
29|     var deri_y;
30|     var deri_z;
31|     var count=0;
32|     while(func(xi,yi,zi)>=dx){// 根据精度 dx 判断
```

```
33|
34|            deri_x=(func((xi+w*xi),yi,zi)-func(xi,yi,zi))/(w*xi);
35|            deri_y=(func(xi,(yi+w*yi),zi)-func(xi,yi,zi))/(w*yi);
36|            deri_z=(func(xi,yi,(zi+w*zi))-func(xi,yi,zi))/(w*zi);
37|
38|            dl=func(xi,yi,zi)/(deri_x**2+deri_y**2+deri_z**2);
39|
40|            xj=xi-deri_x*dl;
41|            yj=yi-deri_y*dl;
42|            zj=zi-deri_z*dl;
43|
44|            count+=1;//迭代加1次
45|
46|            xi=xj;//第1代解赋值给第0代
47|            yi=yj;//第1代解赋值给第0代
48|            zi=zj;//第1代解赋值给第0代
49|
50|            console.log("方程的解为:("++xj++","++yj++","++zj++")"++",迭代次数:"++
   count);
51|       }
52| }
53| iters(equa,-1.5,6.5,-5.0,0.000001,0.0000001);
54| console.pause(true,"");
```

步进幅度控制因子取 $w=10^{-6}$，控制精度常数 $\mathrm{d}x=10^{-7}$，迭代次数为684，代码运行结果如图3.3.12所示。方程的解为 $x=1.0000596161112$，$y=5.000137580025$，$z=-4.0001236653265$。

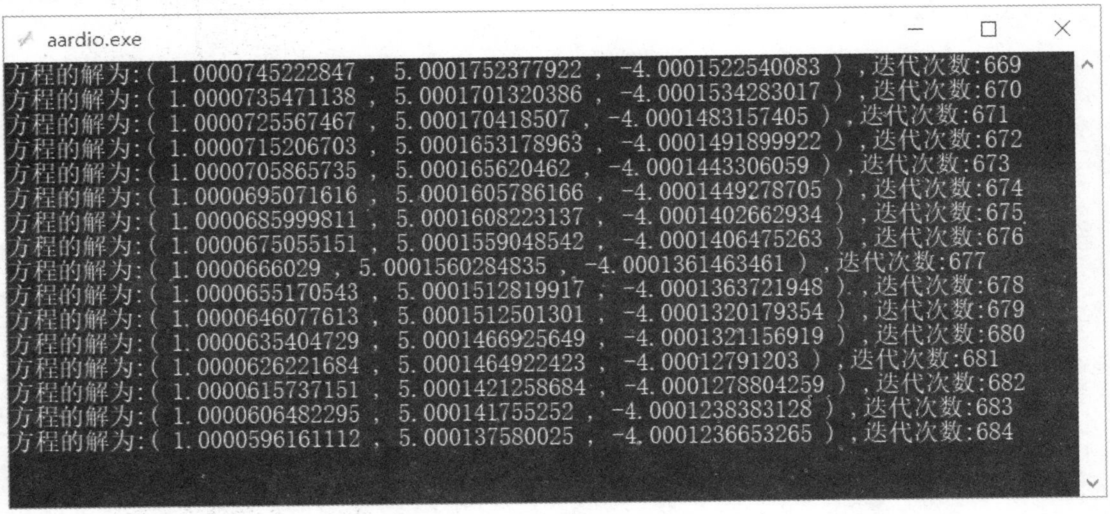

```
aardio.exe
方程的解为:( 1.0000745222847 , 5.0001752377922 , -4.0001522540083 ) ,迭代次数:669
方程的解为:( 1.0000735471138 , 5.0001701320386 , -4.0001534283017 ) ,迭代次数:670
方程的解为:( 1.0000725567467 , 5.000170418507 , -4.0001483157405 ) ,迭代次数:671
方程的解为:( 1.0000715206703 , 5.0001653178963 , -4.0001491899922 ) ,迭代次数:672
方程的解为:( 1.0000705865735 , 5.000165620462 , -4.0001443306059 ) ,迭代次数:673
方程的解为:( 1.0000695071616 , 5.0001605786166 , -4.0001449278705 ) ,迭代次数:674
方程的解为:( 1.0000685999811 , 5.0001608223137 , -4.0001402662934 ) ,迭代次数:675
方程的解为:( 1.0000675055151 , 5.0001559048542 , -4.0001406475263 ) ,迭代次数:676
方程的解为:( 1.0000666029 , 5.0001560284835 , -4.0001361463461 ) ,迭代次数:677
方程的解为:( 1.0000655170543 , 5.0001512819917 , -4.0001363721948 ) ,迭代次数:678
方程的解为:( 1.0000646077613 , 5.0001512501301 , -4.0001320179354 ) ,迭代次数:679
方程的解为:( 1.0000635404729 , 5.0001466925649 , -4.0001321156919 ) ,迭代次数:680
方程的解为:( 1.0000626221684 , 5.0001464922423 , -4.00012791203 ) ,迭代次数:681
方程的解为:( 1.0000615737151 , 5.0001421258684 , -4.0001278804259 ) ,迭代次数:682
方程的解为:( 1.0000606482295 , 5.000141755252 , -4.0001238383128 ) ,迭代次数:683
方程的解为:( 1.0000596161112 , 5.000137580025 , -4.0001236653265 ) ,迭代次数:684
```

图3.3.12

3.4 求解微商和积分的算法

许多物理量的定义、物理定律和数学定理都是用积分形式表示的，物理学和工程技术中常常涉及微分和积分的计算。本节介绍数值微商（导数）和积分的算法原理。在数值计算中，通常用数值差商代替数值微商。

3.4.1 数值微商算法

设函数 $f(x)$ 在 x 的某邻域 $[x-\Delta x, x+\Delta x]$ 内有直至 $n+1$ 阶导数，则对该邻域内的任意 x，有

$$f(x+\Delta x)=f(x)+f'(x)\Delta x+\frac{f''(x)}{2!}(\Delta x)^2+\cdots+\frac{f^{(n)}(x)}{n!}(\Delta x)^n+\cdots \tag{①}$$

$$f(x-\Delta x)=f(x)-f'(x)\Delta x+\frac{f''(x)}{2!}(\Delta x)^2-\cdots+\frac{f^{(n)}(x)}{n!}(\Delta x)^n+\cdots \tag{②}$$

式中 $f(x)$ 称为泰勒公式。下面对泰勒展开式做一个不太严格的推导。

设函数 $f(x)$ 在 $x=x_0$ 处的增量 $\Delta f=f(x)-f(x_0)$ 能够展开成 $\Delta x=x-x_0$ 的幂级数，即

$$f(x)-f(x_0)=\sum_{m=1}^{\infty}a_m(x-x_0)^m$$

通过对此式逐项求一阶导数，可得

$$f'(x)=\sum_{m=1}^{\infty}ma_m(x-x_0)^{m-1}$$

当 $x\to x_0$ 时，$m>1$ 的项都趋向于 0，于是有

$$f'(x_0)=a_1$$

对幂级数逐项求二阶导数，可得

$$f''(x)=\sum_{m=2}^{\infty}m(m-1)a_m(x-x_0)^{m-2}$$

当 $x\to x_0$ 时，$m>2$ 的项都趋向于 0，于是有

$$f''(x_0)=2a_2$$

如此类推，一般来说，对于幂级数的 n 阶导数有

$$f^{(n)}(x_0)=\sum_{m=2}^{\infty}m(m-1)\cdots(m-n+1)a_m(x-x_0)^{m-n}\xrightarrow{x\to x_0}n!a_n$$

于是幂级数可写为

$$f(x)-f(x_0)=\sum_{n=1}^{\infty}\frac{f^{(n)}(x_0)}{n!}(x-x_0)^n$$

如果定义第 0 阶导数 $f^{(0)}(x)$ 就是函数 $f(x)$ 本身,则幂级数还可以进一步简化为

$$f(x)=\sum_{n=0}^{\infty}\frac{f^{(n)}(x_0)}{n!}(x-x_0)^n$$

此式就是物理学和工程技术中常用的泰勒展开式。

在数值计算中通常用差商表示微商,根据一阶导数的定义,由①式,得

$$f'(x)=\frac{f(x+\Delta x)-f(x)}{\Delta x} \tag{③}$$

此式称为一阶精度向前两点微商公式。由②式,得

$$f'(x)=\frac{f(x)-f(x-\Delta x)}{\Delta x} \tag{④}$$

此式称为一阶精度向后两点微商公式。由③+④,得

$$f'(x)=\frac{f(x+\Delta x)-f(x-\Delta x)}{2\Delta x} \tag{⑤}$$

此式称为三点中心差商二阶精度微商公式。将①式中的 Δx 换成 $2\Delta x$,则有

$$f(x+2\Delta x)=f(x)+2f'(x)\Delta x+2f''(x)(\Delta x)^2+\cdots+\frac{f^{(n)}(x)}{n!}(2\Delta x)^n+\cdots \tag{⑥}$$

由 $4\times$①$-$⑥,得

$$f'(x)=\frac{f(x+\Delta x)-f(x+2\Delta x)-3f(x)}{2\Delta x}$$

此式称为二阶精度三点微商公式。根据二阶导数的定义,即

$$f''(x)=\frac{f'(x+\Delta x)-f'(x)}{\Delta x} \tag{⑦}$$

将④式中的 x 换成 $x+\Delta x$,得

$$f'(x+\Delta x)=\frac{f(x+\Delta x)-f(x)}{\Delta x} \tag{⑧}$$

将⑧式和④式分别代入⑦式,得

$$f''(x)=\frac{f(x+\Delta x)-2f(x)+f(x-\Delta x)}{(\Delta x)^2}$$

此式即为二阶精度的二阶微商中心差商公式。下面用Aardio代码实现一阶和二阶导数算法。

```
 1| import console;
 2| /*
 3| f(x)=sin(x)  //待求导数的函数
 4| */
 5| var equation=function(x){
 6|     return (math.sin(x));//输入待求函数
 7| }
 8| var diff=function(y,x,n,dx){
 9|     select(n) {
10|         case 1 {
11|             var f1a=(equation(x+dx)-equation(x))/(dx);
```

```
12|                var f1b=(equation(x)-equation(x-dx))/(dx);
13|                var f1c=(equation(x+dx)-equation(x-dx))/(2*dx);
14|                var f1d=(4*equation(x+dx)-3*equation(x)-equation(x+2*dx ))/
   (2*dx);
15|                console.log("一阶向前数值导数:"++f1a );
16|                console.log("相对误差:"++math.round(math.abs((f1a-math.cos(x))/
   (math.cos(x))),6)*100++"%");
17|                console.log("一阶向后数值导数:"++f1b);
18|                console.log("相对误差:"++math.round(math.abs((f1b-math.cos(x))/
   (math.cos(x))),6)*100++"%");
19|                console.log("一阶三点数值导数:"++f1c);
20|                console.log("相对误差:"++math.round(math.abs((f1c-math.cos(x))/
   (math.cos(x))),6)*100++"%");
21|                console.log("理论计算一阶导数:"++math.cos(x));
22|            }
23|            case 2 {
24|                var f2=((equation(x+dx)-2*equation(x)+equation(x-dx)))/
   ((dx)**2);
25|                console.log("二阶三点数值导数:"++f2);
26|                console.log("相对误差:"++math.round(math.abs((f2+math.sin(x))/
   (-math.sin(x))),6)*100++"%");
27|                console.log("理论计算二阶导数:"++(-math.sin(x)));
28|            }
29|            else {
30|            }
31|        }
32| }
33| diff(equation,math.pi/3,1,math.pi/320);
34| console.log( );
35| diff(equation,math.pi/3,2,math.pi/320);
36| console.pause(true,"");
```

代码运行结果如图 3.4.1 所示。

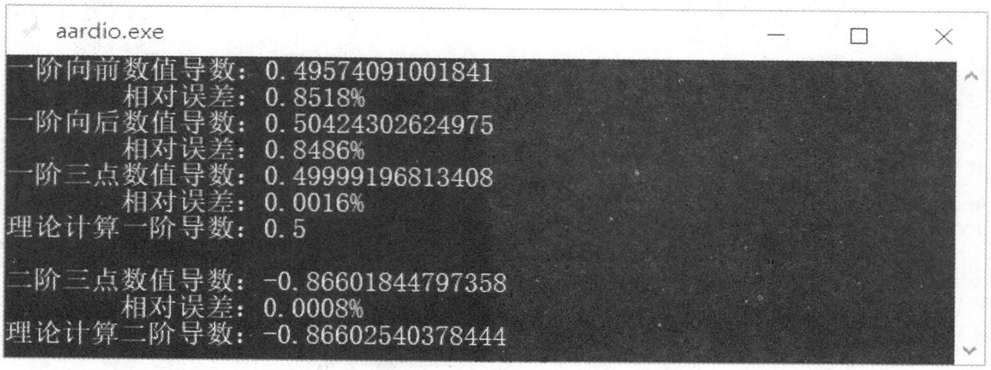

```
aardio.exe
一阶向前数值导数: 0.49574091001841
        相对误差: 0.8518%
一阶向后数值导数: 0.50424302624975
        相对误差: 0.8486%
一阶三点数值导数: 0.49999196813408
        相对误差: 0.0016%
理论计算一阶导数: 0.5

二阶三点数值导数: -0.86601844797358
        相对误差: 0.0008%
理论计算二阶导数: -0.86602540378444
```

图 3.4.1

3.4.2　数值积分算法

计算定积分的基本公式是牛顿–莱布尼兹公式，但如果不知道被积函数的原函数，则该如何计算呢？这时就需要用到近似计算方法。在物理工程实践中，经常会遇到被积函数不存在解析表达式，而仅仅是一条实验记录曲线或一组离散的采样值，此时只能用近似方法计算定积分。本节主要研究定积分的几种近似计算方法：矩形法、梯形法和抛物线法，并利用Aardio语言实现定积分计算的三种程序算法。

1. 定积分的矩形法

设$f(x)$在$[a,b]$上连续，这时定积分$\int_a^b f(x)\mathrm{d}x$存在，把区间$[a,b]$等分为n份，每份区间间隔$\Delta x=\dfrac{b-a}{n}$，若n充分大，则Δx足够小，这时定积分可表示为

$$\int_a^b f(x)\mathrm{d}x \approx \sum_{i=1}^{n} f(\xi)\Delta x$$

其中$\xi\in[x_{i-1},x_i]$取任意值，但通常ξ可取左端点x_{i-1}、右端点x_i或中点$\dfrac{x_{i-1}+x_i}{2}$。下面就这三种取法分别展开讨论。

① 若ξ取左端点x_{i-1}，如图3.4.2所示，则有

$$\int_a^b f(x)\mathrm{d}x \approx \sum_{i=1}^{n} f(x_{i-1})\Delta x=\frac{b-a}{n}\sum_{i=1}^{n} f(x_{i-1})$$

其中$x_{i-1}=a+\dfrac{b-a}{n}\cdot(i-1)$ $(i=1,\ 2,\ \cdots,\ n)$。

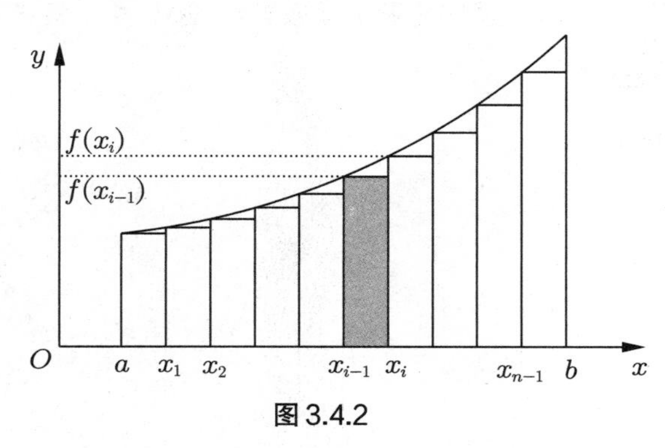

图3.4.2

② 若ξ取右端点x_i，如图3.4.3所示，则有

$$\int_a^b f(x)\mathrm{d}x \approx \sum_{i=1}^{n} f(x_i)\Delta x=\frac{b-a}{n}\sum_{i=1}^{n} f(x_i)$$

其中$x_i=a+\dfrac{b-a}{n}\cdot i$ $(i=1,\ 2,\ \cdots,\ n)$。

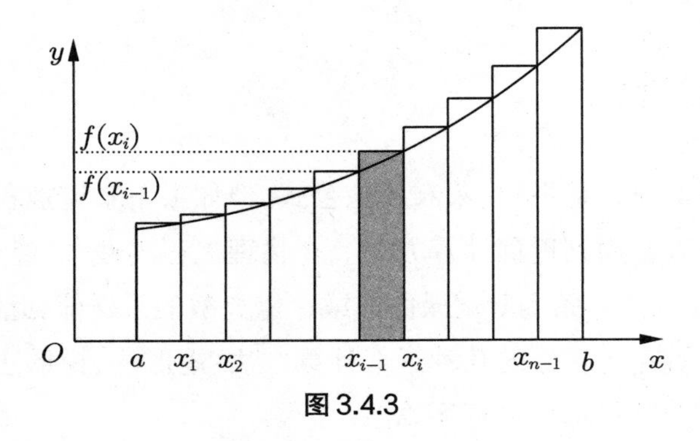

图 3.4.3

③ 若 ξ 取中点 $\frac{x_{i-1}+x_i}{2}$，如图 3.4.4 所示，则有

$$\int_a^b f(x)\mathrm{d}x \approx \sum_{i=1}^{n} f(x_i)\Delta x = \frac{b-a}{n}\sum_{i=1}^{n} f\left(\frac{x_{i-1}+x_i}{2}\right)$$

其中 $x_{i-1}=a+\frac{b-a}{n}\cdot(i-1)\ (i=1,2,\cdots,n)$，$x_i=a+\frac{b-a}{n}\cdot i\ (i=1,2,\cdots,n)$。

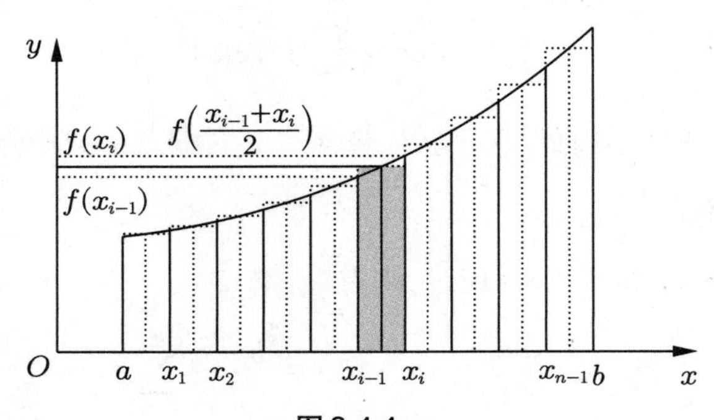

图 3.4.4

例1 用不同的矩形法计算下面的定积分（取 $n=100$），并比较这三种方法的相对误差。定积分方程为 $\int_0^1 \frac{1}{1+x^2}\mathrm{d}x$。

解 Aardio 代码如下：

```
 1| import console;
 2|
 3| /*
 4| 待求积分函数
 5| f(x)=1/(1+x²)
 6| 积分上限 a=0
 7| 积分下限 b=1
 8| */
 9|
10| var equation=function(x){
11|     return (1/(1+x**2));  //输入待积函数
12| }
13|
```

```
14| var rectaleft=function(a,b,n){
15|     var xi_1=0;
16|     var left=0;
17|     var dx=(b-a)/n;
18|     for(i=1;n;1){
19|         xi_1=a+dx*(i-1);
20|         left+=dx*equation(xi_1);
21|     }
22|     console.log("左点数值积分:"++left);
23|     console.log("理论解析积分:"++(math.pi/4));//解析函数计算得到的积分结果
24|     console.log("左点相对误差:"++math.round((math.abs(left/(math.pi/4)-1))
    *100,6)++"%");
25| }
26|
27| var rectaright=function(a,b,n){
28|     var xi=0;
29|     var right=0;
30|     var dx=(b-a)/n;
31|     for(i=1;n;1){
32|         xi=a+dx*i;
33|         right+=dx*equation(xi);
34|     }
35|     console.log("右点数值积分:"++right);
36|     console.log("理论解析积分:"++(math.pi/4));//解析函数计算得到的积分结果
37|     console.log("右点相对误差:"++math.round((math.abs(right/(math.pi/4)-1))
    *100,6)++"%");
38| }
39|
40| var rectamiddle=function(a,b,n){
41|     var xi=0;
42|     var middle=0;
43|     var dx=(b-a)/n;
44|     for(i=1;n;1){
45|         xmid=a+dx*(i-1/2);//xmid=(xi_1+xi)/2;
46|         middle+=dx*equation(xmid);
47|     }
48|     console.log("中点数值积分:"++middle);
49|     console.log("理论解析积分:"++(math.pi/4));//解析函数计算得到的积分结果
50|     console.log("中点相对误差:"++math.round((math.abs(middle/(math.pi/4)-1))
    *100,6)++"%");
51| }
52|
```

```
53| rectaleft(0,1,100);
54|
55| rectaright(0,1,100);
56|
57| rectamiddle(0,1,100);
58|
59| console.pause(true,"");
```

代码运行结果如图3.4.5所示。

```
aardio.exe
左点数值积分:0.78789399673078
理论解析积分:0.78539816339745
左点相对误差:0.317779%
右点数值积分:0.78289399673078
理论解析积分:0.78539816339745
右点相对误差:0.31884%
中点数值积分:0.78540024673078
理论解析积分:0.78539816339745
中点相对误差:0.000265%
```

图3.4.5

2. 定积分的梯形法

曲边小梯形的面积可以由数量非常多的直边小梯形的面积和来近似表示，这就是梯形法，如图3.4.6所示。定积分为

$$\int_a^b f(x)\mathrm{d}x = \frac{1}{2}\Delta x\sum_{i=1}^{n}(f(x_i)+f(x_{i-1})) = \frac{1}{2}\frac{b-a}{n}\sum_{i=1}^{n}(f(x_i)+f(x_{i-1}))$$

其中 $x_{i-1}=a+\dfrac{b-a}{n}\cdot(i-1)\ (i=1,2,\cdots,n)$，$x_i=a+\dfrac{b-a}{n}\cdot i\ (i=1,2,\cdots,n)$。

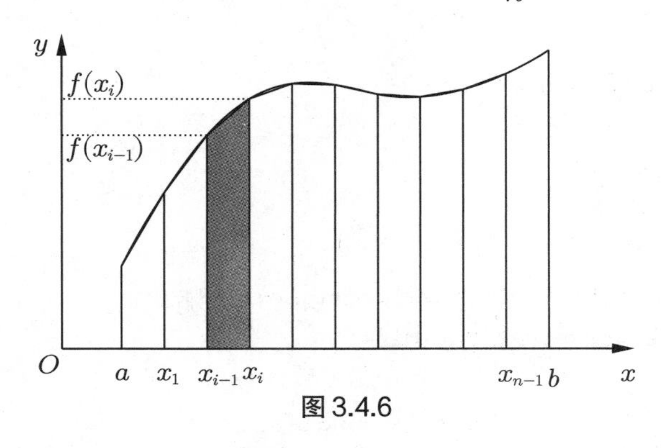

图3.4.6

下面用Aardio语言实现求定积分 $\int_0^1 \frac{1}{1+x^2}\mathrm{d}x$ 的梯形法。

```
1| import console;
2|
3| /*
```

```
 4| 待求积函数
 5| f(x)=1/(1+x²)
 6| 积分上限 a=0
 7| 积分下限 b=1
 8| */
 9|
10| var equation=function(x){
11|     return (1/(1+x**2));// 输入待积函数
12| }
13|
14| var trapz=function(a,b,n){
15|     var xi_1=0;
16|     var xi=0;
17|         var travalue=0;
18|         var dx=(b-a)/n;
19|         for(i=1;n;1){
20|             xi_1=a+dx*(i-1);
21|             xi=a+dx*i;
22|             travalue+=(1/2)*dx*(equation(xi_1)+equation(xi));
23|         }
24|         console.log(" 梯形数值积分:"++travalue);
25|         console.log(" 理论解析积分:"++(math.pi/4));// 解析函数算得到的积分结果
26|         console.log(" 梯形相对误差:"++math.round((math.abs(travalue/(math.pi/
    4)-1))*100,6)++"%");
27| }
28|
29| trapz(0,1,100);
30|
31| console.pause(true,"");
```

代码运行结果如图 3.4.7 所示。

图 3.4.7

在 MATLAB 中梯形积分算法可用 trapz( ) 函数实现，具体请参考 MATLAB 帮助文档。

3. 定积分的抛物线法

设 $y=f(x)$ 在 $[a,b]$ 上连续，把区间 $[a,b]$ 等分为 $2n$ 份，每份区间间隔 $\Delta x=\frac{b-a}{2n}$，若 n 充分大，则 Δx 足够小，这时

$$x_k=a+k\Delta x \quad (k=0,1,2,\cdots,2n)$$

$$y_k=f(x_k) \quad (k=0,1,2,\cdots,2n)$$

下面用一个区间例子来说明抛物线法的原理。例如在区间 $[x_{2i-2},x_{2i}]$ 内，用过以下三点 $p_{2i-2}(x_{2i-2},y_{2i-2})$，$p_{2i-1}(x_{2i-1},y_{2i-1})$，$p_{2i}(x_{2i},y_{2i})$ 的抛物线代替原来的梯形上侧边的腰，如图 3.4.8 所示。设过以上三点的抛物线方程为

$$y=\alpha x^2+\beta x+\gamma=p_{2i-1}(x)$$

则在区间 $[x_{2i-2},x_{2i}]$ 上有

$$\begin{aligned}\int_{x_{2i-2}}^{x_{2i}} f(x)\mathrm{d}x&=\int_{x_{2i-2}}^{x_{2i}} p_{2i-1}(x)\mathrm{d}x=\int_{x_{2i-2}}^{x_{2i}}(\alpha x^2+\beta x+\gamma)\mathrm{d}x\\&=\frac{b-a}{6n}(y_{2i-2}+4y_{2i-1}+y_{2i})\end{aligned}$$

其中 $i=1,2,\cdots,n$，因此

$$\begin{aligned}\int_a^b f(x)\mathrm{d}x&=\frac{b-a}{6n}\sum_{i=1}^{n}(y_{2i-2}+4y_{2i-1}+y_{2i})\\&=\frac{1}{3}\Delta x\sum_{i=1}^{n}(f(x_{2i-2})+4f(x_{2i-1})+f(x_{2i}))\end{aligned}$$

其中

$$x_{2i-2}=a+(2i-2)\Delta x$$

$$x_{2i-1}=a+(2i-1)\Delta x$$

$$x_{2i}=a+2i\Delta x$$

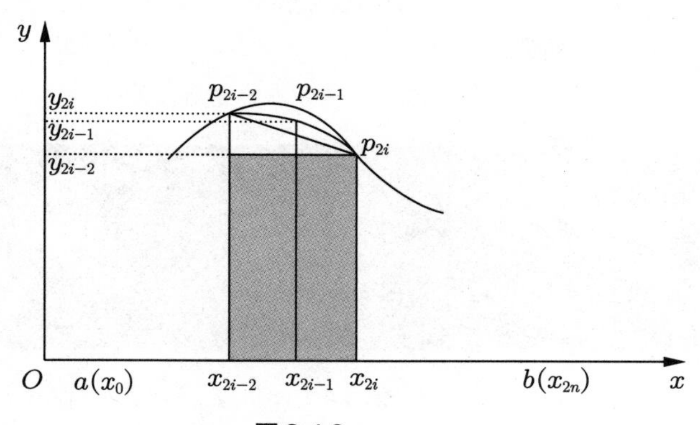

图 3.4.8

下面用 Aardio 语言实现求定积分 $\int_0^1 \frac{1}{1+x^2}\mathrm{d}x$ 的抛物线法。

```
 1| import console;
 2|
 3| /*
 4| 待求积函数
 5| f(x)=1/(1+x²)
 6| 积分上限 a=0
 7| 积分下限 b=1
 8| */
 9|
10| var equation=function(x){
11|     return (1/(1+x**2));// 输入待积函数
12| }
13|
14| var quad=function(a,b,n){
15|     var x2i_2;
16|     var x2i_1;
17|     var x2i;
18|     var quadvalue=0;
19|     var dx=(b-a)/(2*n);
20|     for(i=1;n;1){
21|         x2i_2=a+dx*(2*i-2);
22|         x2i_1=a+dx*(2*i-1);
23|         x2i=a+dx*(2*i);
24|         quadvalue+=(1/3)*dx*(equation(x2i_2)+4*equation(x2i_1)+equation
    (x2i));
25|      }
26|      console.log(" 抛物线数值积分:"++quadvalue);
27|      console.log(" 理论解析积分值:"++(math.pi/4));// 解析函数算得到的积分结果
28|      console.log(" 抛物线相对误差:"++math.round((math.abs(quadvalue/(math.pi
    /4)-1))*100,9)++"%");
29| }
30|
31| quad(0,1,100);
32|
33| console.pause(true,"");
```

代码运行结果如图 3.4.9 所示。

图 3.4.9

从图 3.4.9 中不难看出相对误差取到小数点后 10 位仍然为 0，相比矩形法和梯形法，抛物线法的数值计算结果精度最高，抛物线数值积分法又称辛普森 (Simpson) 法。

3.5　求解常微分方程的算法

在物理学研究的各式各样的物体运动形式中，许多物体运动的过程需用常微分方程来描述，比如描述质点的加速运动、质点的简谐运动和阻尼振动、电容器的充放电过程、带电粒子在磁场中的运动等，因此解常微分方程成为很多物理问题求解中的重要一环。研究发现，这些微分方程中的许多微分方程很难找到或根本不存在解析解，只能得到近似的数值解，因此微分方程的数值解法是解这类微分方程的重要算法。鉴于本书的读者对象，本节通过两个简单的例子来介绍一阶常微分方程的数值解法，并直接给出利用数值法求解高阶微分方程的基本思路。

3.5.1　欧拉数值解法

欧拉数值解法是指由初值通过差商递推求解，其实质是将一阶微分方程变量分离成 $\frac{\mathrm{d}y}{\mathrm{d}x}=f(y,x)$ 或 $\mathrm{d}y=f(y,x)\mathrm{d}x$ 形式，然后用 $\frac{\Delta y}{\Delta x}$ 代替 $\frac{\mathrm{d}y}{\mathrm{d}x}$，而 $\frac{\Delta y}{\Delta x}$ 的一阶精度两点向前差商公式可以表示为

$$\frac{\Delta y}{\Delta x}=\frac{y(x+\Delta x)-y(x)}{\Delta x}$$

也可用微元形式表示为

$$\Delta y=y(x+\Delta x)-y(x)$$

下面以 RC 电路放电过程的微分方程为例来说明一阶常微分方程的欧拉数值解法。RC 电路放电过程的微分方程为

$$R\frac{\mathrm{d}Q}{\mathrm{d}t}+\frac{Q}{C}=0$$

可改写成

$$\frac{\Delta Q}{\Delta t}=-\frac{Q}{RC}$$

或

$$\Delta Q=-\frac{Q}{RC}\Delta t$$

代入一阶精度两点向前差商公式,得

$$Q(t+\Delta t)-Q(t)=-\frac{Q(t)}{RC}\Delta t$$

写成欧拉递推的一般形式为

$$Q_n-Q_{n-1}=-\frac{Q_{n-1}}{RC}(t_n-t_{n-1})\quad(n=1,2,\cdots)$$

移项,得

$$Q_n=Q_{n-1}-\frac{Q_{n-1}}{RC}(t_n-t_{n-1})\quad(n=1,2,\cdots)$$

故电容器放电过程的解析解为

$$Q=Q_0\mathrm{e}^{-\frac{1}{RC}t}$$

设 $t_0=0$, $Q_0=1.0$, $RC=10$, $\Delta t=t_n-t_{n-1}=1$,按照欧拉递推方程用Aardio语言实现代码如下:

```
 1| /*
 2| 待解常微分方程
 3| RdQ/dt+Q/C=0
 4| 欧拉递推方程
 5| Qi=Qi_1-(Qi_1)/(RC)(Δt),n=1,2,…
 6| 理论上的解析解为
 7| Q=Q0*e^(-(1)/(RC)t)
 8| */
 9|
10| import console;
11|
12| var rcoula=function(q0,rc,dt,n){
13|     var qi_1=q0;
14|     var qi=0;
15|     var array=table.array(4,n+1,0);
16|     array[1][1]=qi_1;
17|     array[2][1]=qi_1;
18|     array[3][1]=0;
19|     array[4][1]=0;
```

```
20|     for(i=1;n;1){
21|         qi=qi_1-(qi_1/rc)*(dt);
22|         qi_1=qi;
23|         array[1][i+1]=math.round(qi,3);
24|         array[2][i+1]=math.round(q0*math.exp(-(1/rc)*dt*i),3);
25|         array[3][i+1]=array[1][i+1]-array[2][i+1];
26|         array[4][i+1]=math.round(math.abs(array[3][i+1]/array[2][i+1])*100,
   3)++"%";
27|     }
28|     return array;
29| }
30|
31| console.dump(rcoula(1,10,1,5));
32|
33| console.pause(true,"");
```

代码运行结果如图 3.5.1 所示。第一行是用欧拉方法递推计算得出的近似值,第二行是理论上的精确值,第三行是绝对误差,即第一行与第三行对应值的差,第四行是相对误差。从第三行的绝对误差和第四行的相对误差可以看出,欧拉方法的误差随递推次数 n 的增加而增大。

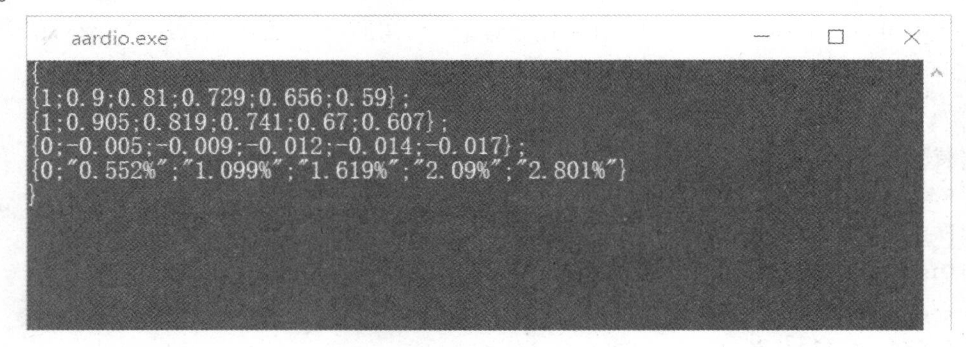

图 3.5.1

对 $Q=Q(t)$,在 $t=t_{n-1}$ 处展开为泰勒级数,即

$$Q(t_n)=Q(t_{n-1})+Q'(t_{n-1})\Delta t+Q''(t_{n-1})\frac{1}{2}(\Delta t)^2+\cdots$$

上述的欧拉数值解法只取了 Δt 的线性部分,即

$$Q(t_n)=Q(t_{n-1})+Q'(t_{n-1})\Delta t$$

可见欧拉方法所产生的误差数量级为 $O[(\Delta t)^2]$,这种误差称为局部截断误差。考虑多次迭代产生的误差累计,这种误差称为整体截断误差,欧拉方法的整体截断误差为 $O[\Delta t]$。

参考下面两个式子

$$\begin{cases}Q_n=Q_{n-1}-\dfrac{Q_{n-1}}{RC}(t_n-t_{n-1})\\Q(t_n)=Q(t_{n-1})+Q'(t_{n-1})\Delta t\end{cases}\quad(n=1,2,\cdots)$$

得

$$Q'(t_{n-1}) = -\frac{Q_{n-1}}{RC}$$

因 $Q'(t_{n-1}) = \dfrac{Q(t_n) - Q(t_{n-1})}{\Delta t}$，故 $Q'(t_{n-1})$ 可理解为 t_{n-1} 处的平均斜率，平均斜率 $Q'(t_{n-1}) = -\dfrac{Q_{n-1}}{RC}$，由 t_{n-1} 处的 Q_{n-1} 计算得出。如果把式中的 Q_{n-1} 换成 Q_n，则平均斜率可表示为

$$Q'(t_{n-1}) = -\frac{Q_n}{RC}$$

这种改动称为向后欧拉方法。不管是用 $Q'(t_{n-1}) = -\dfrac{Q_{n-1}}{RC}$ 还是用 $Q'(t_{n-1}) = -\dfrac{Q_n}{RC}$ 计算平均斜率，都称为矩形法。为提高计算精度，改进后的欧拉方法则取 Q_{n-1} 和 Q_n 两点处的斜率之和的一半作为平均斜率。因此，$Q_n = Q_{n-1} - \dfrac{Q_{n-1}}{RC}(t_n - t_{n-1})$ 可写成

$$Q_n = Q_{n-1} - \frac{1}{2}\frac{Q_{n-1} + Q_n}{RC}(t_n - t_{n-1}) \quad (n = 1, 2, \cdots)$$

这种改进后的欧拉方法又称为梯形法。总结一下欧拉数值解法：

$$\begin{cases} Q_n = Q_{n-1} + k_{n-1}\Delta t, \text{式中 } k_{n-1} \text{ 为 } (t_{n-1}, Q_{n-1}) \text{ 处的平均斜率，矩形法} \\ Q_n = Q_{n-1} + k_n\Delta t, \text{式中 } k_n \text{ 为 } (t_n, Q_n) \text{ 处的平均斜率，矩形法} \\ Q_n = Q_{n-1} + \dfrac{1}{2}(k_{n-1} + k_n)\Delta t, \text{式中 } k_{n-1} \text{ 和 } k_n \text{ 同上面两式中的定义，梯形法} \end{cases}$$

改进后的欧拉方法即梯形法的迭代方程为

$$Q_i = \frac{2RC - \Delta t}{2RC - \Delta t}Q_{i-1} \quad (i = 1, 2, 3, \cdots)$$

Aardio 代码如下：

```
1| /*
2| 待解常微分方程
3| RdQ/dt+Q/C=0
4| 欧拉递推方程
5| Qi=(2RC-Δt)/(2RC+Δt)Qi_1,i=1,2, …
6| 理论上的解析解为
7| Q=Q0*e^(-(1)/(RC)t)
8| */
9|
10| import console;
11|
12| var rcoula=function(q0,rc,dt,n){
13|     var qi_1=q0;
14|     var qi=0;
15|     var array=table.array(4,n+1,0);
16|     array[1][1]=qi_1;
17|     array[2][1]=qi_1;
18|     array[3][1]=0;
19|     array[4][1]=0;
20|     for(i=1;n;1){
```

```
21|         qi=(2*rc-dt)/(2*rc+dt)*qi_1;
22|         qi_1=qi;
23|         array[1][i+1]=math.round(qi,3);
24|         array[2][i+1]=math.round(q0*math.exp(-(1/rc)*dt*i),3);
25|         array[3][i+1]=array[1][i+1]-array[2][i+1];
26|         array[4][i+1]=math.round(math.abs(array[3][i+1]/array[2][i+1])*100,
   3)++"%";
27|     }
28|     return array;
29| }
30|
31| console.dump(rcoula(1,10,1,10));
32|
33| console.pause(true,"");
```

代码运行结果如图 3.5.2 所示。第一行是用梯形法递推计算得出的近似值,第二行是理论上的精确值,第三行是绝对误差,即第一行与第三行对应值的差,第四行是相对误差。从第三行的绝对误差和第四行的相对误差可以看出,欧拉改进梯形法的精度比欧拉矩形法高很多。

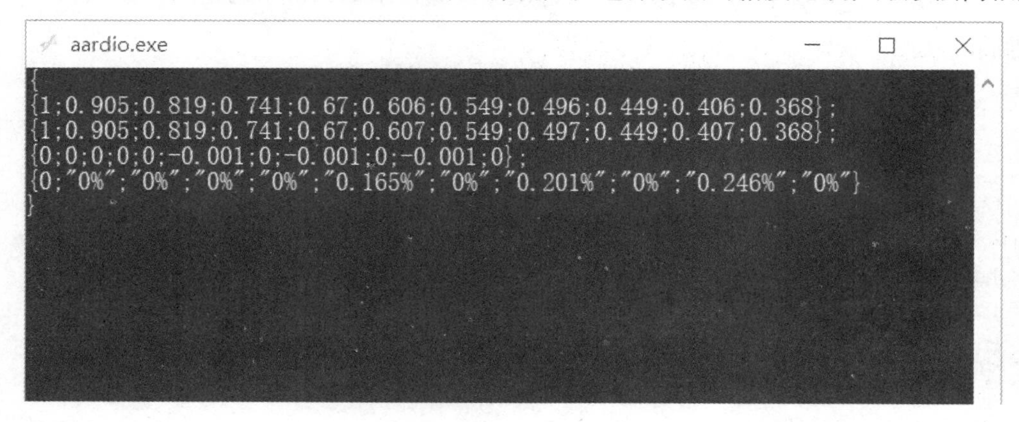

图 3.5.2

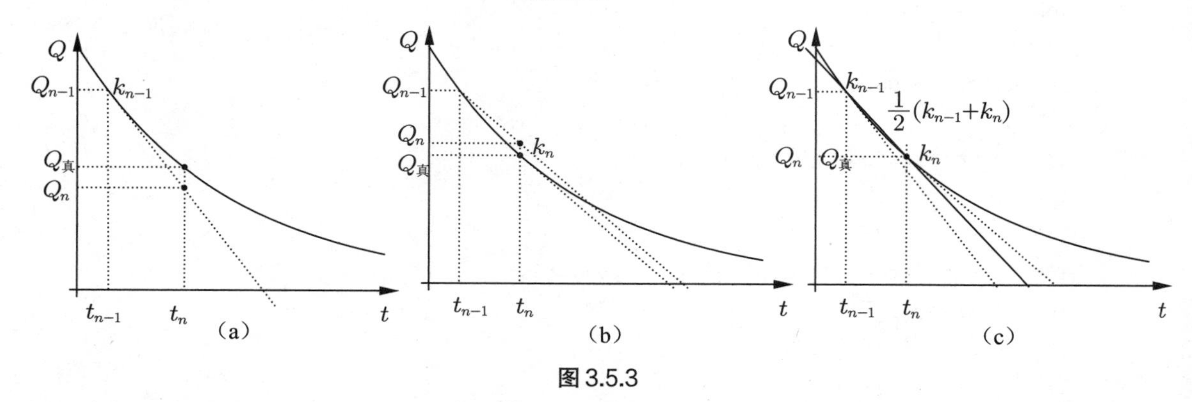

图 3.5.3

结合图 3.5.3 可以预见,从理论上分析,若取多点处斜率的加权平均值作为平均斜率,则误差会更小，这就是龙格–库塔法，简称R–K法。

3.5.2　龙格–库塔数值法

在数值分析中，龙格–库塔法（Runge–Kutta methods）是用于求非线性常微分方程解的重要的一类隐式或显式迭代法，这种算法由数学家卡尔·龙格和马丁·威尔海姆·库塔于1900年左右发明，其中最常用的是四阶龙格–库塔法。考虑本书的读者对象为中学师生，此方法证明过程省略，详细内容请参考其他高阶资料，其近似计算公式如下：

$$Q_n = Q_{n-1} + \frac{1}{6}(k_1 + 2k_2 + 2k_3 + k_4)$$

式中 k_1 为 (t_{n-1}, Q_{n-1}) 处的平均斜率，k_2 为 $\left(t_{n-1}+\frac{\Delta t}{2}, Q_{n-1}+\frac{\Delta t}{2}k_1\right)$ 处的平均斜率，k_3 为 $\left(t_{n-1}+\frac{\Delta t}{2}, Q_{n-1}+\frac{\Delta t}{2}k_2\right)$ 处的平均斜率，k_4 为 $(t_n, Q_{n-1}+\Delta t k_3)$ 处的平均斜率。

下面用一个简单的方程来检验不同数值算法的精度。已知方程 $\frac{\mathrm{d}y}{\mathrm{d}x}=y$，初始条件为 $x_0=0$，$y_0=1$。

① 使用欧拉梯形算法，递推过程如下：

$$y_n = y_{n-1} + \frac{1}{2}\Delta x[y'(x_{n-1}) + y'(x_n)]$$

由 $\frac{\mathrm{d}y}{\mathrm{d}x}=y$，得

$$y'(x_{n-1}) = y_{n-1}$$

$$y'(x_n) = y_n$$

根据导数定义可知

$$y'(x_{n-1}) = \frac{y_n - y_{n-1}}{\Delta x}$$

解得

$$y_n = y_{n-1} + y'(x_{n-1})\Delta x = y_{n-1} + y_{n-1}\Delta x$$

代入上式，得

$$y_n = \left[1 + \Delta x + \frac{1}{2}(\Delta x)^2\right]y_{n-1}$$

按等比数列累积，解得

$$y_n = \left[1 + \Delta x + \frac{1}{2!}(\Delta x)^2\right]^n y_0$$

根据泰勒展开式 $\mathrm{e}^{\Delta x} = 1 + \Delta x + \frac{1}{2!}(\Delta x)^2 + \cdots$，得

$$y_n \approx (\mathrm{e}^{\Delta x})^n y_0$$

由初始条件 $x_0=0$，$y_0=1$，结合 $x_n - 0 = n\Delta x$，得

$$y_n \approx (\mathrm{e}^{\Delta x})^n y_0 = \mathrm{e}^{x_n}$$

即

$$y \approx e^x$$

从 $y_n = \left[1 + \Delta x + \frac{1}{2}(\Delta x)^2\right]^n y_0$ 可以看出梯形法的局部截断误差为 $O[(\Delta x)^3]$，总体截断误差为 $O[(\Delta x)^2]$。

② 使用四阶龙格-库塔法，递推过程如下：

$$y_n = y_{n-1} + \frac{1}{6}(k_1 + 2k_2 + 2k_3 + k_4)$$

由 $\frac{dy}{dx} = y$，得

$$k_1 = y'(x_{n-1}, y_{n-1}) = y_{n-1}$$
$$k_2 = y'\left(x_{n-1} + \frac{1}{2}\Delta x, y_{n-1} + \frac{1}{2}\Delta x k_1\right) = y_{n-1} + \frac{1}{2}\Delta x k_1$$
$$k_3 = y'\left(x_{n-1} + \frac{1}{2}\Delta x, y_{n-1} + \frac{1}{2}\Delta x k_2\right) = y_{n-1} + \frac{1}{2}\Delta x k_2$$
$$k_4 = y'(x_n, y_{n-1} + \Delta x k_3) = y_{n-1} + \Delta x k_3$$

依次代入，得

$$k_2 = \left(1 + \frac{1}{2}\Delta x\right) y_{n-1}$$
$$k_3 = \left[1 + \frac{1}{2}\Delta x + \frac{1}{4}(\Delta x)^2\right] y_{n-1}$$
$$k_4 = \left[1 + \Delta x + \frac{1}{2}(\Delta x)^2 + \frac{1}{4}(\Delta x)^3\right] y_{n-1}$$

代入 k_1, k_2, k_3, k_4，得

$$y_n = \left[1 + \Delta x + \frac{1}{2}(\Delta x)^2 + \frac{1}{6}(\Delta x)^3 + \frac{1}{24}(\Delta x)^4\right] y_{n-1}$$

按等比数列累积，解得

$$y_n = \left[1 + \Delta x + \frac{1}{2}\Delta x + \frac{1}{6}(\Delta x)^2 + \frac{1}{24}(\Delta x)^4\right]^n y_{n-1}$$
$$= \left[1 + \Delta x + \frac{1}{2!}\Delta x + \frac{1}{3!}(\Delta x)^2 + \frac{1}{4!}(\Delta x)^4\right]^n y_0$$

根据泰勒展开式 $e^{\Delta x} = 1 + \Delta x + \frac{1}{2!}(\Delta x)^2 + \frac{1}{3!}(\Delta x)^2 + \frac{1}{4!}(\Delta x)^4 \cdots$，得

$$y_n \approx (e^{\Delta x})^n y_0$$

由初始条件 $x_0 = 0$，$y_0 = 1$，结合 $x_n - 0 = n\Delta x$，得

$$y_n \approx (e^{\Delta x})^n y_0 = e^{x_n}$$

即

$$y \approx e^x$$

从 $y_n = \left[1 + \Delta x + \frac{1}{2}\Delta x + \frac{1}{6}(\Delta x)^2 + \frac{1}{24}(\Delta x)^4\right]^n y_0$ 不难看出龙格-库塔法的局部截断误差为 $O[(\Delta x)^5]$，总体截断误差为 $O[(\Delta x)^4]$。

例1 求解阻尼振动方程

$$m\frac{d^2x}{dt^2} = -c\frac{dx}{dt} - kx$$

已知质量 $m = 10\,\text{kg}$，劲度系数 $k = 10\,\text{N/m}$，阻尼系数 $c = 2\,\text{kg/s}$，初始速度 $v_0 = 0$，初始位置 $x_0 = 10\,\text{m}$。

解　将方程分解为

$$\begin{cases}\dfrac{\mathrm{d}x}{\mathrm{d}t}=v\\ \dfrac{\mathrm{d}v}{\mathrm{d}t}=-\dfrac{c}{m}v-\dfrac{k}{m}x\end{cases}$$

由龙格-库塔法,得

$$\begin{cases}x_i=x_{i-1}+\dfrac{1}{6}\Delta t(k_1+2k_2+2k_3+k_4)\\ v_i=v_{i-1}+\dfrac{1}{6}\Delta t(l_1+2l_2+2l_3+l_4)\end{cases}\quad(i=1,\ 2,\ 3\cdots,\ n)$$

其中,由 $\dfrac{\mathrm{d}x}{\mathrm{d}t}=v$,得

$$k_1=v_{i-1}$$

$$k_2=v_{i-1}+\frac{1}{2}\Delta tl_1\ （l_1\text{可理解为平均加速度}）$$

$$k_3=v_{i-1}+\frac{1}{2}\Delta tl_2\ （l_2\text{可理解为平均加速度}）$$

$$k_4=v_{i-1}+\Delta tl_3\ （l_3\text{可理解为平均加速度}）$$

由 $\dfrac{\mathrm{d}v}{\mathrm{d}t}=-\dfrac{c}{m}v-\dfrac{k}{m}x$,得

$$l_1=f(t_{i-1},x_{i-1},v_{i-1})$$

$$l_2=f\left(t_{i-1}+\frac{1}{2}\Delta t,x_{i-1}+\frac{1}{2}\Delta tk_1,v_i+\frac{1}{2}\Delta tl_1\right)\ （k_1\text{可理解为平均速度}）$$

$$l_3=f\left(t_{i-1}+\frac{1}{2}\Delta t,x_{i-1}+\frac{1}{2}\Delta tk_2,v_i+\frac{1}{2}\Delta tl_2\right)\ （k_2\text{可理解为平均速度}）$$

$$l_4=f(t_{i-1}+\Delta t,x_{i-1}+\Delta tk_3,v_i+\Delta tl_3)\ （k_3\text{可理解为平均速度}）$$

当 $i=0$ 时,根据初始条件,有

$$k_1=v_0$$

$$k_2=v_0+\frac{1}{2}\Delta tl_1$$

$$k_3=v_0+\frac{1}{2}\Delta tl_2$$

$$k_4=v_0+\Delta tl_3$$

$$l_1=-\frac{c}{m}v_0-\frac{k}{m}x_0$$

$$l_2=-\frac{c}{m}\left(v_0+\frac{1}{2}\Delta tl_1\right)-\frac{k}{m}\left(x_0+\frac{1}{2}\Delta tk_1\right)$$

$$l_3=-\frac{c}{m}\left(v_0+\frac{1}{2}\Delta tl_2\right)-\frac{k}{m}\left(x_0+\frac{1}{2}\Delta tk_2\right)$$

$$l_4=-\frac{c}{m}(v_0+\Delta tl_3)-\frac{k}{m}(x_0+\Delta tk_3)$$

继续迭代下去。

设 $\Delta t=0.2\,\mathrm{s}$, Aardio代码如下:

```
1| /*
2| 待解二阶常系数微分方程
3| (d²x)/(dt²)+2n(dx)/(dt)+k²x=0
4| 初始值t=0,x=x0,dx/dt=v0
5| */
```

```
 6|
 7| import console
 8| var secequ=function(n,k,x0,v0,t){    //二阶常系数微分方程理论上的解析解
 9|       var x
10|       var v
11|       var c1
12|       var c2
13|       if(n<k){
14|           var omg=math.sqrt(k**2-n**2)
15|           var part1=(x0*math.cos(omg*t)+(v0+n*x0)/omg*math.sin(omg*t))
16|           x=math.exp(-1*n*t)*part1
17|           var part2=(-1*x0*omg*math.sin(omg*t)+(v0+n*x0)*math.cos(omg*t))
18|           v=-1*n*x+math.exp(-1*n*t)*part2
19|           return x,v
20|       }
21|       elseif(n>k){
22|           var r1=(-1*n+math.sqrt(n**2-k**2))
23|           var r2=(-1*n-math.sqrt(n**2-k**2))
24|           c1=(v0-x0*r2)/(r1-r2)
25|           c2=(v0-x0*r1)/(r2-r1)
26|           x=c1*math.exp(r1*t)+c2*math.exp(r2*t)
27|           v=c1*r1*math.exp(r1*t)+c2*r2*math.exp(r2*t)
28|           return x,v
29|       }
30|       else {
31|           c1=x0
32|           c2=v0+n*x0
33|           x=math.exp(-1*n*t)*(c1+c2*t)
34|           v=math.exp(-1*n*t)*c2-n*x
35|           return x,v
36|       }
37| }
38|
39| /*
40| 待解常微分方程
41| m(d²x)/(dt²)=-c(dx)/(dt)-kx
42| 方程分解式为
43| (dx)/(dt)=v
44| (dv)/(dt)=-(c)/(m)v-(k)/(m)x
45| 龙格-库塔递推方程
46| xi=xi-1+(1)/(6)Δt(k1+2k2+2k3+k4),i=1,2,…
47| vi=vi-1+(1)/(6)Δt(l1+2l2+2l3+l4),i=1,2,…
48| */
```

```
49|
50| var r_k=function(v0,x0,m,c,k,dt,n){    //二阶常系数微分方程数值解
51|     var vtab=table.array(4,n+1,0)
52|     var xtab=table.array(4,n+1,0)
53|
54|     var k1,k2,k3,k4,l1,l2,l3,l4
55|
56|     vtab[1][1]=v0
57|     vtab[2][1]=v0
58|     vtab[3][1]=0
59|     vtab[4][1]=0
60|
61|     xtab[1][1]=x0
62|     xtab[2][1]=x0
63|     xtab[3][1]=0
64|     xtab[4][1]=0
65|
66|     for(i=1;n;1){
67|         k1=vtab[1][i]
68|         l1=-c/m*vtab[1][i]-k/m*xtab[1][i]
69|
70|         k2=vtab[1][i]+dt/2*l1
71|         l2=-c/m*(vtab[1][i]+dt/2*l1)-k/m*(xtab[1][i]+dt/2*k1)
72|
73|         k3=vtab[1][i]+dt/2*l2
74|         l3=-c/m*(vtab[1][i]+dt/2*l2)-k/m*(xtab[1][i]+dt/2*k2)
75|
76|         k4=vtab[1][i]+dt*l3
77|         l4=-c/m*(vtab[1][i]+dt*l3)-k/m*(xtab[1][i]+dt*k3)
78|
79|         var cm=c/(2*m)
80|         var ω=math.sqrt(k/m)
81|         var t=i*dt
82|         var x,v=secequ(cm,ω,x0,v0,t)
83|
84|         vtab[1][i+1]=vtab[1][i]+dt/6*(l1+2*l2+2*l3+l4)
85|         vtab[1][i+1]=math.round(vtab[1][i+1],4)
86|         vtab[2][i+1]=math.round(v,4)
87|         vtab[3][i+1]=vtab[1][i+1]-vtab[2][i+1]
88|         vtab[4][i+1]=math.round(math.abs(vtab[3][i+1]/vtab[2][i+1]),4)
*100++"%"
89|
90|         xtab[1][i+1]=xtab[1][i]+dt/6*(k1+2*k2+2*k3+k4)
91|         xtab[1][i+1]=math.round(xtab[1][i+1],4)
92|         xtab[2][i+1]=math.round(x,4)
```

```
 93|        xtab[3][i+1]=xtab[1][i+1]-xtab[2][i+1]
 94|        xtab[4][i+1]=math.round(math.abs(xtab[3][i+1]/xtab[2][i+1]),4)
   *100++"%";
 95|    }
 96|    return vtab,xtab
 97|}
 98|
 99|var v,x=r_k(0,10,10,2,10,0.2,12)
100|
101|console.dump(v)
102|console.dump(x)
103|console.pause(true,"")
```

代码运行结果如图3.5.4所示，其中第一行是用龙格-库塔法递推计算得出的近似值，第二行是理论上的精确值，第三行是绝对误差，即第一行与第三行对应值的差，第四行是相对误差。从第三行的绝对误差和第四行的相对误差可以看出，龙格-库塔法的精度比欧拉矩形法和梯形法均高出很多。

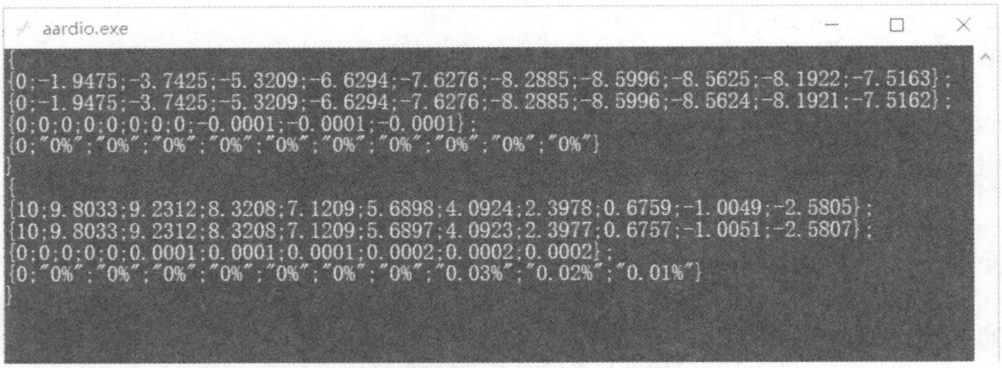

```
aardio.exe
{
{0;-1.9475;-3.7425;-5.3209;-6.6294;-7.6276;-8.2885;-8.5996;-8.5625;-8.1922;-7.5163};
{0;-1.9475;-3.7425;-5.3209;-6.6294;-7.6276;-8.2885;-8.5996;-8.5624;-8.1921;-7.5162};
{0;0;0;0;0;0;0;0;-0.0001;-0.0001;-0.0001};
{0;"0%";"0%";"0%";"0%";"0%";"0%";"0%";"0%";"0%";"0%"}
}

{
{10;9.8033;9.2312;8.3208;7.1209;5.6898;4.0924;2.3978;0.6759;-1.0049;-2.5805};
{10;9.8033;9.2312;8.3208;7.1209;5.6897;4.0923;2.3977;0.6757;-1.0051;-2.5807};
{0;0;0;0;0;0.0001;0.0001;0.0001;0.0002;0.0002;0.0002};
{0;"0%";"0%";"0%";"0%";"0%";"0%";"0%";"0.03%";"0.02%";"0.01%"}
}
```

图3.5.4

第4章　用适当的数学方法处理数据

对测量数据进行处理的目的主要有三个方面：① 描述、发现或验证物理规律，探索现象背后的科学本质；② 得到相关的物理量，探究物理量的相关性；③ 对实验测量结果的可靠性和科学性做出评价。下面首先介绍几种常见的数据处理方法。

4.1　数据处理方法

4.1.1　列表法

记录和处理实验数据最常用的方法是将实验数据按一定规律用列表方式表达出来。表格的设计要求对应关系清楚、简明扼要，有利于发现相关量之间的物理关系。此外，还要求在标题栏中注明物理量名称、符号、数量级和单位等，根据需要还可以列出除原始数据以外的计算栏目和统计栏目等。最后还要求写明表格名称、主要测量仪器型号、量程和不确度等级、有关环境条件参数如温度和湿度等。

列表法简单易行、结构紧凑、条目清晰，既可以简明地反映有关量之间的函数关系，便于及时检查和发现实验中存在的问题，判断测量结果的合理性，又有助于分析实验结果，找出有关物理量之间存在的规律性联系，进而得出物理量之间的关系式。列表可以提高处理数据的效率，减少和避免差错。根据需要把某些计算中间项列出来，不仅有利于进行有效数字的简化处理，避免不必要的重复计算，还能随时与原始数据进行核对，判断运算是否有错。所以，设计一个简明醒目、美观合理的数据表格，是每一位实验人员都要掌握的基本技能。

列表时需要注意以下几点：第一，表的上方应有表头，写明所列表格的名称；第二，标题栏目要简单明了、分类清楚，便于显示有关物理量之间的关系；第三，列表中的数据主要是原始测量，不应随便涂改，处理过程中的一些重要的中间计算结果也应列入表中。比如，测量电源的伏安特性曲线，采用列表法记录数据，如表 4.1.1 所示。

表 4.1.1

测量次数	1	2	3	4	5	6	7	8	9	10
电流 I/mA	20.00	40.00	60.00	80.00	100.00	120.00	140.00	160.00	180.00	200.00
电压 U/V	1.5356	1.5307	1.5265	1.5229	1.5175	1.5138	1.5103	1.5066	1.5027	1.4981
电动势 E_0/V	1.5385									

然而在很多情况下,仅仅使用表格方法很难确定两个物理量之间是否存在确切的数学关系,也很难找出物理规律。要想找到物理量之间的联系,通常还需要借助其他数学方法。

4.1.2 图线法

无论是揭示物理量之间的函数关系还是用来分析函数关系的复杂情况,物理图形成为人们收集信息、把握规律的有力手段。通过作图可形象直观地显示出物理量之间的函数关系,也可求出某些物理参数,因此作图是一种重要的数据处理方法。作图前要先整理出数据表格,并要用坐标纸作图。

运用图线法时,需要注意以下几点技巧。第一,合理选取坐标轴。确定合理的坐标标度,应尽可能使坐标纸上所取的最小分度与测量的准确程度相一致,使图线与横轴间的夹角控制在 30°~60° 范围内,图线长度应基本等于或略小于坐标轴所在矩形对角线长度。第二,化曲为直。直线是最简单的函数图,直观明了,其斜率代表相应物理意义。比如,在“验证玻意耳定律”的实验中,让学生学会用 $p-\frac{1}{V}$ 图线化曲为直来处理实验数据,针对所画直线,让各组同学求出斜率进行比较,讨论斜率值不相同的原因。第三,在“截距”上求变化。作为实验图线的描绘,如果说斜率是联系各变量的中枢神经,那么图像与纵横轴的交点就是那“龙”的眼睛,截距就反映这些特定点所对应的物理量的状态。以如图 4.1.1 所示的 $U-I$ 特性曲线为例,图线斜率的绝对值表示电源的内电阻,而纵轴的截距表示电源的电动势。

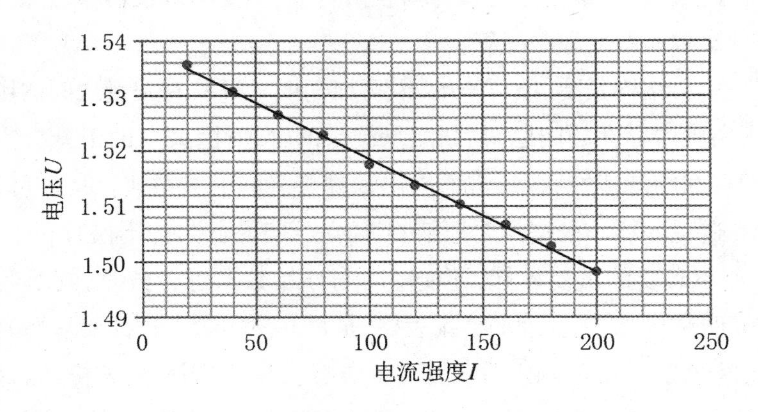

图 4.1.1

由图 4.1.1 可以看出它是一条直线,但是由于存在实验误差,实验中采集的一些数据点不都恰好分布在这条直线上，而呈现出某种离散状态。因此，根据实验数据，用手工方法画图线时，需要靠人的直觉做"拟合"，这样才能找到物理量间实际存在的函数关系。但是用手工方法拟合图线时主观性、随意性比较大，无法保证取得最科学、合理的实验结果。

本书使用Excel、Mathematics、FreeMat、Aardio + ECharts等计算机语言作为物理实验数据处理与拟合的方法。计算机依据误差统计理论可以对实验数据进行运算，能快捷准确地描绘出最佳的拟合图线并快速准确地得出具体的函数关系式。当两个物理量之间的关系不是一次函数时，显示这种关系的图线为曲线，若选择好恰当的横纵轴代表的物理量就可以做到化曲为直。

实验者还可以依据数据点的分布状态进行猜想，选择指数函数、对数函数、幂函数等具体函数形式去试做拟合（添加趋势线），并得到函数表达式。利用FreeMat(MATLAB)可方便灵活地将实验数据描点，并进行n次多项式拟合，得到相应的表达式。

4.1.3　换元法

当物理量之间的函数关系比较复杂时，可以试着采用通过换元来改变变量的方法将原函数化为一次函数，即$y=kx+b$的形式，从而达到化曲为直的目的。这样不仅可以准确地把握函数关系，还可以由此直线的斜率和截距求出原函数式中的常数。换元的方法举例如下：

① 取原变量的倒数为新变量，如研究合外力F恒定时加速度a与质量m的关系为$a=\frac{F}{m}$，可取$\frac{1}{m}$为新变量，则$a-\frac{1}{m}$图线就成为直线，其斜率$k=F$。

② 取原变量的平方或平方根为新变量，如匀变速直线运动的速度v与位移x的关系式为$v^2=v_0^2+2ax$，用换元法将速度的平方v^2看作一个新变量，即令$u=v^2$，$u=v_0^2$，则$u=u_0+2ax$，从而新函数成为线性函数，其斜率$k=2a$，截距$b=v_0^2$。

③ 取原变量的对数为新变量，即当原函数具有幂函数或指数函数形式时，可取它的对数为新变量。如研究单摆振动的周期T与摆长l的关系时，可以先假设为幂函数$T=Al^{\alpha}$，对此式取以10为底的对数，得到

$$\lg T=\alpha\lg l+\lg A$$

取$\lg T$和$\lg l$为新变量，则画出的$\lg T-\lg l$图线就成为直线，其斜率$k=\alpha$，截距$b=\lg A$，从而可求出A，最后将A、α代入原函数式就可得到单摆的周期公式。

4.1.4　逐差法

逐差法是指针对自变量做等量变化，因变量也做等量变化时，所测得有序数据等间隔相减后取其逐差平均值得到的结果。其优点是充分利用了测量数据，具有对数据取平均的效果，可及时发现差错或数据的分布规律，及时纠正或及时总结数据规律。该方法提高了实验数据的利用率，减小了随机误差的影响，另外也可以减小实验仪器误差分量，因此是物理实

验中处理数据时常用的一种方法。比如,在研究自由落体运动的实验时,物体的位移 x 是时间 t 的二次函数,即 $x=x_0+v_0t+\frac{1}{2}at^2$,如果用打点计时器在纸带上记录运动的情况,就实现了自变量 t 的等间隔变化。用逐差法的目的是回避未知常数 x_0 和一次项系数 v_0,直接求出二次项系数 $\frac{1}{2}a$,从而得出加速度 a 的值。计算逐差值一般采用分组隔项的方法,这可以加大逐差值以减小其相对误差,下面分别介绍偶数段逐差法和奇数段逐差法的具体运用。

① 偶数段逐差法是指把连续的数据 $s_1, s_2, s_3, \cdots, s_n$ 从中间对半分成两组,每组有 $m=\frac{n}{2}$ 个数据,前一半为 $s_1, s_2, s_3, \cdots, s_m$,后一半为 $s_{m+1}, s_{m+2}, \cdots, s_n$,分别将后一半的某个数据减去前一半的对应数据,得

$$\begin{aligned}\Delta s_1 &= s_{m+1}-s_1\\ \Delta s_2 &= s_{m+2}-s_2\\ \Delta s_3 &= s_{m+3}-s_3\\ &\cdots\\ \Delta s_m &= s_n-s_m\end{aligned}$$

则由这些差值求得的加速度分别为 $a_1=\frac{\Delta s_1}{mT^2}$, $a_2=\frac{\Delta s_2}{mT^2}$, $\cdots$, $a_m=\frac{\Delta s_m}{mT^2}$,取这样得到的加速度的平均值,得

$$a=\frac{a_1+a_2+\cdots+a_m}{m}=\frac{(s_{m+1}+s_{m+2}+\cdots+s_n)-(s_1+s_2+\cdots+s_m)}{m^2T^2}$$

从上式可以看出,所有的数据 $s_1, s_2, s_3, \cdots, s_n$ 都用到了,因而减少了随机误差。

② 奇数段逐差法是指把奇数个 $s_1, s_2, s_3, \cdots, s_n$ 舍去最中间的数据,其余分成两组,每组有 $m=\frac{n-1}{2}$ 个数据,前一半为 $s_1, s_2, s_3, \cdots, s_m$,后一半为 $s_{m+1}, s_{m+2}, \cdots, s_n$,分别将后一半的某个数据减去前一半的对应数据,得

$$\begin{aligned}\Delta s_1 &= s_{m+2}-s_1\\ \Delta s_2 &= s_{m+3}-s_2\\ \Delta s_3 &= s_{m+4}-s_3\\ &\cdots\\ \Delta s_m &= s_n-s_m\end{aligned}$$

则由这些差值求得的加速度分别为 $a_1=\frac{\Delta s_1}{(m+1)T^2}$, $a_2=\frac{\Delta s_2}{(m+1)T^2}$, $\cdots$, $a_m=\frac{\Delta s_m}{(m+1)T^2}$,取这样得到的加速度的平均值,得

$$a=\frac{a_1+a_2+\cdots+a_m}{m}=\frac{(s_{m+2}+s_{m+3}+\cdots+s_n)-(s_1+s_2+\cdots+s_m)}{m(m+1)T^2}$$

评价实验结果的可靠性。不同情况可以采用不同的数据处理方法,对于以数值表达的结果,一般可用误差来表述其不确定度。比如,对某个加速度值测量若干次,可以求出其算术平均值的标准差,这些均可借助 Excel 和 FreeMat 等软件的计算功能做出处理。再如,用图线做线性拟合,对于所拟合的直线 $y=kx+b$,直线的离散参数 r 的值越接近于 1,表示全部数据点对于所拟合出的直线的离散性越小,也表示该直线代表的函数与客观规律符合的程度越高。对于这条直线的斜率 k 和截距 b,也可以计算它们的随机误差 Δk 和 Δb。另外

还需说明的是，如果截距的绝对值 $|b|<\Delta b$，就可以认为在误差范围内该直线通过坐标原点，从而得到 y 与 x 成正比的结论。

在测量和采集实验数据的基础上，使用列表法、图线法以及换元法、逐差法等数学方法分析和处理数据，是寻求和揭示物理现象本质特征与规律性的基本方法。

4.2　物理量相关性分析

理论和实践研究都表明，与同一事物存在相关性的多个事物对该事物的影响一般来讲是不等价的，这表明事物之间的相关程度是不同的。当选定一个事物作为研究对象后，分析哪些因素与其相关，以及分析确定出这些不同的相关因素与研究对象在相关性上的相关联程度，都叫作相关性分析。相关性分析可分为定性的、定量的，以及介于定性和定量两者之间的半定量的。

在物理研究中，为考察研究对象的发生、发展过程，经常把要研究的每个因素视为一个变量(物理量)。对所选定的几个物理量进行相关及相关程度的研究，都属于定量相关和定量相关分析的范畴。按所研究的变量间的关系，定量相关又分为线性相关和非线性相关。线性相关是指在代数上变量之间呈现的是一次方的数学关系，也称为一次函数关系，在图像上表现为一条直线。比如，弹簧所受外力和它的长度之间的关系 $F=kl-kl_0$，匀变速直线运动的速度和时间之间的关系 $v=at+v_0$ 等都属于线性关系。非线性相关是指变量之间在代数上呈现出非一次方的函数关系，如 $m(\neq 1)$ 次方函数、指数函数 e^x、对数函数 $\ln x$，在图像上均表现为曲线。比如，匀变速直线运动的位移与时间的关系 $x=v_0t+\dfrac{1}{2}at^2$，简谐运动的位移(速度)与时间的关系 $x=A\sin(\omega t+\varphi_0)$，$v=\omega A\cos(\omega t+\varphi_0)$ 等都属于非线性关系。

在物理研究中，通常根据观察和实验所得到的数据，应用数学方程对所研究的变量进行相关分析，确定变量之间的定量类型。使用本书“5.1.1　探究行星运动周期与轨道半长轴关系”中所附的Aardio代码，我们可以很方便地对实验数据进行变量的相关分析，确定两个物理量之间的定量相关类型。下面用电源的伏安特性和单摆周期与摆长关系两个例子说明其使用方法。实验测得电源的伏安特性的数据如表4.2.1所示。

表 4.2.1

测量次数	1	2	3	4	5	6	7	8	9	10
电流 I/mA	20.00	40.00	60.00	80.00	100.00	120.00	140.00	160.00	180.00	200.00
电压 U/V	1.5356	1.5307	1.5265	1.5229	1.5175	1.5138	1.5103	1.5066	1.5027	1.4981

编辑“5.1.1　探究行星运动周期与轨道半长轴关系”中所附的代码，输入表4.2.1中的电压和电流数据，如图4.2.1所示。第24行代码表示将电流强度单位从mA转成A。

```
4.2物理量相关性分析_电压电流

1   import win.ui;
2   /*DSG{{*窗体设计器生成代码(请勿修改).../*}}*/
13
14  import web.kit.form;
15  var wk = web.kit.form( winform );
16
17  /////////////////请在下面输入需要拟合的数据
18  var x={20.00;40.00;60.00;80.00;100.00;120.00;140.00;160.00;180.00;200.00};//电流单位:mA
19  var y={1.5356;1.5307;1.5265;1.5229;1.5175;1.5138;1.5103;1.5066;1.5027;1.4981};//电压单位:V
20  /////////////////请在上面输入需要拟合的数据
21
22  var xtemp={};
23  for(i=1;#x;1){
24      xtemp[i] = x[i]/1000; //将电流强度单位mA转化为A
25  }
26  //对拟合数据进行格式化
27  var data=table.array(table.count(x),2,0);
28  for(i=1;#x;1){
29      data[i][1] = xtemp[i];
30      data[i][2] = y[i];
31  }
```

图 4.2.1

单击 Ribbon 菜单上的  运行(F5) 按钮或按 F5 功能键,然后再单击程序界面上的“线性拟合”按钮,线性拟合结果如图 4.2.2 所示。

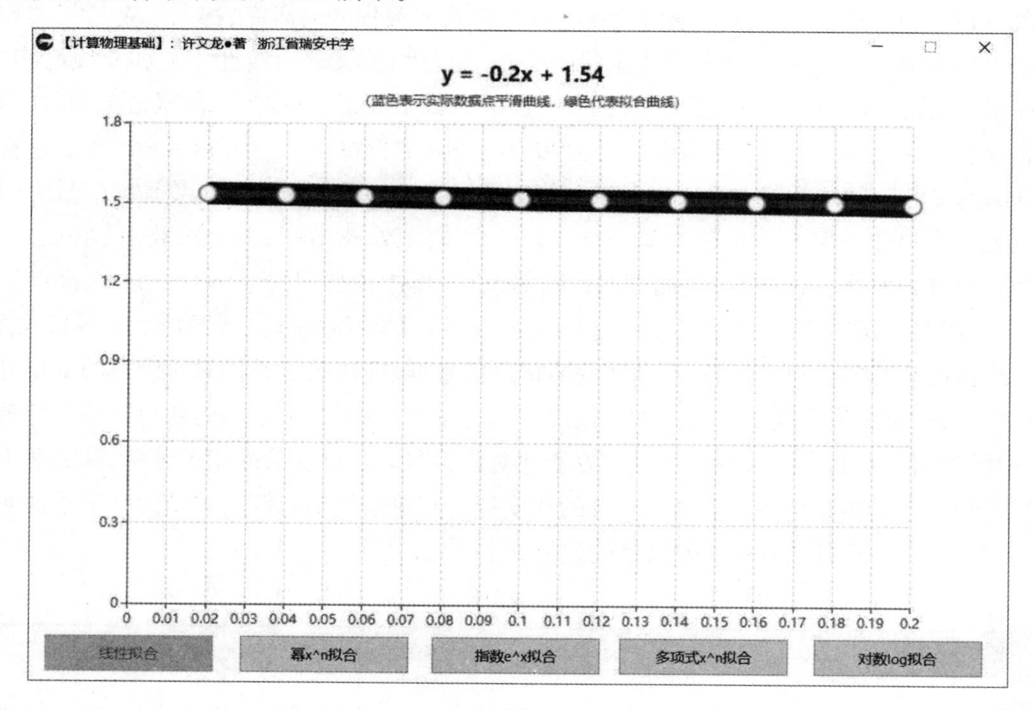

图 4.2.2

仔细观察发现所拟合的直线过于平坦,为此需要改变纵轴 (y) 的起始坐标,我们将 y 轴的起始坐标改成 1.49,即在第 171 行加入如下方框中的代码,如图 4.2.3 所示。

```
164            yAxis: {
165                type: 'value',
166                splitLine: {
167                    lineStyle: {
168                        type: 'dashed'
169                    }
170                },
171                min: 1.49
172            },
173            series: [{
```

图 4.2.3

再次单击 Ribbon 菜单上的 运行(F5) 按钮或按 F5 功能键，然后再单击程序界面上的“线性拟合”按钮，线性拟合结果如图 4.2.4 所示。从图中可以看出，电源两端的电压与电流之间存在线性定量关系。电动势 $\varepsilon = 1.54\ \text{V}$，内阻 $r = 0.2\ \Omega$。

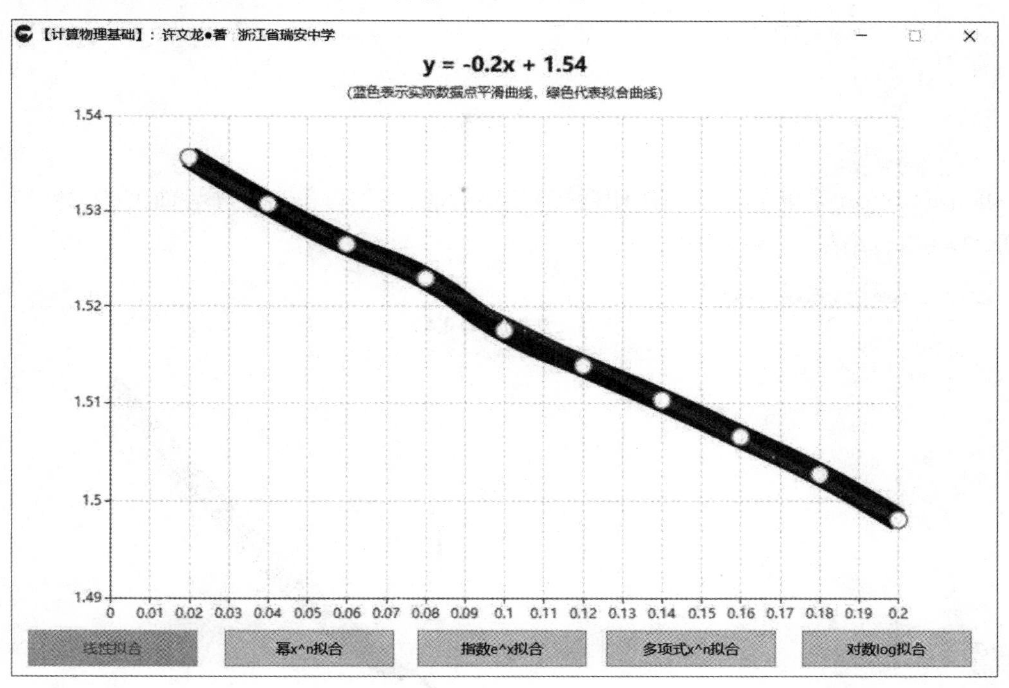

图 4.2.4

探究单摆周期与摆长关系时，实验测得一组摆长 L 和对应的周期 T 的数据如表 4.2.2 所示。再次编辑“5.1.1　探究行星运动周期与轨道半长轴关系”中所附的代码，输入表 4.2.2 中的摆长和周期数据，如图 4.2.5 所示。

表 4.2.2

测量次数	1	2	3	4	5	6	7
摆长 L/m	0.20	0.30	0.40	0.50	0.60	0.70	0.80
周期 T/s	0.91	1.10	1.28	1.43	1.55	1.67	1.80

4.2物理量相关性分析_摆长周期

```
1   import win.ui;
2 ⊞ /*DSG{{*窗体设计器生成代码(请勿修改).../*}}*/
13
14  import web.kit.form;
15  var wk = web.kit.form( winform );
16
17  //////////////////请在下面输入需要拟合的数据
18  var x={0.91;1.10;1.28;1.43;1.55;1.67;1.80};  //周期(s)
19 ⊟ var y={0.20;0.30;0.40;0.50;0.60;0.70;0.80};  //摆长L(m)
20  //////////////////请在上面输入需要拟合的数据
21
22  var xtemp={};
23 ⊟ for(i=1;#x;1){
24      xtemp[i] = x[i]**(1); //改变周期的幂，括号中的数字代表幂
25  }
26  //对拟合数据进行格式化
27  var data=table.array(table.count(x),2,0);
28 ⊟ for(i=1;#x;1){
29      data[i][1] = xtemp[i];
30      data[i][2] = y[i];
31  }
```

图 4.2.5

单击 Ribbon 菜单上的 运行(F5) 按钮或按 F5 功能键，然后再单击程序界面上的“线性拟合”按钮，线性拟合结果，结果如图 4.2.6 所示。

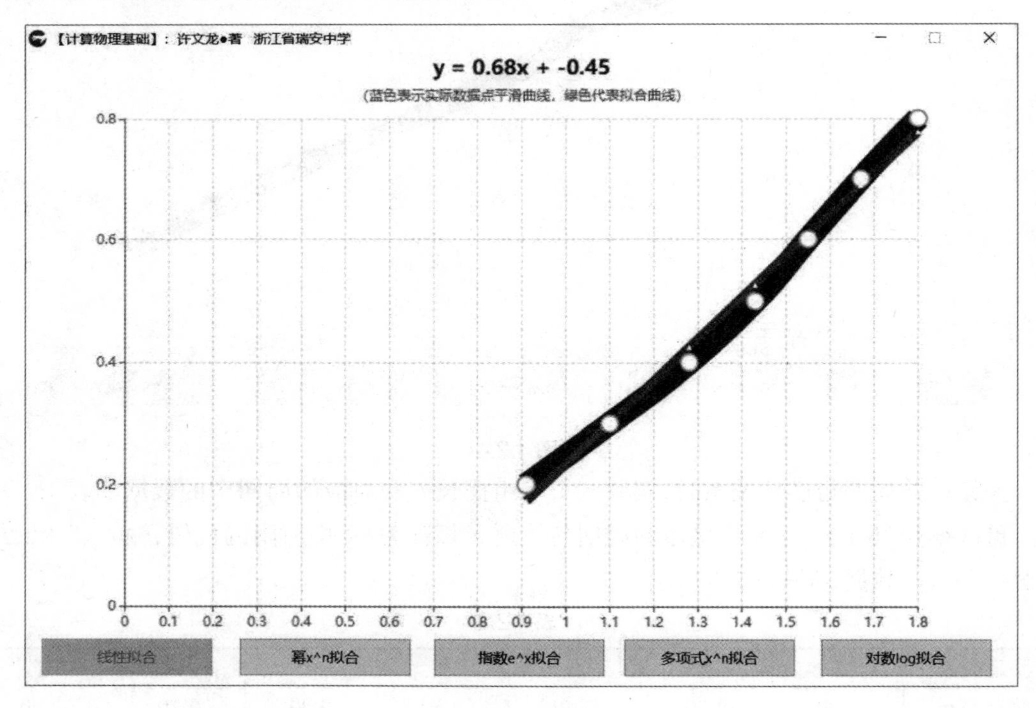

图 4.2.6

单击“幂 x^n 拟合”按钮得到如图 4.2.7 所示的乘幂拟合关系。

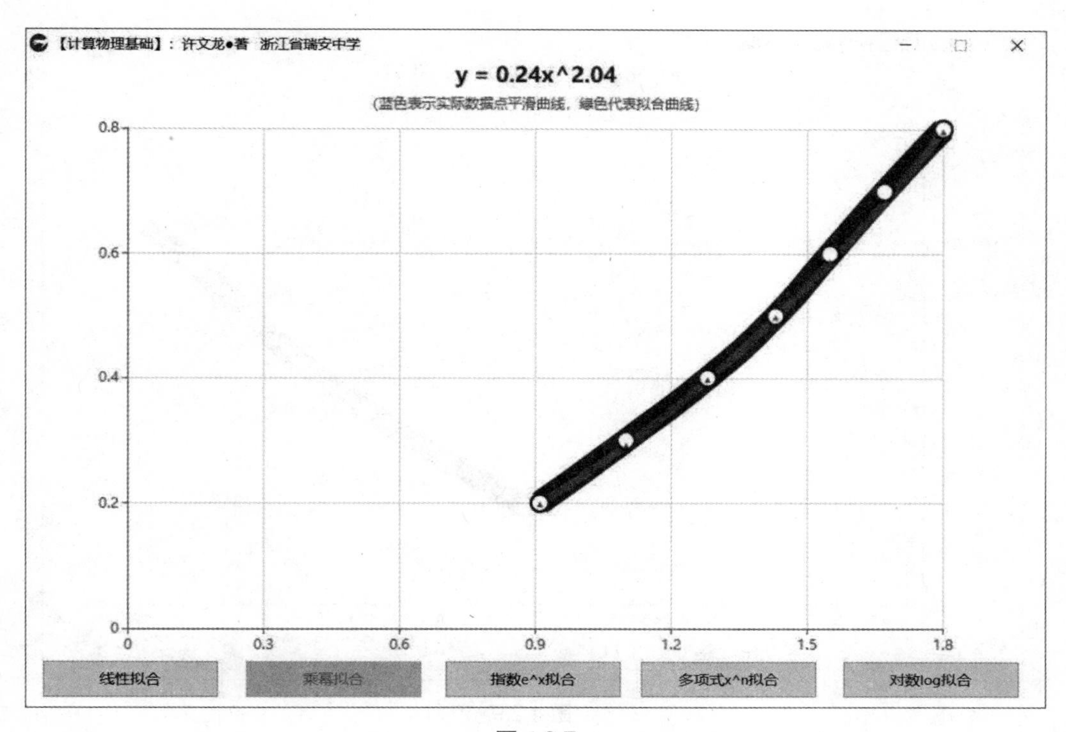

图 4.2.7

单击“指数 e^x 拟合”按钮得到如图 4.2.8 所示的指数拟合关系。

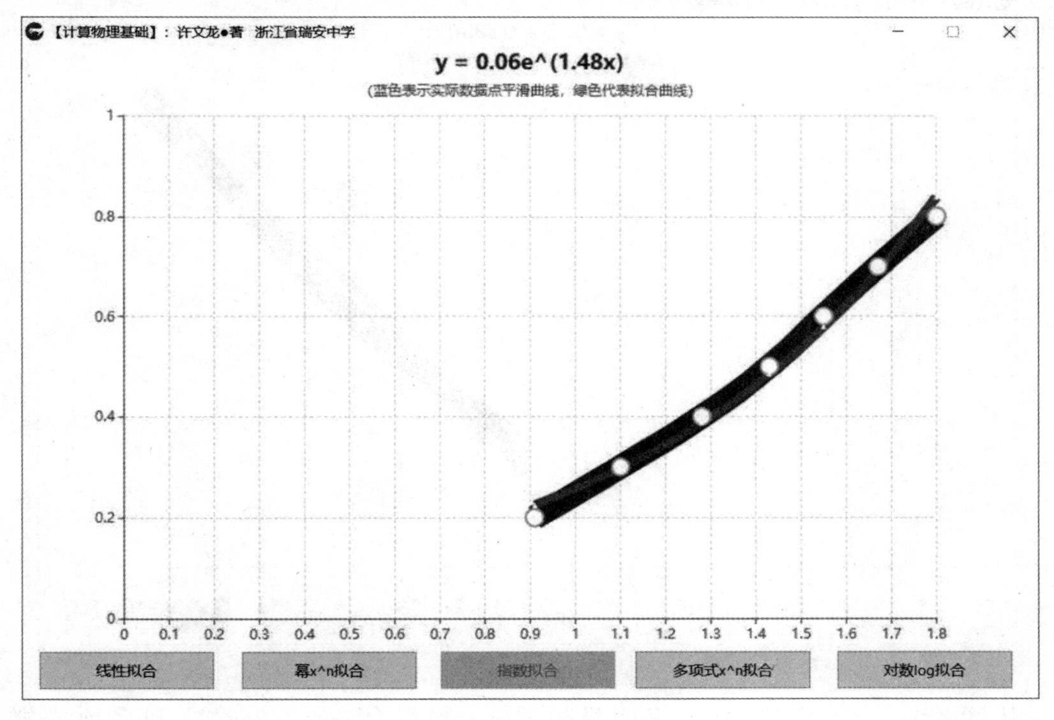

图 4.2.8

单击“多项式 x^n 拟合”按钮得到如图 4.2.9 所示的多项式拟合关系。

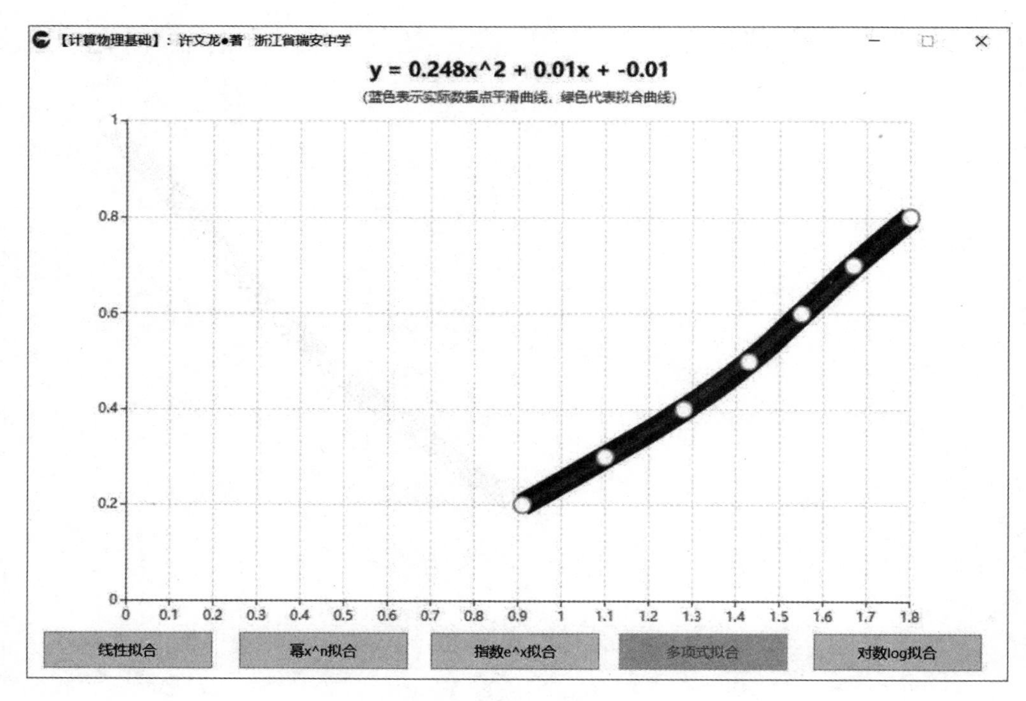

图 4.2.9

单击“对数 log 拟合”按钮得到如图 4.2.10 所示的对数拟合关系。

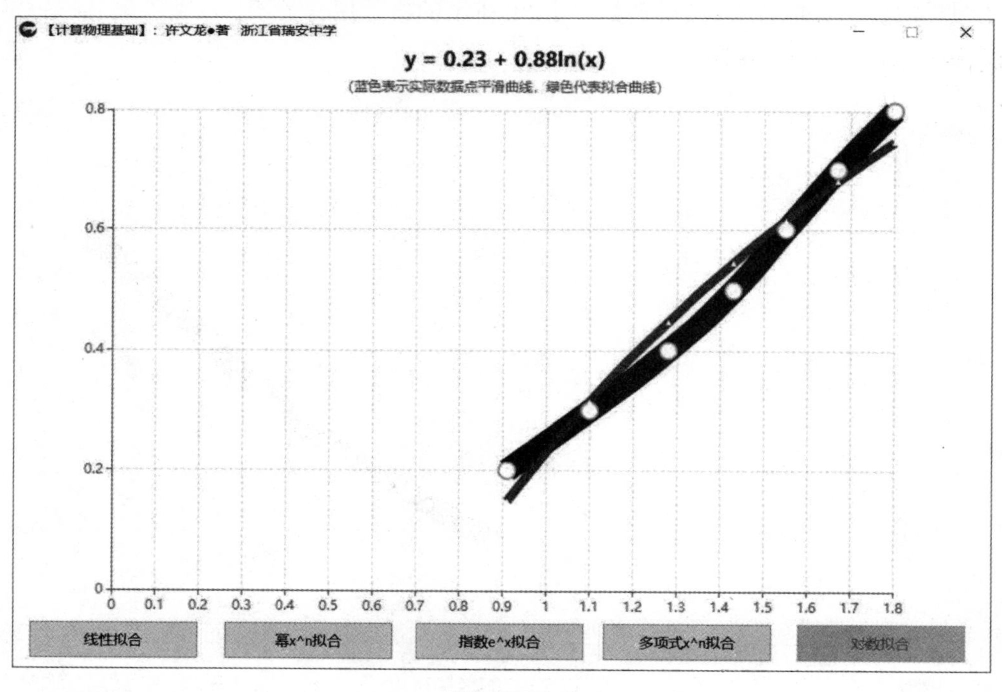

图 4.2.10

从图 4.2.6～图 4.2.10 可以很明显地看出，幂拟合 ($y=0.24x^{2.04}$) 和多项式拟合 ($y=0.248x^2+0.01x-0.01$) 的拟合程度都相当高，但相比之下多项式拟合度最高，根据泰

勒展开，幂函数可展开为多项式，因此在一定误差范围内两者的拟合结果基本相等，都可近似认为满足

$$y = 0.25x^2$$

即

$$L \propto T^2$$

当然，我们还可以采用化曲为直的方法进行处理，继续修改代码，如图 4.2.11 所示。

```
4.2物理量相关性分析_摆长周期
1   import win.ui;
2   /*DSG{{*窗体设计器生成代码(请勿修改).../*}}*/
13
14  import web.kit.form;
15  var wk = web.kit.form( winform );
16
17  /////////////////请在下面输入需要拟合的数据
18  var x={0.91;1.10;1.28;1.43;1.55;1.67;1.80};  //周期(s)
19  var y={0.20;0.30;0.40;0.50;0.60;0.70;0.80};  //摆长L(m)
20  /////////////////请在上面输入需要拟合的数据
21
22  var xtemp={};
23  for(i=1;#x;1){
24      xtemp[i] = x[i]**(2); //改变周期的幂，括号中的数字代表幂
25  }
26  //对拟合数据进行格式化
27  var data=table.array(table.count(x),2,0);
28  for(i=1;#x;1){
29      data[i][1] = xtemp[i];
30      data[i][2] = y[i];
31  }
```

图 4.2.11

按 F5 功能键运行后，单击程序界面上的“线性拟合”按钮，线性拟合结果如图 4.2.12 所示。由图可见在一定误差范围内满足 $L \propto T^2$。

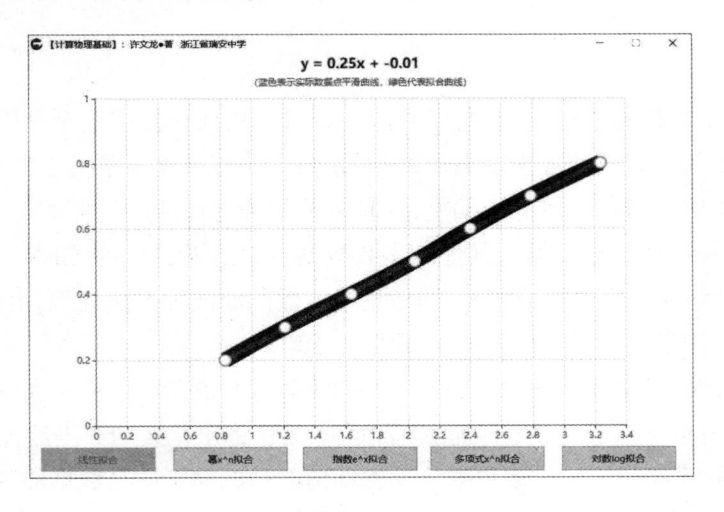

图 4.2.12

上述两个例子探究了两个变量之间的定量相关，但是定量相关并不一定仅限于两个变量。在物理学中存在大量的定量相关都是一个变量同时与多个变量相关。比如 $T^2 = 4\pi^2 \frac{L}{g}$

表示单摆的周期与摆长有关，也与当地的重力加速度有关。我们在探究多变量之间的定量关系时，通常采用变量控制法，即在研究一个物理量同时与多个物理量都相关的情况下，设计实验时只保留研究对象作为因变量和一个相关变量作为自变量，控制其他相关变量在实验中暂时保持不变，然后再对相关变量逐次展开定量探究，最后用数学方法对各个结果进行综合分析，推导出研究对象在各个相关量瞬时共变条件下的数学函数式。另外需要特别指出的是，物理学中的定量关系有时只表示物理量间的一种数值相关，不一定具有对研究物理本质的决定性相关。因此在探究物理量之间的定量关系时，需要注意区分它们之间仅仅只是数值相关，还是同时也有决定性相关。比如 $C=\frac{Q}{U}$ 就表示电容与极板所带电量和极板间电压的数值相关，而 $C=\frac{\varepsilon s}{d}$ 则表示平板电容器的电容与平板的正对面积 s、正对距离 d 及板间介质的介电常数的决定性相关。

物理量之间不只存在定量相关，也有可能存在大量的定性关系，有时难以直接切入定量研究方向，往往是从定性相关角度开始探究，然后逐步深入到半定量、定量相关。比如探究感应电流的产生条件时，首先要从定性相关入手得出磁通变化与感应电流的定性关系，再深入到磁通变量与感应电流的定量关系。物理学的研究过程通常是确定研究对象、定性相关分析、确定哪些物理量之间可能相关、定量关系探究，用数学方法对实验数据做出处理，进而发现研究对象和各物理量之间的定量规律。就更广泛的研究领域而言，并非定量关系的研究才是最科学的，许多科学研究领域由于其本身的特点，定性和半定量关系的研究可能更有用。

4.3　数据的粗差剔除

在测量、记录与传输数据过程中，经常因观察、记录，或仪器或记录介质的故障，或测量的失误导致数据的采集或处理出现失误，或遇到强干扰等突发异常的条件变化造成数据丢失或个别数据与实际值存在较大的偏差，这种数据称为坏值或错误值。用最小二乘法拟合图形时，就会发现这些数据点偏离其他大多数数据点很远，虽然这种错误产生的概率较小，但它的存在使平均值产生严重的偏差，即使用了一般的滤波等方法处理，也还会对结果产生不合实际的影响，因此必须有效找出这些数据并予以剔除。

这种坏值与误差值是两种性质完全不同的数据，虽然测量中的偶然误差有时会较大，但那是合理的，是符合客观规律的，不需将其剔除。尽管将误差大的数据滤掉后，结果的精度会有所提高，但这不符合实际且不可取。剔除坏值的目的在于恢复数据的客观真实性，而不是提高主观想要的精度。任何一个物理量都具有它本身的连续性和平滑性，所测得的数据总是按照某种规律逐渐变化，所以在实际应用中我们可依据物理量本身的性质剔除错误的数据。下面讨论属于“错误”性质的粗差数据的剔除算法。

4.3.1　拉依达准则

拉依达准则规定，如果某测量值与平均值的差的绝对值大于标准偏差的3倍，即

$$|x-\bar{x}|>3s=3\sqrt{\frac{\sum_{i=1}^{n}(x_i-\bar{x})^2}{n-1}}$$

则予以剔除。这种方法用于正态分布的数据，当$n\to\infty$时，其置信概率为99.73%。这种方法仅局限于对正态或近似正态分布的样本数据的处理，实际中即使都是在正态分布的条件下，由于测量次数的不同，其置信概率也不同。拉依达准则是以测量次数充分大为前提的，在测量次数少的情形下用此法剔除粗大误差是不可靠的，因此在此情形下最好不要选用该准则。

4.3.2　肖维勒准则

肖维勒准则规定，对于遵从正态分布的情况，在n次测量结果中，如果某误差出现的次数小于半次，就予以剔除。这实质上是规定了置信概率为$1-\frac{1}{2n}$。根据这一规定，可计算出肖维勒法系数ω_n，也可通过查表得出，当要求不是很严格时，还可按下面公式近似计算：

$$\omega_n=1+0.4\ln(n)$$

如果某测量值x_i与平均值的差的绝对值大于标准偏差与肖维勒系数ω_n的积，即当

$$|x-\bar{x}|>s\omega_n=\sqrt{\frac{\sum_{i=1}^{n}(x_i-\bar{x})^2}{n-1}}\cdot\omega_n$$

时，判定为异常值，则该数据x_i应该被剔除。肖维勒准则是一种等置信概率的方法，也是易于实现的方法。肖维勒准则和拉依达准则都属于事后处理方法，不适用于实时处理过程，但它们简单易行。下面介绍一种实时处理方法，即一阶差分法。

4.3.3　一阶差分法

一阶差分法是一种预估比较法，即用前两个测量值来外推新的测量值，用前两个测量值预估出新的测量值，然后与实际测量得到的数据进行比较，并事先给定其允许的误差区间W，以此误差区间W来判定实际测量数据的取舍。一阶差分法的具体算法如下：

设预估值为$\hat{x}_n$，且满足

$$\hat{x}_n=x_{n-1}+(x_{n-1}-x_{n-2})$$

设实际测量值为x_n，判定依据如下：

$$|x_n-\hat{x}_n|<W$$

如果上式成立，则保留实际测量值x_n，否则以$\hat{x}_n$代替x_n。

一阶差分法适用于实时数据采集与处理过程,这种方法需要有足够的经验去确定合理的误差区间 W 的大小。此外,前两个测量值的精度也影响了一阶差分法的精度,若被测物理量不是呈单调关系变化,则一阶差分法会在函数拐点处产生较大的误差,严重影响使用。

下面用Aardio代码实现拉依达法和肖维勒法。

```
 1| //在下面输入待检验的数据,插入一个明显的错误值6.2156
 2| var x={1.5265;1.5229;1.5175;6.2156;1.5138;1.5103;1.5066};
 3| //在上面输入待检验的数据,看看两种方法的剔除结果
 4|
 5| import console;
 6|
 7| var average=function(tab){//计算平均值函数
 8|         var aver=0;
 9|         for(i=1;#tab;1){
10|             aver+=tab[i];
11|         }
12|         aver=aver/(#tab);
13|         return aver;
14| }
15|
16| var standevi=function(tab){//计算标准偏差函数
17|         var sx=0;
18|         var siga=0;
19|         var aver=average(tab);
20|         for(i=1;#tab;1){
21|             siga+=(tab[i]-aver)**2
22|         }
23|         sx=math.sqrt(siga/(#tab-1))
24|         return sx;
25| }
26|
27| var pauta=function(tab){//拉依达法
28|         var aver=average(tab);
29|         var sx=standevi(tab);
30|         var array={};
31|         for(i=1;#tab;1){
32|             if(math.abs(tab[i]-aver) <=3*sx){
33|                 table.push(array,tab[i]);
34|             }
35|         }
36|         return array;
37| }
```

```
38|
39| var Chauvenet=function(tab){// 肖维勒法
40|         var aver=average(tab);
41|         var sx=standevi(tab);
42|         var omeg=(1+0.4*math.log(#tab));
43|         var array={};
44|         for(i=1;#tab;1){
45|             if(math.abs(tab[i]-aver) <=omeg*sx){
46|                 table.push(array,tab[i]);
47|             }
48|         }
49|         return array;
50| }
51|
52| console.log(" 拉依达法剔除错误值: ");
53| console.dump(pauta(x));
54|
55| console.log(" 肖维勒法剔除错误值: ");
56| console.dump(Chauvenet(x));
57|
58| console.pause(true,"");
```

代码运行结果如图 4.3.1 所示,很明显拉依达法不能有效剔除错误值。

```
aardio.exe
拉依达法剔除错误值:
{
[1]=1.5265;
[2]=1.5229;
[3]=1.5175;
[4]=6.2156;
[5]=1.5138;
[6]=1.5103;
[7]=1.5066
}
肖维勒法剔除错误值:
{
[1]=1.5265;
[2]=1.5229;
[3]=1.5175;
[4]=1.5138;
[5]=1.5103;
[6]=1.5066
}
```

图 4.3.1

4.4 数据的插值算法

函数近似是数值计算中常用的手段。在物理和工程技术实践中,往往需要给出测得的一组数据所反映的近似函数关系,比如在数值积分中,有时要将复杂的被积函数用简单的函数近似表示,以简化积分的数值计算等。本节介绍函数近似的一种方法,即插值法。

插值法的基本思路是构造一个简单的函数 $y=p(x)$ 作为函数 $f(x)$ 的近似表达式,以 $p(x)$ 的值作为 $f(x)$ 的近似值,且满足若在给定点 x_i,存在 $p(x_i)=f(x_i)$,则称 $p(x)$ 为 $f(x)$ 的插值函数,称 x_i 为插值节点。

如何确定两个物理量 x、y 之间的函数关系 $y=f(x)$? 通常采用数值计算或实验测量的方法得到一组分立点 $x_1, x_2, \cdots, x_n$ 及其对应的值 $y_1, y_2, \cdots, y_n$。除了可以用本章介绍的拟合法确定 x、y 之间的近似函数关系 $p(x)$ 外,我们也可以用插值法确定 x、y 之间的近似函数关系 $p(x)$。假设一系列观测点和对应的测量值(见表 4.4.1)之间的函数关系为

$$y_i=f(x_i)\quad(i=1, 2, \cdots, n)$$

表 4.4.1

x	x_1	x_2	$\cdots$	x_n
y	y_1	y_2	$\cdots$	y_n

插值算法的目标就是根据这个对应关系寻求 $y_i=f(x_i)$ 的近似函数 $p(x_i)$。最简单的插值算法就是图形法,这是人们早期经常使用的。具体操作就是在方格纸上画出给定数据点 (x_i,y_i) $(i=1, 2, \cdots, n)$,然后用光滑的曲线把这些点连接起来,比如要求 $x=x_k$ $(k\in i)$ 的点的插值,就是确定过 $x=x_k$ 点垂直于 x 轴的直线与上面曲线的交点 y 的值,如图 4.4.1 所示。这种方法的精度就是方格纸的精度,只能用作近似估算。

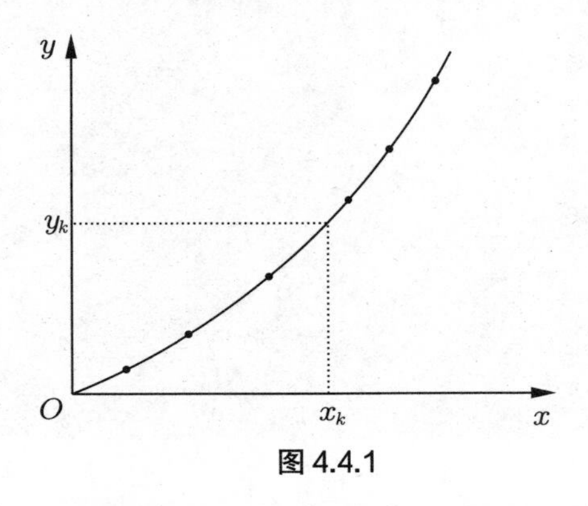

图 4.4.1

插值算法的应用非常广泛,物理实验中经常需要在离散数据的基础上补插连续函数,使得这条连续曲线通过全部给定的离散数据点。许多数理用表的尾数值通常是用相邻两侧的

数值按给定的修正函数关系修正得到的。插值法在科学实验和工程技术中经常用到。比如电表校准曲线就是用插值法做成的,从校准实验中测量出一系列校准点的数据,然后在“修正值-物理量”坐标平面上描绘出相应的点,相邻两点之间用直线连接,这便成了校准曲线,而这两点间的线段就是一种插值。如果用一个多项式函数来近似插值$p(x)$,则称为多项式插值。本节主要简单介绍多项式形式的插值函数。

4.4.1　线性插值算法

设实际函数为$y=f(x)$,如图4.4.2中的虚线所示,已知两节点x_1和x_2及其对应的值$y_1=f(x_1)$和$y_2=f(x_2)$。现在要构造一个插值函数$y=p(x)$,很明显最简单的插值函数就是$p(x)=ax+b$,其中a、b为待定系数。依据线性插值的特点,代入两个节点的数据,得

$$\begin{cases} ax_1+b=y_1 \\ ax_2+b=y_2 \end{cases}$$

解得系数a、b后再代回$f(x)=ax+b$,得

$$p(x)=\frac{x-x_2}{x_1-x_2}y_1+\frac{x-x_1}{x_2-x_1}y_2 \tag{①}$$

因此直线方程$p(x)=\dfrac{x-x_2}{x_1-x_2}y_1+\dfrac{x-x_1}{x_2-x_1}y_2$是由两个线性函数

$$\begin{cases} k_1(x)=\dfrac{x-x_2}{x_1-x_2} \\ k_2(x)=\dfrac{x-x_1}{x_2-x_1} \end{cases}$$

线性组合而成的(图4.4.3),其组合系数就是对应点的函数值,$k_1(x)$称为点x_1的一次插值基函数,$k_2(x)$称为点x_2的一次插值基函数。这种形式的插值称为拉格朗日插值。

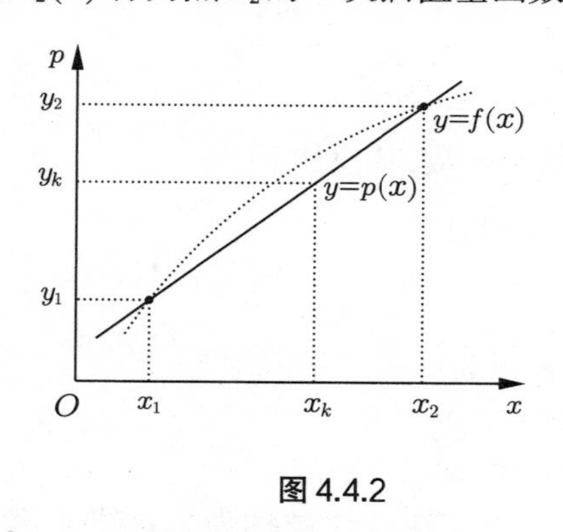

图4.4.2

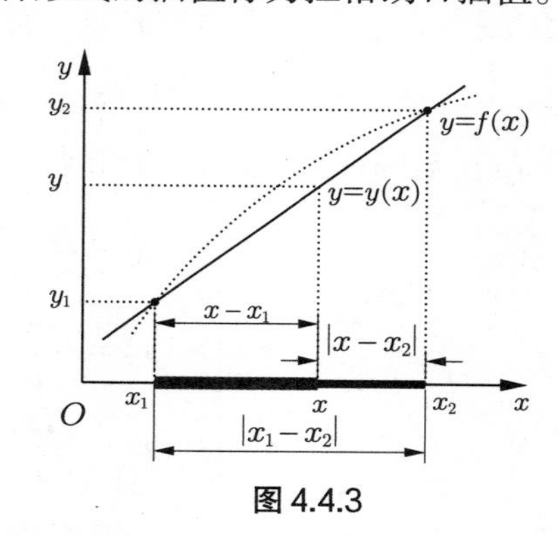

图4.4.3

将①式改写成点斜式直线方程,则

$$p(x)=\frac{y_2-y_1}{x_2-x_1}(x-x_1)+y_1$$

或

$$p(x)=\frac{f(x_2)-f(x_1)}{x_2-x_1}(x-x_1)+f(x_1)$$

令$f(x_2,x_1)=\dfrac{y_2-y_1}{x_2-x_1}$，则$f(x_2,x_1)$为函数$f(x)$在点$x_1$、$x_2$处的一阶差商。因此点斜式可写为

$$p(x)=f(x_2,x_1)(x-x_1)+f(x_1)$$

此式称为牛顿线性插值方程。当$x_2\to x_1$时，牛顿线性插值方程就变成了

$$p(x)=f'(x_1)(x_2-x_1)+f(x_1)$$

插值函数$y(x)$与实际函数(被插函数)$f(x)$之差称为插值的余项，记为

$$R(x)=f(x)-p(x)$$

4.4.2 二次插值算法

线性插值只是用了两个节点的数据来产生粗插值函数$p(x)$，因此这是一种精度相对较低的插值方法。随着节点数的增加，精度逐渐提高。利用三个节点的数据来构造插值函数的方法称为二次插值。二次插值亦称为抛物线插值，比如数值积分的抛物线算法用的就是二次插值算法。给定实际函数$y=f(x)$的三个节点，如表4.4.2所示。

表 4.4.2

x	x_1	x_2	x_3
y	y_1	y_2	y_3

设$f(x)$的过三个已知节点的插值函数为

$$p(x)=ax^2+bx+c$$

代入三个节点数据(x_1,y_1)，(x_2,y_2)，(x_3,y_3)，最终解得

$$p(x)=k_1(x)y_1+k_2(x)y_2+k_3(x)y_3$$

其中$k_1(x)$、$k_2(x)$、$k_3(x)$分别表示三个节点上的插值基函数，其值如下：

$$\begin{cases}k_1(x)=\dfrac{(x-x_2)(x-x_3)}{(x_1-x_2)(x_1-x_3)}\\ k_2(x)=\dfrac{(x-x_3)(x-x_1)}{(x_2-x_3)(x_2-x_1)}\\ k_3(x)=\dfrac{(x-x_1)(x-x_2)}{(x_3-x_1)(x_3-x_2)}\end{cases}$$

由于插值函数$p(x)=ax^2+bx+c$是抛物线方程，因此二次插值被称为抛物线插值算法。同线性插值法类似，二次插值也是由插值基函数线性组合而成的，因此上式也称为拉格朗日二次插值多项式。

同理，与线性插值类似，经过适当的变换，就可得到牛顿二次插值多项式

$$p(x)=f(x_1)+f(x_1,x_2)(x-x_1)+f(x_1,x_2,x_3)(x-x_1)(x-x_2)$$

其中

$$\begin{cases} f(x_2,x_1)=\dfrac{y_2-y_1}{x_2-x_1} \\ f(x_1,x_2,x_3)=\dfrac{f(x_3,x_1)-f(x_2,x_1)}{x_3-x_2} \end{cases}$$

当 $x_3\to x_2\to x_1$ 时,上式就变成了二阶泰勒多项式,即

$$p(x)=f(x_1)+f'(x_1)(x-x_1)+\frac{1}{2}f''(x_1)(x-x_1)^2$$

从理论上说,插值多项式幂次越高,插值函数就越接近于实际函数(被插值函数)。但在实际应用中考虑到计算成本,一般采用最高次不超过5的插值多项式。

为了便于在计算机上实现插值算法,一般采用逐次线性插值法,即对线性插值函数再进行一次线性插值运算,从而得到高一次的插值多项式。比如针对上述抛物线插值算法,就可用逐次线性插值法来实现,其实现步骤如表4.4.3所示。

表 4.4.3

①	(x_1,y_1) 和 (x_2,y_2) 线性插值	$p^{①}(x)=\dfrac{x-x_2}{x_1-x_2}y_1+\dfrac{x-x_1}{x_2-x_1}y_2$
②	(x_1,y_1) 和 (x_3,y_3) 线性插值	$p^{②}(x)=\dfrac{x-x_3}{x_1-x_3}y_1+\dfrac{x-x_1}{x_3-x_1}y_3$
③	$(x_2,p^{①}(x))$ 和 $(x_3,p^{②}(x))$ 线性插值	$p(x)=\dfrac{x-x_3}{x_2-x_3}p^{①}(x)+\dfrac{x-x_2}{x_3-x_2}p^{②}(x)$

第③步中代入 $p^{①}(x)$ 和 $p^{②}(x)$,得

$$\begin{aligned} p(x)&=\frac{x-x_3}{x_2-x_3}\left[\frac{x-x_2}{x_1-x_2}y_1+\frac{x-x_1}{x_2-x_1}y_2\right]+\frac{x-x_2}{x_3-x_2}\left[\frac{x-x_3}{x_1-x_3}y_1+\frac{x-x_1}{x_3-x_1}y_3\right] \\ &=k_1(x)y_1+k_2(x)y_2+k_3(x)y_3 \end{aligned}$$

不难看出,其结果恰好是一个过 (x_1,y_1), (x_2,y_2), (x_3,y_3) 三点的二次多项式,这种逐次线性插值法便于在计算机上实现,并且利用它可以构造出 n 次插值多项式。

4.4.3　n 次插值和多点插值

类似二次插值法,采用逐次线性插值法可以构造出 n 次插值多项式 $p(x)$,即拉格朗日插值多项式,如表4.4.4所示的 $n+1$ 个节点数据。

表 4.4.4

数据点	1	2	…	i	…	$n+1$
x	x_1	x_2	…	x_i	…	x_{n+1}
y	y_1	y_2	…	y_i	…	y_{n+1}

下面用一张网格图展示 n 次逐次线性插值算法的实现过程,如图4.4.4所示。共有 $n+1$ 个节点,(1,2) 表示节点1和节点2所构造的线性插值方程,(1,2,3) 表示节点1、节点2和节

点3所构造的二次插值多项式……依此类推，$(1,2,n,n+1)$ 表示节点1、节点2……节点 n、节点 $n+1$ 所构造的 n 次插值多项式。从数学角度容易推出 n 次插值基函数的表达式为

$$k_j(x)=\prod_{\substack{i=1\\ i\neq j}}^{n+1}\frac{x-x_i}{x_j-x_i}$$

n 次拉格朗日插值多项式则可表示为

$$p(x)=\sum_{j=1}^{n+1}k_j(x)y_j$$

n 次拉格朗日插值多项式更一般的推导方式是设

$$p(x)=p_n(x)=\sum_{j=1}^{n+1}a_jx^{n+1-j}$$

要求 $y_j=p_n(x_j),\ j=1,2,\cdots,n+1$，给出线性代数方程组 $MA=Y$，其中

$$M=\begin{bmatrix} x_1^n & x_1^{n-1} & \cdots & x_1 & 1\\ x_2^n & x_2^{n-1} & \cdots & x_2 & 1\\ \vdots & \vdots & & \vdots & \vdots\\ x_{n+1}^n & x_{n+1}^{n-1} & \cdots & x_n & 1\end{bmatrix},\ A=[a_1\quad a_2\quad \cdots\quad a_{n+1}]^{\mathrm{T}},\ Y=[y_1\quad y_2\quad \cdots\quad y_n]^{\mathrm{T}}$$

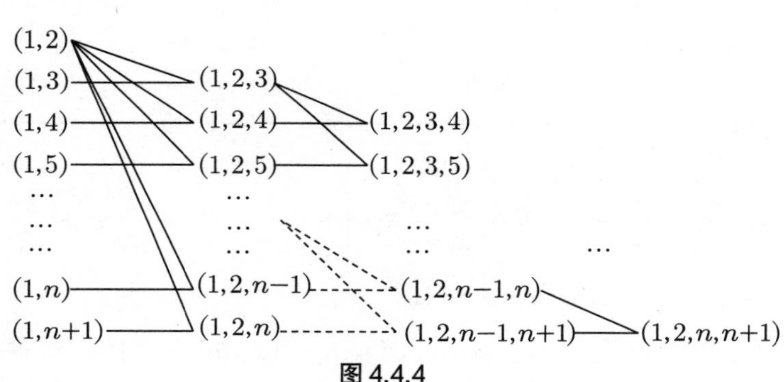

图 4.4.4

下面用Aardio代码实现 n 次拉格朗日插值多项式。

```
 1| import console;
 2| /*
 3| 线性插值算法
 4| y(x)=(x-x2)/(x1-x2)y1+(x-x1)/(x2-x1)y2
 5| y(x)=ax³+bx²+cx+d
 6| */
 7| ///////////////// 请在下面输入需要插值的数据 /////////////////
 8| var x={1;2;3;4};
 9| var y={1;4;9;16};
10| ///////////////// 请在上面输入需要插值的数据 /////////////////
11|
12| var count=#x;
```

```
13| var matrix=table.array(count,count+1,0);
14|
15| for(i=1;count;1){
16|     for(j=1;count;1){
17|         matrix[i][j]=x[i]**(count-j);
18|     }
19|     matrix[i][count+1]=y[i];
20| }
21|
22| var spaces=function(length){
23|     //格式化矩阵,计算所需的空格数
24|     var empty="";
25|     for(i=1;length+1;1){
26|         empty++=" ";
27|     }
28|     return empty;
29| }
30|
31| var printMatrix=function(tab,name){
32|     //格式化显示矩阵
33|     var max=#tostring(tab[1][1]);
34|     for(i=1;#tab;1){
35|         var row=tab[i];
36|         for(j=1;#row;1){
37|             if(max<#tostring(tab[i][j])){
38|                 max=#tostring(tab[i][j]);
39|             }
40|         }
41|     }
42|     for(i=1;#tab;1){
43|         var row=tab[i];
44|         var rowLog="[";
45|         for(j=1;#row;1){
46|             rowLog++=row[j];
47|                 if(j=#row){
48|                     rowLog++=spaces(max-#(tostring(row[j]))-1);
49|                 }else {
50|                     rowLog++=spaces(max-#(tostring(row[j]))+2);
51|                 }
52|         }
53|         rowLog++="]";
54|         var label="";
```

```
55|
56|            //显示矩阵标题名称
57|            for(i=1;math.ceil((#rowLog-#name)/2)+2;1){
58|                label++="-";
59|            }
60|            label++=name
61|            for(i=1;math.ceil((#rowLog-#name)/2)+2;1){
62|                label++="-";
63|            }
64|            if(i=1){
65|                console.log(label);
66|            }
67|
68|            console.log(rowLog);
69|        }
70| }
71|
72| printMatrix(matrix,"增广矩阵");
73|
74| var colmaxrow=function(tab,row,col){
75|        //找二维数组tab列主元素所在行,在第col列从第row行开始往下找绝对值最大数所在行
76|        var tmp=math.abs(tab[row][col])
77|        var bz=row;
78|        for(i=row+1;#tab;1){
79|            if(tmp<math.abs(tab[i][col])){
80|                tmp=math.abs(tab[i][col]);
81|                bz=i;//找到列主元素所在的行号
82|            }
83|        }
84|        return bz;
85|        //console.log(bz);
86| }
87|
88| var excharow=function(tab,rx,ry){
89|        //交换二维数组tab的rx与ry行
90|        var str=null;
91|        for(i=1;#tab[rx];1){
92|            str=tab[rx][i];
93|            tab[rx][i]=tab[ry][i];
94|            tab[ry][i]=str;
95|        }
96|        //console.dump(tab);
```

```
 97| }
 98|
 99| var ktimes=function(tab,k,r){
100|     //将二维数组tab的第r行乘以k
101|     var str=null;
102|     for(i=1;#tab[r];1){
103|         str=tab[r][i]*k;
104|         tab[r][i]=str;
105|     }
106|     //console.dump(tab);
107| }
108|
109| var krowadd=function(tab,rx,ry,k){
110|     //将二维数组tab的第rx行乘以k后加到第ry行上
111|     var str=null;
112|     for(i=1;#tab[rx];1){
113|         str=tab[rx][i]*k;
114|         tab[ry][i]=str+tab[ry][i];
115|     }
116|     //console.dump(tab);
117| }
118|
119| var elimin=function(tab){
120|     //通过消元将矩阵化成上三角矩阵
121|     for(i=1;#tab;1){
122|         excharow(tab,i,colmaxrow(tab,i,i));//找列主元,并将主元所在行与前面行交换
123|         ktimes(tab,1/tab[i][i],i);          //将系数变成1
124|         for(j=i+1;#tab;1){
125|           krowadd(tab,i,j,-tab[j][i]);//消元,第i行乘-tab[j][j-1]后加到第j行上
126|         }
127|     }
128| }
129|
130| var backsubsti=function(tab){
131|     //通过回代将矩阵化为下三角矩阵
132|     var count=#tab;
133|     for(i=1;count-1;1){
134|         for(j=i;count-1;1){
135|           //通过消元将第count-i+1行乘以-tab[count-j][count-i+1]后加到第count-j行上
136|           krowadd(tab,count-i+1,count-j,-tab[count-j][count-i+1]);
137|         }
138|     }
```

```
139| }
140|
141| elimin(matrix);      //高斯消元
142| backsubsti(matrix); //回代
143|
144| printMatrix(matrix,"结果矩阵");
145|
146| var solve=function(tab){
147|     console.log("方程的解为");
148|     for(i=1;#tab;1){
149|         console.log(string.pack(96+i)++"="++tab[i][#tab[1]]);
150|     }
151| }
152|
153| solve(matrix);
154|
155| console.pause(true,"");
```

代码运行结果如图 4.4.5 所示,因此其插值函数为 $y=x^2$。

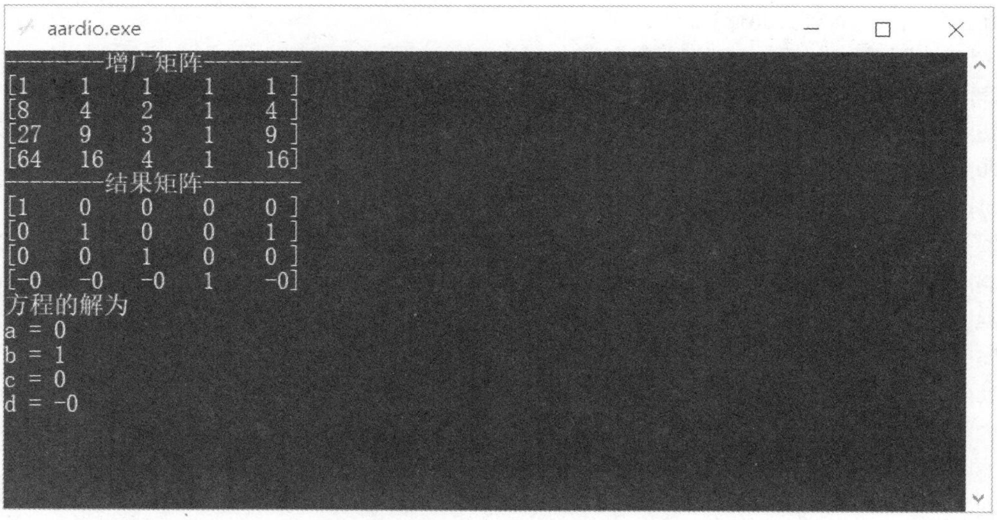

```
aardio.exe
---------增广矩阵---------
[1    1    1    1    1 ]
[8    4    2    1    4 ]
[27   9    3    1    9 ]
[64   16   4    1    16]
---------结果矩阵---------
[1    0    0    0    0 ]
[0    1    0    0    1 ]
[0    0    1    0    0 ]
[-0   -0   -0   1    -0]
方程的解为
a = 0
b = 1
c = 0
d = -0
```

图 4.4.5

物理学及工程实践中有许多用多元函数描述的物理量。比如某物理量为 $\varphi=f(x,y)$,它是一个以 x 和 y 为变量的二元函数,其插值函数的构造就需要用到 9 个节点的函数值,如图 4.4.6 所示,有 9 个节点的二元函数的拉格朗日插值公式仍然是由基函数组合而成的。限于本书的读者对象,本处不做推导,直接给出以下结论,感兴趣的读者请查阅相关高阶资料。

$$\varphi(x,y)=\sum_{r=i-1}^{i+1}\sum_{s=j-1}^{j+1}k_r(x)k_s(y)\varphi_{r,s}$$

其中

$$\varphi_{r,s}=f(x_r,y_s)$$

$$k_r(x)=\prod_{\substack{h=i-1\\h\neq r}}^{i+1}\frac{x-x_k}{x_r-x_k}$$

$$k_s(x)=\prod_{\substack{l=j-1\\l\neq s}}^{j+1}\frac{y-r_l}{y_s-y_l}$$

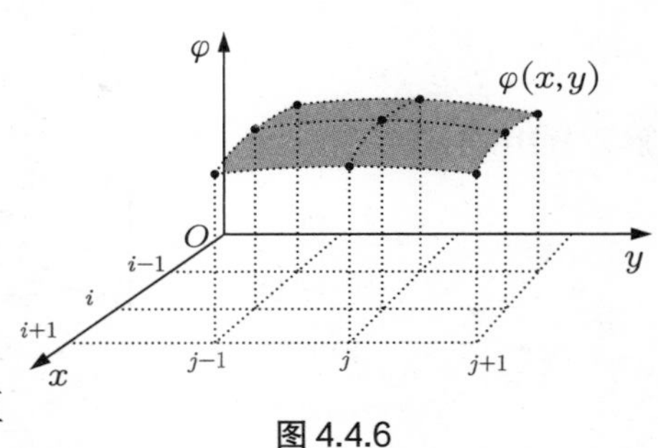

图 4.4.6

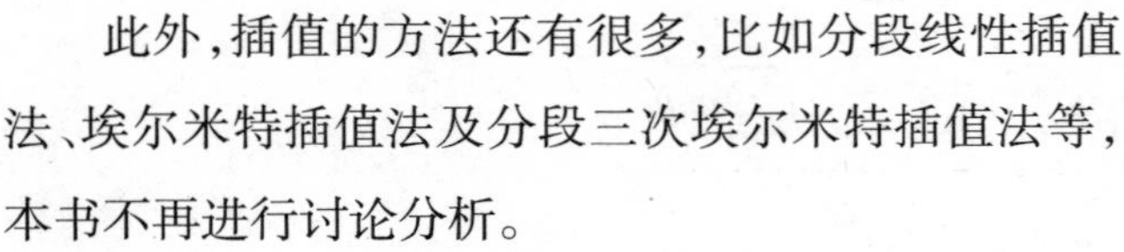

此外，插值的方法还有很多，比如分段线性插值法、埃尔米特插值法及分段三次埃尔米特插值法等，本书不再进行讨论分析。

4.5　最小二乘法

最小二乘法(也称最小平方法)是一种在误差估计、不确定度计算、系统辨识及预测、预报等数据处理诸多领域得到广泛应用的数学算法，也是一种数学优化技术。它通过最小化误差的平方寻找数据的最佳函数匹配。利用最小二乘法可以简便地求出未知的数据，并使这些求得的数据与实际数据之间误差的平方和最小。最小二乘法可用于数据曲线的拟合。此外，一些优化问题也可以通过最小化能量或最大化熵用最小二乘法来表达。

现设实验中测得一组数据 (x_i,y_i)，其中 $i=1,2,\cdots,n$，这组数据大致满足线性关系，可近似采用一次函数

$$f(x)=ax+b$$

拟合 (x_i,y_i) 数据得出图形，于是这个问题就变成了确定系数 a、b 使得所有数据点的误差平方和

$$p(x_i,y_i)=\sum_{i=1}^{n}[f(x_i)-y_i]^2=\sum_{i=1}^{n}[ax_i+b-y_i]^2$$

取极小值，根据一般求极小值的方法，要使 $p(x_i,y_i)$ 值最小，需要满足以下两个方程组，即

$$\begin{cases}\dfrac{\partial p(x_i,y_i)}{\partial a}=2\sum\limits_{i=1}^{n}(ax_i+b-y_i)x_i=0\\\dfrac{\partial p(x_i,y_i)}{\partial b}=2\sum\limits_{i=1}^{n}(ax_i+b-y_i)=0\end{cases}\qquad①$$

$$\begin{cases}\dfrac{\partial^2 p(x_i,y_i)}{\partial a^2}>0\\ \dfrac{\partial^2 p(x_i,y_i)}{\partial b^2}>0\end{cases} \tag{②}$$

解方程组①，得

$$\begin{cases}a=\dfrac{n\sum\limits_{i=1}^{n}x_iy_i-\sum\limits_{i=1}^{n}x_i\sum\limits_{i=1}^{n}y_i}{n\sum\limits_{i=1}^{n}x_i^2-\left(\sum\limits_{i=1}^{n}x_i\right)^2}\\ b=\dfrac{\sum\limits_{i=1}^{n}y_i\sum\limits_{i=1}^{n}x_i^2-\sum\limits_{i=1}^{n}x_i\sum\limits_{i=1}^{n}x_iy_i}{n\sum\limits_{i=1}^{n}x_i^2-\left(\sum\limits_{i=1}^{n}x_i\right)^2}\end{cases}$$

结果满足方程组②，故系数 a、b 为待求的值。

变量 x 和 y 之间的相关程度关系可以用相关系数 r 来表示，r 也表示拟合误差，即

$$r=\frac{\sum\limits_{i=1}^{n}(x_i-\bar{x})(y_i-\bar{y})}{\sqrt{\sum\limits_{i=1}^{n}(x_i-\bar{x})^2\sum\limits_{i=1}^{n}(y_i-\bar{y})^2}} \tag{③}$$

式中

$$\bar{x}=\frac{1}{n}\sum_{i=1}^{n}x_i,\quad \bar{y}=\frac{1}{n}\sum_{i=1}^{n}y_i$$

③式分子部分可化简为

$$\begin{aligned}\sum_{i=1}^{n}(x_i-\bar{x})(y_i-\bar{y})&=\sum_{i=1}^{n}x_iy_i-\bar{x}\sum_{i=1}^{n}y_i-\bar{y}\sum_{i=1}^{n}x_i+\sum_{i=1}^{n}\bar{x}\bar{y}\\&=n\overline{xy}-n\bar{x}\bar{y}-n\bar{x}\bar{y}+n\bar{x}\bar{y}\\&=n\overline{xy}-n\bar{x}\bar{y}\end{aligned}$$

分母部分可化简为

$$\sum_{i=1}^{n}(x_i-\bar{x})^2=\sum_{i=1}^{n}x_i^2-2\bar{x}\sum_{i=1}^{n}x_i+\sum_{i=1}^{n}\bar{x}^2=n\overline{x^2}-n\bar{x}^2$$

$$\sum_{i=1}^{n}(y_i-\bar{y})^2=\sum_{i=1}^{n}y_i^2-2\bar{y}\sum_{i=1}^{n}y_i+\sum_{i=1}^{n}\bar{y}^2=n\overline{y^2}-n\bar{y}^2$$

因此

$$\sqrt{\sum_{i=1}^{n}(x_i-\bar{x})^2\sum_{i=1}^{n}(y_i-\bar{y})^2}=\sqrt{\left(n\overline{x^2}-n\bar{x}^2\right)\left(n\overline{y^2}-n\bar{y}^2\right)}$$

代入得

$$r=\frac{n\overline{xy}-n\overline{x}\overline{y}}{\sqrt{\left(n\overline{x^2}-n\overline{x}^2\right)\left(n\overline{y^2}-n\overline{y}^2\right)}}=\frac{\overline{xy}-\overline{x}\overline{y}}{\sqrt{\left(\overline{x^2}-\overline{x}^2\right)\left(\overline{y^2}-\overline{y}^2\right)}}$$

式中 $r\in[-1,1]$。$|r|$ 数值越大，说明 x 与 y 的线性关系越密切，拟合误差越小。当 $|r|=1$ 时，(x_i,y_i) 位于同一条直线上。

4.6　线性拟合算法

用FreeMat(MATLAB)语言线性拟合求直线的斜率、截距和相关系数(拟合误差)的代码如下：

```
 1|function ordls
 2|    x=[10,8,13,9,11,14,6,4,12,7,5];
 3|    y=[8.04,6.95,7.58,8.81,8.33,8.96,7.24,4.26,10.84,4.82,5.68];
 4|    [a,b]=linearfit(x,y);
 5|    function[a,b]=linearfit(x,y)
 6|        n=length(x);
 7|        x2=x.*x;  %数组或矩阵对应元素相乘
 8|        y2=y.*y;  %数组或矩阵对应元素相乘
 9|        xy=x.*y;
10|        sx=sum(x);
11|        sy=sum(y);
12|        sxy=sum(xy);
13|        sx2=sum(x2);
14|        sy2=sum(y2);
15|        deno=n*sx2-sx*sx;
16|        a=(sy*sx2-sx*sxy)/deno
17|        b=(n*sxy-sx*sy)/deno
18|        r1=(sxy-sx*sy/n)/sqrt((sx2-sx^2/n)*(sy2-sy^2/n))
19|        r2=(sxy/n-sx/n*sy/n)/sqrt((sx2/n-(sx/n)^2)*(sy2/n-(sy/n)^2))
20|    end
21|end
22|运算结果：
23|a=
24|    3.3183
25|b=
26|    0.4546
27|r1=
28|    0.7811
```

```
29| r2=
30|      0.7811
```

用Aardio语言线性拟合求直线的斜率、截距及拟合误差的代码如下：

```
1| // 在下面输入待拟合的数据
2| var x={10;8;13;9;11;14;6;4;12;7;5};
3| var y={8.04;6.95;7.58;8.81;8.33;8.96;7.24;4.26;10.84;4.82;5.68};
4| // 在上面输入待拟合的数据
5| import console;
6| var sx=0;
7| var sy=0;
8| var sxy=0;
9| var sx2=0;
10| var sy2=0;
11| var n=#x;
12|
13| for(i=1;#x;1){
14|      sx=sx+x[i];
15|      sy=sy+y[i];
16|      sxy=sxy+x[i]*y[i];
17|      sx2=sx2+x[i]*x[i];
18|      sy2=sy2+y[i]*y[i];
19| }
20|
21| var deno=n*sx2-sx*sx;
22| var b=(sy*sx2-sx*sxy)/deno;
23| var a=(n*sxy-sy*sx)/deno;
24| var c=(n*sxy-sx*sy)/math.sqrt((n*sx2-sx*sx)*(n*sy2-sy*sy));
25| console.printf("a=%6.2f b=%6.2f c=%6.2f",a,b,c);
26| console.pause(true);
```

代码运行结果如图4.6.1所示。

图4.6.1

4.7　乘幂拟合算法

幂函数拟合可采用化曲为直的方法，即先通过换元转换成线性关系，再利用最小二乘法线性拟合确定幂函数的幂和系数。设某指数函数 $y=ax^n$，对此式取以 e 为底的对数得到

$$\ln y=n\ln x+\ln a$$

取 $\ln y$ 和 $\ln x$ 为新变量，则通过拟合出 $\ln y-\ln x$ 图形求得其斜率为 $k=n$，截距为 $b=\ln a$，故 $a=e^b$，$n=k$，将 a、n 代回原指数函数即可得到所拟合的函数形式。

例1　将表 4.7.1 给出的观测数据用幂函数 $y=ax^n$（a、n 为待定系数）拟合，以确定参数 a、n。

表 4.7.1

x	0.383	0.725	1.000	1.530	5.221	9.570	19.255	30.168
y	0.241	0.616	1.000	1.882	11.871	29.477	84.071	164.899

解　Aardio 计算代码实现如下：

```
 1| /*
 2| 待拟合的幂函数 y=ax^n
 3| */
 4|
 5| /////////////////请在下面输入需要的拟合数据
 6| var x={0.383;0.725;1.000;1.530; 5.221; 9.570;19.255; 30.168};    //半长轴
 7| var y={0.241;0.616;1.000;1.882;11.871;29.477;84.071;164.899};  //周期
 8| /////////////////请在上面输入需要的拟合数据
 9|
10| import console;
11| powpoly=function(x,y){
12|     var sx=0;
13|     var sy=0;
14|     var sxy=0;
15|     var sx2=0;
16|     var sy2=0;
17|     //根据 X=lnx 转换数据
18|     for(i=1;#x;1){
19|         x[i]=math.log(x[i]);
20|     }
21|
22|     for(i=1;#y;1){
23|         y[i]=math.log(y[i]);
24|     }
```

```
25|
26|     var n=#x;
27|     for(i=1;#x;1){
28|         sx=sx+x[i];
29|         sy=sy+y[i];
30|         sxy=sxy+x[i]*y[i];
31|         sx2=sx2+x[i]*x[i];
32|         sy2=sy2+y[i]*y[i];
33|     }
34|     var deno=n*sx2-sx*sx;
35|     var b=(sy*sx2-sx*sxy)/deno;
36|     var a=(n*sxy-sy*sx)/deno;
37|     var c=(n*sxy-sx*sy)/math.sqrt((n*sx2-sx*sx)*(n*sy2-sy*sy));
38|     return math.round(math.exp(b),5),math.round(a,5),math.round(c,5);
39| }
40| a,n,r=powpoly(x,y);
41| console.log("拟合函数为:y="++a++"x"++"^"++n);
42| console.log("拟合误差为:r="++r)
43| console.pause(true,"");
```

代码运行结果如图 4.7.1 所示。

图 4.7.1

4.8 指数和对数拟合

对于指数和对数拟合问题,均可采用化曲为直的方法,即先通过换元转换成线性关系,再利用最小二乘法线性拟合确定指数的系数。设某指数函数 $y=\gamma b^{\beta x}$,对此式取以 b 为底的对数得到

$$\log_b y=\log_b \gamma+\beta x$$

再转换成以 e 为底的对数为

$$\frac{\ln y}{\ln b}=\frac{\ln\gamma}{\ln b}+\beta x$$

进一步处理,得

$$\ln y=\ln\gamma+(\beta\ln b)x$$

令 $a=\beta\ln b$,则有

$$\ln y=\ln\gamma+ax$$

即

$$\ln y=\ln\gamma+\ln e^{ax}$$

转换成指数,得

$$y=\gamma e^{ax}$$

可见,任何以实数为底数的指数均可表示为以 e 为底的指数形式,即 $y=\gamma e^{ax}$ 形式,式 $y=\gamma e^{ax}$ 以 e 为底的对数形式为

$$\ln y=\ln\gamma+ax$$

取 $\ln y$ 和 x 为新变量,则通过拟合出 $\ln y-x$ 图形求得其斜率为 $k=a$,截距为 $b'=\ln\gamma$,故 $a=k$,$\gamma=e^{b'}$,将 γ、a 代回原指数函数即可得到所拟合的函数形式。

例1　将表 4.8.1 给出的观测数据用指数函数 $y=be^{ax}$($b>0$,a、b 为待定系数) 拟合,以确定参数 a、b。

表 4.8.1

x	1	2	3	4	5	6	7	8
y	15.3	20.5	27.4	36.6	49.1	65.6	87.8	117.6

解　对 $y=be^{ax}$ 取对数,得

$$\ln y=ax+\ln b$$

令 $Y=\ln y$, $X=x$, $A=a$, $B=\ln b$,则指数函数可化成标准的线性函数形式,即

$$Y=AX+B$$

Aardio 代码实现如下:

```
1| //在下面输入待拟合的数据
2| var x={1;2;3;4;5;6;7;8};
3| var y={15.3;20.5;27.4;36.6;49.1;65.5;87.8;117.6};
4| //在上面输入待拟合的数据
5| //根据 Y=lny 转换数据
6| import console;
7| var sx=0;
8| var sy=0;
9| var sxy=0;
10| var sx2=0;
11| var sy2=0;
12| for(i=1;#y;1){
```

```
13|      y[i]=math.log(y[i]);
14|}
15|var n=#x;
16|for(i=1;#x;1){
17|      sx=sx+x[i];
18|      sy=sy+y[i];
19|      sxy=sxy+x[i]*y[i];
20|      sx2=sx2+x[i]*x[i];
21|      sy2=sy2+y[i]*y[i];
22|}
23|var deno=n*sx2-sx*sx;
24|var a=(n*sxy-sy*sx)/deno;
25|var b=(sy*sx2-sx*sxy)/deno;
26|//根据B=lnb,即b=exp(B)转换数据
27|b=math.exp(b);
28|var c=(n*sxy-sx*sy)/math.sqrt((n*sx2-sx*sx)*(n*sy2-sy*sy));
29|//console.printf("a=%6.2f b=%6.2f",a,b);
30|console.log("拟合函数为y="++math.round(b,2)++"e^"++math.round(a,2)++"x");
31|console.pause(true,"");
```

代码运行结果如图 4.8.1 所示,可见拟合出的指数函数为 $y=11.44\mathrm{e}^{0.29x}$。

图 4.8.1

设某以 A 为底的对数函数为

$$y=\gamma\log_A\beta x+B$$

转换成以 e 为底的对数为

$$y=\gamma\frac{\ln\beta x}{\ln A}+B$$

进一步处理成

$$y=\gamma\frac{\ln\beta+\ln x}{\ln A}+B$$

再处理为

$$y=\frac{\gamma}{\ln A}\ln x+\left(B+\frac{\gamma\ln\beta}{\ln A}\right)$$

令 $a=\frac{\gamma}{\ln A}$, $b=B+\frac{\gamma\ln\beta}{\ln A}$,则上式可化为

$$y=a\ln x+b$$

可见以任何实数为底的对数都可以转换成以 e 为底的对数形式。取 y 和 $\ln x$ 为新变量,则通过拟合出 $y-\ln x$ 图形求得其斜率为 $k=a$,截距为 b,将 a、b 代回原对数函数即可得到所拟合的函数形式。以上面指数函数拟合数据为例,用 Aardio 实现对数拟合算法代码如下:

```
 1| /*
 2| 待拟合的指数函数 y=alnx+b
 3| */
 4|
 5| //在下面输入待拟合的数据
 6| var x={1;2;3;4;5;6;7;8};
 7| var y={15.3;20.5;27.4;36.6;49.1;65.5;87.8;117.6};
 8| //在上面输入待拟合的数据
 9|
10| import console;
11| var sx=0;
12| var sy=0;
13| var sxy=0;
14| var sx2=0;
15| var sy2=0;
16| //根据 X=lnx 转换数据
17| for(i=1;#x;1){
18|     x[i]=math.log(x[i]);
19| }
20| var n=#x;
21| for(i=1;#x;1){
22|     sx=sx+x[i];
23|     sy=sy+y[i];
24|     sxy=sxy+x[i]*y[i];
25|     sx2=sx2+x[i]*x[i];
26|     sy2=sy2+y[i]*y[i];
27| }
28| var deno=n*sx2-sx*sx;
29| var b=(sy*sx2-sx*sxy)/deno;
30| var a=(n*sxy-sy*sx)/deno;
31| var c=(n*sxy-sx*sy)/math.sqrt((n*sx2-sx*sx)*(n*sy2-sy*sy));
32| //console.printf("a=%6.2f b=%6.2f  c=%6.2f",a,b,c);
33| console.log("拟合函数为:y="++math.round(a,2)++"lnx"++"+"+math.round(b,2));
```

```
34| console.log("拟合误差为：r="++math.round(c,2));
35| console.pause(true,"");
```

代码运行结果如图 4.8.2 所示。

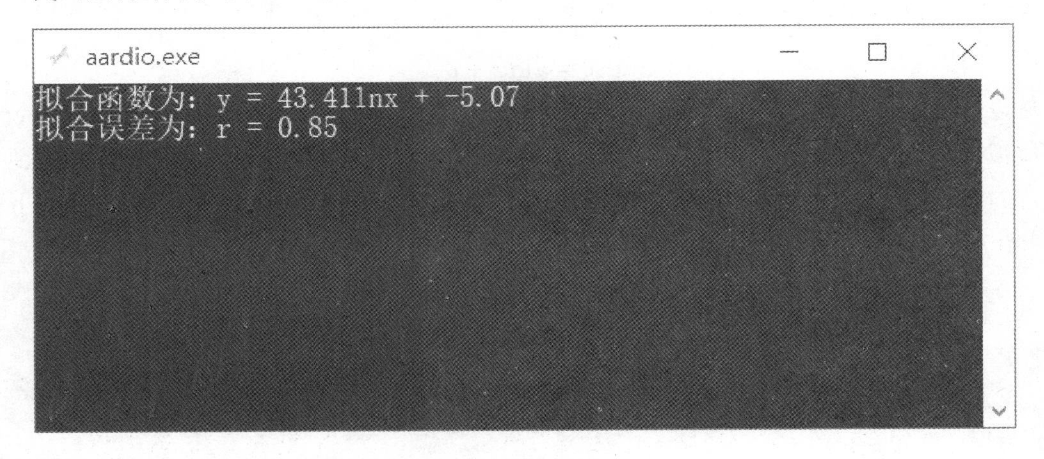

图 4.8.2

4.9　m 次多项式拟合

通常设所测数据满足如下 m 次多项式：

$$p_m(x) = a_m x^m + a_{m-1}x^{m-1} + a_{m-2}x^{m-2} + \cdots + a_2x^2 + a_1x + a_0$$

即

$$p_m(x) = \sum_{i=1}^{m+1} a_{i-1}x^{i-1} \quad (m < n)$$

用此多项式去拟合 n 对测量数据点 (x_i, y_i)，问题是要选择适当的 $m+1$ 个系数 a_i，使误差的平方和 $Q(a_1, a_2, \cdots, a_{m+1}) = \sum\limits_{j=1}^{n}\left(\sum\limits_{i=1}^{m+1} a_{i-1}x^{i-1} - y_i\right)^2$ 达到最小值，展开得

$$\begin{aligned}
Q(a_1, a_2, \cdots, a_{m+1}) = & (a_m x_1^m + a_{m-1}x_1^{m-1} + \cdots + a_2x_1^2 + a_1x_1 + a_0 - y_1)^2 \\
& + (a_m x_2^m + a_{m-1}x_2^{m-1} + \cdots + a_2x_2^2 + a_1x_2 + a_0 - y_2)^2 \\
& + (a_m x_3^m + a_{m-1}x_3^{m-1} + \cdots + a_2x_3^2 + a_1x_3 + a_0 - y_3)^2 \\
& + \cdots + (a_m x_{n-1}^m + a_{m-1}x_{n-1}^{m-1} + \cdots + a_2x_{n-1}^2 + a_1x_{n-1} + a_0 - y_{n-1})^2 \\
& + (a_m x_n^m + a_{m-1}x_n^{m-1} + \cdots + a_2x_n^2 + a_1x_n + a_0 - y_n)^2
\end{aligned}$$

此时 $Q(a_1, a_2, \cdots, a_{m+1})$ 必须满足其一阶导数为 0，即 $\dfrac{\partial Q}{\partial a_k} = 2\sum\limits_{j=1}^{n}\left(\sum\limits_{i=1}^{m+1} a_{i-1}x^{i-1} - y_i\right)x_j^k = 0$ $(k=0, 1, \cdots, m)$，展开得

$$\begin{aligned}\frac{\partial Q}{\partial a_k}=&2(a_m x_1^m+a_{m-1}x_1^{m-1}+\cdots+a_k x_1^k+\cdots+a_1x_1+a_0-y_1)x_1^k\\&+2(a_m x_2^m+a_{m-1}x_2^{m-1}+\cdots+a_k x_2^k+\cdots+a_1x_2+a_0-y_2)x_2^k\\&+2(a_m x_3^m+a_{m-1}x_3^{m-1}+\cdots+a_k x_3^k+\cdots+a_1x_3+a_0-y_3)x_3^k\\&+\cdots+2(a_m x_{n-1}^m+a_{m-1}x_{n-1}^{m-1}+\cdots+a_k x_{n-1}^k+\cdots+a_1x_{n-1}+a_0-y_{n-1})x_{n-1}^k\\&+2(a_m x_n^m+a_{m-1}x_n^{m-1}+\cdots+a_k x_n^k+\cdots+a_1x_n+a_0-y_n)x_n^k\\=&0\end{aligned}$$

整理得

$$\begin{aligned}&(x_1^{m+k}+x_2^{m+k}+\cdots+x_n^{m+k})a_m+(x_1^{m+k-1}+x_2^{m+k-1}+\cdots+x_n^{m+k-1})a_{m-1}\\&+\cdots+(x_1^{k+k}+x_2^{k+k}+\cdots+x_n^{k+k})a_k+\cdots+(x_1^{2+k}+x_2^{2+k}+\cdots+x_n^{2+k})a_2\\&+(x_1^{1+k}+x_2^{1+k}+\cdots+x_n^{1+k})a_1+(x_1^k+x_2^k+\cdots+x_n^k)a_0\\&\ =y_1x_1^k+y_2x_2^k+\cdots+y_{n-1}x_{n-1}^k+y_nx_n^k\end{aligned}$$

将 k 个方程所组成的方程组写成矩阵形式为

$$\begin{bmatrix}s_0 & s_1 & s_2 & \cdots & s_m\\ s_1 & s_2 & s_3 & \cdots & s_{m+1}\\ s_2 & s_3 & s_4 & \cdots & s_{m+2}\\ \vdots & \vdots & \vdots & & \vdots\\ s_m & s_{m+1} & s_{m+2} & \cdots & s_{2m}\end{bmatrix}\begin{bmatrix}a_0\\ a_2\\ a_3\\ \vdots\\ a_m\end{bmatrix}=\begin{bmatrix}t_0\\ t_2\\ t_3\\ \vdots\\ t_m\end{bmatrix}$$

其中

$$s_k=\sum_{i=1}^{n}x_i^k,\quad t_k=\sum_{i=1}^{n}y_ix_i^k\quad(k=0,1,2,\cdots,m)$$

下面我们就以拟合 $f(x)=a_2x^2+a_1x+a_0$ 为例说明用Aardio代码实现算法的步骤。根据上面的推导,为求得系数 a_0、a_1、a_2,测量数据对 (x_i,y_i) 至少需要三组,写出三元一次方程组为

$$\begin{bmatrix}n & \sum x_i & \sum x_i^m\\ \sum x_i & \sum x_i^2 & \sum x_i^{m+1}\\ \sum x_i^2 & \sum x_i^3 & \sum x_i^{m+2}\end{bmatrix}\begin{bmatrix}a_0\\ a_1\\ a_2\end{bmatrix}=\begin{bmatrix}\sum y_i\\ \sum x_iy_i\\ \sum x_i^2y_i\end{bmatrix}$$

此处为了简化计算,并方便验证(直观看出),本例取3组简单且特殊的测试数据对,即 $\{(x_i,y_i)|(1,1),(2,4),(3,9)\}$,但程序代码是通用的,适合 n 对数据, Aardio代码如下:

```
1| import console;
2| ///////////////// 请在下面输入需要拟合的数据 /////////////////
3| var x={1;2;3};
4| var y={1;4;9};
5| ///////////////// 请在上面输入需要拟合的数据 /////////////////
6|
7| var spaces=function(length) {
```

```
 8|     //格式化矩阵,计算所需的空格数
 9|     var empty="";
10|     for(i=1;length+1;1) {
11|          empty++="";
12|     }
13|     return empty;
14| }
15|
16| var printMatrix=function(tab,name){
17|     //格式化显示矩阵
18|     var max=#tostring(tab[1][1]);
19|     for(i=1;#tab;1){
20|         var row=tab[i];
21|         for(j=1;#row;1){
22|             if(max<#tostring(tab[i][j])){
23|                  max=#tostring(tab[i][j]);
24|             }
25|         }
26|     }
27|     for(i=1;#tab;1){
28|         var row=tab[i];
29|         var rowLog="[";
30|         for(j=1;#row;1){
31|             rowLog++=row[j];
32|             if(j=#row){
33|                 rowLog++=spaces(max-#(tostring(row[j]))-1);
34|             }else {
35|                 rowLog++=spaces(max-#(tostring(row[j]))+2);
36|             }
37|         }
38|         rowLog++="]";
39|         var label="";
40|
41|         //显示矩阵标题名称
42|         for(i=1;math.ceil((#rowLog-#name)/2)+2;1){
43|              label++="-";
44|         }
45|         label++=name
46|         for(i=1;math.ceil((#rowLog-#name)/2)+2;1){
47|              label++="-";
48|         }
49|         if(i=1){
50|              console.log(label);
51|         }
52|         console.log(rowLog);
```

```
53|     }
54| }
55|
56| var mpoly=function(tabx,taby,m){//m为指数最高次,不指定则默认为数据对数减1
57|         //对拟合数据进行格式化
58|         var sk=function(tabx,k){
59|              var sk=0;
60|              for(i=1;#tabx;1){
61|                  sk=sk+tabx[i]**k;
62|              }
63|              return sk;
64|          }
65|
66|          var tk=function(tabx,taby,k){
67|              var tk=0;
68|              for(i=1;#tabx;1){
69|                  tk=tk+taby[i]*(tabx[i]**k);
70|              }
71|              return tk;
72|           }
73|
74|           //设置拟合多项式的最高次m,不指定则默认为数据对数减1
75|           if(m=null){
76|                m=#tabx-1;
77|           }
78|           //对拟合数据进行格式化,生成系数矩阵
79|           var matrix_s=table.array(m+1,m+1,0);
80|           for(i=1;m+1;1){
81|                for(j=1;m+1;1){
82|                     matrix_s[i][j]=sk(x,j+i-2);
83|                }
84|            }
85|
86|            //对拟合数据进行格式化,生成常数矩阵
87|            var matrix_t=table.array(m+1,1,0);
88|            for(i=1;m+1;1){
89|                 matrix_t[i][1]=tk(x,y,i-1);
90|            }
91|            //对拟合数据进行格式化,生成增广矩阵
92|            var matrix_st=table.array(m+1,m+2,0);
93|            for(i=1;m+1;1){
94|                 for(j=1;m+1;1){
95|                      matrix_st[i][j]=matrix_s[i][j];
96|                 }
97|                 for(i=1;m+1;1){
```

```
 98|                     matrix_st[i][m+2]=matrix_t[i][1];
 99|                }
100|           }
101|
102|           //对拟合数据进行格式化,生成未知数矩阵
103|           var matrix_a=table.array(m+1,1,0);
104|           for(i=1;m+1;1){
105|                matrix_a[i][1]="a"++(i-1);
106|           }
107|
108|           return matrix_st;
109| }
110|
111| var array=mpoly(x,y);//指定拟合最高次,不指定则默认为数据对数减1
112|
113| var colmaxrow=function(tab,row,col){
114|     //寻找二维数组tab的列主元素所在行号,在第col列从第row行开始往下找绝对值最大数
    所在行
115|     var tmp=math.abs(tab[row][col])
116|     var bz=row;
117|     for(i=row+1;#tab;1){
118|         if(tmp<math.abs(tab[i][col])){
119|             tmp=math.abs(tab[i][col]);
120|             bz=i;//找到列主元素所在行号
121|         }
122|     }
123|     return bz;
124| }
125|
126| var excharow=function(tab,rx,ry){
127|     //交换二维数组tab的rx与ry行
128|     var str=null;
129|     for(i=1;#tab[rx];1){
130|         str=tab[rx][i];
131|         tab[rx][i]=tab[ry][i];
132|         tab[ry][i]=str;
133|     }
134|     //console.dump(tab);
135| }
136|
137| var ktimes=function(tab,k,r){
138|     //将二维数组tab的第r行乘以k
139|     var str=null;
140|     for(i=1;#tab[r];1){
141|         str=tab[r][i]*k;
142|         tab[r][i]=str;
```

```
143|     }
144|     //console.dump(tab);
145| }
146|
147| var krowadd=function(tab,rx,ry,k){
148|     //将二维数组tab的第rx行乘以k后加到第ry行上
149|     var str=null;
150|     for(i=1;#tab[rx];1){
151|         str=tab[rx][i]*k;
152|         tab[ry][i]=str+tab[ry][i];
153|     }
154|
155|     //console.dump(tab);
156| }
157|
158| var elimin=function(tab){
159|     //通过消元将矩阵化成上三角矩阵
160|     for(i=1;#tab;1){
161|          excharow(tab,i,colmaxrow(tab,i,i));//找到列主元素,将主元素所在行与前面的
  行交换
162|          ktimes(tab,1/tab[i][i],i);//将系数变成1
163|          for(j=i+1;#tab;1){
164|            krowadd(tab,i,j,-tab[j][i])//消元,将第i行乘以-tab[j][j-1]后加第j行上
165|        }
166|     }
167| }
168|
169| var backsubsti=function(tab){
170|     //通过回代将矩阵化为下三角矩阵
171|     var count=#tab;
172|     for(i=1;count-1;1){
173|         for(j=i;count-1;1){
174|             //通过消元将第count-i+1行乘以-tab[count-j][count-i+1]后加到第count-j行上
175|              krowadd(tab,count-i+1,count-j,-tab[count-j][count-i+1]);
176|         }
177|     }
178| }
179|
180| printMatrix(array,"增广矩阵");
181|
182| elimin(array);//高斯消元
183|
184| backsubsti(array);//回代
185|
186| printMatrix(array,"结果矩阵");
187|
188| var solve=function(tab){
189|      console.log("方程的解为");
```

```
190|      for(i=1;#tab;1){
191|           console.log("a"++( i-1 )++"="++tab[i][#tab[1]]);
192|      }
193|
194|      var str="f(x)=";
195|      for(i=1;#tab;1){
196|          str+=(tab[#tab-i+1][#tab[1]]++"x^"++( #tab-i)++"+");
197|      }
198|      str=string.trimright(str,"+");
199|      console.log(" 拟合多项式为 ");
200|      console.log(str);
201| }
202|
203| solve(array);
204|
205| console.pause(true,"");
```

代码运行结果如图 4.9.1 所示。

```
aardio.exe
--------增广矩阵--------
[3    6    14    14]
[6    14   36    36]
[14   36   98    98]
--------结果矩阵--------
[1    0    0    0 ]
[0    1    0    0 ]
[-0   -0   1    1 ]
方程的解为
a0 = 0
a1 = 0
a2 = 1
拟合多项式为
f(x) = 1x^2 + 0x^1 + 0x^0
```

图 4.9.1

结果显示 $a_0=0$, $a_1=0$, $a_3=1$,代回 $f(x)=a_2x^2+a_1x+a_0$,得到所拟合的多项式为 $f(x)=x^2$。下面用 Microsoft Mathematics 验证算法的正确性。将图 4.9.1 中的增广矩阵转换成对应的方程组为

$$\begin{cases}3a_0+6a_1+14a_2=14\\6a_0+14a_1+36a_2=36\\14a_0+36a_1+98a_2=98\end{cases}$$

将此方程复制到 Microsoft Mathematics 中,单击“输入”按钮后得到如图 4.9.2 所示结果,得证。

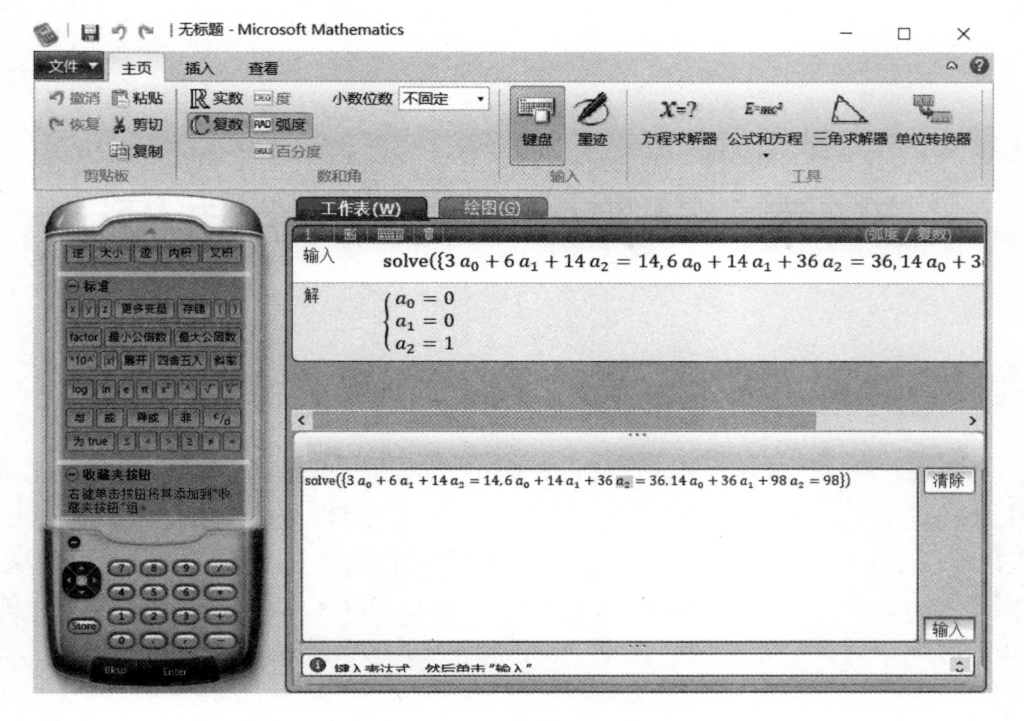
无标题 - Microsoft Mathematics
文件
主页
插入
查看
撤消
粘贴
恢复
剪切
复制
剪贴板
实数
度
复数
弧度
百分度
小数位数
不固定
数和角
键盘
墨迹
输入
方程求解器
公式和方程
三角求解器
单位转换器
工具
工作表(W)
绘图(G)
(弧度 / 复数)
输入
solve({3 a_0 + 6 a_1 + 14 a_2 = 14, 6 a_0 + 14 a_1 + 36 a_2 = 36, 14 a_0 + 3
解
a_0 = 0
a_1 = 0
a_2 = 1
solve({3 a_0 + 6 a_1 + 14 a_2 = 14, 6 a_0 + 14 a_1 + 36 a_2 = 36, 14 a_0 + 36 a_1 + 98 a_2 = 98})
清除
输入
标准
更多变量
存储
factor
最小公倍数
最大公因数
展开
四舍五入
log
ln
为 true
收藏夹按钮
右键单击按钮将其添加到"收藏夹按钮"组。
Store
Bksp
Enter

图 4.9.2

第5章　计算物理初步应用专题

计算物理学是伴随着电子计算机的出现和发展而逐步形成的一门新兴的边缘学科。它是一门以电子计算机为工具,应用数学的方法解决物理问题的应用科学,因此它是物理、数学和计算机三者结合的产物。现在这门科学已广泛地应用于其他领域。本章介绍了利用 Aardio 语言、MATLAB 语言和 Excel 以及 ECharts 实现物理测量数据拟合和图形输出的算法、计算机仿真实验与计算机辅助物理实验的案例。

5.1　数值分析和拟合算法案例

通过前五章的学习,读者应该基本掌握了 Aardio 语言、MATLAB 语言和 Excel 以及 ECharts 的基本应用,虽然可能不是很熟练,但应该基本理解了常用的数学处理方法,比如线性拟合算法、乘幂拟合算法、指数拟合算法和 m 次多项式拟合算法。近百年来人类积累了大量的知识,限于人脑的能力,我们在学习使用任何工具时,不需要也不能做到记住编程工具的每个函数和语法的应用细节,但我们必须树立搜索互联网这个巨大人脑拓展知识库的意识,懂得如何有效利用现有的资源,比如开发工具提供的帮助文档等等。本章所涉及的案例对于中学师生来说可能有点难度,若在学习过程中遇到疑点,请发挥搜索引擎的优势。

5.1.1　探究行星运动周期与轨道半长轴的关系

新人教版高中物理必修二第七章第一节“行星的运动”中阐述了开普勒关于天体运动的三大规律,本节利用计算物理方法探究开普勒第三定律,即周期定律。本实例采用 Aardio + ECharts 实现测量数据的线性拟合、乘幂拟合、指数拟合、多项式拟合和对数拟合并输出图形。

Aardio 图形界面设计如图 5.1.1 所示。

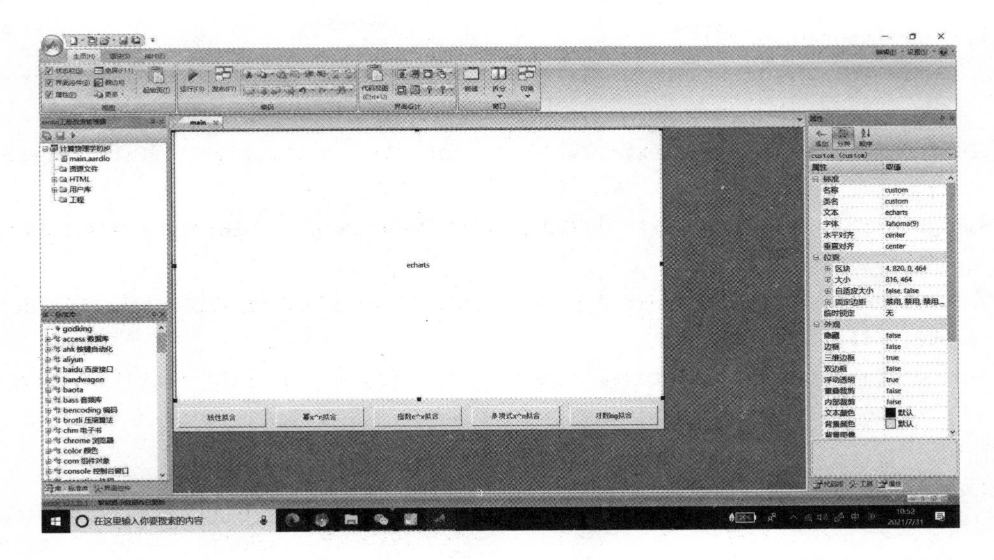

图 5.1.1

Aardio 图形界面运行如图 5.1.2 所示。

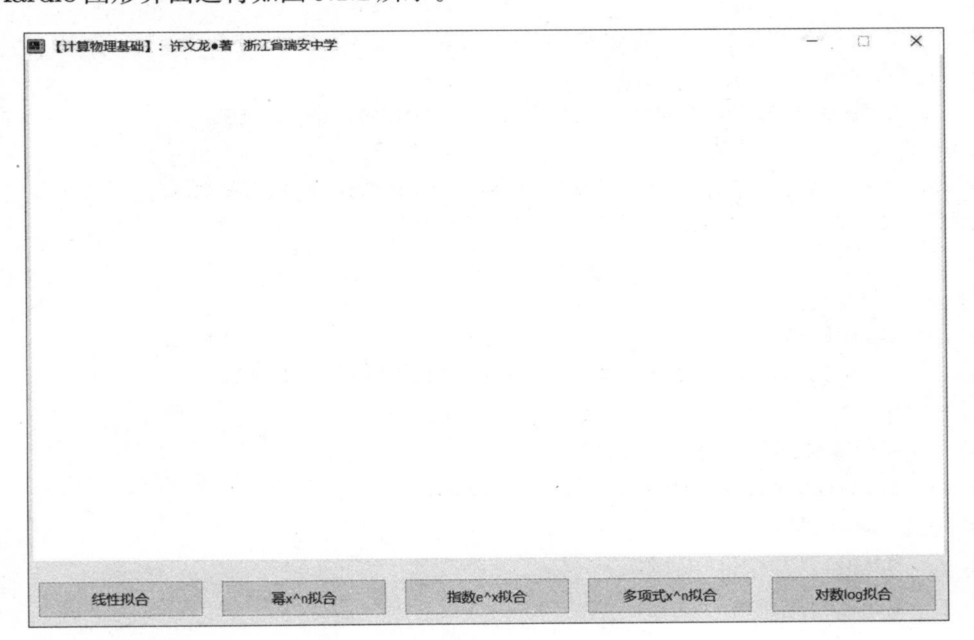

图 5.1.2

Aardio + ECharts 实现数据拟合分析的代码如下：

```
1| import win.ui;
2| /*DSG{{*/
3| winform=win.form(text='【计算物理基础】:许文龙 \u25CF 著　　浙江省瑞安中学 ';right
   =852;bottom=556;border="dialog frame";max=false)
4| winform.add(
5| custom={cls="custom";text="echarts";left=5;top=4;right=846;bottom=484;edge
```

```
    =1;transparent=1;z=1};
 6| expbtn={cls="button";text=" 指数 e^x 拟合 ";left=351;top=516;right=499;bottom
    =550;z=3};
 7| linebtn={cls="button";text=" 线性拟合 ";left=14;top=516;right=162;bottom=550;z
    =2};
 8| logbtn={cls="button";text=" 对数 log 拟合 ";left=684;top=516;right=832;bottom
    =550;z=5};
 9| polybtn={cls="button";text=" 多项式 x^n 拟合 ";left=515;top=516;right=663;bottom
    =550;z=4};
10| powerbtn={cls="button";text=" 幂 x^n 拟合 ";left=184;top=516;right=332;bottom
    =550;z=6}
11| )
12| /*}}*/
13|
14| import web.kit.form;
15| var wk=web.kit.form(winform);
16|
17| ///////////////// 请在下面输入需要拟合的数据
18| // 半长轴(单位:A.U.)
19| var x={0.383;0.725;1.000;1.530;5.221;9.570;19.255;30.168};
20| // 周期(单位:年)
21| var y={0.241;0.616;1.000;1.882;11.871;29.477;84.071;164.899};
22| ///////////////// 请在上面输入需要拟合的数据
23|
24| var xtemp={};
25| for(i=1;#x;1){
26|     xtemp[i]=x[i]**(1);// 改变半长轴的幂,括号中的数字代表幂
27| }
28| // 对拟合数据进行格式化
29| var data=table.array(table.count(x),2,0);
30| for(i=1;#x;1){
31|     data[i][1]=xtemp[i];
32|     data[i][2]=y[i];
33| }
34|
35| // 定义用于 JS 调用的外部接口,将用于在 JS 内调用外部用 AAR 写的代码
36| wk.external={
37|     getdata=function(){
38|         return data;
39|     };
40|     getdata2=function(){
41|         k,n=powerpoly(x,y);
```

```
42|         var data2=table.array(table.count(x),2,0);
43|         for(i=1;#x;1){
44|             data2[i][1]=x[i];
45|             data2[i][2]=k*(x[i]**n);
46|         }
47|         return data2;
48|     };
49|     title=function(){
50|         k,n=powerpoly(x,y);
51|         return "y="++k++"x"++"^"++n;
52|     };
53|     getline=function(){
54|         var fittype="linear";
55|         return fittype;
56|     };
57|     getexp=function(){
58|         var fittype="exponential";
59|         return fittype;
60|     };
61|     getpoly=function(){
62|         var fittype="polynomial";
63|         return fittype;
64|     };
65|     getlog=function(){
66|         var fittype="logarithmic";
67|         return fittype;
68|     }
69| };
70|
71| var jshead=/*
72|     //https://github.com/ecomfe/echarts-stat
73|     //myChart.clear();
74|     var data=external.getdata();
75|     var myRegression=ecStat.regression(fittype,data);
76|     myRegression.points.sort(function(a,b){return a[0]-b[0];});
77| */
78|
79| var jslinear=/*
80|     myRegression.expression="y="+Math.round(myRegression.parameter.gradient
    *100)/100+"x+"+Math.round(myRegression.parameter.intercept*100)/100;
81| */
82|
```

```
83| var jspower=/**
84|     //指定图表的配置项和数据
85|     myChart.clear();
86|     var data=external.getdata();
87|     var data2=external.getdata2();
88|     option={
89|         title: {
90|             text: external.title(),
91|             subtext: '(蓝色表示实际数据点平滑曲线,绿色代表拟合曲线)',
92|             left: 'center'
93|         },
94|         xAxis: {
95|             //min:-60,
96|             //max: 20,
97|             type: 'value',
98|             axisLine: {onZero: false}
99|         },
100|        yAxis: {
101|            //min: 0,
102|            //max: 40,
103|            type: 'value',
104|            axisLine: {onZero: false}
105|        },
106|        series: [
107|            {
108|                id: 'a',
109|                type: 'line',
110|                smooth: true,
111|                symbolSize: 15,
112|                lineStyle: {
113|                    color: 'blue',
114|                    width: 20
115|                },
116|                color: 'blue',
117|                data: data  //原数据曲线,蓝色,放前面的先画
118|            },
119|            {
120|                id: 'b',
121|                type: 'line',
122|                smooth: true,
123|                symbolSize: 5,
124|                symbol: 'triangle',
```

```
125|                    lineStyle: {
126|                        color: 'green',
127|                        width: 8
128|                    },
129|                    data: data2  //拟合曲线,绿色,放后面的后画
130|                }
131|            ]
132|    };
133|    //使用刚指定的配置项和数据显示图表
134|    myChart.setOption(option);
135|**/
136|
137|var js=/*
138|    //指定图表的配置项
139|    var option={
140|    title: {
141|        //text: expression,
142|        //text: myRegression.parameter.gradient,
143|        //text: myRegression.parameter.intercept,
144|        text: myRegression.expression,
145|        subtext: '(蓝色表示实际数据点平滑曲线,绿色代表拟合曲线)',
146|        //sublink:'https://github.com/ecomfe/echarts-stat',//字标题超链接
147|        left: 'center'
148|    },
149|    tooltip: {
150|        trigger: 'axis',
151|        axisPointer: {
152|            type: 'cross'
153|        }
154|    },
155|    xAxis: {
156|        type: 'value',
157|        splitLine: {
158|            lineStyle: {
159|                type: 'dashed'
160|            }
161|        },
162|        splitNumber: 20
163|    },
164|    yAxis: {
165|        type: 'value',
166|        splitLine: {
```

```
167|            lineStyle: {
168|                type: 'dashed'
169|            }
170|        },
171|        min: 0
172|    },
173|    series: [{
174|        name: 'scatter',
175|        type: 'scatter',
176|        label: {
177|            emphasis: {
178|                show: true,
179|                position: 'left',
180|                textStyle: {
181|                    color: 'blue',
182|                    fontSize: 16
183|                }
184|            }
185|        },
186|        data: data
187|    }, {     id: 'a',
188|            type: 'line',
189|            smooth: true,
190|            symbolSize: 15,
191|            //symbol: 'triangle',
192|            lineStyle: {
193|                color: 'blue',
194|                width: 20
195|            },
196|            //symbolSize: 10,
197|            data: external.getdata() //实际数据点对应的线条,蓝色,放前面的先画
198|           }, {
199|        name: 'line',// 拟合曲线,绿色,放后面的后画
200|        type: 'line',
201|        //showSymbol: false,
202|        smooth: true,
203|        symbolSize: 5,
204|            symbol: 'triangle',
205|            color:'white',
206|            lineStyle: {
207|            color: 'green',
208|            width: 8
```

```
209|            },
210|            data: myRegression.points,
211|            markPoint: {
212|                itemStyle: {
213|                    normal: {
214|                        color: 'transparent'
215|                    }
216|                },
217|                label: {
218|                    normal: {
219|                        show: true,
220|                        position: 'left',
221|                        //formatter: myRegression.expression, //曲线函数表达式
222|                        textStyle: {
223|                            color: '#333',
224|                            fontSize: 14
225|                        }
226|                    }
227|                },
228|                data: [{
229|                    coord: myRegression.points[myRegression.points.length-1]
230|                }]
231|            }
232|        } ]
233|    };
234|
235|    //使用刚指定的配置项和数据显示图表
236|    if (option && typeof option==="object") {
237|        myChart.setOption(option, true);
238|    }
239|*/
240|
241|wk.html=/**
242|    <!DOCTYPE html>
243|    <html style="height: 100%">
244|    <head>
245|        <meta charset="utf-8">
246|        <style>
247|            #container{text-align:center;line-height:1000%}
248|        </style>
249|    </head>
250|    <body style="height: 100%; margin: 0">
```

```
251|         <div id="container" style="height: 100%">正在下载所需 JS 代码</div>
252|         <script type="text/javascript" src="https://cdn.jsdelivr.net/npm/
    echarts/dist/echarts.min.js"></script>
253|         <script type="text/javascript" src="https://cdn.jsdelivr.net/npm/
    echarts-stat/dist/ecStat.min.js"></script>
254|         <script type="text/javascript" src="https://cdn.jsdelivr.net/npm/
    echarts-gl/dist/echarts-gl.min.js"></script>
255|         <script type="text/javascript">
256|             myChart=echarts.init(document.getElementById('container'));
257|         </script>
258|     </body>
259|     </html>
260| **/
261|
262| winform.linebtn.oncommand=function(id,event){
263|     var js="var fittype=external.getline();"+jshead+jslinear+js;
264|     wk.doScript(js);
265|     winform.linebtn.disabledText="线性拟合";
266|     winform.powerbtn.disabledText=null;
267|     winform.expbtn.disabledText=null;
268|     winform.polybtn.disabledText=null;
269|     winform.logbtn.disabledText=null;
270| }
271|
272| winform.powerbtn.oncommand=function(id,event){
273|     var js=jspower;
274|     wk.doScript(js);
275|     winform.linebtn.disabledText=null;
276|     winform.powerbtn.disabledText="乘幂拟合";
277|     winform.expbtn.disabledText=null;
278|     winform.polybtn.disabledText=null;
279|     winform.logbtn.disabledText=null;
280| }
281|
282| winform.expbtn.oncommand=function(id,event){
283|     var js="var fittype=external.getexp();"+jshead+js;
284|     wk.doScript(js);
285|     winform.linebtn.disabledText=null;
286|     winform.powerbtn.disabledText=null;
287|     winform.expbtn.disabledText="指数拟合";
288|     winform.polybtn.disabledText=null;
289|     winform.logbtn.disabledText=null;
```

```
290| }
291|
292| winform.polybtn.oncommand=function(id,event){
293|     var js="var fittype=external.getpoly();"+jshead+js;
294|     wk.doScript(js);
295|     winform.linebtn.disabledText=null;
296|     winform.powerbtn.disabledText=null;
297|     winform.expbtn.disabledText=null;
298|     winform.polybtn.disabledText="多项式拟合";
299|     winform.logbtn.disabledText=null;
300| }
301|
302| winform.logbtn.oncommand=function(id,event){
303|     var js="var fittype=external.getlog();"+jshead+js;
304|     wk.doScript(js);
305|     winform.linebtn.disabledText=null;
306|     winform.powerbtn.disabledText=null;
307|     winform.expbtn.disabledText=null;
308|     winform.polybtn.disabledText=null;
309|     winform.logbtn.disabledText="对数拟合";
310| }
311|
312| powerpoly=function(x,y){
313|     var sx=0;
314|     var sy=0;
315|     var sxy=0;
316|     var sx2=0;
317|     var sy2=0;
318|     var xx={};
319|     var yy={};
320|     //根据X=lnx,转换数据
321|     for(i=1;#x;1){
322|         xx[i]=math.log(x[i]);
323|     }
324|
325|     for(i=1;#y;1){
326|         yy[i]=math.log(y[i]);
327|     }
328|     var n=#xx;
329|     for(i=1;n;1){
330|         sx=sx+xx[i];
331|         sy=sy+yy[i];
```

```
332|          sxy=sxy+xx[i]*yy[i];
333|          sx2=sx2+xx[i]*xx[i];
334|          sy2=sy2+yy[i]*yy[i];
335|      }
336|      var deno=n*sx2-sx*sx;
337|      var b=(sy*sx2-sx*sxy)/deno;
338|      var a=(n*sxy-sy*sx)/deno;
339|      var c=(n*sxy-sx*sy) / math.sqrt((n*sx2-sx*sx)*(n*sy2-sy*sy));
340|      return math.round(math.exp(b),2) , math.round(a,2) ,math.round(c,2);
341| }
342| //添加可拖动边框
343| import win.ui.resizeBorder;
344| win.ui.resizeBorder(winform);
345| //添加阴影
346| import win.ui.shadow;
347| win.ui.shadow(winform);
348| import win.ui.minmax;
349| win.ui.minmax(winform);
350| winform.show();
351| win.loopMessage();
```

运行上述代码,单击“线性拟合”按钮,得到线性拟合结果如图 5.1.3 所示。

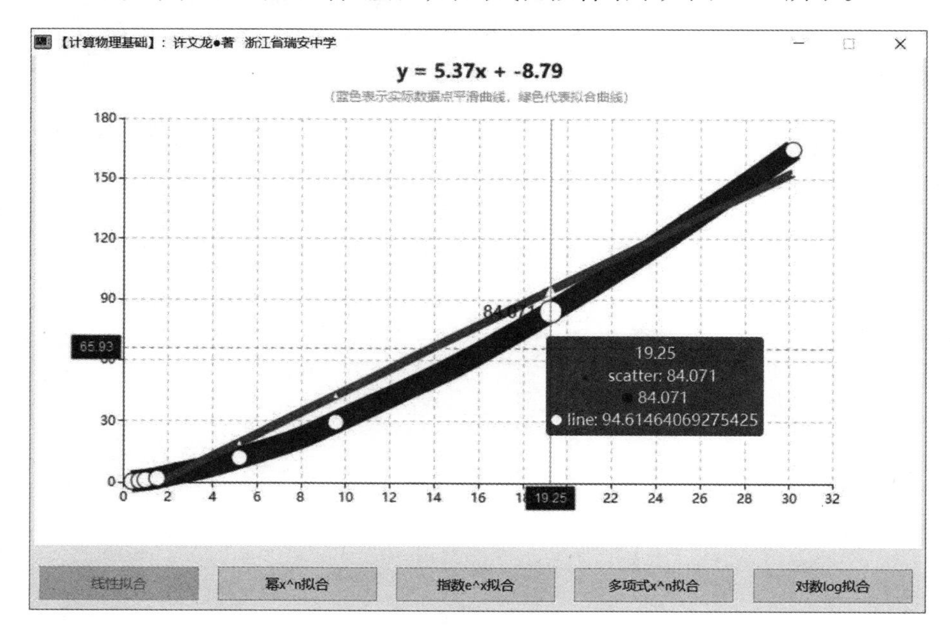

图 5.1.3

单击“幂 x^n 拟合”按钮,得到乘幂拟合结果如图 5.1.4 所示。很明显,数据点与插值函数 $y=x^{1.5}$ 吻合得相当好。这说明行星运动的周期与其轨道半长轴的 1.5 次方成正比,即

$T=a^{1.5}$或$\frac{a^3}{T^2}=K$。

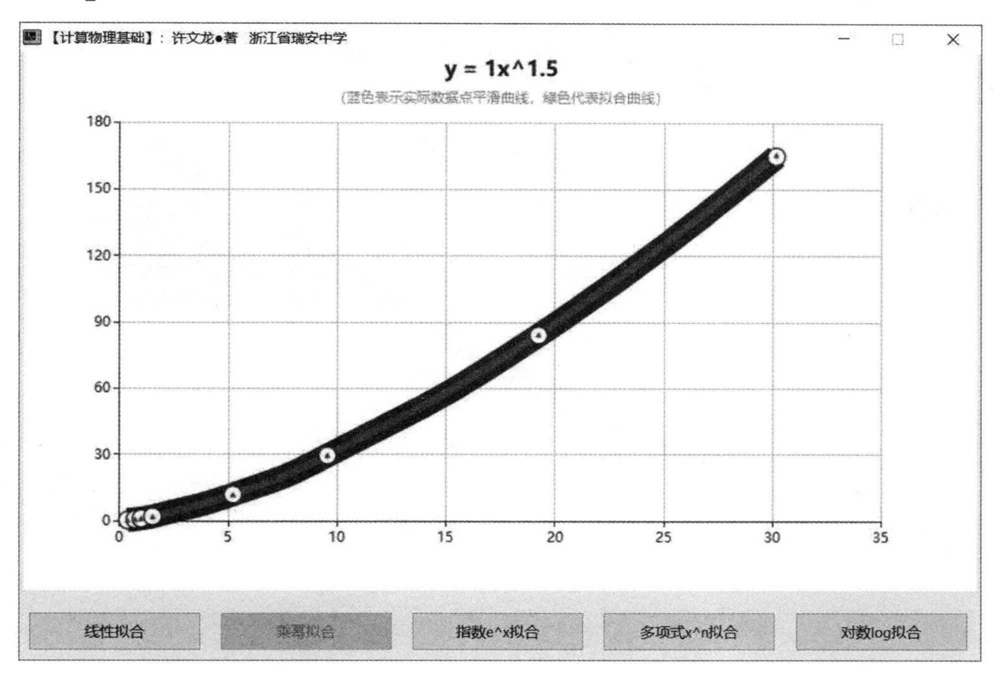

图 5.1.4

单击“指数 e^x 拟合”按钮,得到指数拟合结果如图 5.1.5 所示。

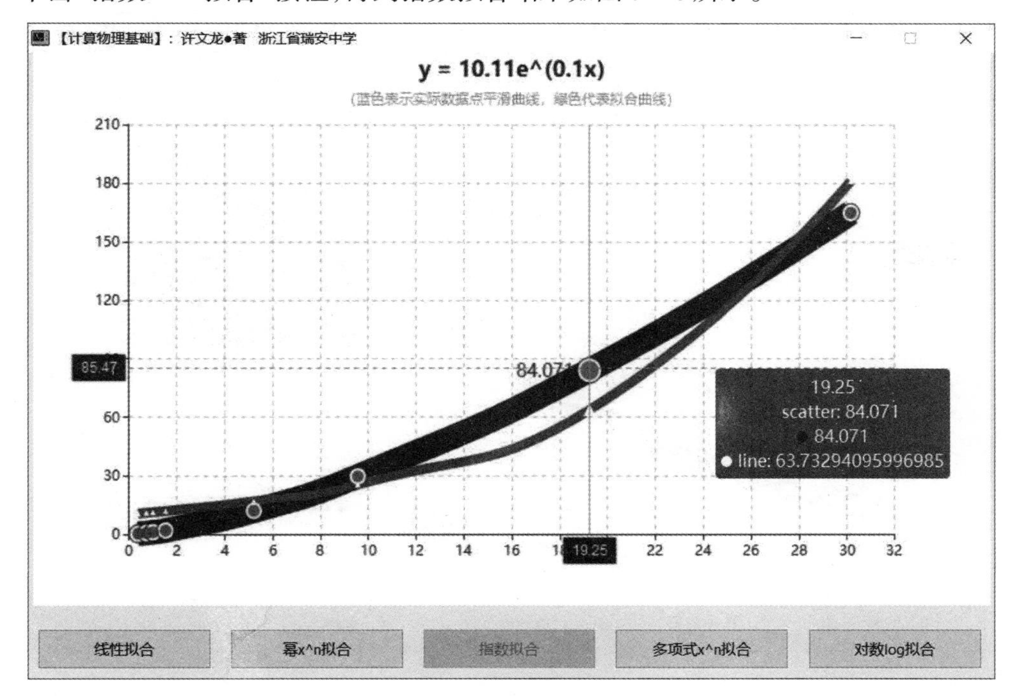

图 5.1.5

单击“多项式 x^n 拟合”按钮,得到多项式拟合结果如图 5.1.6 所示。

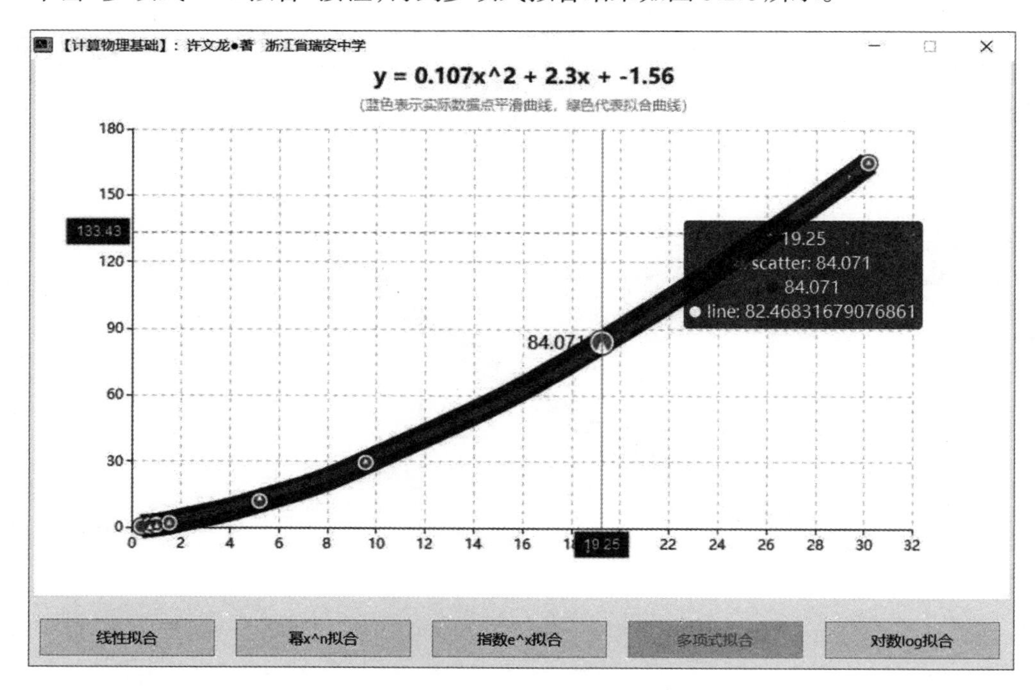

图 5.1.6

单击“对数 log 拟合”按钮,得到对数拟合结果如图 5.1.7 所示。

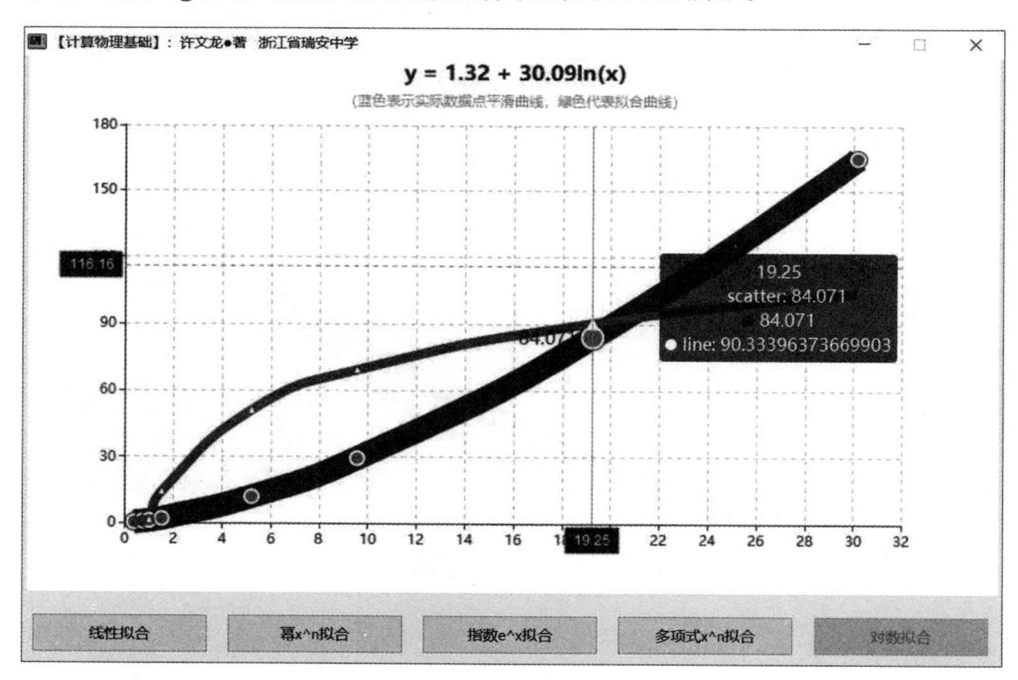

图 5.1.7

图 5.1.6 为多项式拟合结果,其拟合函数为 $y=0.107x^2+2.3x-1.56$,拟合误差也相当

小，行星运动的周期与其轨道半长轴的关系为 $T=0.107a^2+2.3a-1.56$。图 5.1.4 为乘幂拟合结果，拟合函数关系为 $T=a^{1.5}$，相比之下，乘幂拟合度比多项式拟合度要高，即拟合误差更小。多项式拟合度之所以挺高（拟合误差小），那是因为根据泰勒展开式，在一定的误差范围内可将幂函数式展开为多项式。

此外，探究行星运动周期与其轨道半长轴的关系时，还可以采用"线性拟合"与"化曲为直"的方法进行处理。如图 5.1.8 所示，第 22 行代码 ** (1) 表示半长轴的 1 次方，其线性拟合结果如图 5.1.9 所示，此时，不难看出 $T-a$ 拟合曲线向上弯曲。

```
15   //////////////////请在下面输入需要拟合的数据
16   var x={0.383;0.725;1.000;1.530; 5.221; 9.570;19.255; 30.168};  //半长轴（单位：A.U.）
17   var y={0.241;0.616;1.000;1.882;11.871;29.477;84.071;164.899};  //周期（单位：年）
18   //////////////////请在上面输入需要拟合的数据
19
20   var xtemp={};
21   for(i=1;#x;1){
22       xtemp[i] = x[i]**(1); //改变半长轴的幂，括号中的数字代表幂
23   }
```

图 5.1.8

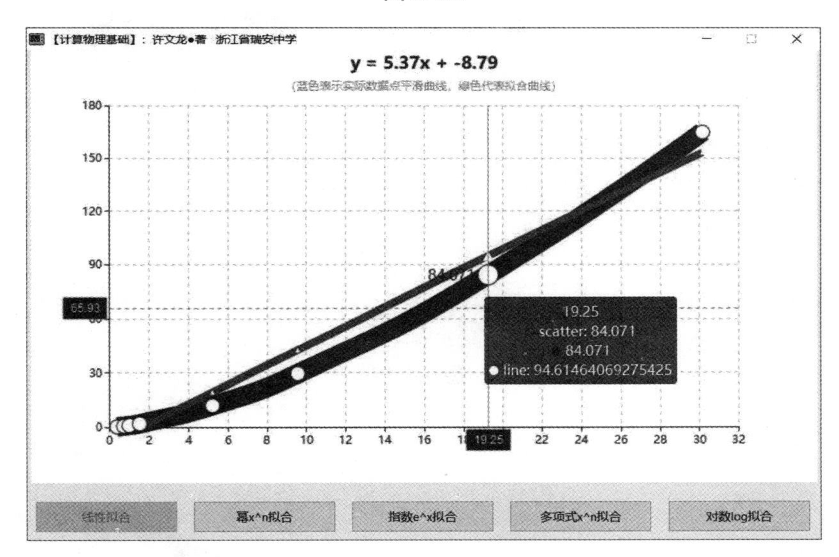

图 5.1.9

现将第 22 行代码 ** (1) 改成 ** (2)，如图 5.1.10 所示，表示半长轴的 2 次方，其线性拟合结果如图 5.1.11 所示，此时，发现 $T-a^2$ 拟合曲线向下弯曲。

```
15   //////////////////请在下面输入需要拟合的数据
16   var x={0.383;0.725;1.000;1.530; 5.221; 9.570;19.255; 30.168};  //半长轴（单位：A.U.）
17   var y={0.241;0.616;1.000;1.882;11.871;29.477;84.071;164.899};  //周期（单位：年）
18   //////////////////请在上面输入需要拟合的数据
19
20   var xtemp={};
21   for(i=1;#x;1){
22       xtemp[i] = x[i]**(2); //改变半长轴的幂，括号中的数字代表幂
23   }
```

图 5.1.10

当拟合 $T-a$ 时，拟合曲线向上弯曲，当拟合 $T-a^2$ 时，拟合曲线向下弯曲，引导学生猜测周期 (T) 可能与半长轴$^{(1-2)}$ ($a^{(1-2)}$) 成正比，尝试取半长轴 1.5 次方 ($a^{1.5}$)，即拟合 $T-a^{1.5}$，修改代码如图 5.1.12 所示，即将第 22 行代码 **(2) 改成 **(1.5)，拟合结果如图 5.1.13 所示。

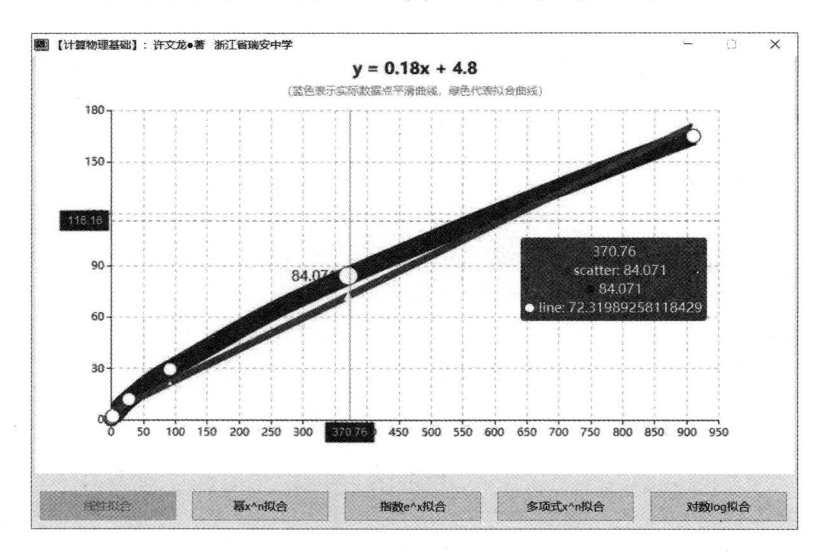

图 5.1.11

```
15    //////////////////请在下面输入需要拟合的数据
16    var x={0.383;0.725;1.000;1.530; 5.221; 9.570;19.255; 30.168};  //半长轴（单位：A.U.）
17    var y={0.241;0.616;1.000;1.882;11.871;29.477;84.071;164.899};  //周期（单位：年）
18    //////////////////请在上面输入需要拟合的数据
19
20    var xtemp={};
21    for(i=1;#x;1){
22        xtemp[i] = x[i]**(1.5); //改变半长轴的幂，括号中的数字代表幂
23    }
```

图 5.1.12

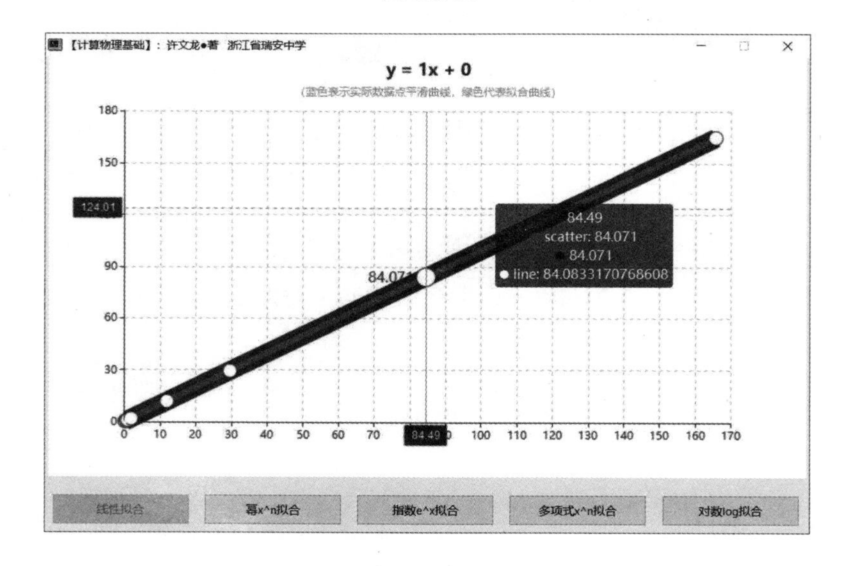

图 5.1.13

如图 5.1.13 所示，当拟合 $T-a^{1.5}$ 时，拟合曲线是一条直线，这说明 $T\propto a^{1.5}$ 或 $\dfrac{a^3}{T^2}=K$。探究行星运动周期与其轨道半长轴的关系时，除了用 Aardio + ECharts 外，还可以采用 Microsoft Excel 处理，处理结果如图 5.1.14 所示，处理过程省略，请读者自行研究。

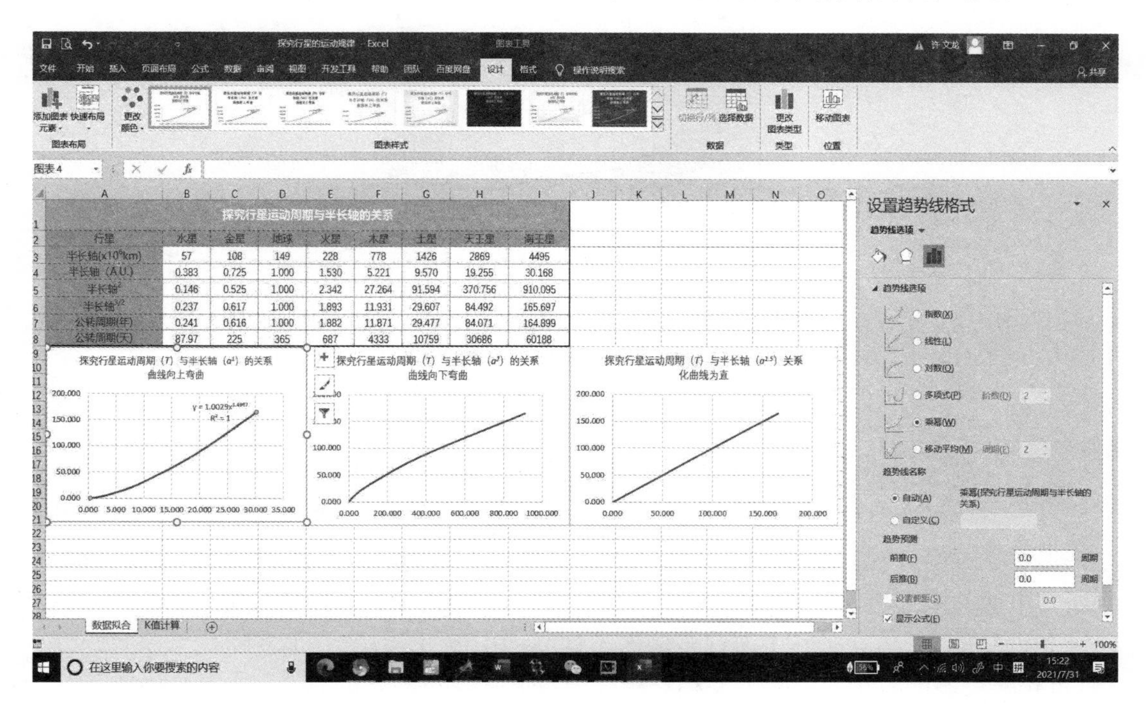

探究行星运动周期与半长轴的关系								
行星	水星	金星	地球	火星	木星	土星	天王星	海王星
半长轴($\times10^6$km)	57	108	149	228	778	1426	2869	4495
半长轴（A.U.）	0.383	0.725	1.000	1.530	5.221	9.570	19.255	30.168
半长轴^3	0.146	0.525	1.000	2.342	27.264	91.594	370.756	910.095
半长轴$^{3/2}$	0.237	0.617	1.000	1.893	11.931	29.607	84.492	165.697
公转周期(年)	0.241	0.616	1.000	1.882	11.871	29.477	84.071	164.899
公转周期(天)	87.97	225	365	687	4333	10759	30686	60188

图 5.1.14

5.1.2　球槽模型习题课教学中的数值分析

对于复杂的数理方程，仅通过函数式比较很难判断其物理特征，一般的数学方法或物理方法也很难解决问题，但利用 MATLAB 或 Excel 的数值分析方法可以直观清楚地知道物理量的极值、变化趋势、拐点以及取值范围等，从这些量化关系中能更直观地理解相关问题的物理本质。本节结合一道典型的高考模拟试题（球槽模型）进行分析，此类题型往往涉及多个研究对象和研究过程，需要教师引导学生综合运用动量、能量知识进行分析求解，对学生能力要求较高。物理教学过程中，通过对此类题型的数值分析有助于提升学生的计算思维，以达到举一反三的效果，培养学生的创新能力。

例1　如图 5.1.15 所示，设小球和半圆槽的质量分别为 M 和 m，所有接触面都光滑，小球可视为质点。

(1) 若槽可在光滑水平面上自由滑动，小球从 B 点静止释放，则小球运动到槽的最低点 P 之前速度是否一直增大？

(2) 若槽固定在水平面上，小球从 B 点正上方 h 处静止释放，则小球从 B 点到 P 点过程中重力功率是否一直增大？

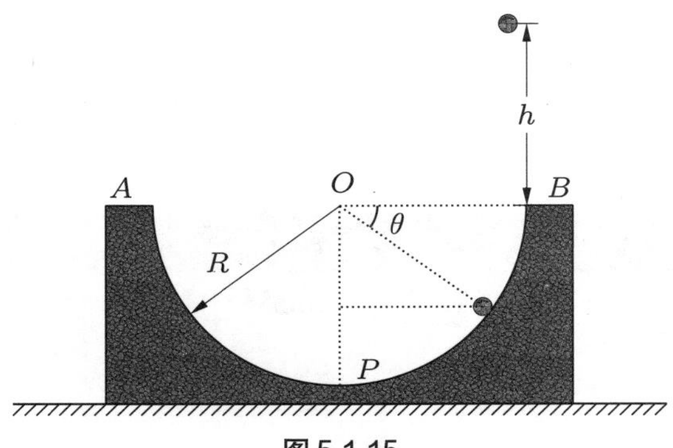

图 5.1.15

解 (1) 令 $\frac{M}{m}=k$,则由机械能守恒和水平方向动量守恒不难求得

$$v_M=\sqrt{\frac{2gR\sin\theta}{k+k^2+(1+k)^2\cot^2\theta}}$$

$$v_m=\sqrt{2gR\sin\theta-\frac{2kgR\sin\theta}{k+k^2+(1+k)^2\cot^2\theta}}$$

直接分析 $v_m=\sqrt{2gR\sin\theta-\frac{2kgR\sin\theta}{k+k^2+(1+k)^2\cot^2\theta}}$ 函数的单调关系,对于一般的中学生来说有点难度,当然,在教学过程中,教师可首先引导学生对此函数进行解析上的分析,并判断其单调关系,但是我们不能仅限于解析上的分析,更需要通过数值分析培养学生的计算思维和创新能力,毕竟实际中的许多问题不像高考中的“凑数题”,很多物理工程问题没有“解析解”,更多的时候我们只需要相对精确的数值解。数值分析的第一步是转换成无量纲形式,即

$$\frac{v_M}{\sqrt{gR}}=\sqrt{\frac{2\sin\theta}{k+k^2+(1+k)^2\cot^2\theta}},\quad \theta\in[0,90°]$$

$$\frac{v_m}{\sqrt{gR}}=\sqrt{2\sin\theta-\frac{2k\sin\theta}{k+k^2+(1+k)^2\cot^2\theta}},\quad \theta\in[0,90°]$$

现利用 MATLAB 绘制 $\frac{v_m}{\sqrt{gR}}-\theta$ 的函数图像,MATLAB 代码如下,$\frac{v_m}{\sqrt{gR}}-\theta$ 图像如图 5.1.16 所示。

```
 1| x=0:pi/200:pi/2;
 2| k=0.01;
 3| y=sqrt(2*sin(x)-(2*k*sin(x))./(k+k^2+(1+k)^2*cot(x).*cot(x)));
 4| yl=y(end);
 5| k=0.1;
 6| z=sqrt(2*sin(x)-(2*k*sin(x))./(k+k^2+(1+k)^2*cot(x).*cot(x)));
 7| zl=z(end);
 8| k=0.5;
 9| g=sqrt(2*sin(x)-(2*k*sin(x))./(k+k^2+(1+k)^2*cot(x).*cot(x)));
10| gl=g(end);
11| k=1;
12| h=sqrt(2*sin(x)-(2*k*sin(x))./(k+k^2+(1+k)^2*cot(x).*cot(x)));
```

```
13| hl=h(end);
14| k=2;
15| j=sqrt(2*sin(x)-(2*k*sin(x))./(k+k^2+(1+k)^2*cot(x).*cot(x)));
16| jl=j(end);
17| k=5;
18| f=sqrt(2*sin(x)-(2*k*sin(x))./(k+k^2+(1+k)^2*cot(x).*cot(x)));
19| fl=f(end);
20| k=10;
21| p=sqrt(2*sin(x)-(2*k*sin(x))./(k+k^2+(1+k)^2*cot(x).*cot(x)));
22| pl=p(end);
23| k=100;
24| w=sqrt(2*sin(x)-(2*k*sin(x))./(k+k^2+(1+k)^2*cot(x).*cot(x)));
25| wl=w(end);
26| figure('NumberTitle', 'off', 'Name', '球槽模型数值分析');
27| plot(x,y,x,z,x,g,x,h,x,j,x,f,x,p,x,w)
28| text(pi/2,yl,' k=0.01'),text(pi/2,zl,' k=0.1'),text(pi/2,gl,' k=0.5'),
    text(pi/2,hl,' k=1');
29| text(pi/2,jl,' k=2'),text(pi/2,fl,' k=5'),text(pi/2,pl,' k=10'),text(pi
    /2,wl,' k=100');
30| xlim([0 pi/2])
31| set(gca,'XTick',[0:pi/6:pi/2])
32| set(gca,'xtickLabel',{'0','π/6','π/3','π/2'})
33| xlabel('θ/rad')
34| ylabel({'$$\frac{v_m}{\sqrt{gR}}$$'},'Interpreter','latex','FontSize',11);
```

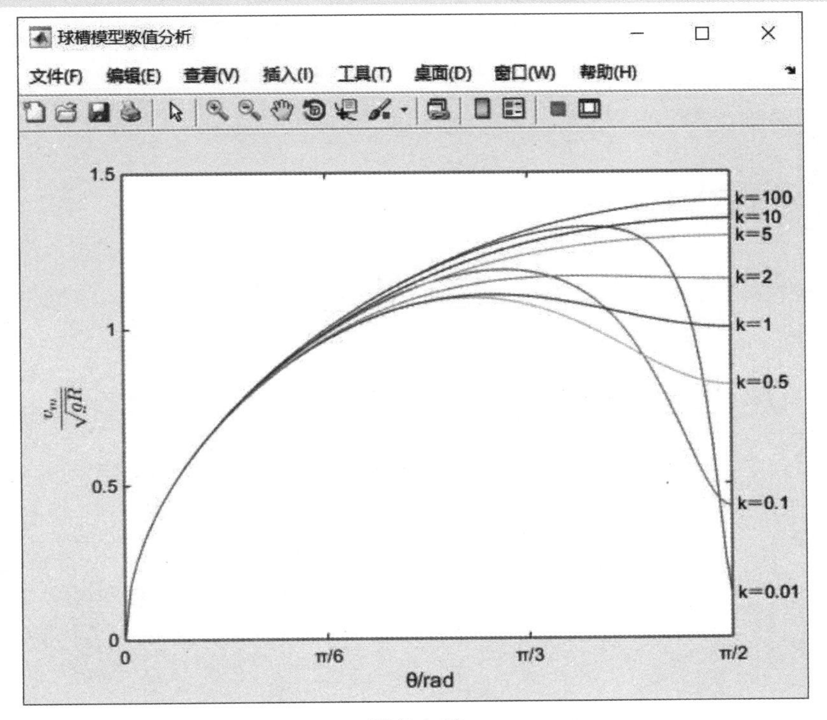

图 5.1.16

观察图 5.1.16 不难发现，当 $k\left(=\dfrac{M}{m}\right)$ 值较小，即 $M<m$ 或 $M\approx m$ 时，$\dfrac{v_m}{\sqrt{gR}}$ 随角度 θ 在 $[0,90°]$ 之间不呈单调关系；当 $\theta=90°$，即小球运动到最低点时，速度并不是最大的；当 k 超过某一个值时，通过数值分析可知此值约为 2.73，$\dfrac{v_m}{\sqrt{gR}}$ 随角度 θ 在 $[0,90°]$ 之间呈单调关系，随着角度的增大而增大，这种情况下小球运动到最低点时速度最大；当 $M\gg m$ 时，小球与槽相互作用过程中可将槽视为静止不动处理，此时小球从 B 点到 P 点过程中，其速度随角度增大而增大，在最低点速度取最大值。

（2）由机械能守恒不难求得

$$v_0=\sqrt{2gh}$$

$$v=\sqrt{v_0^2+2gR\sin\theta}$$

$$p=mgv\cos\theta=mg\sqrt{(v_0^2+2gR\sin\theta)\cos^2\theta}$$

实际教学过程中，先引导学生对 $p=mg\sqrt{(v_0^2+2gR\sin\theta)\cos^2\theta}$ 函数的单调关系从逻辑上进行分析，然后再引导学生进行数值分析，以培养学生的计算思维和创新能力。数值分析的第一步是转换成无量纲形式，即

$$\frac{p}{mgv_0}=\sqrt{\left(1+\frac{2gR}{v_0^2}\sin\theta\right)\cos^2\theta}$$

令 $\dfrac{2gR}{v_0^2}=k$，即 $k=\dfrac{R}{h}$，则有

$$\frac{p}{mgv_0}=\sqrt{(1+k\sin\theta)\cos^2\theta}\ ,\quad \theta\in[0,\ 90°]$$

现利用 MATLAB 绘制 $\dfrac{p}{mgv_0}-\theta$ 的函数图像，MATLAB 代码如下，$\dfrac{p}{mgv_0}-\theta$ 图像如图 5.1.17 所示。

```
 1| x=0:pi/200:pi/2;
 2| k=0.2;
 3| y=sqrt((1+k*sin(x)).*cos(x).*cos(x));
 4| yl=y(50);
 5| k=0.6;
 6| z=sqrt((1+k*sin(x)).*cos(x).*cos(x));
 7| zl=z(50);
 8| k=1;
 9| g=sqrt((1+k*sin(x)).*cos(x).*cos(x));
10| gl=g(50);
11| k=3;
12| j=sqrt((1+k*sin(x)).*cos(x).*cos(x));
13| jl=j(50);
14| k=5;
15| f=sqrt((1+k*sin(x)).*cos(x).*cos(x));
16| fl=f(50);
17| k=10;
18| p=sqrt((1+k*sin(x)).*cos(x).*cos(x));
```

```
19| pl=p(50);
20| figure('NumberTitle', 'off', 'Name', '球槽模型数值分析');
21| plot(x,y,x,z,x,g,x,j,x,f,x,p)
22| text(pi/4,yl,' k=0.2'),text(pi/4,zl,' k=0.6'),text(pi/4,gl,' k=1');
23| text(pi/4,jl,' k=3'),text(pi/4,fl,' k=5'),text(pi/4,pl,' k=10');
24| xlim([0 pi/2]);
25| set(gca,'XTick',[0:pi/6:pi/2]);
26| set(gca,'xtickLabel',{'0','π/6','π/3','π/2'});
27| xlabel('θ/rad');
28| ylabel({'$$\frac{p}{mgv_0}$$'},'Interpreter','latex','FontSize',11);
29| % text (- 0. 05, 1, {' $$\ frac {v _ m} {\ sqrt {gR}} $$'}, 'Interpreter', 'latex',
    'FontSize',11);
30| %legend('k=0.2','k=0.6','k=1','k=1','k=3','k=5','k=10','Location',
    'NorthEastOutside')
```

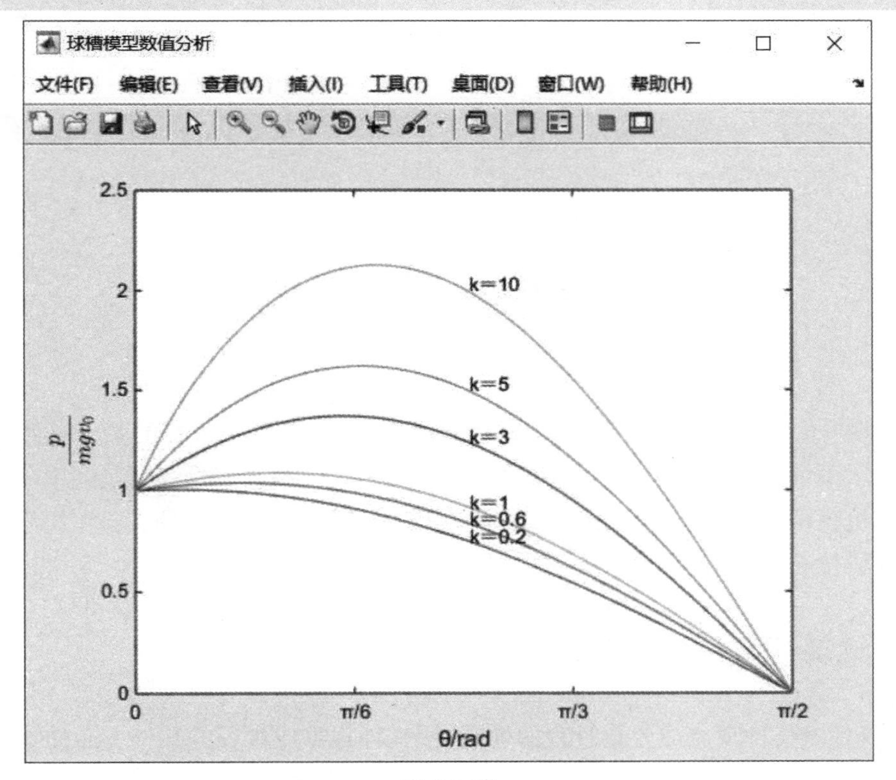

图 5.1.17

观察图 5.1.17 不难发现，当 $k\left(=\frac{R}{h}\right)$ 值较小，即 h 很大时，$\frac{p}{mgv_0}$ 随角度 θ 在 $[0,90°]$ 之间呈单调关系，小球从 B 点到 P 点过程中重力功率一直在减小，当 k 超过某一个值，即 h 低于某个高度后，$\frac{p}{mgv_0}$ 随角度 θ 在 $[0,90°]$ 之间不呈单调关系，重力功率随着角度的增大先增大后减小。

很多中学教师并不熟悉 MATLAB，本节提供用 Microsoft Excel 对第(2)问的函数进行数值分析，考虑到大部分教师对 Microsoft Excel 相对熟悉，这里就直接给出 Microsoft

Excel的数值分析结果,如图5.1.18所示,处理过程省略,请读者自行研究。

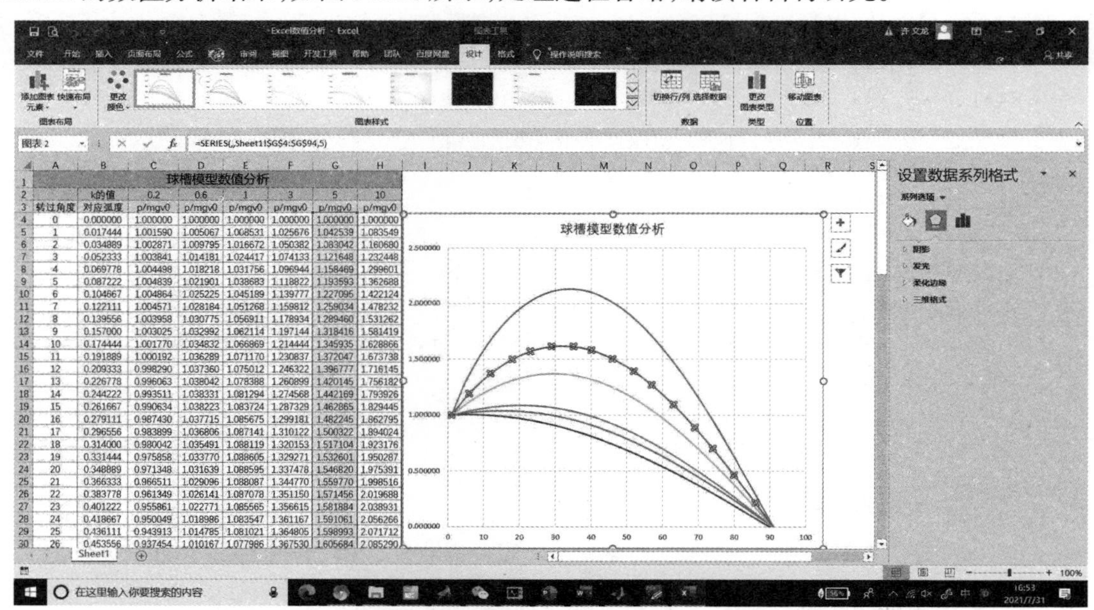

球槽模型数值分析							
	k的值	0.2	0.6	1	3	5	10
转过角度	对应弧度	p/mgv0	p/mgv0	p/mgv0	p/mgv0	p/mgv0	p/mgv0
0	0.000000	1.000000	1.000000	1.000000	1.000000	1.000000	1.000000
1	0.017444	1.001590	1.005067	1.008531	1.025676	1.042539	1.083549
2	0.034889	1.002871	1.009795	1.016672	1.050382	1.083042	1.160680
3	0.052333	1.003841	1.014181	1.024417	1.074133	1.121648	1.232448
4	0.069778	1.004498	1.018218	1.031756	1.096944	1.158469	1.299601
5	0.087222	1.004839	1.021901	1.038683	1.118822	1.193593	1.362688
6	0.104667	1.004864	1.025225	1.045189	1.139777	1.227095	1.422124
7	0.122111	1.004571	1.028184	1.051268	1.159812	1.259034	1.478232
8	0.139556	1.003958	1.030775	1.056911	1.178934	1.289460	1.531262
9	0.157000	1.003025	1.032992	1.062114	1.197144	1.318416	1.581419
10	0.174444	1.001770	1.034832	1.066869	1.214444	1.345935	1.628866
11	0.191889	1.000192	1.036289	1.071170	1.230837	1.372047	1.673738
12	0.209333	0.998290	1.037360	1.075012	1.246322	1.396777	1.716145
13	0.226778	0.996063	1.038042	1.078388	1.260899	1.420145	1.756182
14	0.244222	0.993511	1.038331	1.081294	1.274568	1.442169	1.793926
15	0.261667	0.990634	1.038223	1.083724	1.287329	1.462865	1.829445
16	0.279111	0.987430	1.037715	1.085675	1.299181	1.482245	1.862795
17	0.296556	0.983899	1.036806	1.087141	1.310122	1.500322	1.894024
18	0.314000	0.980042	1.035491	1.088119	1.320153	1.517104	1.923176
19	0.331444	0.975858	1.033770	1.088605	1.329271	1.532601	1.950287
20	0.348889	0.971348	1.031639	1.088595	1.337478	1.546820	1.975391
21	0.366333	0.966511	1.029096	1.088087	1.344770	1.559770	1.998516
22	0.383778	0.961349	1.026141	1.087078	1.351150	1.571456	2.019688
23	0.401222	0.955861	1.022771	1.085565	1.356615	1.581884	2.038931
24	0.418667	0.950049	1.018986	1.083547	1.361167	1.591061	2.056266
25	0.436111	0.943913	1.014785	1.081021	1.364805	1.598993	2.071712
26	0.453556	0.937454	1.010167	1.077986	1.367530	1.605684	2.085290

图5.1.18

5.2 计算机仿真物理实验

人类在探索自然现象、研究自然规律的过程中,不仅积累了丰富的关于自然本身的知识,也创造了系统、有效的用于探索自然规律的研究方法。模拟和仿真就是其中一类重要的方法,计算机模拟和仿真技术是近年来颇为流行的两个术语,许多物理实验室纷纷引进此类软件。那么,什么是模拟和仿真呢?

5.2.1 计算机仿真的概念

模拟就是对某种现象或变化过程的模仿,使这种现象或过程的某一方面的特性通过另一种途径进行呈现。模拟作为一个术语,近年来逐渐被仿真所取代,那是因为初级的模拟主要是指以相似为基础的直观模仿,而后又在此基础上发展出物理模拟、数学模拟及功能模拟等。而仿真主要特指计算机仿真,专门指运用技术手段模仿真实世界,用另外一种方式再现真实世界中事物的某一方面的特征,仿真一定要抓住事物的本质特征进行模仿,才能促使人们在仿真过程中加深对客观世界的认识。仿真技术用概念模型代替物理模型,用概念模型在计算机上的运行代替物理模型在实验中的运转。采用仿真技术研究实际系统具有良好的可控性、安全性、灵活性、无破坏性、可重复性和经济性等特点。计算机仿真是基于研究对象的模型活动，这种模型描述了研究对象本质，因此仿真的关键是建模。建模的过程就是将物理模型转换成概念模型。比如，不计空气阻力的水平抛体运动，理想的运动轨迹应该是抛物线，把这种理想的运动用数学表达式写出来，就得到了该运动的逻辑模型，然后根据逻辑模型编写计算机程序并在计算机上运行，在该仿真建模过程中也可引入低速情况下阻力f与速度v之间的定量关系$f=-kv$，以便进一步模拟真实世界中的抛体运动规律。

最近几年随着传感器技术和人工智能技术的高速发展，在此基础上以"沉浸""交互""构思"为基本特征的虚拟现实技术与数字化信息系统得到了迅速发展，计算机仿真技术结合了人工智能和大数据分析，我们不但可以再现自然界各种奇特的现象、事物之间的关系和变化规律，而且可以借助这些技术手段再现过去和现在，并可以依据一定的规律预测和显现将来可能发生的事件。我们正处在人类命运的转折点，高速发展的科学技术手段正成为激发我们创造性思维的又一个平台。

用于编写计算机仿真的程序语言非常多，我们可以用C++，然而C++虽然功能强大，但不易于学习和精通，另外仿真用到的许多功能模块需要编写仿真程序的人员自己去实现，这就导致工作量变大，效率低下；Python语言则是一种不错的选择，它提供了丰富的各种计算库。Python作为一种跨平台的计算机程序设计语言，是一种面向对象的动态类型语言，最初被设计用于编写自动化脚本(shell)，随着版本的不断更新和语言新功能的添加，越来越多地被用于独立的大型项目的开发，可以应用于以下领域：Web和Internet开发、科学计算和统计、人工智能、教育、桌面界面开发、软件开发、后端开发及网络爬虫。在众多的计算机语言中，MATLAB是应用最为广泛的计算机仿真类语言。MATLAB是美国MathWorks公司出品的商业数学软件，用于算法开发、数据可视化、数据分析以及数值计算的高级技术计算语言和交互式环境，主要包括MATLAB和Simulink两大部分。与MATLAB类一样强大的仿真计算类语言还有Mathematica和Maple，它们和MATLAB并称为三大数学软件。考虑到MATLAB庞大的体积和授权限制给安装使用带来了一定的麻烦，在学习上读者可以用FreeMat代替MATLAB。但是鉴于FreeMat的局限性，本书在本节提供的仿真实验案例采用MATLAB实现。

5.2.2　计算机仿真实验案例

本节案例使用MATLAB和Algodoo实现。

1. 探究存在空气阻力的抛体运动

存在空气阻力时，实验研究表明低速运动的物体所受的空气阻力近似与速度大小成正比，即

$$f=-kv$$

如图5.2.1所示，设斜上抛运动的初始条件为$x_0=3\,\text{m}$，$y_0=5\,\text{m}$，$v_{x0}=8\,\text{m/s}$，$v_{y0}=9\,\text{m/s}$，$a_x=0$，g

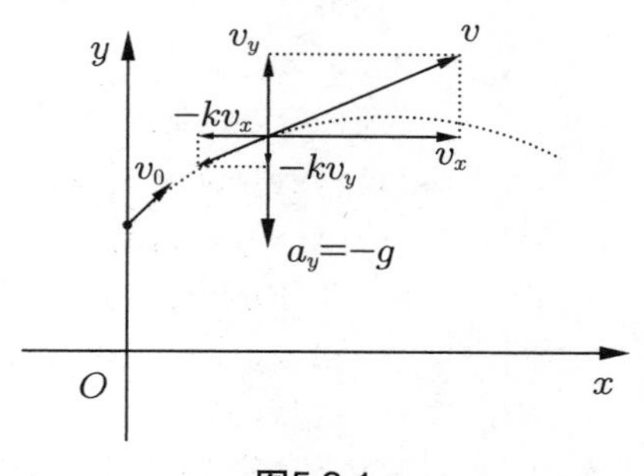

图5.2.1

$=-9.8\,\mathrm{m/s^2}$。在水平和竖直方向上由牛顿第二定律,得

$$\frac{\mathrm{d}v_x}{\mathrm{d}t}=-\frac{k}{m}v_x \quad ①$$

$$\frac{\mathrm{d}v_y}{\mathrm{d}t}=-\frac{k}{m}v_y-g \quad ②$$

联立①②式,解得

$$v_x=v_{x0}\mathrm{e}^{-\frac{k}{m}t}$$

$$v_y=\left(v_{y0}+\frac{mg}{k}\right)\mathrm{e}^{-\frac{k}{m}t}-\frac{mg}{k}$$

根据 $v_x=\frac{\mathrm{d}x}{\mathrm{d}t}$, $v_y=\frac{\mathrm{d}y}{\mathrm{d}t}$,有

$$\mathrm{d}x=v_{x0}\mathrm{e}^{-\frac{k}{m}t}\mathrm{d}t$$

$$\mathrm{d}y=\left(v_{y0}+\frac{mg}{k}\right)\mathrm{e}^{-\frac{k}{m}t}\mathrm{d}t-\frac{mg}{k}\mathrm{d}t$$

积分,得

$$x=x_0-\frac{mv_{x0}}{k}\left(\mathrm{e}^{-\frac{k}{m}t}-1\right)$$

$$y=y_0-\frac{m}{k}\left(v_{y0}+\frac{mg}{k}\right)\left(\mathrm{e}^{-\frac{k}{m}t}-1\right)-\frac{mg}{k}t$$

这是存在空气阻力情况下的斜抛运动轨迹参数方程。下面用MATLAB模拟存在空气阻力情况下的斜抛运动,分别用MATLAB的数值法和解析法进行模拟,代码如下:

```
 1| function throw
 2|     %定义初始位置和初始速度
 3|     x0=3;
 4|     y0=5;
 5|     vx0=8;
 6|     vy0=9;
 7|     g=9.8;
 8|     k=1;
 9|     m=1;
10|     t=[0:0.001:2.0];
11|     %定义坐标轴参数
12|     axis([2.5,10,0,10]);
13|     xlabel('x');
14|     ylabel('y');
15|     hold on;
16|     %常微分方程龙格-库塔数值法解轨迹方程
17|     [t,xvyv]=ode45(@xvyvfun,t,[x0,vx0,y0,vy0]);
18|     comet(xvyv(:,1),xvyv(:,3))
19|     %常微分方程理论上的解析解轨迹方程
20|     [x y]=xyfun(t,x0,y0,vx0,vy0,g,k,m);
21|     comet(x,y)
22|     %定义常微分方程理论上的解析解函数
```

```
23|    function [x y]=xyfun(t,x0,y0,vx0,vy0,g,k,m)
24|        x=x0-m/k*vx0*(exp((-k/m)*t)-1);
25|        y=y0-m/k*(vy0+m*g/k)*(exp((-k/m)*t)-1)-(m*g/k)*t;
26|    end
27|    %定义常微分方程龙格-库塔数值解法函数
28|    function vava=xvyvfun(t,xvyv)
29|           vava=zeros(4,1);
30|           vava(1)=xvyv(2)
31|           vava(2)=-k/m*xvyv(2)
32|           vava(3)=xvyv(4)
33|           vava(4)=-k/m*xvyv(4)-g
34|     end
35| end
```

代码运行结果如图5.2.2所示，可见两种模拟得到的轨迹几乎完全重合。

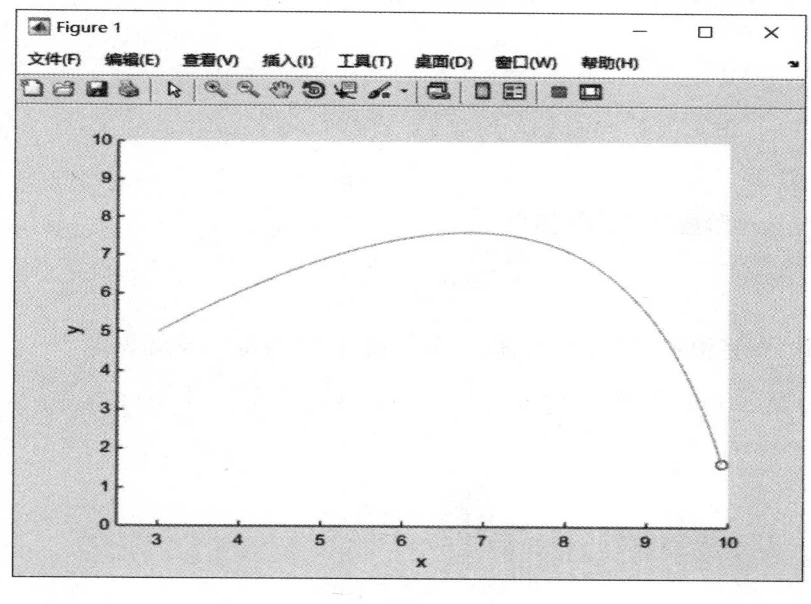

图5.2.2

2. 探究汽车启动过程中位移与速度的关系

汽车启动是一个比较复杂的过程，中学阶段物理课探讨了两种典型的启动过程，分别是恒定功率启动和恒定牵引力启动。因为根据$P=Fv$，有

$$F=\frac{P}{v}$$

所以由牛顿第二定律，得

$$a=\frac{F-f}{m}=\frac{\frac{P}{v}-f}{m}$$

又启动通常是从静止开始的，其初速度$v_0=0$，则

$$a_0=\frac{\frac{p}{v}-f}{m}\to\infty$$

这是不符合实际情况的,因此本专题仅模拟以恒定牵引力启动的过程。当汽车以恒定牵引力启动时,汽车在开始一段时间内做匀加速运动,其输出功率应该随汽车的速度线性增大,当输出功率达到额定值后,将保持恒定功率继续加速,同时其牵引力和加速度随速度的增大而减小,当牵引力等于阻力,即汽车的加速度等于零时,汽车的速度将达到最大,而后保持这个速度做匀速直线运动。为简化计算,设汽车启动过程中阻力保持不变。汽车以恒定牵引力启动的数学模型如下。

第一阶段:匀加速度运动阶段的位移与速度的关系为

$$x=\frac{v^2}{2a}$$

设汽车的额定功率为 P,匀加速度运动阶段的最大速度为 v_1,则由动力学知识得

$$P=Fv_1$$

$$F=f+ma$$

解得

$$v_1=\frac{P}{f+ma}$$

因此匀加速度运动阶段的最大位移为

$$x_1=\frac{P^2}{2a(f+ma)^2}$$

第二阶段:保持恒定功率继续加速,直至达到匀速。由动力学知识得

$$P=Fv=(f+ma)v=\left(f+m\frac{\mathrm{d}v}{\mathrm{d}t}\right)v=fv+mv\cdot\frac{\mathrm{d}v}{\mathrm{d}x}\cdot\frac{\mathrm{d}x}{\mathrm{d}t}=fv+mv^2\cdot\frac{\mathrm{d}v}{\mathrm{d}x}$$

整理得

$$\frac{\mathrm{d}x}{\mathrm{d}v}=\frac{mv^2}{P-fv}$$

即

$$\begin{aligned}\mathrm{d}x&=\frac{mP}{\frac{P}{v}\left(\frac{P}{v}-f\right)}\cdot\mathrm{d}v\\&=\frac{mP}{f}\left(\frac{1}{\frac{P}{v}-f}-\frac{1}{\frac{P}{v}}\right)\mathrm{d}v\\&=\frac{mP}{f}\left(\frac{v}{P-fv}\cdot\mathrm{d}v-\frac{v}{P}\cdot\mathrm{d}v\right)\end{aligned}$$

亦即

$$\begin{aligned}\mathrm{d}x&=\frac{mP}{f}\left(-\frac{1}{f}\cdot\frac{P-fv-P}{P-fv}\cdot\mathrm{d}v-\frac{1}{2P}\cdot\mathrm{d}v^2\right)\\&=-\frac{mP}{f^2}\left(\mathrm{d}v+\frac{P}{fv-P}\cdot\mathrm{d}v\right)-\frac{m}{2f}\cdot\mathrm{d}v^2\end{aligned}$$

$$=-\frac{mP}{f^2}\left[\mathrm{d}v+\frac{P}{f}\cdot\frac{1}{fv-P}\cdot\mathrm{d}(fv-P)\right]-\frac{m}{2f}\cdot\mathrm{d}v^2$$

$$=-\frac{mP}{f^2}\cdot\mathrm{d}v-\frac{mP^2}{f^3}\cdot\mathrm{d}\ln(fv-P)-\frac{m}{2f}\cdot\mathrm{d}v^2$$

等式两边积分,得

$$\int_{x_1}^{x}\mathrm{d}x=\int_{v_1}^{v}\left[-\frac{mP}{f^2}\cdot\mathrm{d}v-\frac{mP^2}{f^3}\cdot\mathrm{d}\ln(fv-P)-\frac{m}{2f}\cdot\mathrm{d}v^2\right]$$

解得

$$x=-\frac{mP}{f^2}(v-v_1)-\frac{mP^2}{f^3}\ln\frac{fv-P}{fv_1-P}-\frac{m}{2f}(v^2-v_1^2)$$

$$=-\frac{m}{f}\left[\frac{P}{f}(v-v_1)+\frac{P^2}{f^2}\ln\frac{fv-P}{fv_1-P}+\frac{1}{2}(v^2-v_1^2)\right]$$

如果汽车以恒定功率从静止开始启动,则有 $v_1=0$,代入上式,得

$$x=-\frac{mPv}{f^2}+\frac{mP^2}{f^3}\ln\frac{P}{P-fv}-\frac{mv^2}{2f}$$

当汽车趋近匀速运动时,有

$$fv\rightarrow P$$

则

$$\ln\frac{P}{P-fv}\rightarrow\infty$$

导致

$$x=-\frac{mPv}{f^2}+\frac{mP^2}{f^3}\ln\frac{P}{P-fv}-\frac{mv^2}{2f}\rightarrow\infty$$

可见汽车以恒定功率从静止开始启动是没有实际意义的。本书为了方便模拟此运动过程,特设汽车的各参数为 $m=1500\ \mathrm{kg}$, $P=5\times10^4\ \mathrm{W}$, $a=2.8\ \mathrm{m/s^2}$, $f=900\ \mathrm{N}$。分别用 MATLAB 的数值法和解析法进行模拟,代码如下:

```
 1| function start
 2|     %定义初始条件
 3|     m=1500
 4|     P=50000
 5|     a=2.8
 6|     f=900
 7|     v1=P/(f+m*a)
 8|     x1=1/2*v1^2/a
 9|     vm=P/f
10|     v=[v1:0.001:vm]
11|     v0=[0:0.001:v1]  %匀加速阶段的速度
12|     x0=1/2*v0.^2/a   %匀加速阶段的位移
13|     plot(v0,x0,'-.b','LineWidth',2,'Markersize',2) %蓝色线条表示匀加速阶段
14|     %定义坐标轴参数
15|     xlabel('v');
```

```
16|     ylabel('x');
17|     hold on;
18|     %定义常微分方程龙格-库塔数值解法函数
19|     xvfun=@(v,x)m*v^2/(p-f*v); %定义函数
20|     %常微分方程龙格-库塔数值法
21|     [v,x]=ode45(xvfun,v,x1);
22|     plot(v,x,'-y','LineWidth',4,'Markersize',2) %黄色表示数值解
23|     %精确解-解析解
24|     x=dsolve('Dx=m*v^2/(p-f*v)','x(0)=x1','v')
25|     x=eval(x)
26|     plot(v,x,'*k','LineWidth',1,'Markersize',1) %黑色表示精确解析解
27| end
```

代码运行结果如图 5.2.3 所示。

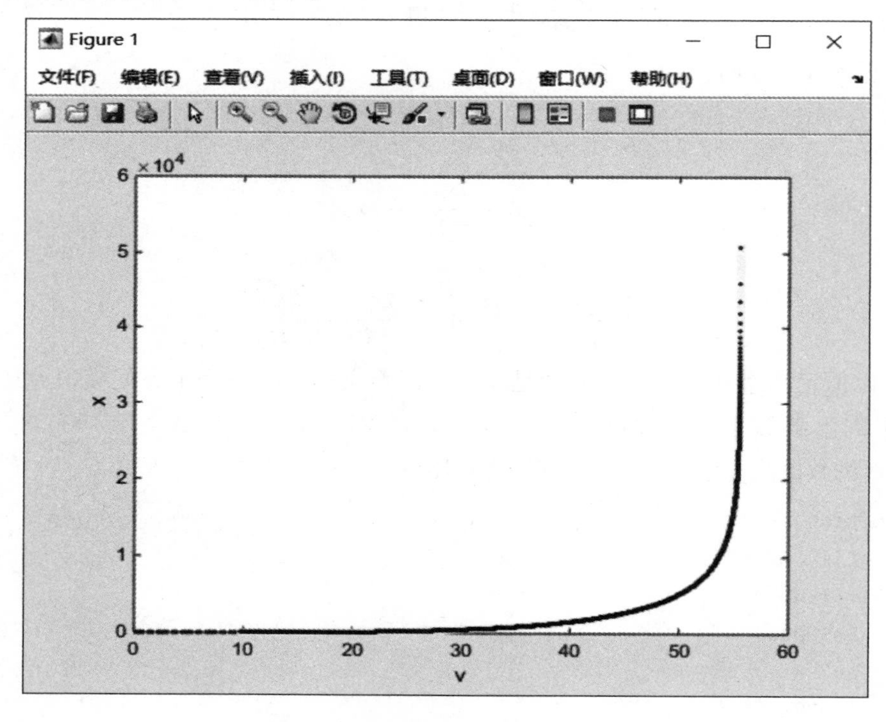

图 5.2.3

3. 模拟水波的传播

本节通过 MATLAB 代码模拟水面上一振源振动引起的波面为一圆形的平面水波的传播，为方便描述，将水波视作简谐横波处理。设水波波源的振动方程为

$$z = z_0 \cos\omega t$$

水波的传播速度为 v，根据波的传播过程是波源振动形式的复制传递过程，则 t 时距波源为 r 处的振动方程为

$$z=z_0\cos\left[\omega\left(t-\frac{r}{v}\right)\right]=z_0\cos\left(\omega t-\frac{2\pi}{\lambda}r\right)$$

设 $z_0=0.3\,\text{m}$, $\omega=4\,\text{rad/s}$, $\lambda=1\,\text{m}$, MATLAB 代码如下,运行结果如图 5.2.4 所示。

```
1| function waterwave
2|     t=0:0.1*pi:4*pi;
3|     [x,y]=meshgrid([-4*pi:pi/20:4*pi],[-4*pi:pi/20:4*pi]);
4|     r=sqrt(x.^2+y.^2);
5|     for t=1:100
6|          z=0.3*cos(4*t-2*pi*r);
7|          surf(x,y,z);
8|          shading interp;
9|          view([5 80])
10|          axis([-15 15,-15 15,-0.5 0.5])
11|          m(t)=getframe;
12|     end
13|     movie(m,1,12)
14| end
```

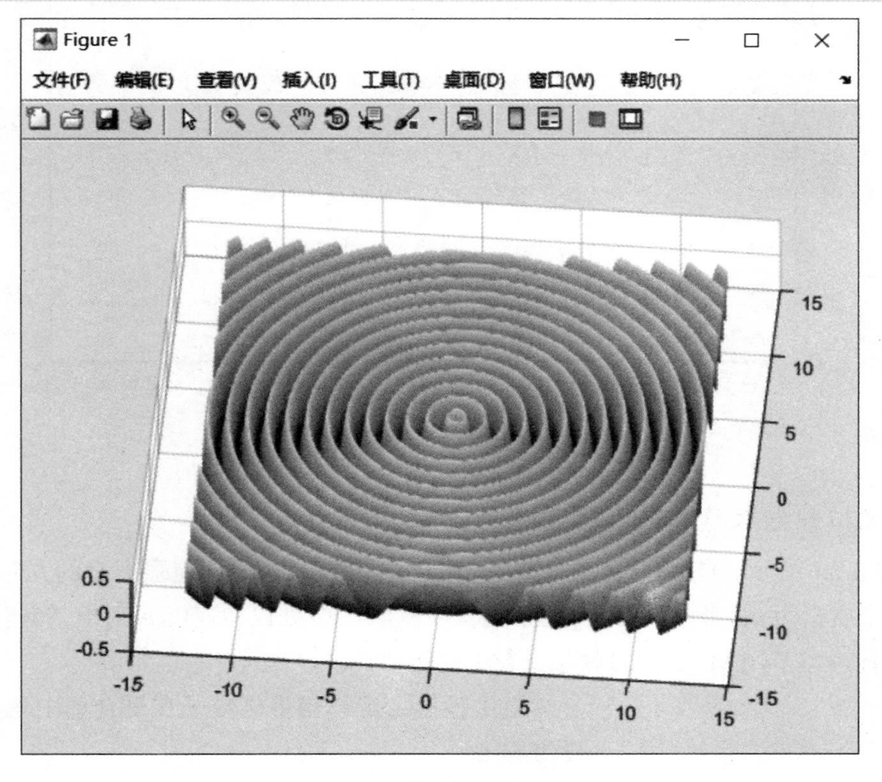

图 5.2.4

部分代码语句解释如下:

meshgrid( ) 是 MATLAB 中用于生成网格采样点的函数,图 5.2.5 画出了平面坐标上的 12 点。这 12 点的坐标很容易辨识出来,那么如何快速地产生该坐标值呢? 这就是

meshgrid(0:2,0:3) 命令的用法。

surf( ): surf(X,Y,Z) 创建一个三维曲面图。该函数将矩阵 Z 中的值绘制为由 X 和 Y 定义的 $x-y$ 平面中的网格上方的高度。函数还对颜色数据使用 Z,因此颜色与高度成比例。

shading 函数是阴影函数,控制曲面和图形对象的颜色着色,即用来处理色彩效果,包括以下三种形式:

shading faceted:默认模式,在曲面或图形对象上叠加黑色的网格线;

shading flat:在 shading faceted 的基础上去掉图上的网格线;

shading interp:对曲面或图形对象的颜色着色进行色彩的插值处理,使色彩平滑过渡。

getframe 函数可获取整个窗口中的图像。

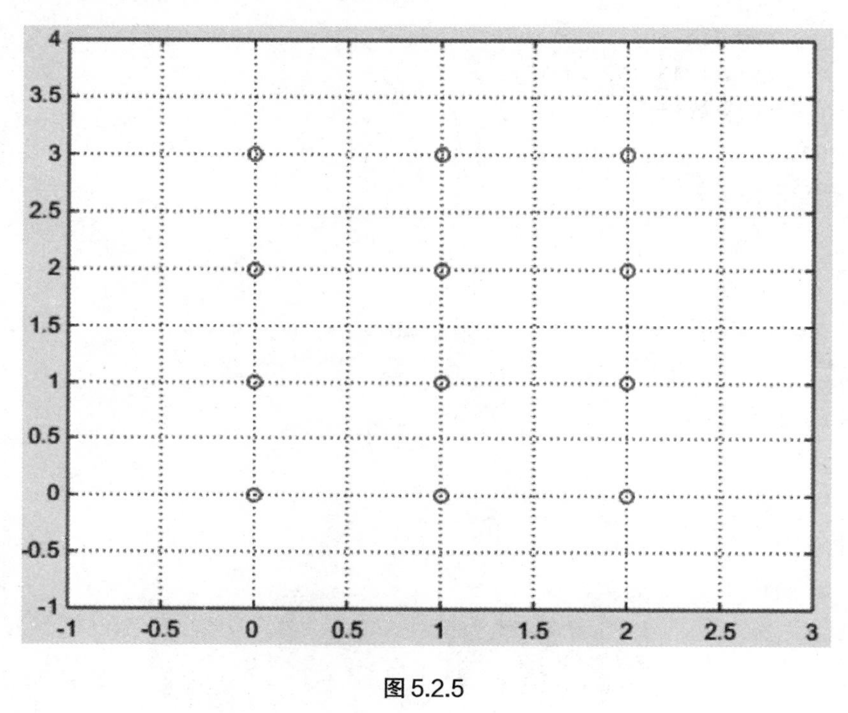

图 5.2.5

4. 模拟带电粒子在复合场中运动

如图 5.2.6 所示,z 轴为竖直方向,空间存在着匀强磁场,磁感应强度 B 的方向沿 y 轴正方向,一个质量为 m、带电量为 $+q$ 的带电微粒从原点 O 处以初速度 v_0 射出,初速度方向为 x 轴正方向。本节用 MATLAB 模拟此粒子的运动轨迹。

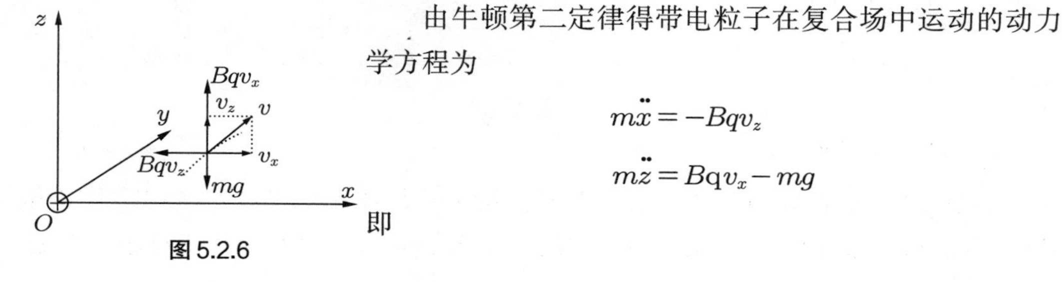

图 5.2.6

由牛顿第二定律得带电粒子在复合场中运动的动力学方程为

$$m\ddot{x} = -Bqv_z$$

$$m\ddot{z} = Bqv_x - mg$$

即

$$\frac{d^2x}{dt^2}=-\frac{Bq}{m}\cdot\frac{dz}{dt}$$

$$\frac{d^2z}{dt^2}=\frac{Bq}{m}\cdot\frac{dx}{dt}-g$$

设$k=\frac{Bq}{m}$,首先用MATLAB的dsolve函数解得带电粒子在复合场中的运动轨迹参数方程,其代码如下:

```
1| [x,z]=dsolve('D2x=-k*Dz','D2z=k*Dx-g','x(0)=0','z(0)=0','Dx(0)=v0','Dz(0)
   =0')
```

运行结果为

```
1| x=(g*t)/k-((1/exp(k*t*i))*(g-k*v0)*i)/(2*k^2)+(exp(k*t*i)*(g-k*v0)*i)/(2*k
   ^2)
2| z=-(g-k*v0)/k^2+((1/exp(k*t*i))*((g-k*v0)/(2*k)+(exp(2*k*t*i)*(g-k*v0))/(2*
   k)))/k
```

这是一个用复数形式表示的结果,如果想转化成用正余弦表示,则需使用simple函数,代码如下:

```
1| [x,z]=dsolve('D2x=-k*Dz','D2z=k*Dx-g','x(0)=0','z(0)=0','Dx(0)=v0','Dz(0)
   =0')
2| x=simple(x)
3| z=simple(z)
```

运行结果为

```
1| x=(g*t+v0*sin(k*t))/k-(g*sin(k*t))/k^2
2| z=-(2*sin((k*t)/2)^2*(g-k*v0))/k^2
```

设$k=\frac{Bq}{m}=2\,\mathrm{rad/s}$, $v_0=2\,\mathrm{m/s}$, $g=9.8\,\mathrm{m/s^2}$,则完整的MATLAB代码如下:

```
 1| function move
 2|     t=0:0.01:10;
 3|     v0=2;
 4|     k=2;
 5|     g=9.8;
 6|     [x,z]=dsolve('D2x=-k*Dz','D2z=k*Dx-g','x(0)=0','z(0)=0','Dx(0)=v0',
    'Dz(0)=0')
 7|     x=eval(simple(x))
 8|     z=eval(simple(z))
 9|     comet(x,z)
10| end
```

部分代码语句解释如下:

t=0:0.01:10表示轨迹取样1001个。

eval( )函数将所解得的符号方程转换成可执行代码。

comet( )函数用来描出彗星的轨迹曲线。

代码运行结果如图 5.2.7 所示。

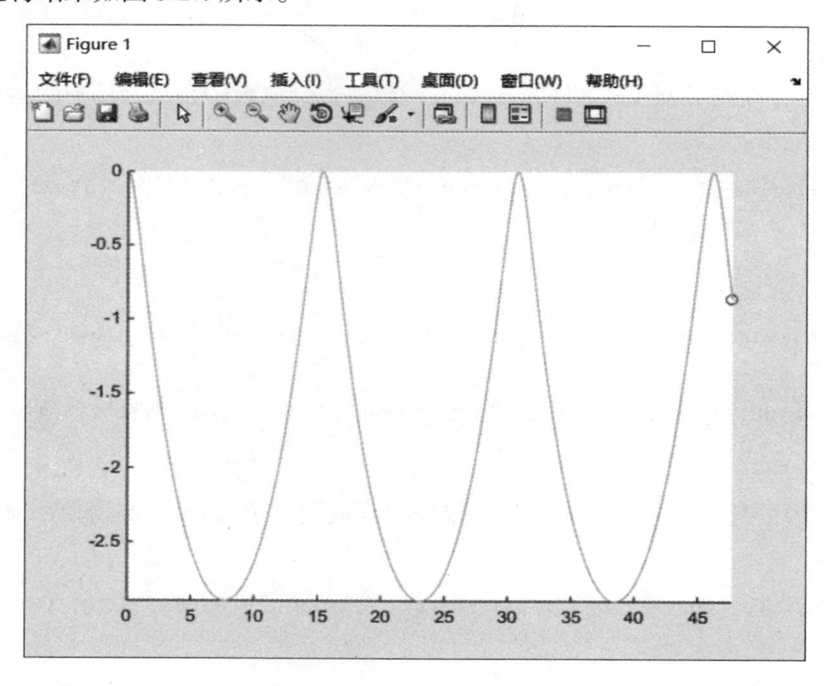

图 5.2.7

5. 模拟波的衍射

波的衍射可通过惠更斯-菲涅耳原理进行计算。惠更斯原理:任何时刻波面上每一点都可以作为次波的波源,各自发出球面次波;在以后的任何时刻,所有这些次波波面的包络面形成整个波在该时刻的新波面。菲涅耳根据惠更斯的"次波"假设,补充了描述次波的基本特征——位相和振幅的定量表示式,并增加了"次波相干叠加"的原理。如图 5.2.8 所示,某时刻的波阵面可分割为无限多个面元,每个面元都是一个子波源,根据惠更斯-菲涅耳原理做出如下设定:

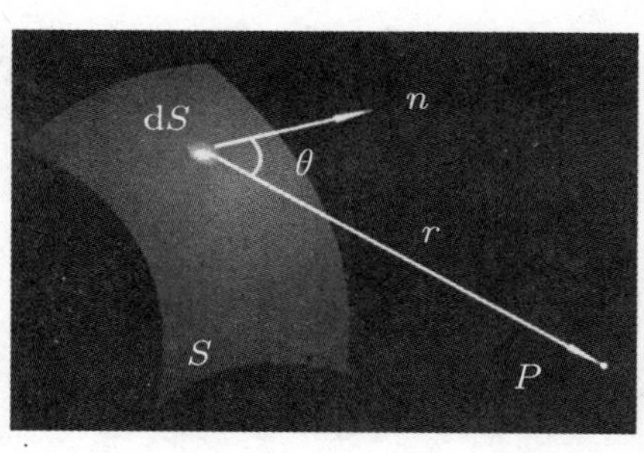

图 5.2.8

① 波面是一个等相面。$\mathrm{d}S$ 面各点的初相位相同,为简化计算,取为 φ_0。

② 次波在 P 点的振幅与 r 成反比,与 $\mathrm{d}S$ 成正比,相当于球面波。

③ 从面元 $\mathrm{d}S$ 发出的次波在 P 点的振幅与倾角有关,倾角是 $\mathrm{d}S$ 的法线与 r 连线的夹角,其影响因子为

$$f(\theta)=\frac{1}{2}(1+\cos\theta)=\begin{cases}1, & \theta=0\\ \frac{1}{2}, & \theta=\frac{\pi}{2}\\ 0, & \theta=\pi\end{cases}$$

④ 次波在 P 点处的相位由光程 nr 决定，由上述设定得某一子波在 P 点的振幅为

$$\mathrm{d}A=\frac{c}{2r}(1+\cos\theta)\cos(\omega t+\varphi_0-kr)$$

其中 $k=\frac{2\pi}{\lambda}$，c 为比例系数。

空间中某一点的振动为所有子波在该点相干叠加的结果，因此空间中某一点的合振动振幅为

$$A=\int\mathrm{d}A$$

下面用MATLAB对此做出模拟，为方便计算，设 $\varphi_0=0$，则

$$\mathrm{d}A=\frac{c}{2r}(1+\cos\theta)\cos(\omega t-kr)$$

MATLAB代码如下：

```
 1| %波的衍射
 2| lambda=pi/10;%波长
 3| wavenumb=2*pi/lambda;%波数
 4| slitwidth=pi/2;%缝宽
 5| secwaveinterv=0.2;%次波间隔
 6| secwavenumb=slitwidth/(2*secwaveinterv);%次波数
 7| t=0:0.1*pi:4*pi;%时间
 8| [x,y,zz]=meshgrid([-4*pi:pi/20:4*pi],[0:pi/20:8*pi],[-secwavenumb-0.1:
    secwavenumb-0.1]);
 9| [x1,y1]=meshgrid([-4*pi:pi/20:4*pi],[0:pi/20:8*pi]);
10| r=sqrt((x-zz*secwaveinterv).^2+y.^2)+4;
11| inver=1./r;
12| T=1;%周期
13| omega=2*pi/T;%角频率
14| c=0.4;
15| f=(1+y.*inver)/2;
16| z1=x1-x1;
17| for i=1:40
18|     z=c*f.*inver.*cos(omega*t(i)-wavenumb*r);
19|     for j=1:2*secwavenumb+1
20|         z1=z1+z(:,:,j);
21|     end
22| surf(x1,y1,z1)
23| shading interp
24| view([5 70])
25| axis([-13 13 0 26-0.5 0.5])
26| m(i)=getframe;
27| end
28| movie(m,1,12)
```

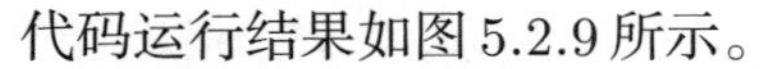
代码运行结果如图 5.2.9 所示。

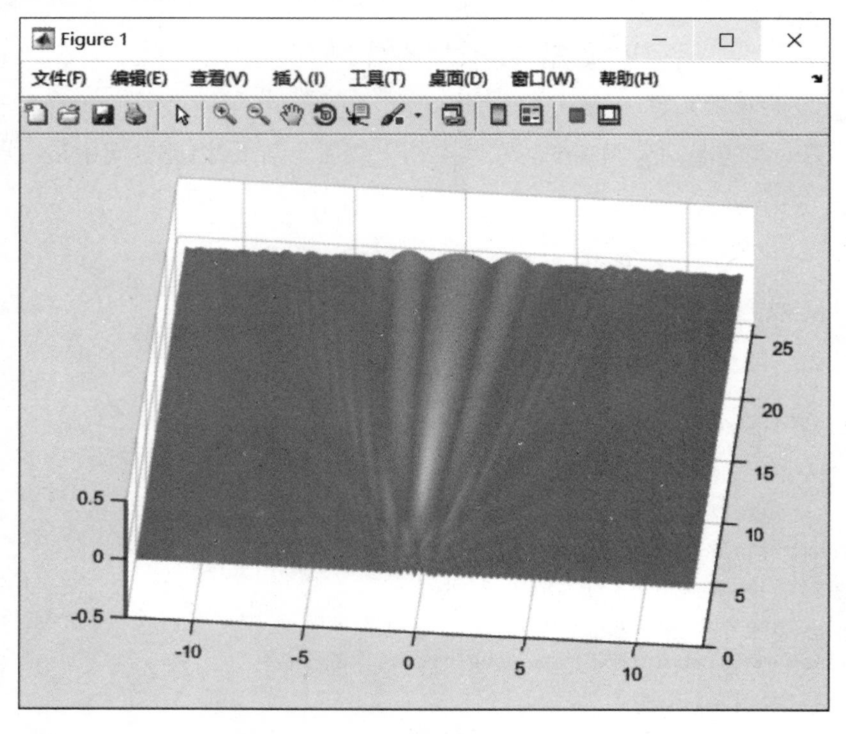

图 5.2.9

6. 模拟光的色散

2009 年瑞典 Algoryx Simulation AB 公司推出了一款趣味仿真实验平台 Algodoo，Algodoo 的前身是一款名为 Phun 的物理沙盒软件。Algodoo 在 Phun 的基础上针对课堂教学做了优化，给学生们提供了一个有趣的、卡通式的创作平台，科学地将教育与娱乐相融合，激励学生发挥自己的创造力、动手能力和知识建构能力。Algodoo 的基本功能有：用简单的绘图工具创建和编辑场景；通过选择、拖拽、倾斜、震动等方式参与互动；显示物体运行轨迹、受力和速度；提供刚体、流体、链条、齿轮、弹簧、铰链、锁、电机、激光射线、火箭助推工具及跟踪绘图工具等元素，这些元素可以在重力、摩擦力、弹力、浮力、空气阻力的作用下相互影响，实现精度很高的物理仿真实验。本节通过模拟光的色散了解 Algodoo 的基本情况，感兴趣的读者可根据 Algodoo 软件内置的教程学习它的使用方法。Algodoo 的界面如图 5.2.10 所示。

初次使用 Algodoo 时，请单击左上角的第四个图标 ?，调出内置的使用教程，如图 5.2.11 所示。内置教程非常简单，适合零基础的初学者，使用此教程很快就能上手。

图 5.2.10

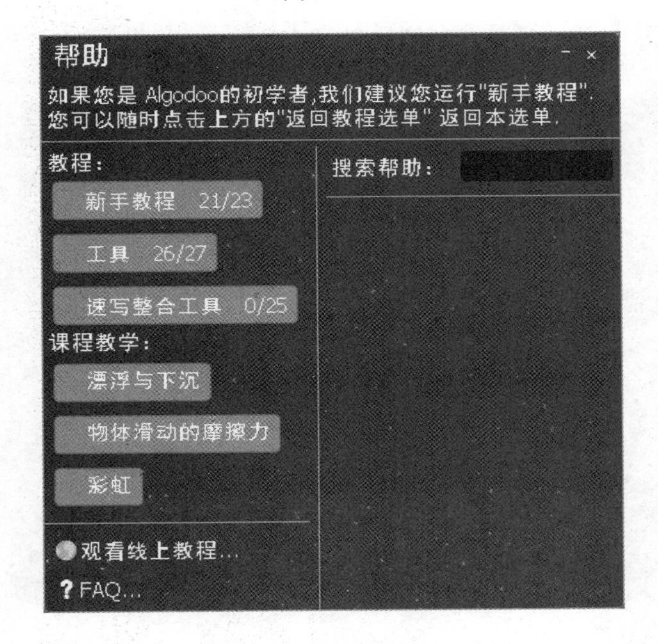

图 5.2.11

模拟光的色散的步骤如下:

① 创建一个场景:选择左下侧边工具条上的速写整合工具或多边形工具创建一个三角形棱镜,按 Shift 键可绘制直线边界(拐点处需要释放一下 Shift 键),如图 5.2.12 所示。

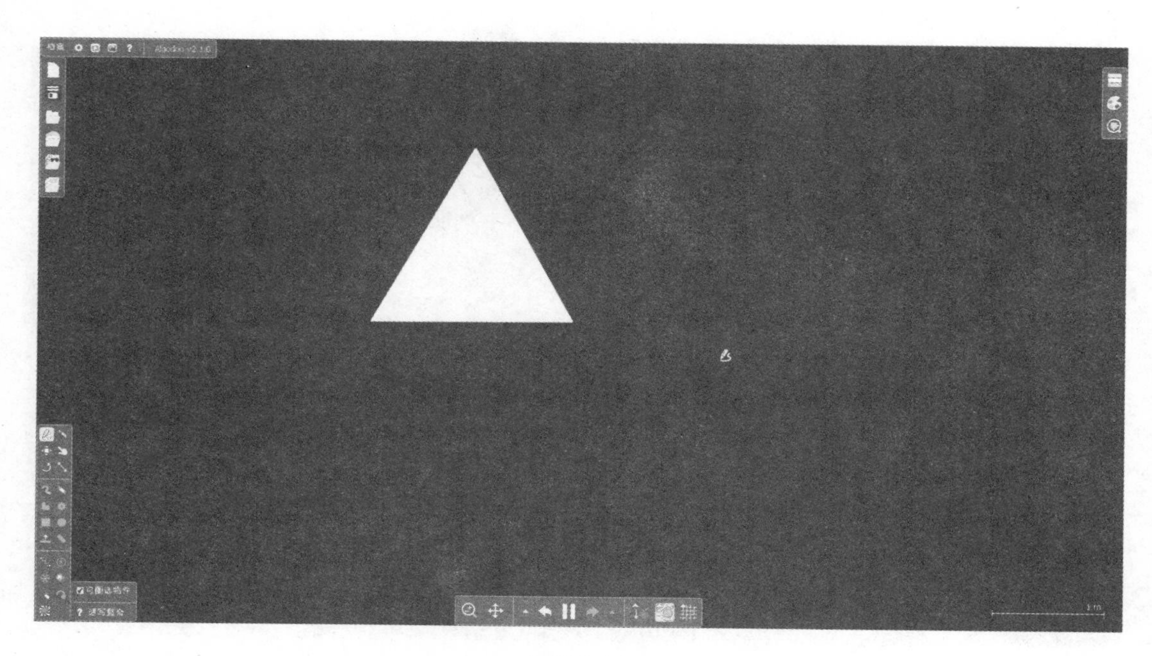

图 5.2.12

② 改变棱镜材质:选择右上侧边的材料按钮 ,打开如图 5.2.13 所示新物件窗口,选择玻璃材质。

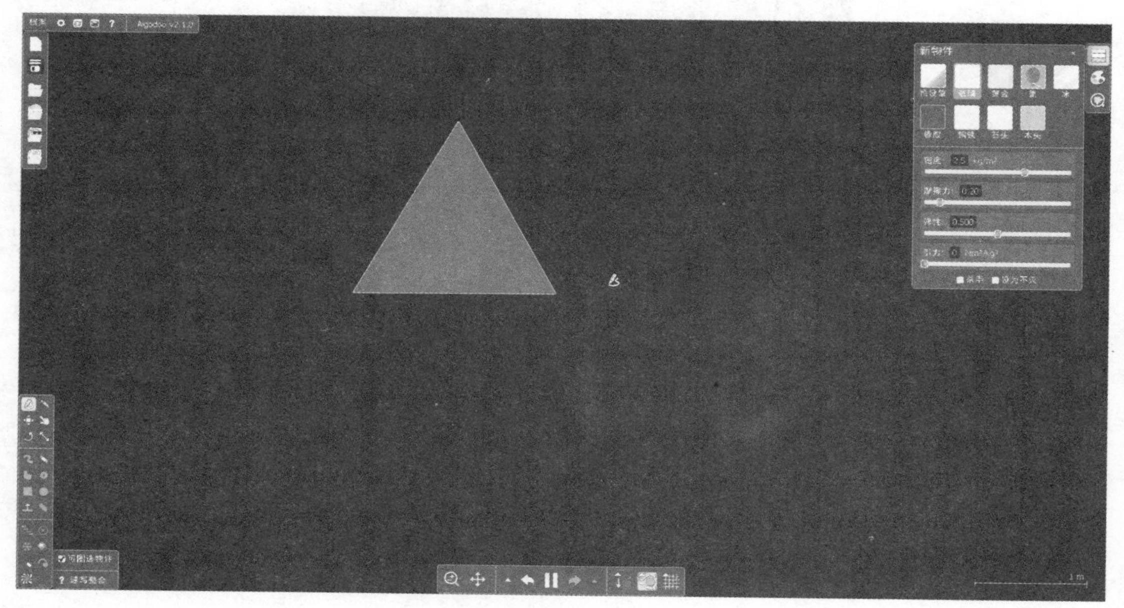

图 5.2.13

③ 创建光源:选择左下侧边的雷射激光工具 ,在场景中放置激光源,如图 5.2.14 所示,此时激光源所发射的激光并非白色。在雷射激光工具条上单击鼠标右键→弹出右键菜单→选择外观→拖动彩度滑块改变激光的颜色,拖动过程中可以看到各种颜色的激光通过棱镜后的色散动态图,如图 5.2.15 所示。

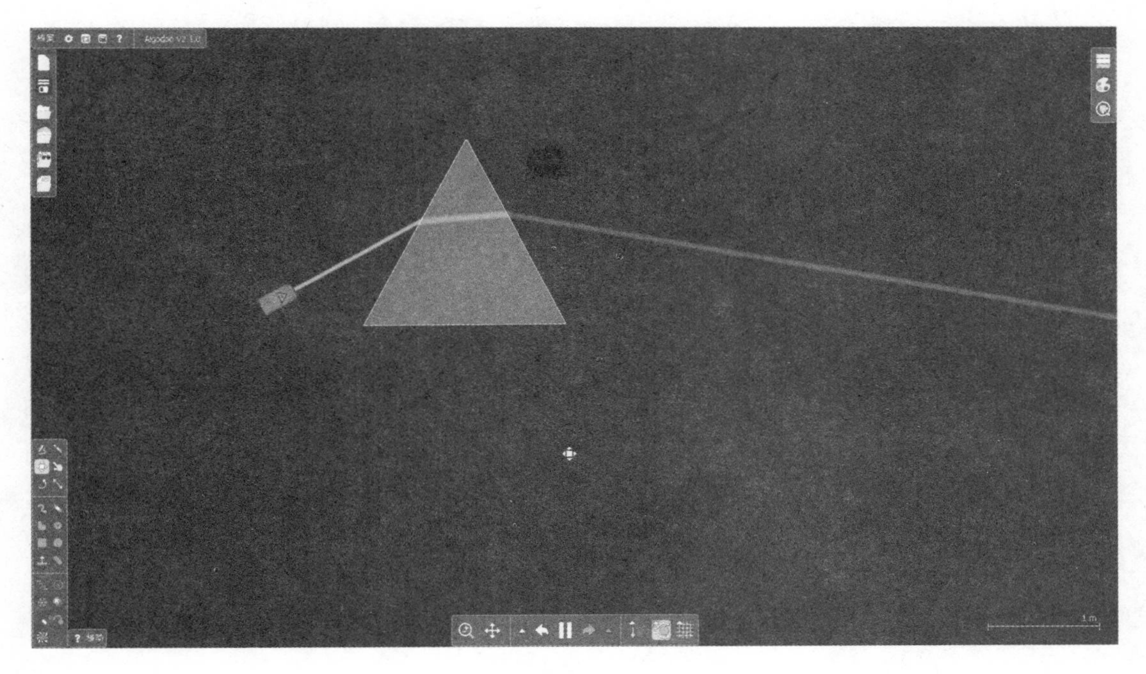

图 5.2.14

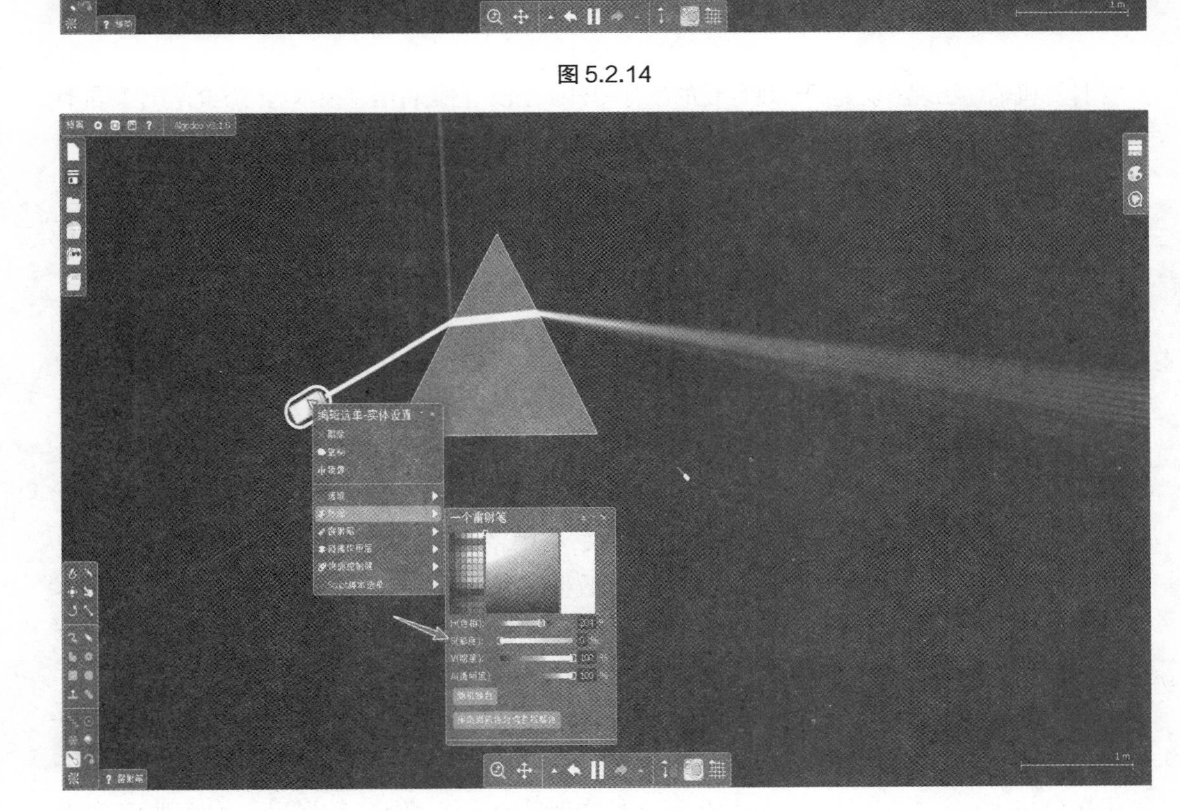

图 5.2.15

④ 改变激光方向,放置更多物件在棱镜后方,进一步观察光的色散现象。选择左下侧边的　工具可改变激光入射方向。通过左下侧边的速写整合工具、多边形工具、方框工具等创建不同形状、不同材质的物件,进一步模拟光在不同材料、不同界面的反射和折射情况。

5.3 计算机辅助物理实验

教师在引导学生建立物理概念、认识物理规律以及分析解决一些问题时,往往需要借助物理实验。由于受到物体本身以及时间、空间等条件限制,有些实验不能做,有些实验不易做或做出的效果不易观察,即使一些实验做出来了,但是使用的各种仪器需要人工读取、记录并做好计算和绘图,这样实验结果的精度和可信度就完全依赖于实验操作人员的素质和实验时的状态,其实验结果会因人而异且不可避免地存在人为误差。为减小误差、提高精度,这就需要在实验中采用辅助手段,而计算机辅助物理实验教学正是在这样的背景下产生并发展起来的。

5.3.1 计算机辅助物理实验原理

计算机辅助物理实验是一种现代化的教育和科研手段,它是将信息技术与传统的物理测量有机地结合起来,在实验中用传感器代替传统的测量仪器,借由传感器将测量的各种物理量转化成电学量,以数字编码的形式将电信号输入计算机,由计算机对这些信息进行存储、计算、分析并绘出图形。它充分发挥了计算机高速并行运算的特点,以高精度、丰富的媒体形式直观而迅速地展示实验过程,是一种直观性强、媒体信息丰富、快速高精度的教学辅助方法。

计算机辅助物理实验教学是在计算机辅助下进行的实验教学活动,是以对话方式与学生讨论教学内容、安排教学进程及进行教学训练的方法与技术,它为学生提供了一个良好的个性化学习环境。计算机辅助物理实验教学综合运用多媒体、超文本、人工智能和知识库等计算机技术,克服了传统实验教学方式的单一、片面的缺点。它的使用能有效地缩短学习时间、提高实验教学质量和教学效率,实现最优化的教学目标。计算机辅助物理实验教学可以让老师和学生从烦琐的测量和计算中解放出来,集中精力探究物理规律。计算机辅助物理实验与计算机仿真物理实验不同,其所采集的数据都是真实的物理数据,与仿真实验存在本质上的差异。计算机辅助物理实验为学生搭建了一个利用信息化手段的平台,在这个平台上为提高物理学习质量与发展解决物理问题能力提供了全新的途径和有力的研究手段。

为了实现计算机辅助物理实验,国内外许多软硬件厂商开发了相应的产品,一般称为计算机辅助物理实验系统,简称为DIS,即数字化信息系统。计算机辅助物理实验系统利用计算机接口技术,通过各类传感器和采集器进行物理量的采集、测量、数据记录及处理等,实现物理实验设备与计算机组合使用。通常来说,DIS是由数据采集器、传感器、软件系统三大部分组成,集物理测量、自动控制、数据记录、智能化数据分析和测量结果多模显示于一体的组合性物理实验平台。DIS结构示意如图5.3.1所示。图5.3.2为用DIS系统探究加速度a与物体的质量m和外力F之间的关系的仪器示意图。

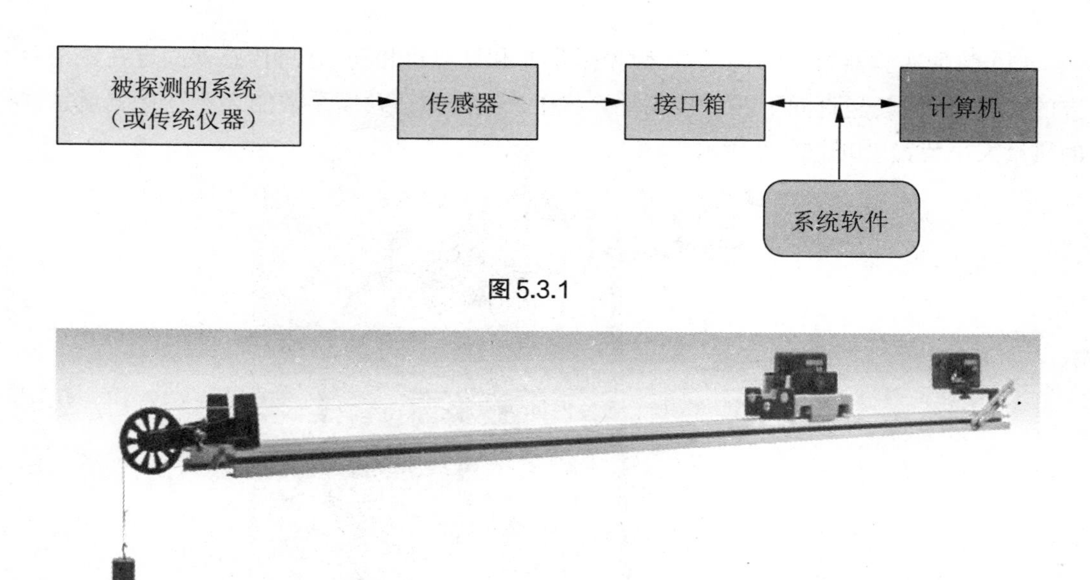

图 5.3.1

图 5.3.2

5.3.2　计算机辅助物理实验案例

本节利用DIS研究阻尼振动、LC振荡电路、液体蒸发与温度变化的关系、通电螺线管的磁感应强度与电流的关系及验证玻意耳定律，并利用Tracker（视频追踪分析软件）研究单摆周期。

1. 阻尼振动

观察与设问

观察空气中弹簧悬挂重物振动情况并描出图像。将弹簧上端系在铁架台上方的挂钩上，下端悬挂一个钩码，将钩码拉离平衡位置一适当距离，并静止释放，观察钩码竖直方向振动情况。由于空气阻力的存在，竖直方向上钩码的振动幅度会逐渐减小，请思考钩码的振动幅度按什么规律减小，其振动周期又如何变化。

设计实验方案

由于外界摩擦和空气阻力的存在，竖直方向上的弹簧振子在振动过程中要不断克服外界阻力做功，消耗能量，振幅会逐渐减小，经过一段时间后，振动就会完全停下来。这种振幅越来越小的振动叫作阻尼振动。在阻尼振动中，振幅减小的快慢与物体周围介质阻力大小有关系，介质阻力越大，振幅减小得越快，振动也停止得越快。需要用到的实验器材有计算机（PC）、铁架台、静力传感器、悬挂重物、Edislabpro400数据采集器。

数据采集与处理

(1) 装配实验器材。将传感器、数据采集器和计算机相连,并将传感器固定在铁架台上方的夹子上,使其竖直向下并连接到计算机上，根据弹簧劲度系数的大小选择测量悬挂物的质量大小装置,如图 5.3.3 所示。

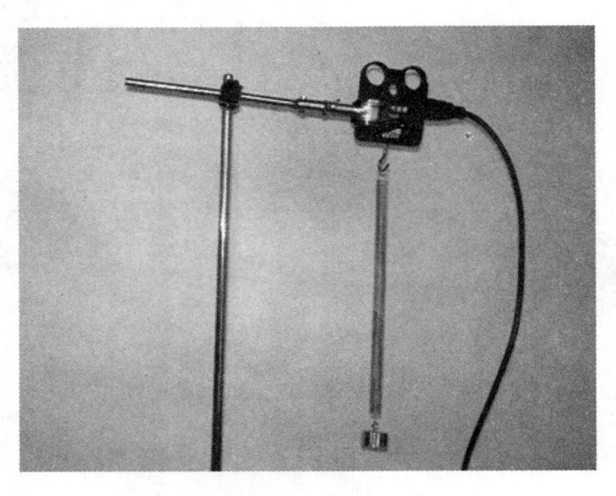

图 5.3.3

(2) 在计算机中运行 Edislab 软件,测量之前先对传感器进行调零以校准读数。

(3) 配置参数。“采集参数”频率可按默认值不做修改,限定时间改为 60 s 或者更高,时间设置可以适当大一点。

(4) 采集数据。点击“开始”按钮,分别轻轻挂上弹簧和重物,再用手轻轻向下一拉,幅度不要过大,以免超过弹簧的弹性限度,保证弹簧在竖直方向振动。

(5) 观察计算机显示屏上所显示的图形,如图 5.3.4 所示。

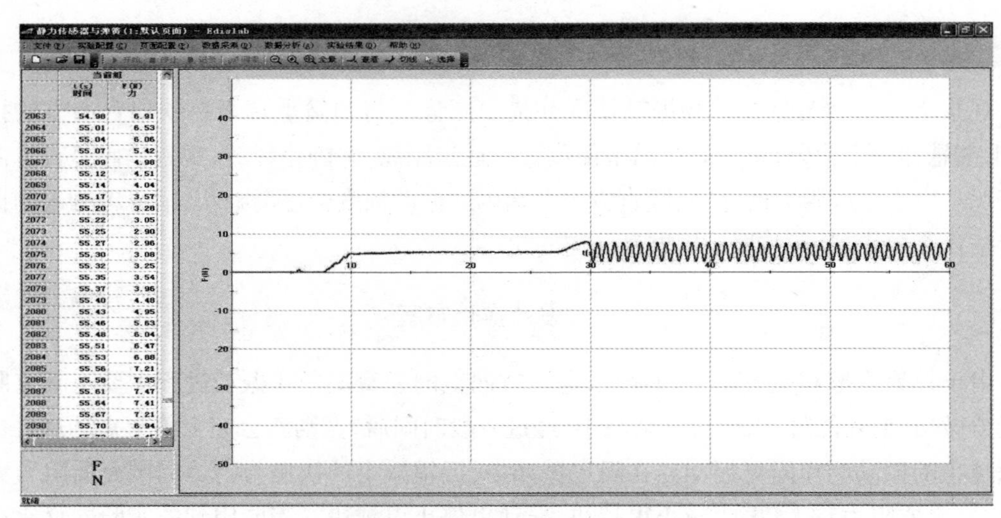

图 5.3.4

(6) 分析图 5.3.4 上每个阶段静力传感器的受力情况和周期变化情况,移动坐标系观察振动图像部分,如图 5.3.5 所示。

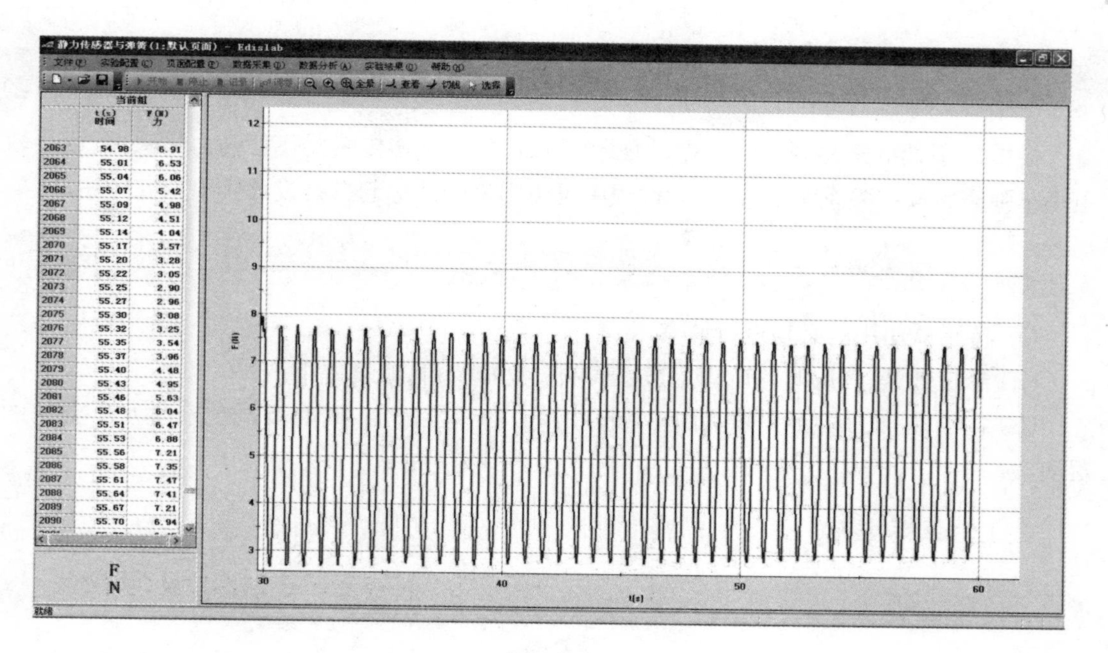

图 5.3.5

(7) 使用“选择”功能,放大局部可以更直观地观察到振动振幅随着时间轴明显减弱,如图 5.3.6 所示。

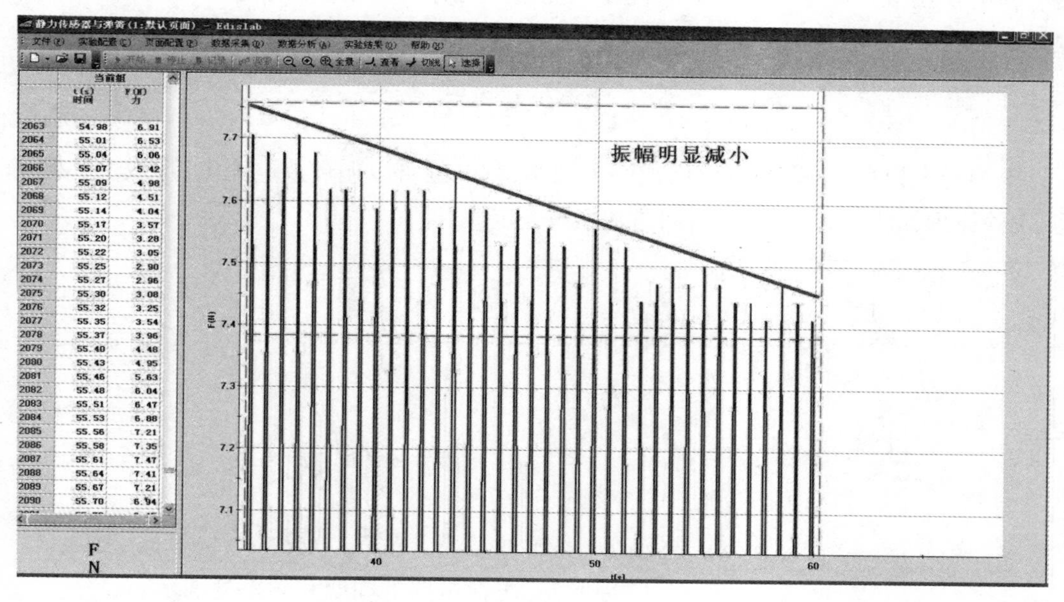

图 5.3.6

分析与论证

(1) 导出数据并撰写实验报告,完成实验探究。

(2) 观察实验图像,从实验探究中理解阻尼振动的振幅和周期的变化。

深入研究

尝试采用其他实验观察阻尼振动现象，例如，采用位移传感器代替静力传感器，或用轨道小车弹簧组成实验系统观察，实验过程中可由学生团队一起自行设计实验探究方案。

注意事项

(1) 传感器使用前必须进行调零。

(2) 悬挂弹簧、钩码时保持稳定，轻拿轻放，动作要稳，幅度要小。

(3) 向下施加力时不要过大，以免超过弹簧的弹性限度，同时要避免产生水平方向的摆动。

2. LC 振荡电路

观察与设问

观察电磁振荡现象。LC 电路也称为谐振电路、槽路或调谐电路，是将一个电感(用字母 L 表示)和一个电容(用字母 C 表示)连接在一起的电路。该电路可以用作电谐振器(音叉的一种电学模拟)，储存电路共振时振荡的能量。猜想 LC 电路中的电压 U 随时间 t 的变化规律，然后通过传感器实验加以验证。

设计实验方案

电容充电以后，如果与电感组成一个回路，则电容可以循环放电充电，形成 LC 振荡电路，实验原理如图 5.3.7 所示。由回路基尔霍夫定律，得

$$\frac{q}{C}-L\frac{\Delta i}{\Delta t}=0$$

$$i=\frac{\Delta q}{\Delta t}$$

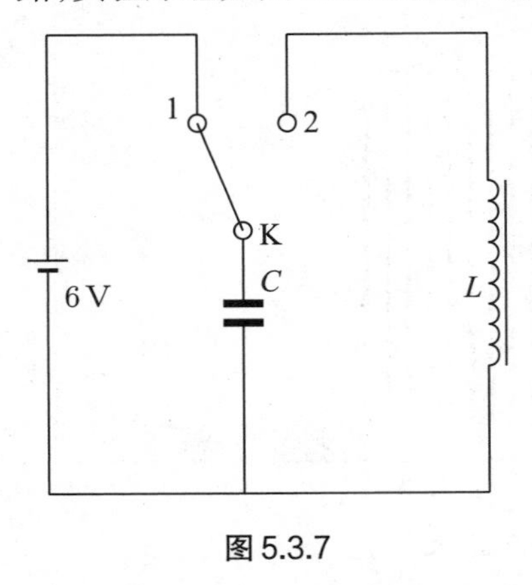

图 5.3.7

解得

$$q=q_0\cos\left(\frac{1}{\sqrt{LC}}t\right)$$

$$i=I_0\sin\left(\frac{1}{\sqrt{LC}}t\right)$$

因此 LC 振荡电路的周期和频率分别是

$$T=2\pi\sqrt{LC}$$

$$f=\frac{1}{2\pi\sqrt{LC}}$$

需要用到的器材有 Edislabpro400 数据采集器、电压传感器、计算机、电学实验板、学生电源(电池组)。实验装置如图 5.3.8 所示。

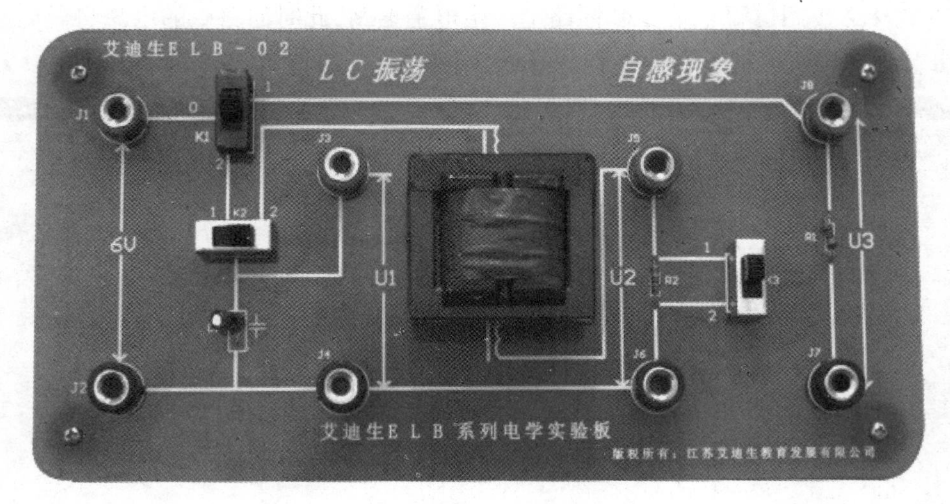

图5.3.8

数据采集与处理

(1) 连接好电压传感器和数据采集器,并与电学实验板上U1端口相连接,将K1拨到位置1。

(2) 运行Edislab软件,然后在物理实验模块中选择LC振荡,如图5.3.9所示。

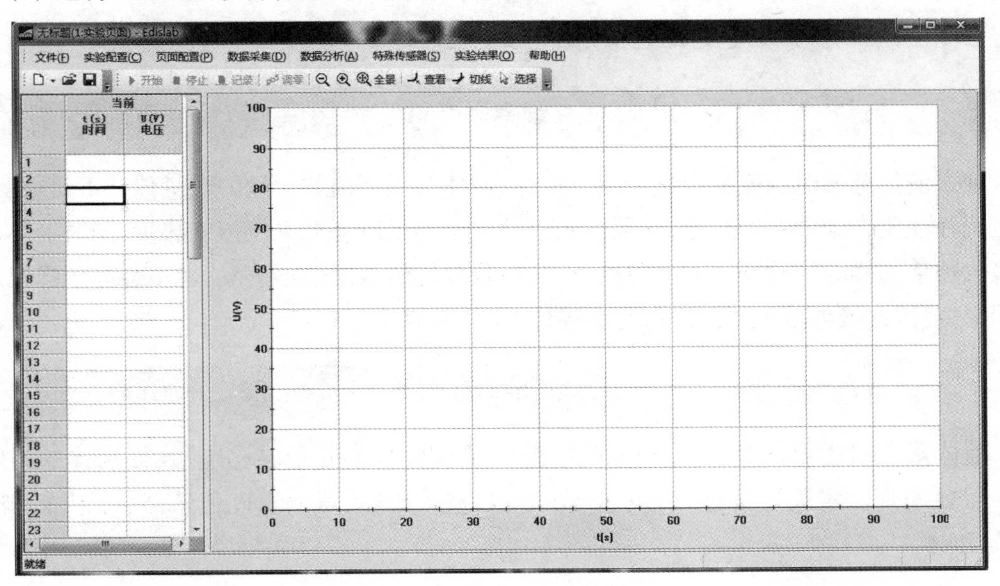

图5.3.9

(3) 如图5.3.9所示,单击“实验配置”菜单下的“采集参数”,将“采样频率”设置为500点/秒,采样时间间隔设置为100 s。

(4) 将K3拨到位置1,即在电路中接入电感线圈。

(5) 接通电源,将K2拨到位置1,组成LC振荡电路,电容器开始充电。

(6) 将 K2 拨到位置 2，在 LC 回路上产生电磁振荡，此时回路中的电流将做周期性变化，点击“开始”按钮记录 U 值并绘出 $U-t$ 图像，如图 5.3.10 所示。

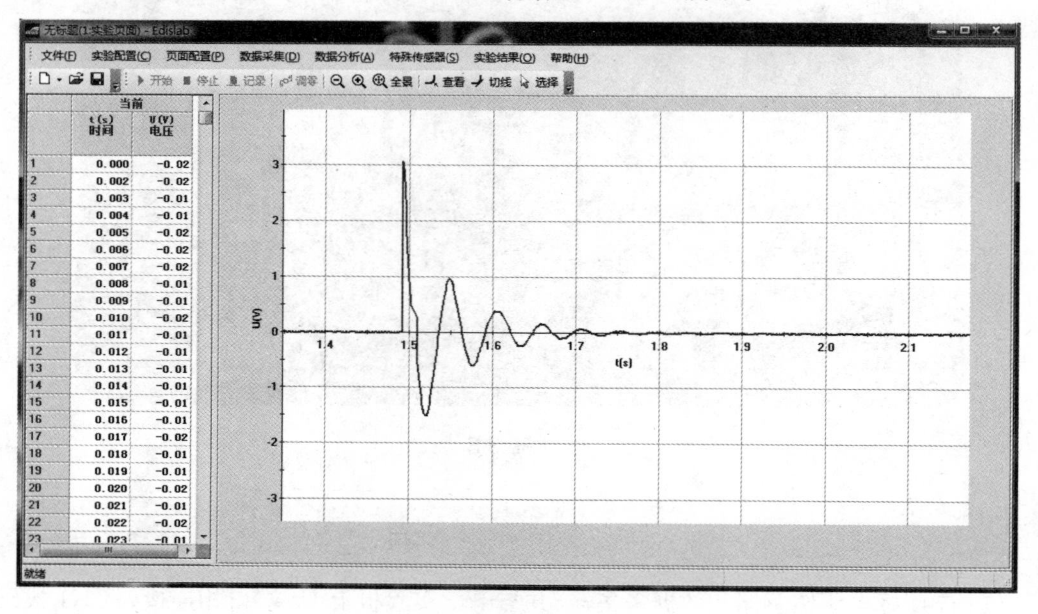

图 5.3.10

(7) 解释如图 5.3.10 所示的曲线，分析各段对应的物理过程。

3. 液体蒸发与温度变化的关系

观察与设问

观察液体蒸发时温度的变化情况。猜想：液体与周围温差导致的热量传导不是很明显，但蒸发往往要带走大量的热量，从周围吸收的热量不足以补充蒸发掉的热量，同时液体从环境吸收热量同样会导致环境温度降低，而其吸收环境热量即使不蒸发，也不会高于降温后的周围温度，因此液体蒸发后温度肯定会降低。

设计实验方案

液体蒸发时需要从其所在环境带走热量，周围物体的热量转移走后，使物体的温度降低。需要用到的实验器材有 Edislabpro400 数据采集器、普通温度传感器、锥形瓶、酒精、胶带、纸巾。

数据采集与处理

(1) 在计算机中运行 Edislab 软件，打开物理实验模块中的“液体蒸发使温度降低”，实验界面如图 5.3.11 所示。

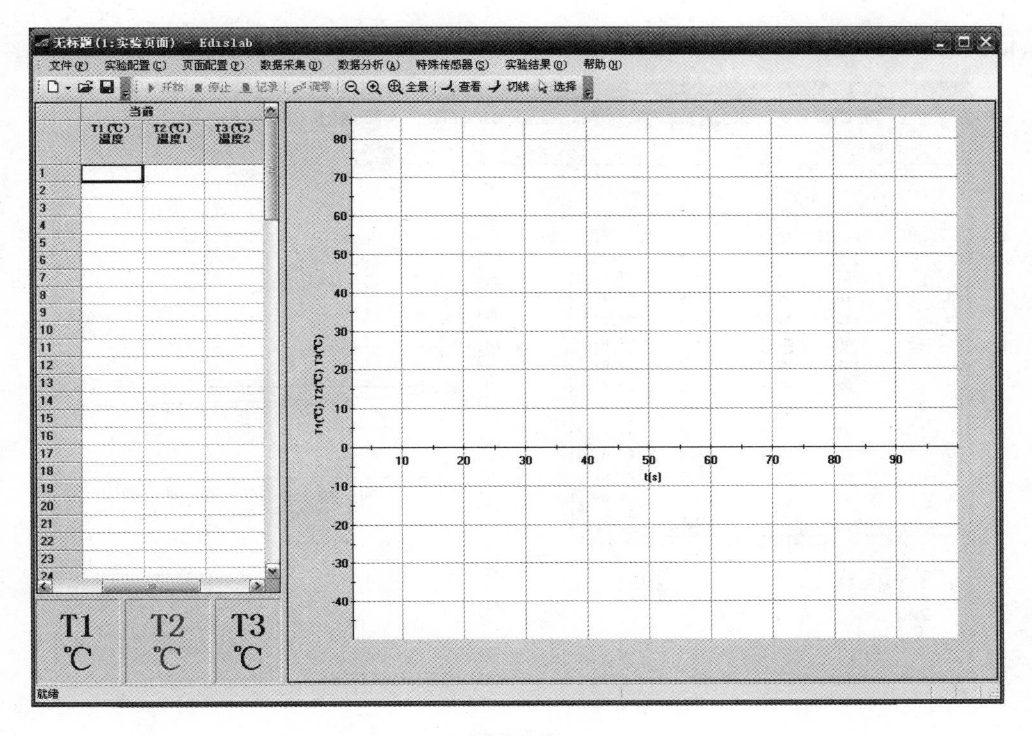

图 5.3.11

(2) 连接数据采集器与计算机,将三个普通温度传感器与数据采集器的通道CH1、CH2、CH3相连接,装置如图5.3.12所示,然后单击“开始”按钮进行数据采集与记录。

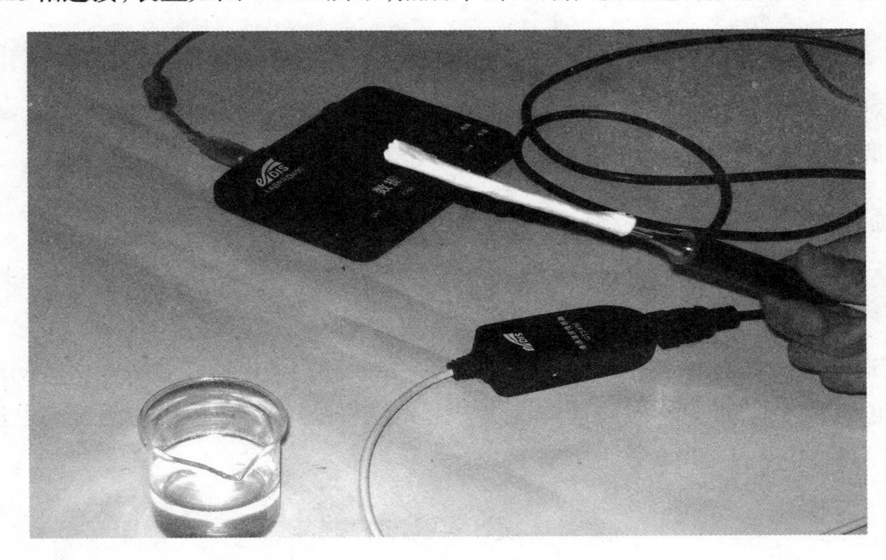

图 5.3.12

(3) 温度传感器的探头分别用纸巾均匀包住,手柄端用胶带纸粘住,防止脱落。把其中一个传感器固定在一个位置不动,另外两个温度传感器浸入酒精中并立即拿出,其中一个静止暴露在空气中,另外一个在空中摇晃以加快酒精的蒸发,数据采集完成后点击“停止”按钮,记录的数据示例如图 5.3.13 所示。

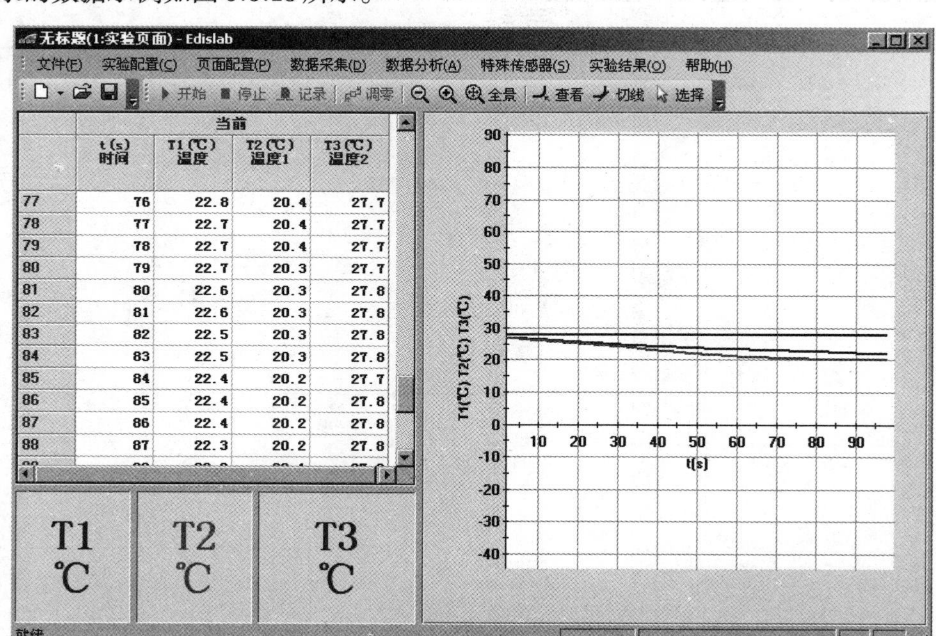

图 5.3.13

(4) 关闭 Edislab 系统并导出实验报告。注意:关闭前一定要确认实验及实验报告已保存,以免丢失所采集的数据。

分析与论证

(1) 对比三条温度-时间图线,你可以得出什么结论?试解释上述实验结果。

(2) 请从分子动理论的角度解释上述实验现象。

4. 通电螺线管的磁感应强度与电流的关系

观察与设问

研究通电螺线管内部磁感应强度与电流的关系。利用通电螺线管去吸引不同质量的铁块,改变电流的大小,吸引不同质量的铁块。由此猜想:螺线管的磁感应强度与电流大小可能成正比关系,并通过传感器实验验证猜想。

设计实验方案

通电导体周围磁场的磁感应强度与导体中的电流成正比。通电螺线管在物理上的模型叫作真空中无限长密绕螺线管,这里的无限长保证了螺线管内部任何一点的磁感应强度均相同。设螺线管单位长度上的匝数为 n,电流强度为 I,真空磁导率为 μ,则根据安培环路定理,有

$$\oint B \cdot \mathrm{d}l = \mu I$$

得真空无限长螺线管内部磁感应强度为

$$B = \mu_0 n I$$

实际中我们不可能得到无限长的螺线管，在满足螺线管的横截面积比较小、长度足够的前提下可将螺线管内部中间位置附件视为匀强磁场。本实验需要用到的器材有 Edislab 数字化实验系统、电流传感器、磁感应强度传感器、计算机、稳压电源(或电池组)、螺线管、滑动变阻器、导线等。实验装置如图 5.3.14 所示。

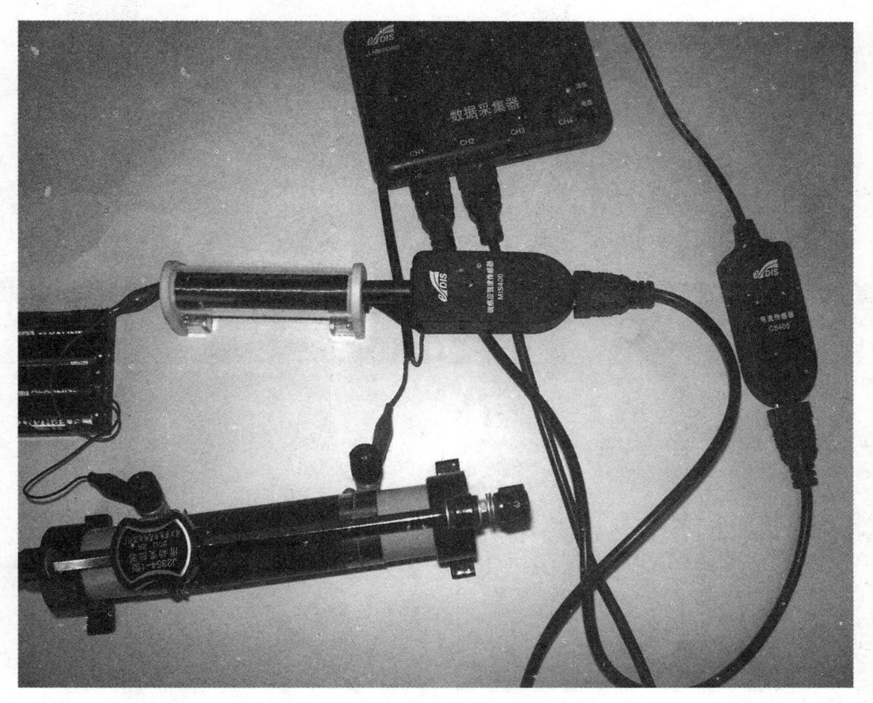

图 5.3.14

数据采集与处理

(1) 连接传感器，将电流传感器与磁感应强度传感器分别接入数据采集器任意两个通道。

(2) 如图 5.3.14 所示，将电流传感器、滑动变阻器、螺线管、电池组串联在电路中，磁感应强度传感器探管顶端置于螺线管内中间附件的某一位置。

(3) 在计算机中运行 Edislab 软件，打开物理实验模块中的“通电螺线管的磁感应强度与电流的关系”，如图 5.3.15 所示。

(4) 实验中逐步调节滑动变阻器的触头，改变螺线管中电流强度的大小，测得一组实验数据并绘出实验图线，如图 5.3.16 所示。

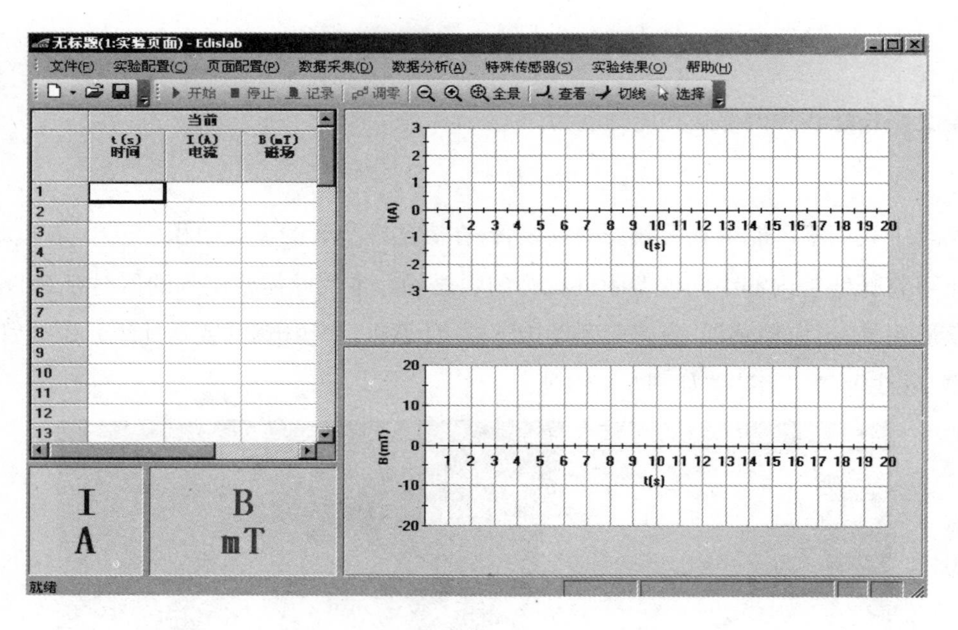

图 5.3.15

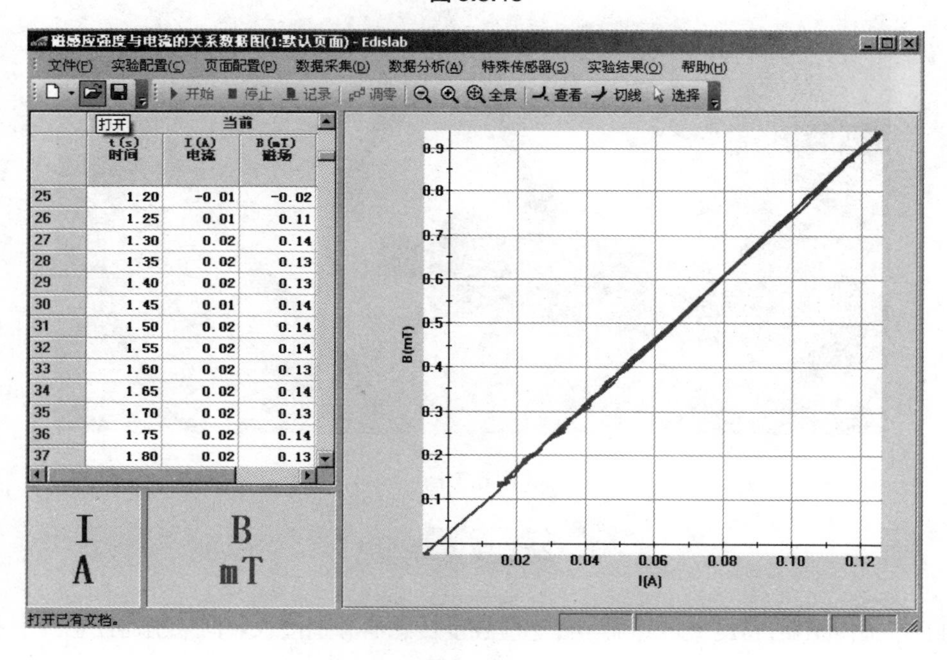

图 5.3.16

(5) 利用Edislab软件自动拟合数据描出“电流-磁感应强度”的线性关系图形,说明螺线管内的磁感应强度与螺线管中的电流成正比关系,验证了猜想。

实验拓展

(1) 将磁感应强度传感器探管置于螺线管内的不同位置,重复上述实验拟合出实验图线,通过对比可以发现什么现象?

(2) 用通电直导线演示器替代螺线管,重复上述实验,观察实验结果是否不同。

5. 验证玻意耳定律

观察与设问

英国化学家玻意耳(Boyle)于1662年根据实验提出:“在密闭容器中的定量气体,在恒温下,气体的压强和体积成反比关系。”并将其命名为玻意耳定律,也称为波意耳–马略特定律。这是人类历史上首个被发现的定律。引导学生运用分子动理论知识猜想:定量定温下气体压强与体积成反比关系。

设计实验方案

用传感器实验验证:当温度不变时,一定质量的理想气体,其压强与体积的乘积(pV)为常量,即体积与压强成反比,亦即 $pV=$ 恒量(此恒量由气体的质量、温度决定)。需要用到的实验器材有Edislabpro400数据采集器、压强传感器、计算机、注射器等。实验装置如图5.3.17所示。

图 5.3.17

数据采集与处理

(1) 连接压强传感器和数据采集器,取出注射器,将注射器的活塞置于15 mL处,并通过软管与压强传感器的测口紧密连接。注:初始值可任意选,应尽可能让管内气体体积较大。

(2) 在计算机中运行Edislab软件,选择“玻意耳定律”模块。如图5.3.18所示,将活塞拉到20 mL刻度处,输入初始气体体积 V 的值。

(3) 单击“数据采集”菜单下面的子菜单“开始”按钮记录压强 p 值,并且自动计算出 Y 和 K 的值同时描绘出 p 和 V 的关系曲线。

(4) 输入不同的气体体积 V 的值,记录不同的体积 V 值所对应的压强 p 数据。

(5) 观察实验结果,在误差允许的范围内发现压强 p 与体积 V 的乘积基本为一常数。

(6) 由实验结果可知,数据点的排列具有很明显的双曲线特征。点击“数据分析”下面的“拟合”,选取“反比拟合”,得出一条拟合图线,如图 5.3.19 所示,该图线与数据点几乎完全重合,证明了定量定温下气体压强与体积成反比的猜想。

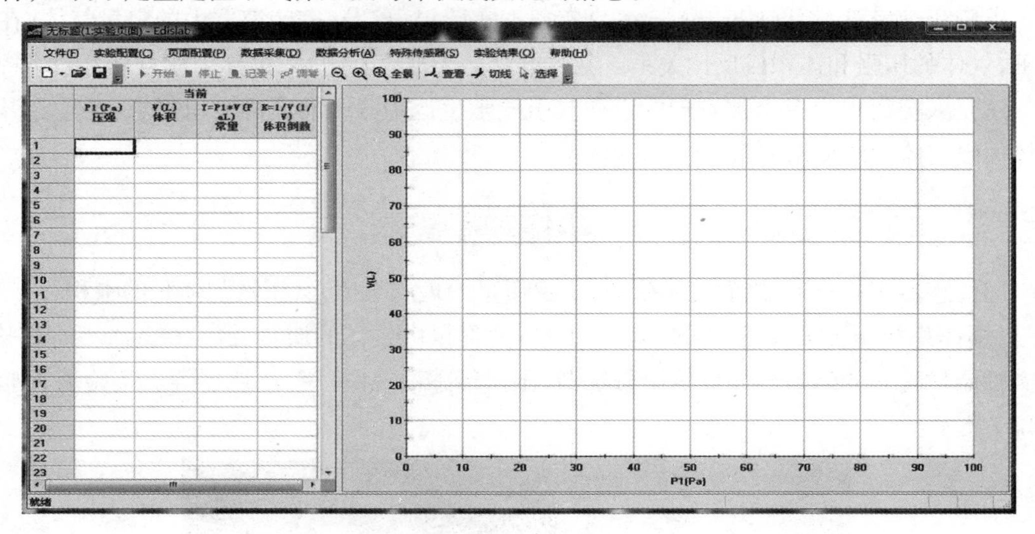

图 5.3.18

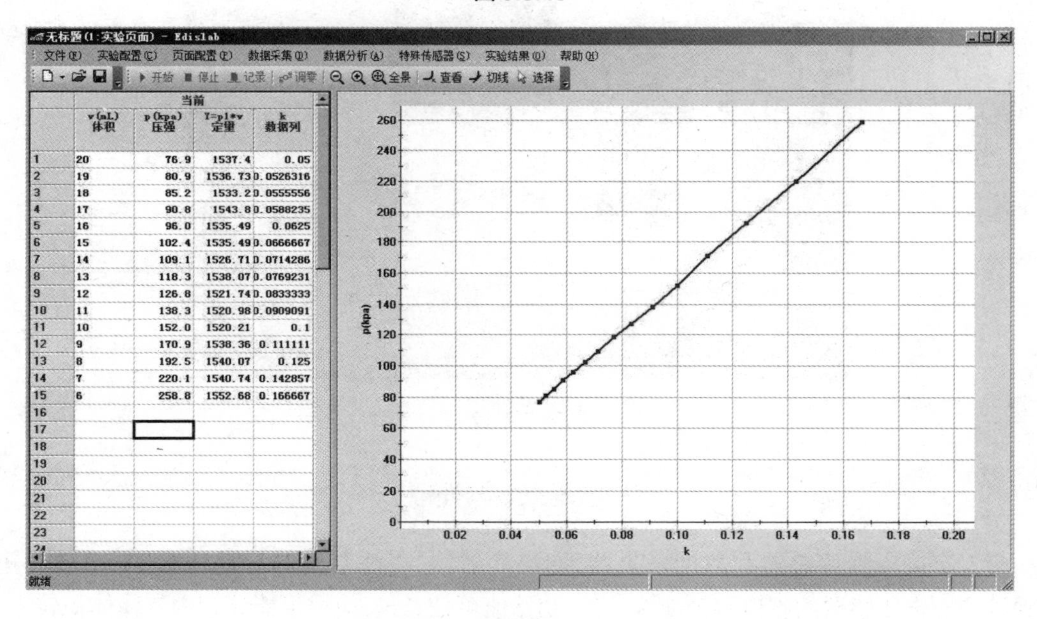

图 5.3.19

(7) 设置 X 轴与 Y 轴分别对应于“k”与“p”,得出一组“$k-p$”数据点。数据点的排列具有明显的线性特征。点击“拟合”,选取“线性拟合”,得到一条几乎过原点的拟合图线,且该直线几乎贯穿了所有数据点,这就证明了之前的猜测:压强与体积的倒数成正比,即压强与体积成反比。

注意事项

连接传感器的塑料软管内部容积约有1 mL，输入气体体积应该用“注射器读数 +1 mL”。本实验可通过同学之间的协作完成，以培养学生的合作精神和合作能力。一人操作注射器，一人操作计算机读记数据，做完一次后两人交换分工再做一次。

6. 基于Tracker探究单摆运动规律

Tracker是一款视频分析软件，是由美国卡里洛大学(Cabrillo College)的道格拉斯·布朗教授所开发的开源软件。Tracker通过分析物理实验所拍摄的视频，追踪选定对象的运动轨迹，就可以快捷地进行数据分析，归纳物理规律，并允许用户建立自己的运动学或动力学模型进行模拟实验。Tracker已成功地运用于运动学、动力学甚至光谱分析等领域的实验研究中。基于Tracker探究单摆运动规律的具体步骤如下。

① 在纯色背景的墙上画好一刻度尺，并找一悬挂点，用一长为25 cm的细绳悬挂一小钢球(作为摆球)，然后用手机拍摄一黑色小钢球在平行墙面的平面内摆动的短视频，通过微信或QQ将所拍摄的短视频发送到电脑上，在电脑上运行Tracker软件，点击左上角的按钮(或单击菜单“文件”→“打开”)载入短视频“单摆.mp4”，图中展示了用铅笔在墙上画的3个竖直标尺(取其中任何一个都可以)，最右边的竖直标尺长度为25 cm。拖动工具栏下边时间轴上的两个黑三角形(▲)选择所要追踪的视频帧范围，如图5.3.20所示。

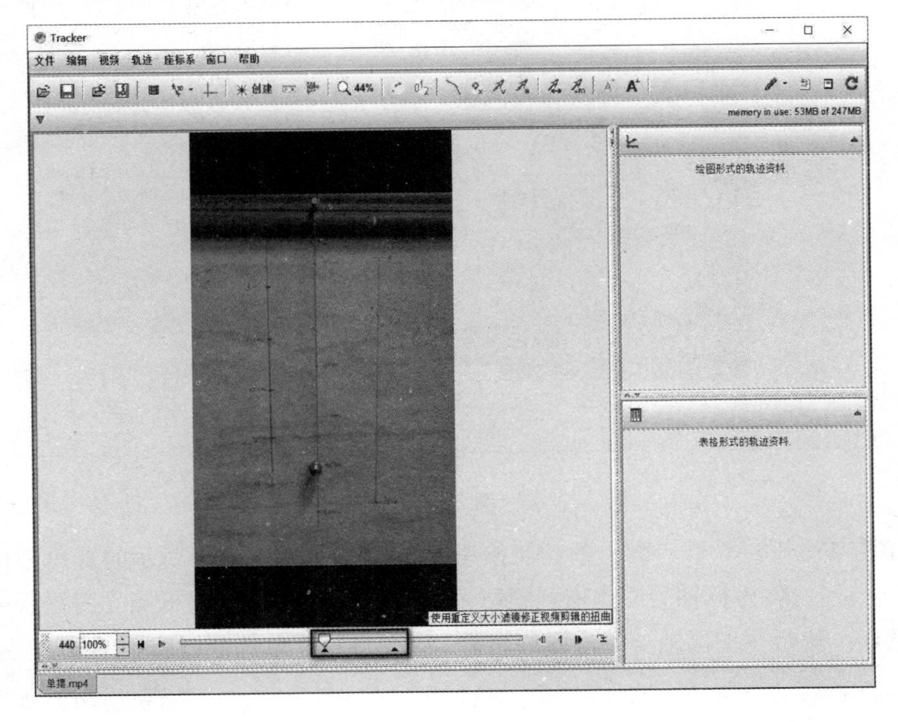

图5.3.20

② 单击 Tracker 软件界面上的功能按钮，弹出如图 5.3.21 所示界面，单击“新建”→“定标杆”。

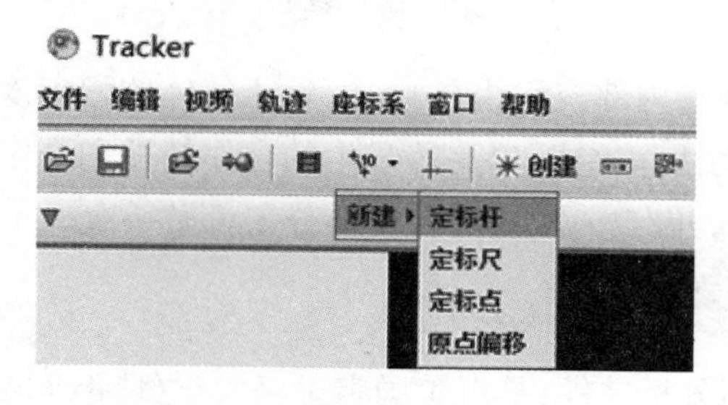

图 5.3.21

③ 如图 5.3.22 所示，将定标杆的两端移动到最右边的竖直标尺上，将此标杆上的数字改成 0.25，单位为 m。然后在定标杆上单击鼠标右键，钩选“锁定”单选框以防止错位，去掉“可见”单选框前面的钩以隐藏定标杆，或单击工具栏上的按钮也可实现此操作。

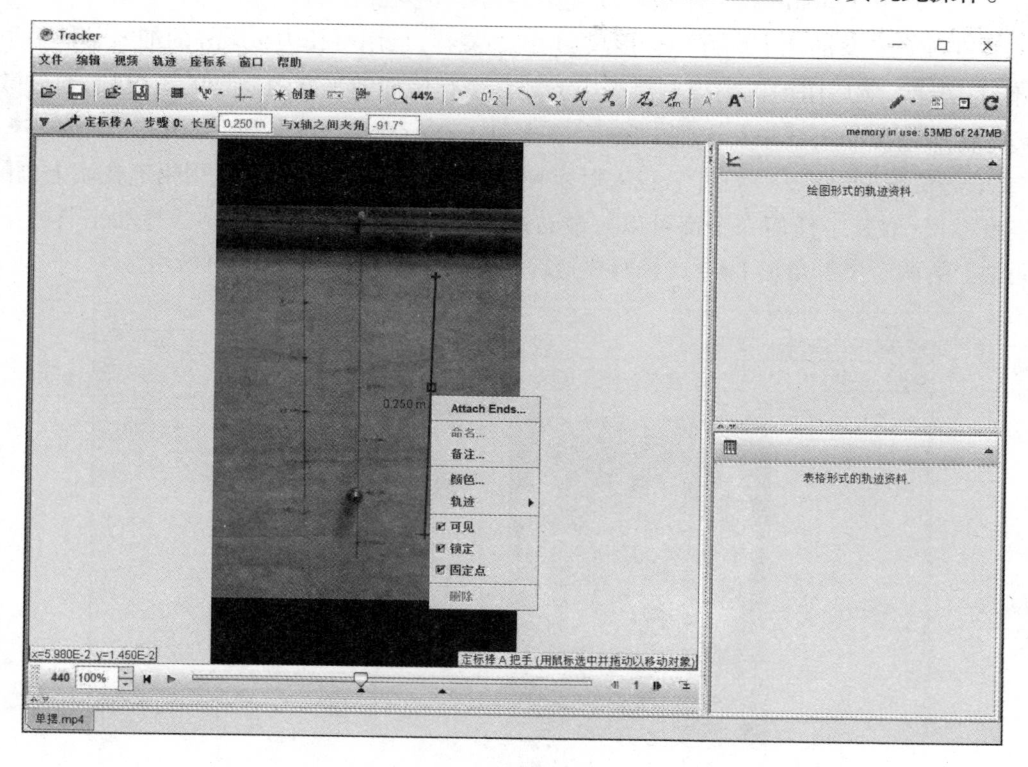

图 5.3.22

④ 单击 Tracker 软件界面上的功能按钮，弹出如图 5.3.23 所示的直角坐标轴。单击并拖动坐标轴，将坐标轴的原点拖到摆球运动的最低点，并将此最低点作为描绘单摆运动的坐标原点。然后在坐标轴上单击鼠标右键，钩选“锁定”单选框以防止错位，去掉“可见”单选框前面的钩以隐藏坐标轴，或单击工具栏上的按钮也可实现此操作，如图 5.3.23 所示。

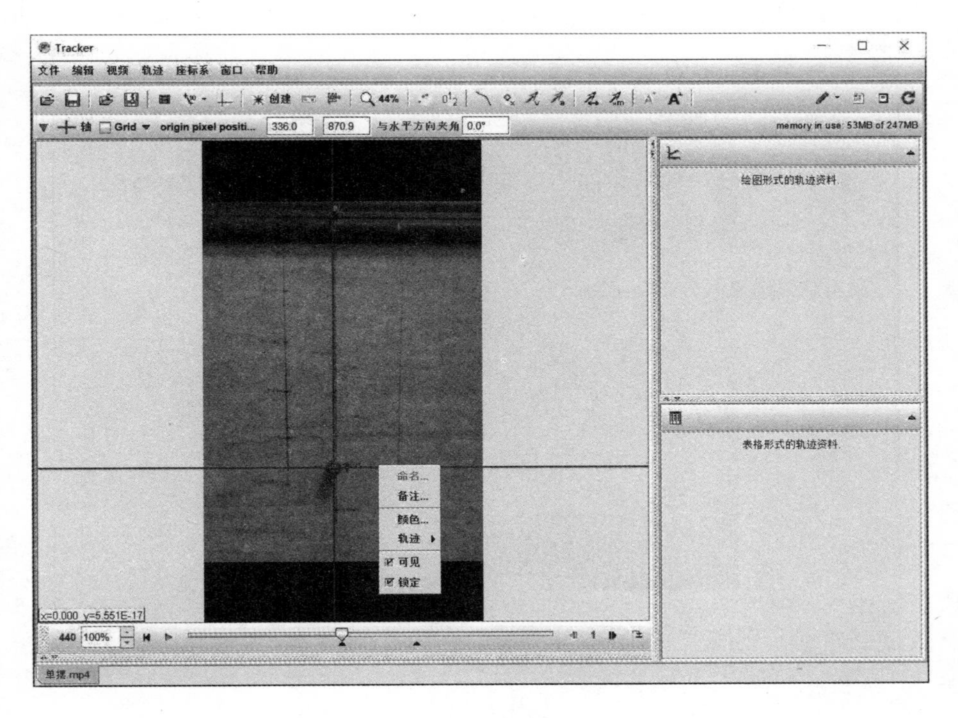

图 5.3.23

⑤ 单击 Tracker 软件界面上的功能按钮 ✳创建，弹出如图 5.3.24 所示菜单，单击“质点”，创建一个“质量 A”，并将其命名为“小球”，如图 5.3.25 所示。

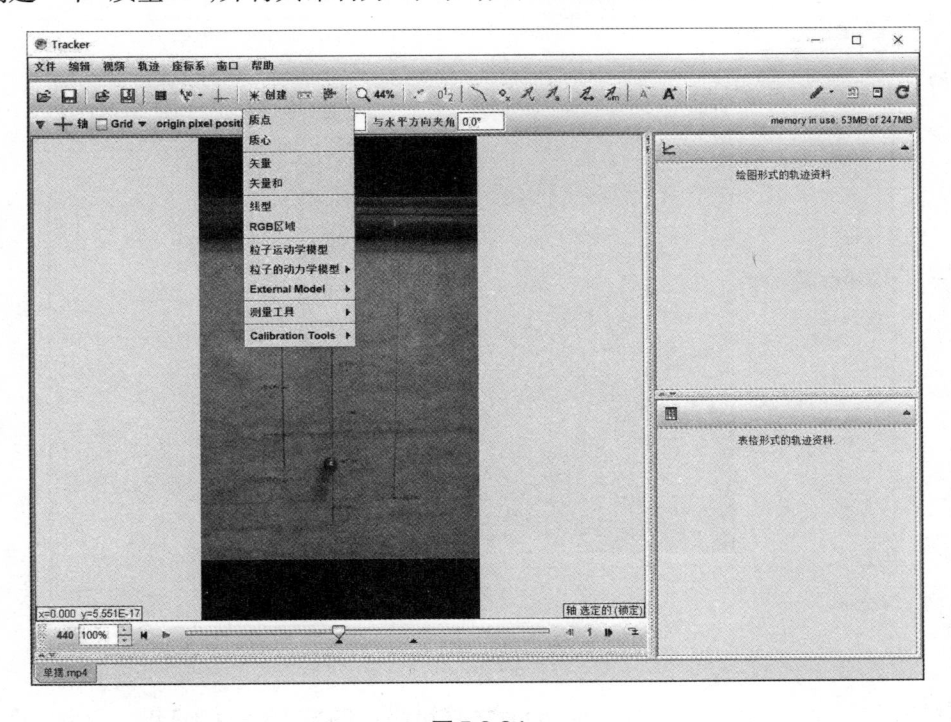

图 5.3.24

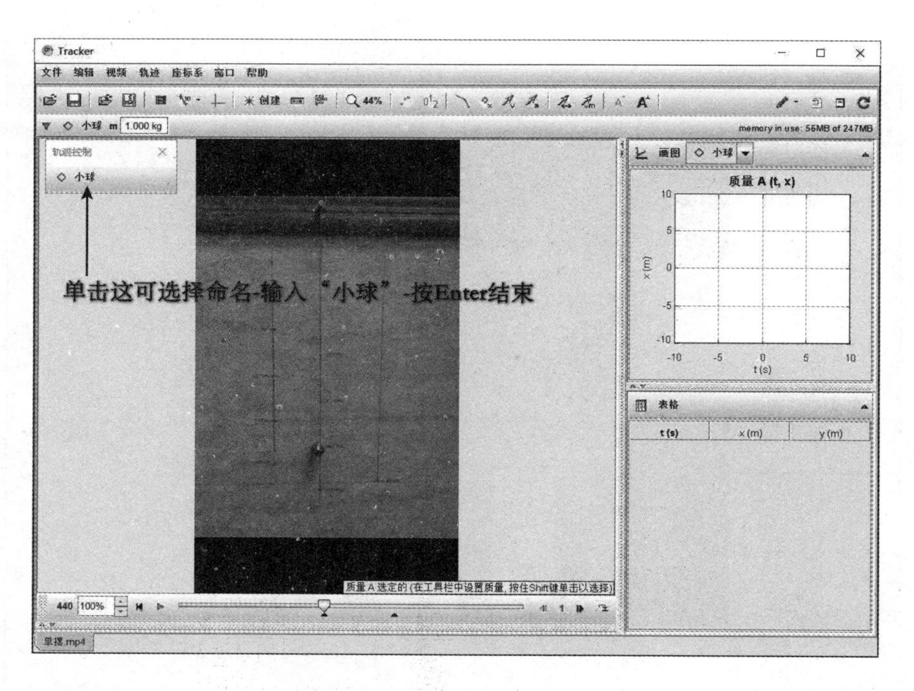

图 5.3.25

⑥ 单击图 5.3.25 中的“小球”,弹出如图 5.3.26 所示界面,再单击“自动追踪”菜单,弹出如图 5.3.27 所示界面。

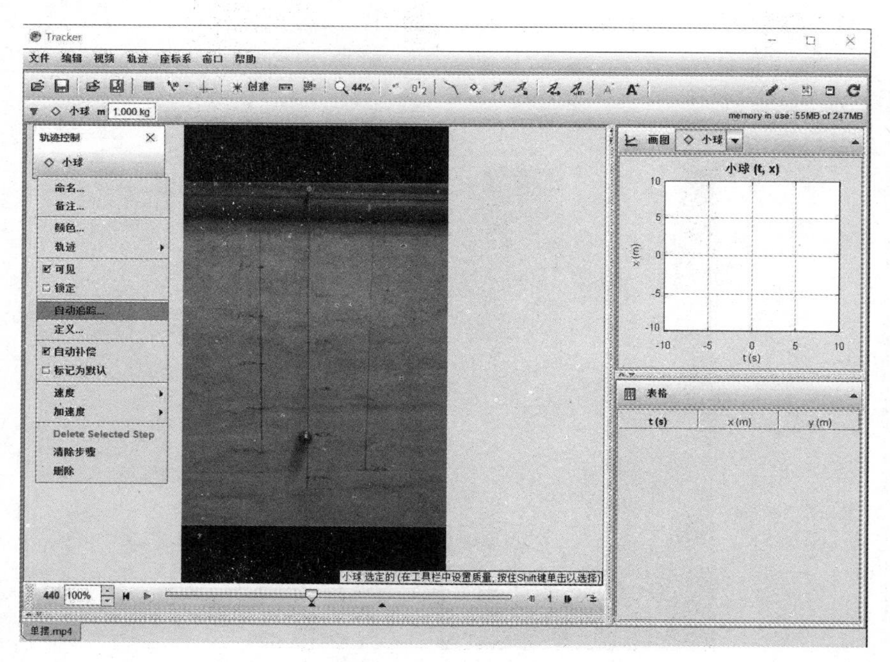

图 5.3.26

⑦ 按图 5.3.27 中文字所给的提示,同时按住键盘上的 Shift 和 Ctrl 键,鼠标提示符变成靶形,然后用靶形鼠标单击视频中的小球所在位置,将出现方形虚线框,最后将鼠标放在方

形虚线框左下角小方块上，鼠标变成手形，此时可拖动方形虚线框，将方形虚线框缩小到刚好容纳小球的大小，如图 5.3.27 所示。

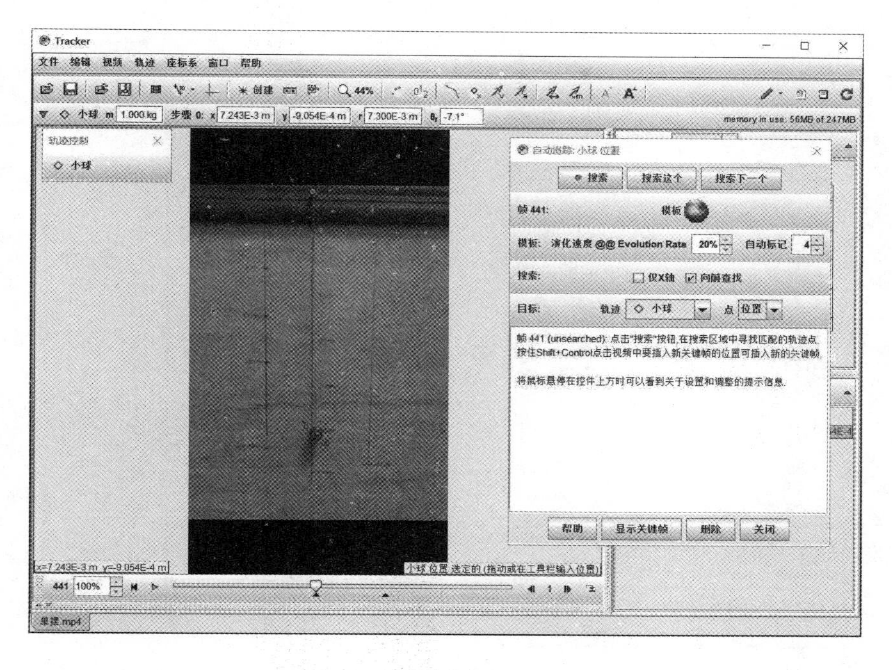

图 5.3.27

⑧ 单击图 5.3.27 中的“搜索”按钮，将自动追踪分析视频，再单击“关闭”按钮退到主界面，如图 5.3.28 所示。

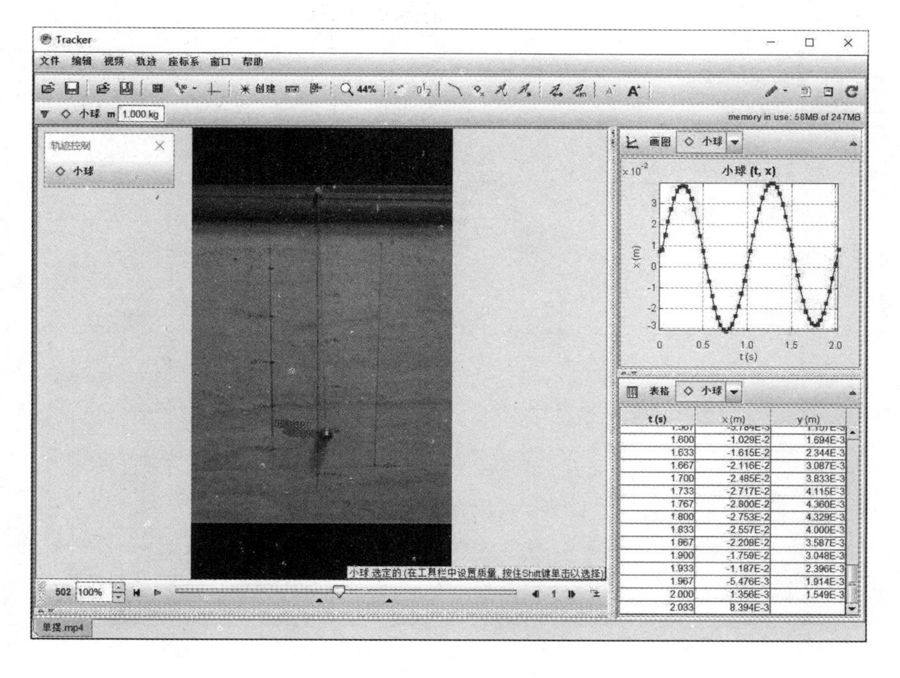

t (s)	x (m)	y (m)
1.600	-1.029E-2	1.694E-3
1.633	-1.615E-2	2.344E-3
1.667	-2.116E-2	3.087E-3
1.700	-2.485E-2	3.833E-3
1.733	-2.717E-2	4.115E-3
1.767	-2.800E-2	4.360E-3
1.800	-2.753E-2	4.329E-3
1.833	-2.557E-2	4.000E-3
1.867	-2.208E-2	3.587E-3
1.900	-1.759E-2	3.048E-3
1.933	-1.187E-2	2.396E-3
1.967	-5.476E-3	1.914E-3
2.000	1.356E-3	1.549E-3
2.033	8.394E-3	

图 5.3.28

⑨ 在图 5.3.28 右上侧波形图或数据表格上单击鼠标右键 → 选择“分析”，得到如图 5.3.29 所示界面，图中振幅大的为水平运动图像，振幅小的为竖直运动图像，需要暂时隐藏竖直运动。

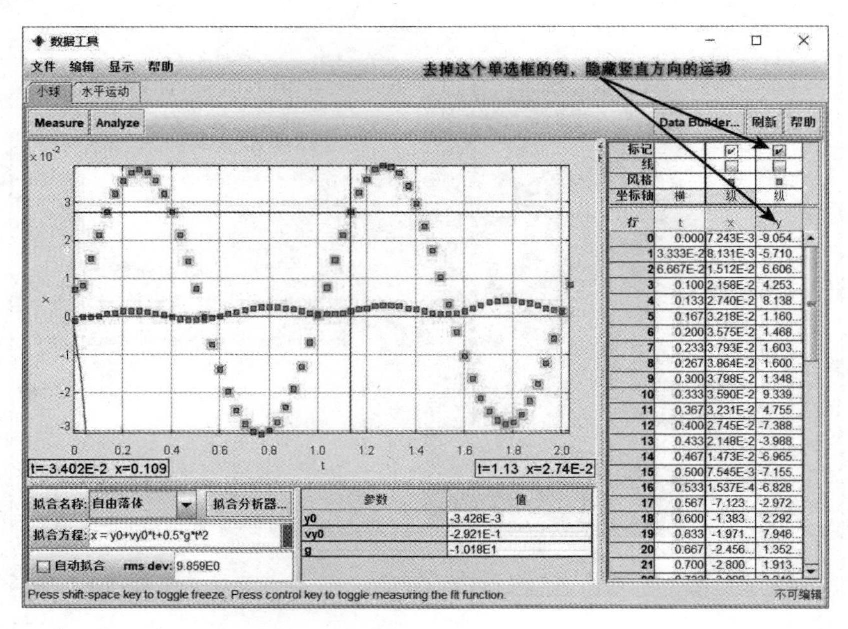

图 5.3.29

⑩ 单击图 5.3.29 中的“Analyze”菜单，选择“拟合”，界面下方会出现拟合工具栏，如图 5.3.30 所示。

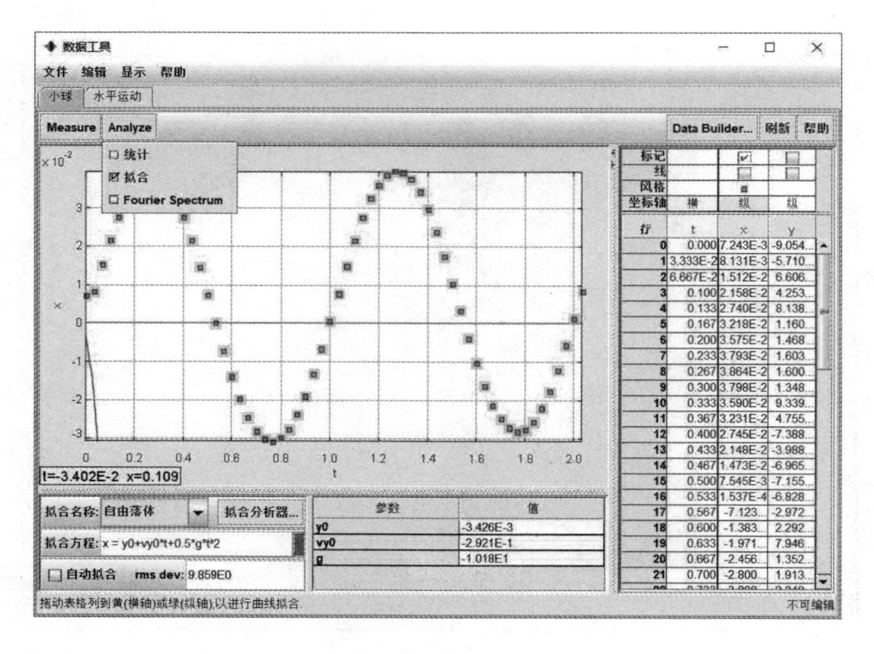

图 5.3.30

⑪ 单击图 5.3.31 中的“Measure”菜单，选择“坐标系”，用于测量数据点的初位置和振幅。单击图中“拟合分析器”，在“Fit Builder”中单击“New”新增函数“周期性运动”，输入运动学方程并添加相应的物理量及其对应的值，如图 5.3.32 所示，摆长 $l=0.25\,\mathrm{m}$ 是不能改变的，按照经验设重力加速度 $g=9.8\,\mathrm{m/s^2}$，此处设成其他值也没关系，实际重力加速度的值需要根据拟合的结果来判断。

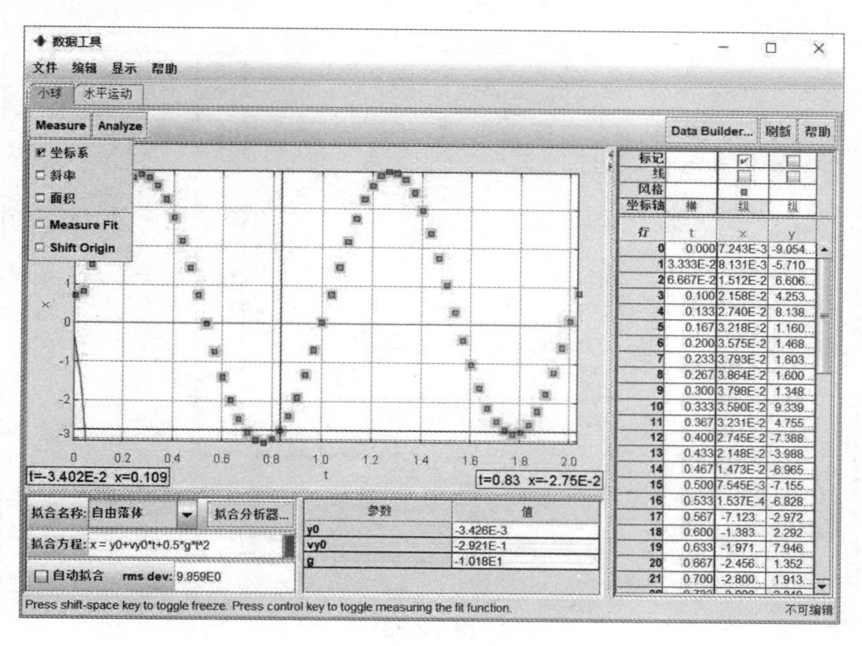

图 5.3.31

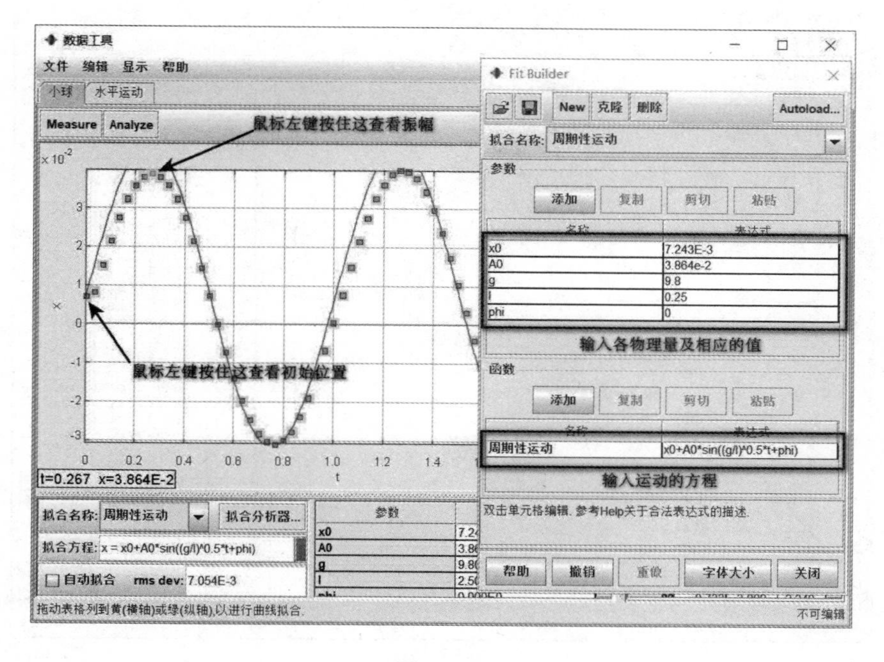

图 5.3.32

⑫ 关闭“Fit Builder”退回到主界面，如图 5.3.33 所示，在拟合名称中选择“周期性运动”，然后调整除摆长 l 之外的其他物理参量，调整到差不多的时候，再单击“自动拟合”，这时程序会自动匹配最佳值，如图 5.3.34 所示，因此当地重力加速度 $g=9.893\ \mathrm{m/s^2}$。

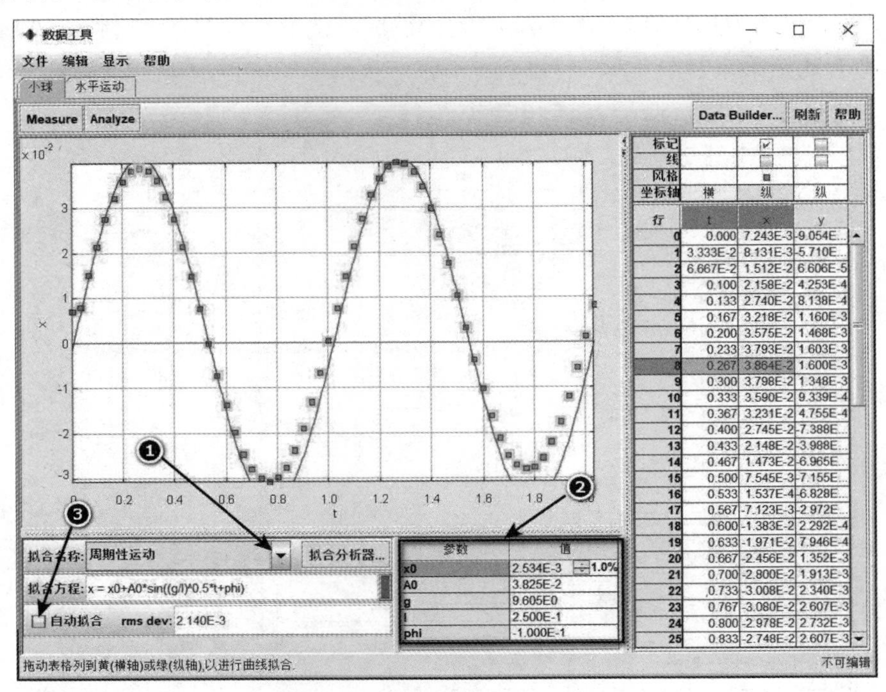

图 5.3.33

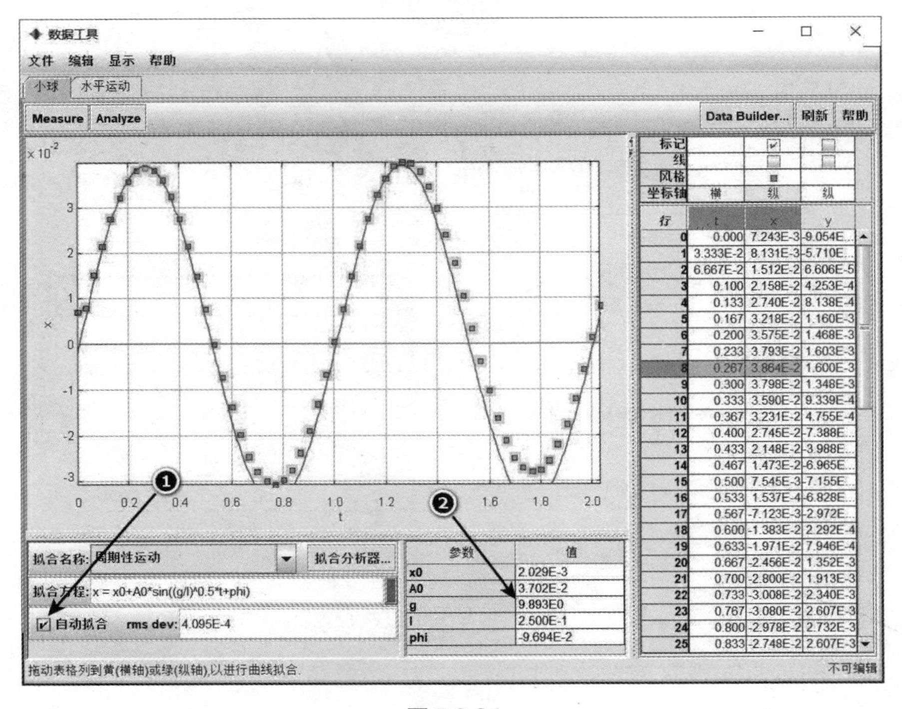

图 5.3.34

7. 基于Tracker探究平抛运动规律

在纯色背景的墙上确定好两个参考点，两参考点之间的距离为1 m，用手机拍摄小球做平抛运动的短视频，通过微信或QQ将所拍摄的短视频发送到电脑上，在电脑上运行Tracker软件，点击左上角的按钮（或单击菜单“文件”→“打开”）载入短视频“平抛 .mp4”，如图5.3.35所示，然后拖动工具栏下方时间轴上的两个黑三角形（▲）选择所要追踪的视频帧范围，设置跟踪区域的起点和终点，此范围可视具体情况选择。

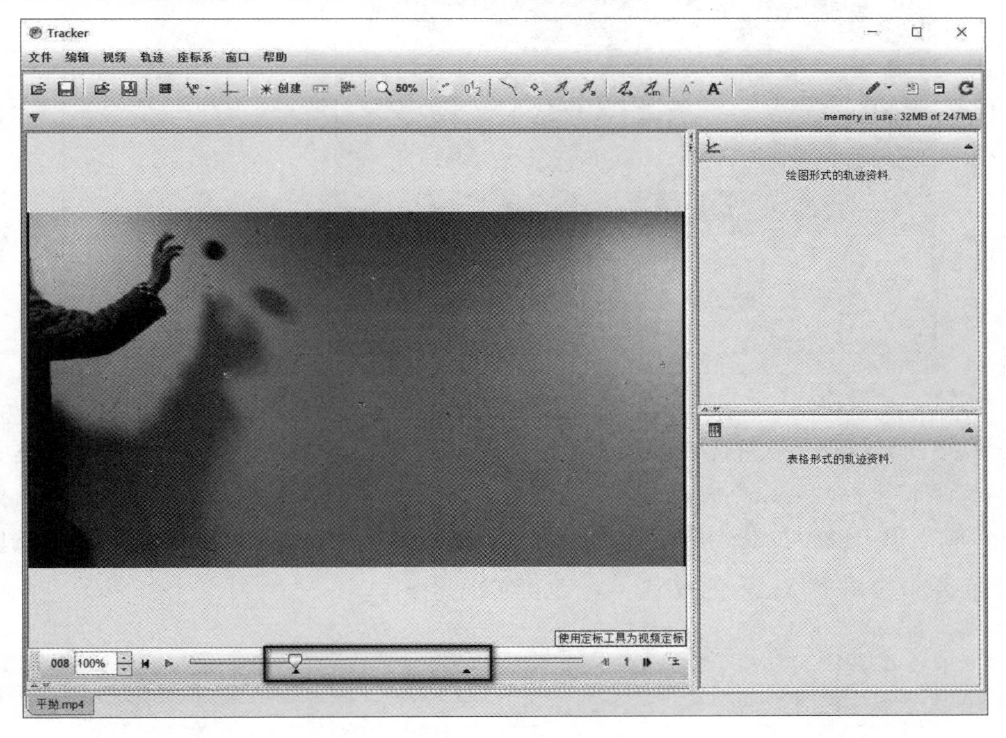

图5.3.35

① 单击Tracker软件界面上的功能按钮，弹出如图5.3.36所示界面，单击“新建”→“定标杆”。

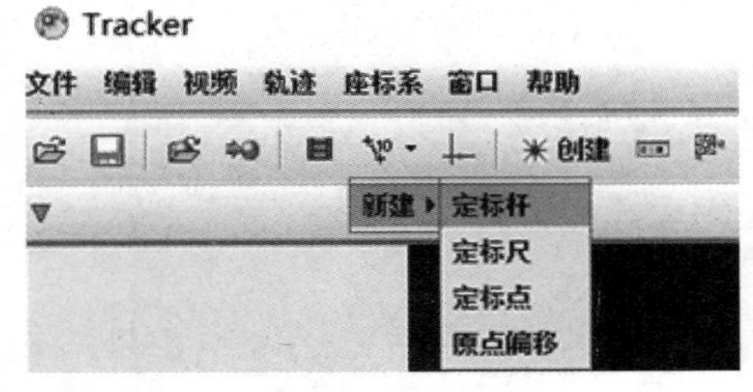

图5.3.36

② 按住Shift键用鼠标分别单击墙上的两个标记点，并将此标杆上的数字改成1，单位为m，如图5.3.37所示。然后在定标杆上单击鼠标右键，钩选“锁定”单选框以防止错位，去掉“可见”单选框前面的钩以隐藏定标杆，或单击工具栏上的按钮也可实现此操作。

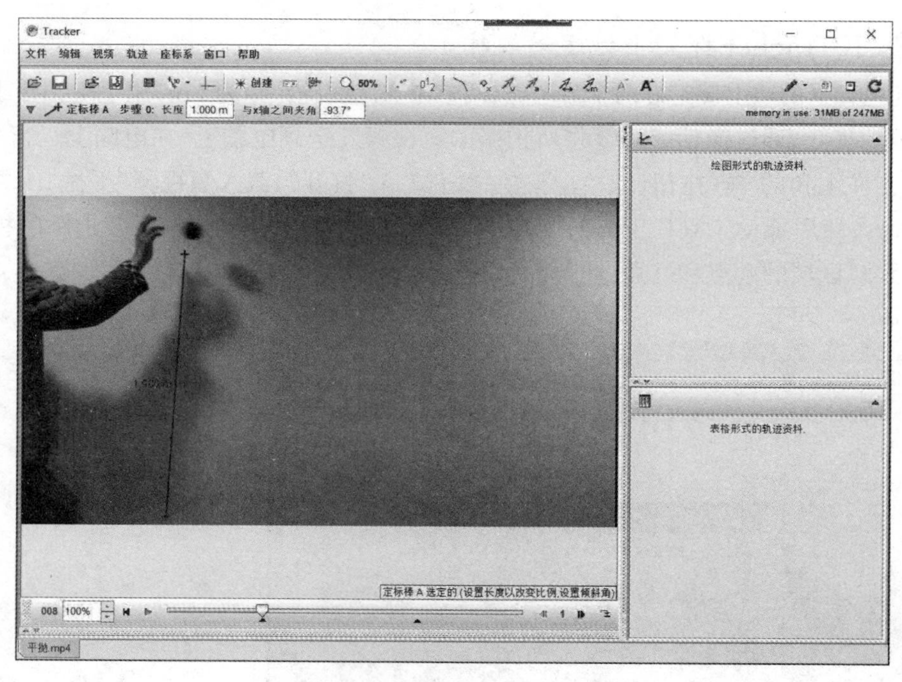

图 5.3.37

③ 单击 Tracker 软件界面上的功能按钮，弹出如图 5.3.38 所示坐标轴。单击并拖动坐标轴，将坐标轴的原点拖到小球所在位置，并将此位置作为平抛运动的坐标原点。然后在坐标轴上单击鼠标右键，钩选“锁定”单选框以防止错位，去掉“可见”单选框前面的钩以隐藏坐标轴，或单击工具栏上的按钮 也可实现此操作。

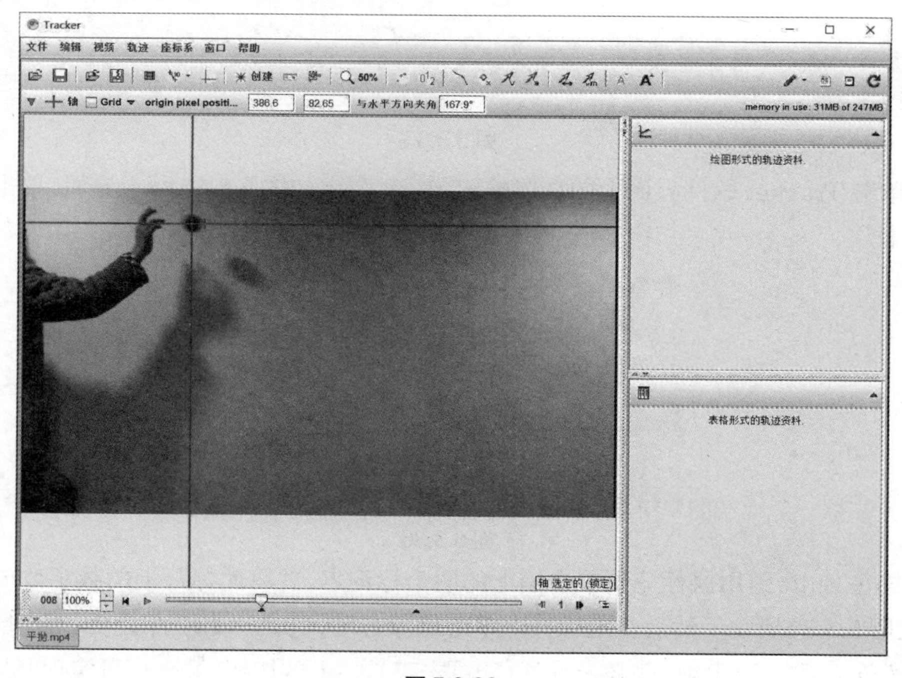

图 5.3.38

④ 单击 Tracker 软件界面上的功能按钮 ✳创建 弹出如图 5.3.39 所示界面，选择质点，创建一个“质量 A”，鼠标单击“质量 A”→“命名”，输入“小球”后按 Enter 键结束，如图 5.3.40 所示。

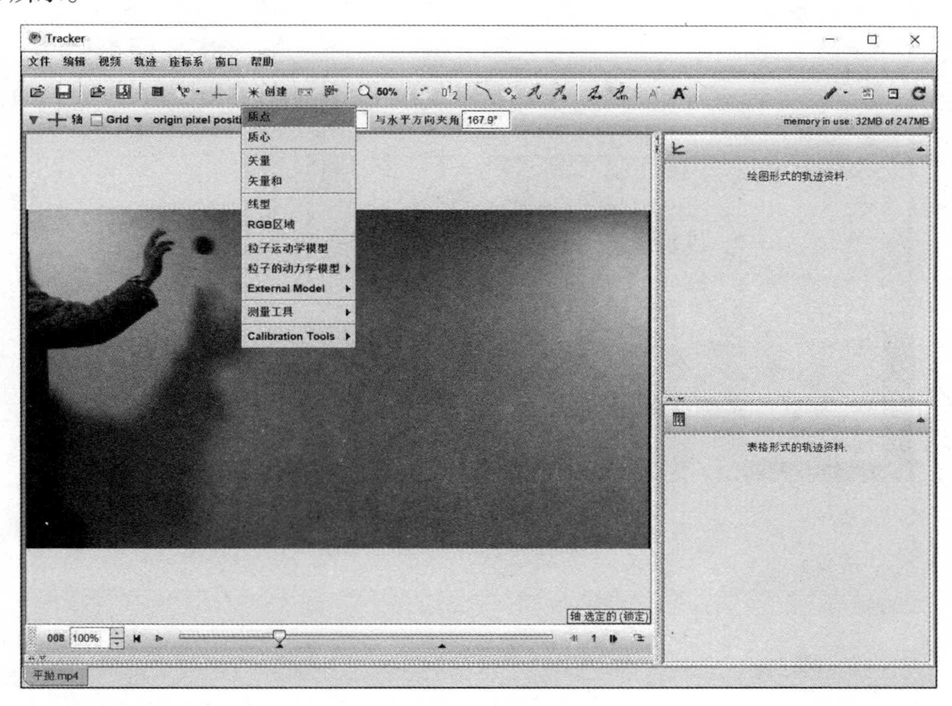

图 5.3.39

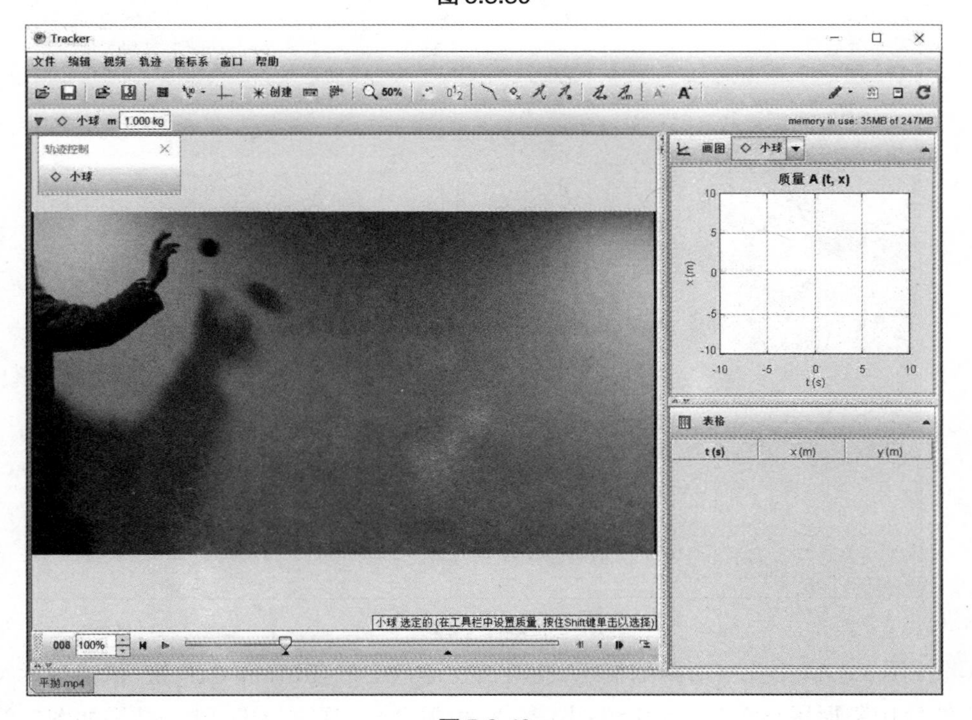

图 5.3.40

⑤ 单击如图 5.3.40 所示轨迹控制面板上的“小球”,弹出一竖直菜单,如图 5.3.41 所示。选择“自动跟踪”,如图 5.3.42 所示。

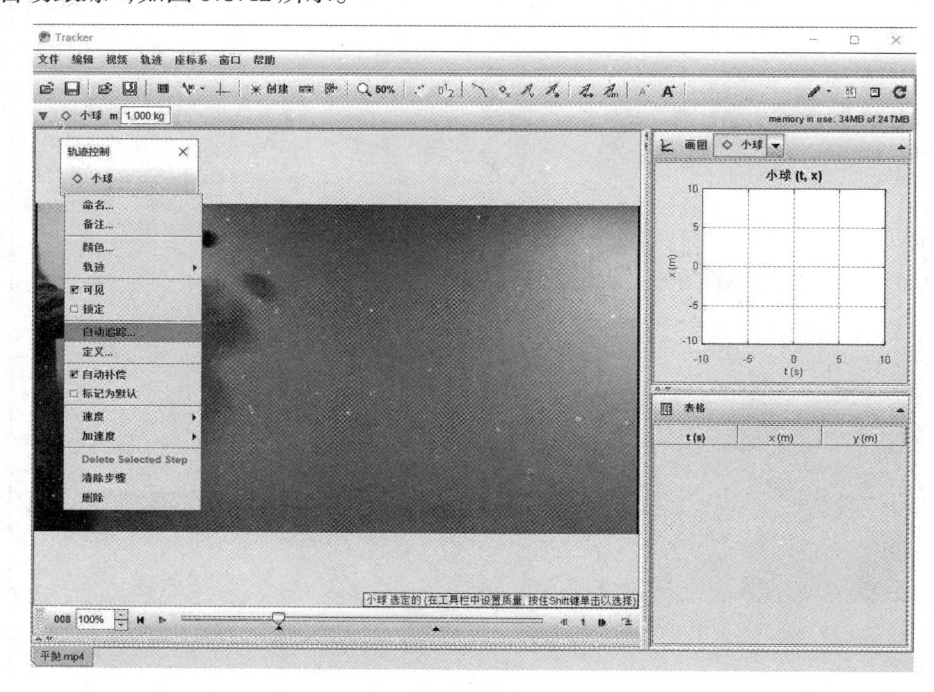

图 5.3.41

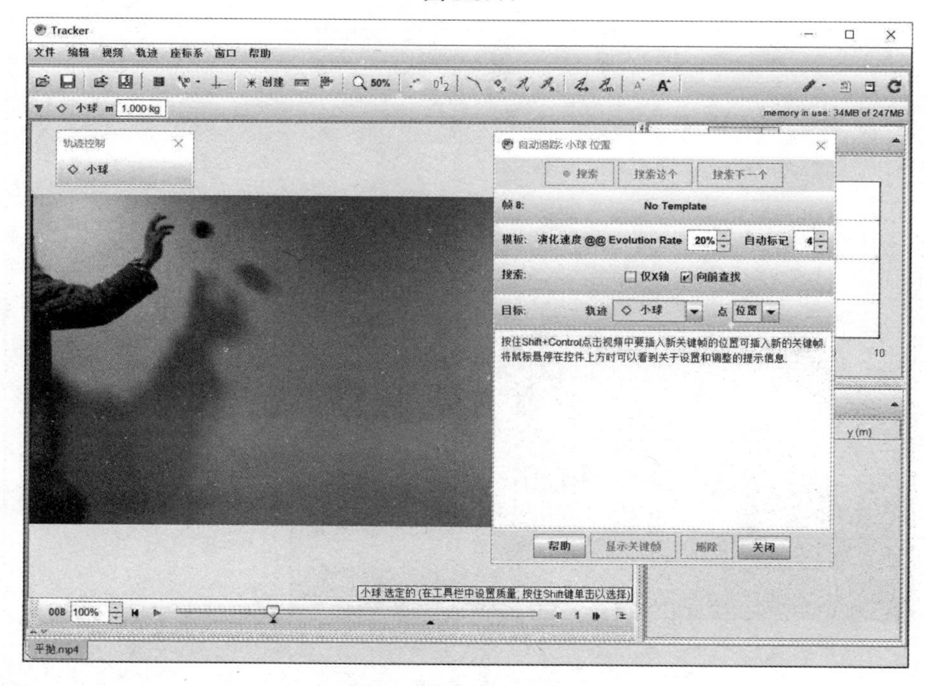

图 5.3.42

⑥ 按图 5.3.43 中文字所给的提示,同时按住键盘上的 Shift 和 Ctrl 键,鼠标提示符变成靶形,然后用靶形鼠标单击视频中的小球所在位置,将出现方形虚线框,结果如图 5.3.43 所

示。将鼠标放在方形虚线框左下角小方块上，鼠标变成手形，此时可拖动方形虚线框，将方形虚线框缩小到刚好容纳小球的大小。

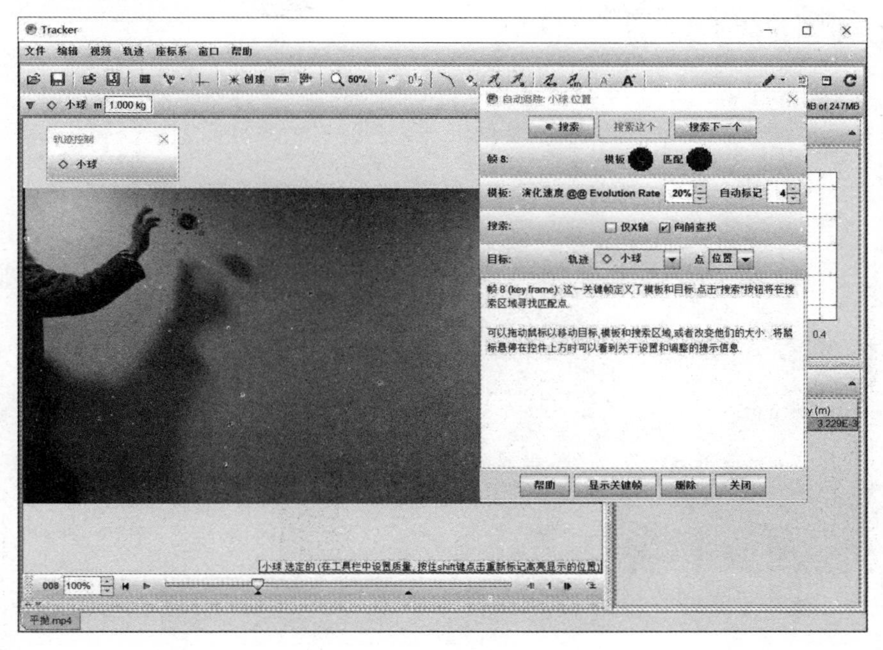

图 5.3.43

⑦ 单击图 5.3.43 中的“搜索”按钮，自动跟踪小球的运动位置，如图 5.3.44 所示。这里需要注意的是：如果拍摄的影像比较模糊，自动跟踪将无法实现，这时需要按住 Shift 键用鼠标左键单击小球所在位置，逐步记录小球的运动轨迹。

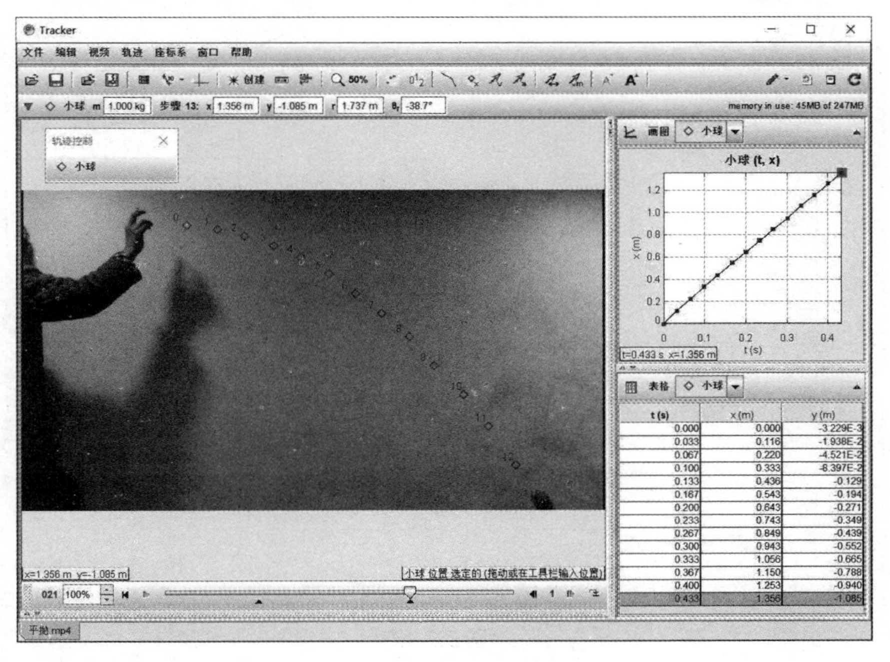

图 5.3.44

⑧ 在图 5.3.44 右侧图像或表格数据上单击鼠标右键→选择“分析”，进入数据分析界面，如图 5.3.45 所示，去掉这两个单选框前面的钩隐藏实际数据点的连线，如图 5.3.46 所示，以免与之后拟合出的曲线混淆。

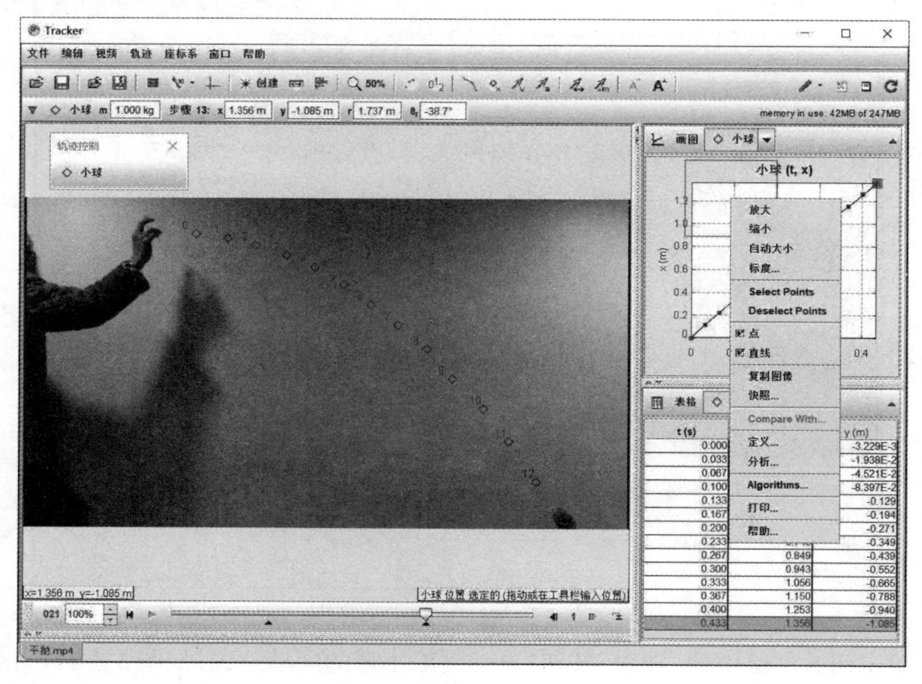

图 5.3.45

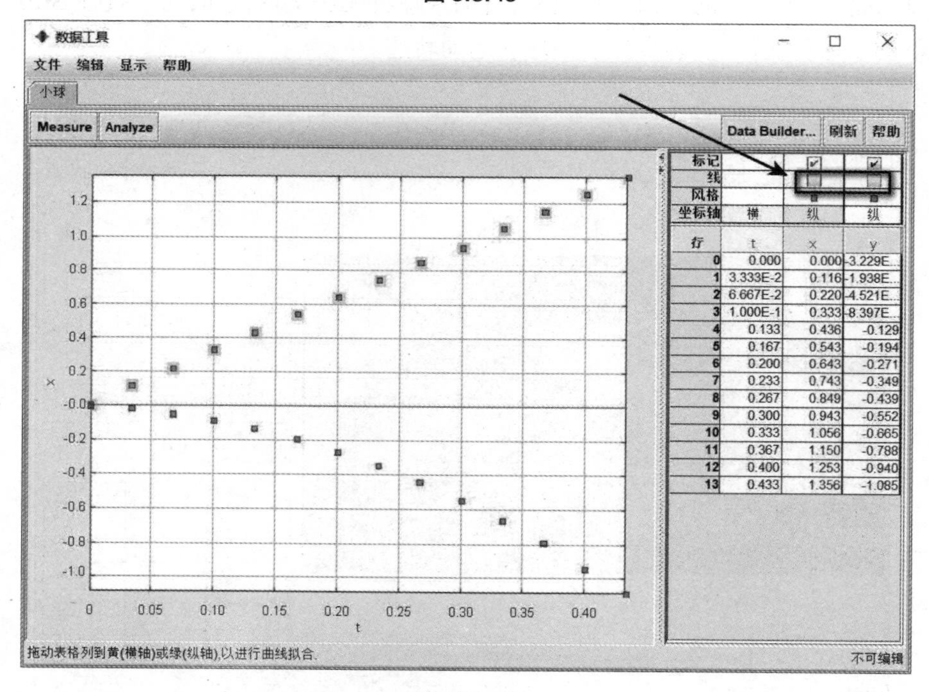

图 5.3.46

⑨ 钩选图中的“坐标系”单选框，如图 5.3.47 所示，用于测量数据点的初始位置和振幅。

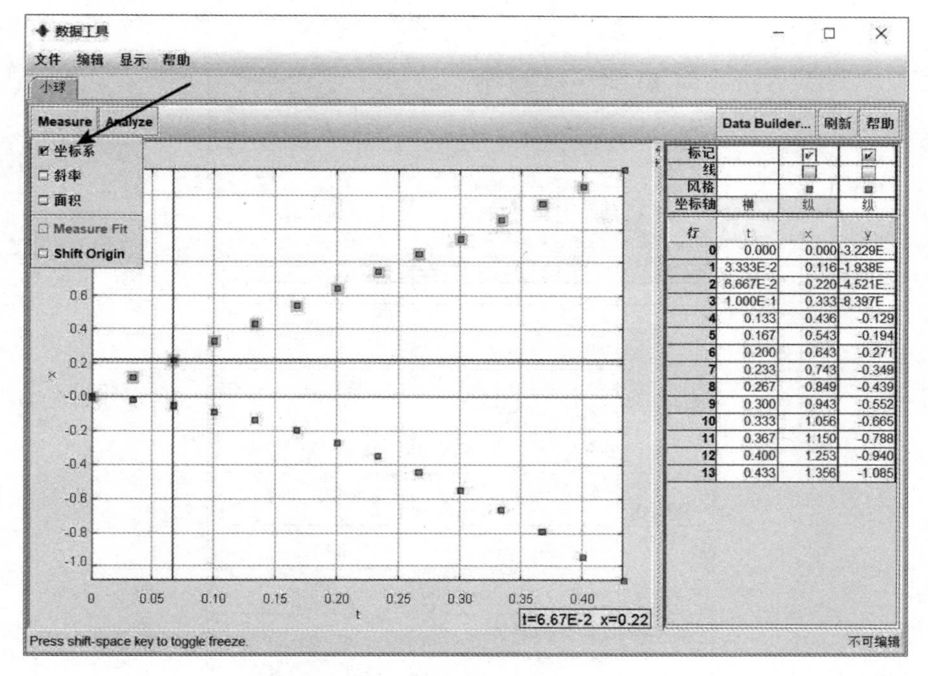

图 5.3.47

⑩ 钩选图 5.3.48 中的拟合单选框，其目的在于测量各个数据点的坐标，然后就会在下方显示拟合分析器，单击“拟合分析器”按钮，弹出如图 5.3.49 或图 5.3.50 所示界面。单击 New 按钮新增两个拟合函数，并添加相应的物理量及其对应的值，如图 5.3.49 和图 5.3.50 所示，然后单击“关闭”按钮回到拟合界面。

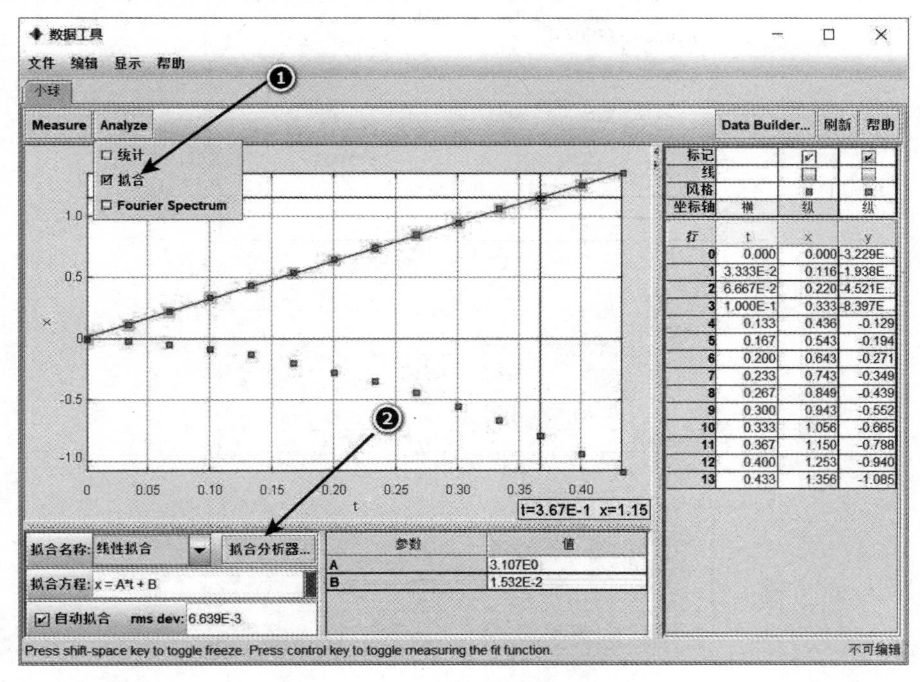

图 5.3.48

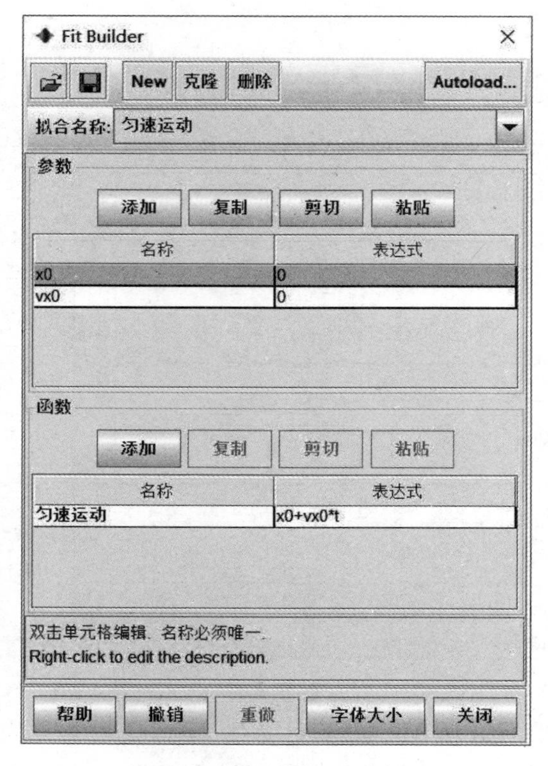
Fit Builder
New
克隆
删除
Autoload...
拟合名称:
匀速运动
参数
添加
复制
剪切
粘贴
名称
表达式
x0
0
vx0
0
函数
添加
复制
剪切
粘贴
名称
表达式
匀速运动
x0+vx0*t
双击单元格编辑. 名称必须唯一.
Right-click to edit the description.
帮助
撤销
重做
字体大小
关闭

图 5.3.49

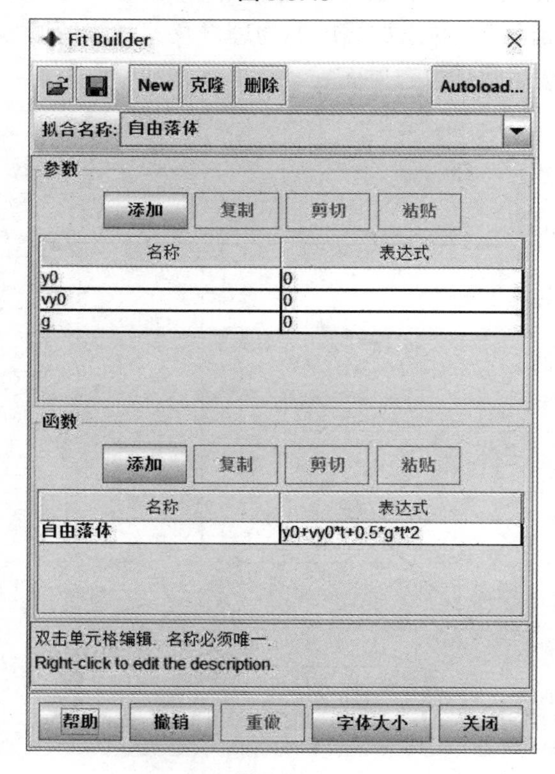
Fit Builder
New
克隆
删除
Autoload...
拟合名称:
自由落体
参数
添加
复制
剪切
粘贴
名称
表达式
y0
0
vy0
0
g
0
函数
添加
复制
剪切
粘贴
名称
表达式
自由落体
y0+vy0*t+0.5*g*t^2
双击单元格编辑. 名称必须唯一.
Right-click to edit the description.
帮助
撤销
重做
字体大小
关闭

图 5.3.50

⑪ 在拟合名称下拉框中分别选择“匀速运动”和“自由落体运动”后，再钩选“自动拟合”单选框，如图 5.3.51 和图 5.3.52 所示。

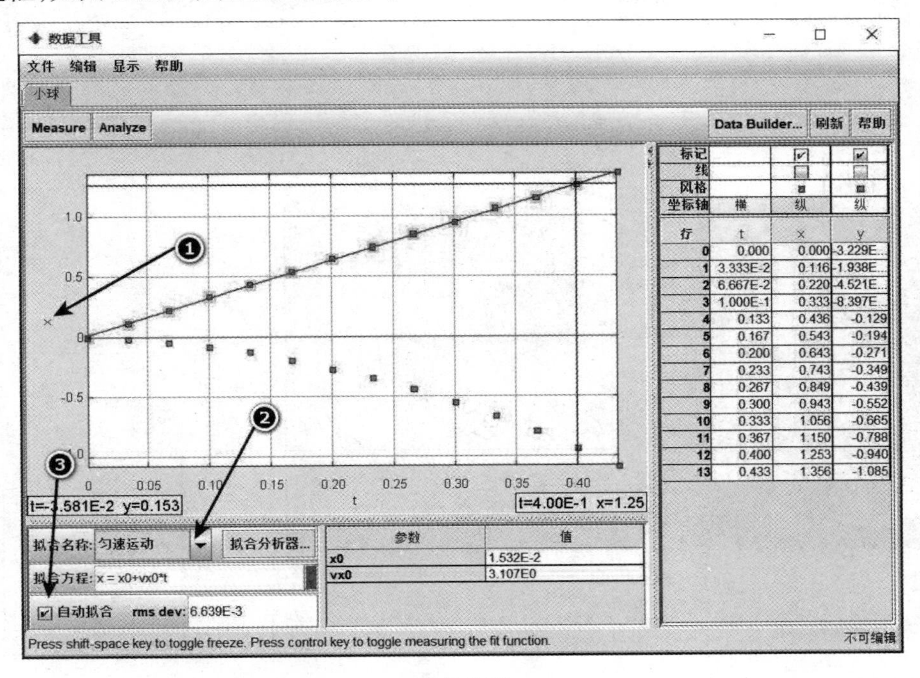

图 5.3.51

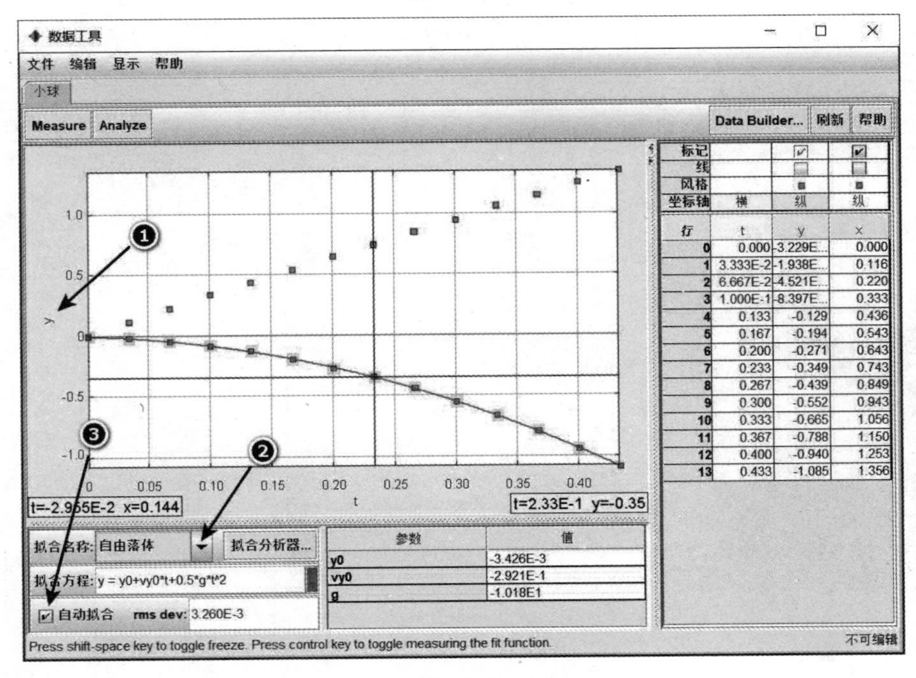

图 5.3.52

⑫ 退出拟合界面回到主界面，单击 ✳创建 按钮，选择“粒子运动学模型”，如图 5.3.53 所示，分别创建两个运动模型，命名为水平运动和竖直运动，在水平运动模型和竖直运动模

型中建立各自的运动方程，添加物理量，并输入图 5.3.51 和图 5.3.52 中的运动参数值，结果分别如图 5.3.54 和图 5.3.55 所示。

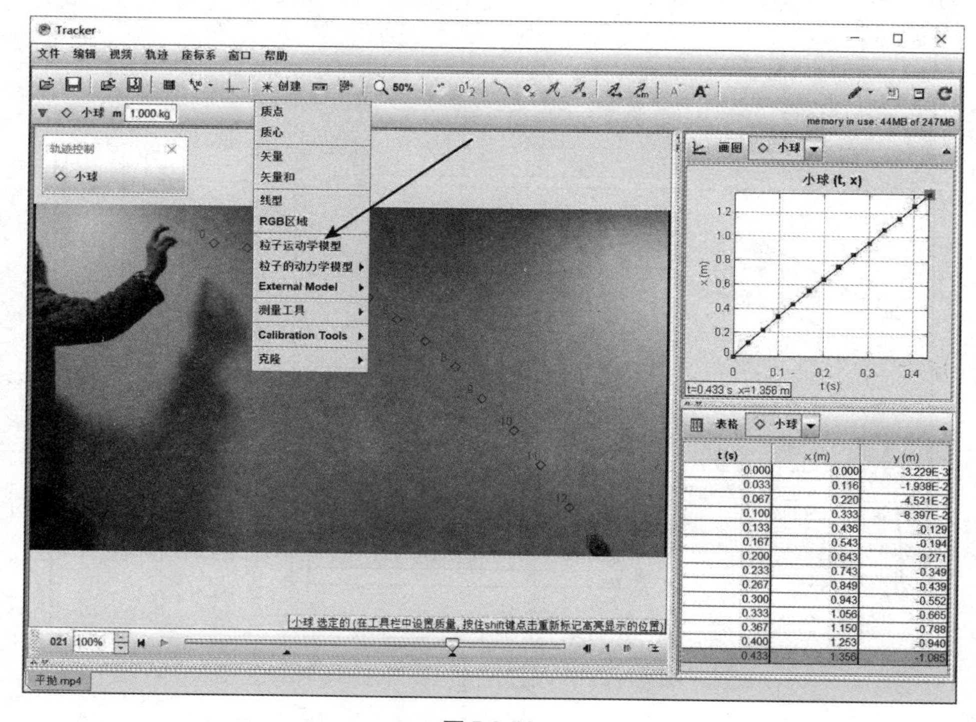

图 5.3.53

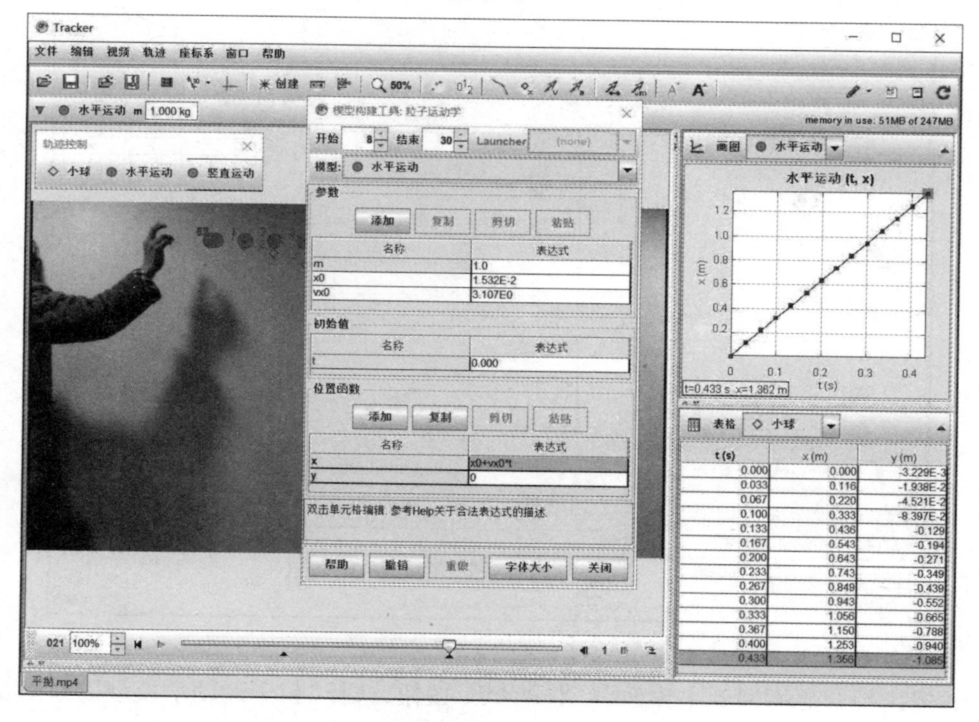

图 5.3.54

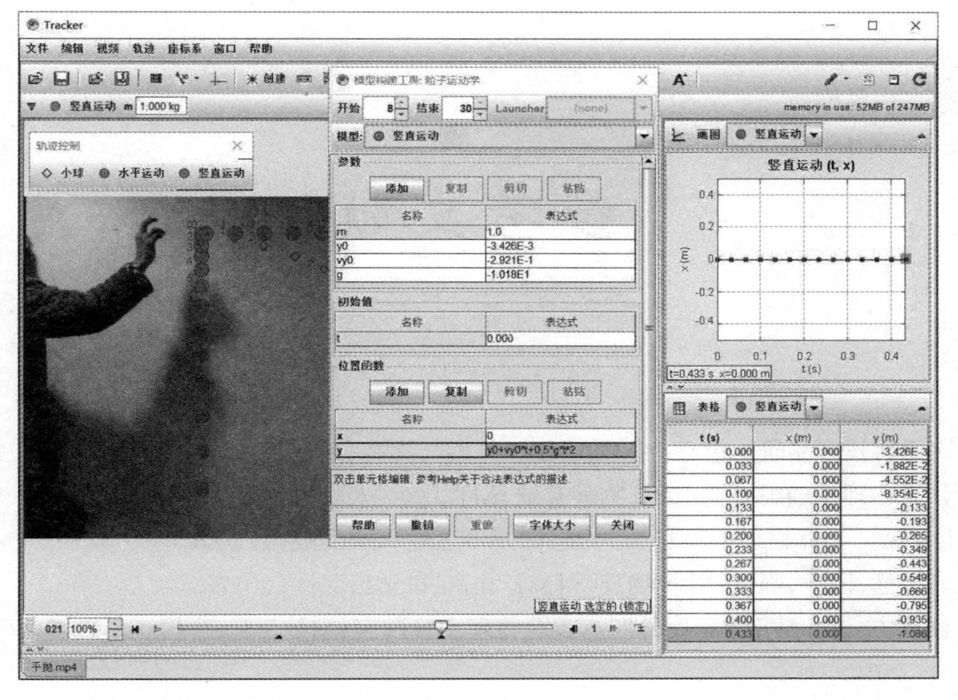

图 5.3.55

⑬ 单击关闭按钮，退回到主界面，选择不同的运动模型和不同的物理量，然后单击播放按钮，观察运动情况，如图 5.3.56 所示。

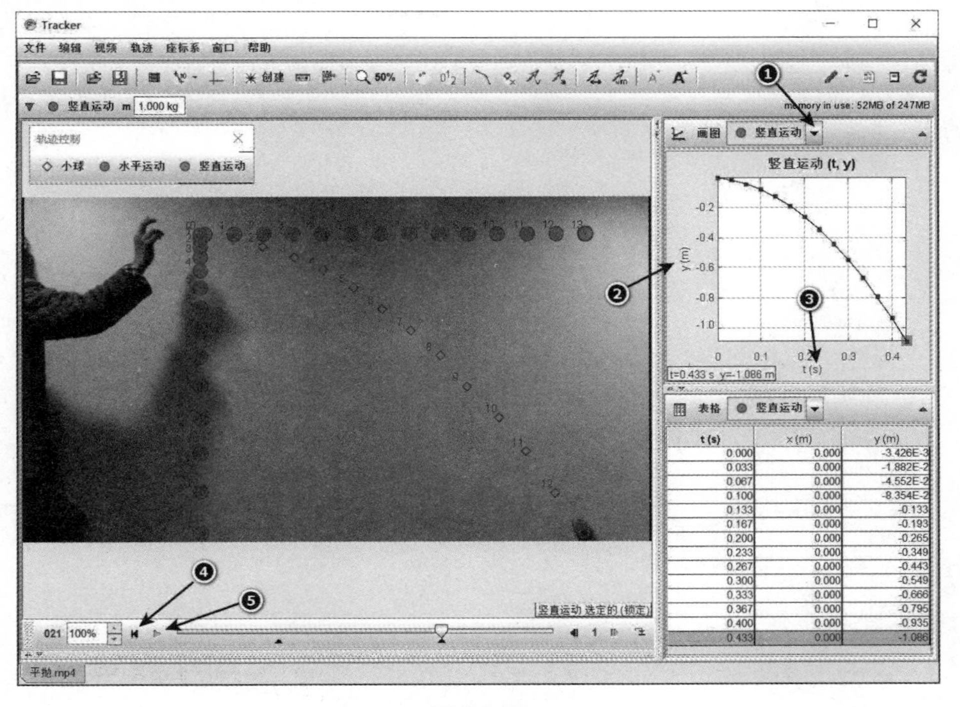

图 5.3.56

参考文献

[1] 飞思科技产品研发中心. MATLAB 7基础与提高[M]. 北京:电子工业出版社, 2006.

[2] 计算物理基础编委会. 计算物理基础[M]. 北京:人民教育出版社, 2003.

[3] 陈锺贤. 计算物理学[M]. 哈尔滨:哈尔滨工业大学出版社, 2001.

[4] 刘金远,段萍,鄂鹏. 计算物理学[M]. 北京:科学出版社, 2017.

[5] 江兴方,郭小建. 中学奥林匹克竞赛物理实验讲座[M]. 合肥:中国科学技术大学出版社, 2015.

[6] 冯翠莲. 新编工科基础数学[M]. 北京:北京大学出版社, 2007.

[7] 同济大学数学系. 高等数学[M]. 北京:高等教育出版社, 2007.